ESP32-C3 物联网工程开发实战

乐鑫科技　编著

电子工业出版社

Publishing House of Electronics Industry

北京 · BEIJING

内 容 简 介

ESP32-C3 是搭载了开源指令集 RISC-V 的 32 位低功耗、低成本、安全的物联网芯片，本书也是该芯片原厂乐鑫科技的官方作品。本书从物联网工程开发的必备知识入手，循序渐进地介绍了硬件设计、外设驱动、ESP-IDF 开发环境搭建、Wi-Fi 网络配置、本地和云端控制、OTA 升级原理、电源管理、低功耗优化、设备安全功能、固件版本管理和量产测试等方面的内容。物联网工程开发涉及的知识点很多，本书根据所涉及的知识点将全书分为 4 篇，分别是准备篇（第 1～4 章）、硬件与驱动开发篇（第 5～6 章）、无线通信与控制篇（第 7～11 章）、优化与量产篇（第 12～15 章），可帮助读者更好地掌握相关的知识点。

本书既可作为高等院校相关专业的教材或教学参考书，也可供相关领域的工程技术人员阅读。对于物联网开发的爱好者来说，本书还是一本深入浅出的读物。

为了便于读者实践，本书提供了相关代码，读者可登录华信教育资源网免费注册后下载。关注乐鑫科技的公众号可获得更多关于物联网开发的新资讯。

图书在版编目（CIP）数据

ESP32-C3 物联网工程开发实战 / 乐鑫科技编著. —北京：电子工业出版社，2022.9
ISBN 978-7-121-44297-1

Ⅰ．①E… Ⅱ．①乐… Ⅲ．①物联网 Ⅳ.①TP393.4②TP18

中国版本图书馆 CIP 数据核字（2022）第 171867 号

责任编辑：田宏峰
印　　刷：北京天宇星印刷厂
装　　订：北京天宇星印刷厂
出版发行：电子工业出版社
　　　　　北京市海淀区万寿路 173 信箱　邮编　100036
开　　本：787×1 092　1/16　印张：24.25　字数：620 千字　彩插：1
版　　次：2022 年 9 月第 1 版
印　　次：2025 年 2 月第 8 次印刷
定　　价：98.00 元

凡所购买电子工业出版社图书有缺损问题，请向购买书店调换。若书店售缺，请与本社发行部联系，联系及邮购电话：(010) 88254888，88258888。

质量投诉请发邮件至 zlts@phei.com.cn，盗版侵权举报请发邮件至 dbqq@phei.com.cn。

本书咨询联系方式：tianhf@phei.com.cn。

序　言

写在前面

世界信息化的进程正在迅猛发展。

继互联网之后，物联网的浪潮已然到来。作为数字经济时代的新型基础设施，物联网得到了我国政府的高度重视和政策支持。乐鑫信息科技（上海）股份有限公司（简称乐鑫科技或乐鑫）自 2008 年创立以来，一直肩负着"科技民主化"的重要使命，致力于构建"万物智联"的世界，让"连接"成为开发者触手可得的技术。

自研芯片的道路就像一场马拉松，需要不断突破科技边界。乐鑫科技深耕物联网领域的软硬件产品研发，先后发布了 ESP32、ESP32-C、ESP32-S、ESP32-H 等系列芯片。从早期被认为"改变物联网游戏规则"的 ESP8266 芯片，到 ESP32 系列芯片开始增加 Bluetooth® LE 和 AI 算法功能并实现了最高 240 MHz 的双核处理，再到 ESP32-S3 系列芯片增加的 AI 硬件加速器，乐鑫科技不断在软件技术上进行投入，围绕 AIoT 的核心，覆盖工具链、编译器、操作系统、应用框架、AI 算法、云产品、App 等，实现了 AIoT 领域的软硬件一体化解决方案闭环。

截至 2022 年 7 月，乐鑫科技的 IoT 芯片累计出货量已超过 8 亿颗，在 Wi-Fi MCU 领域遥遥领先，赋能了全球数亿的智能产品。乐鑫科技一直秉承着精益求精的精神，每次发布的新产品总能以高集成度和低成本引爆物联网市场。ESP32-C3 芯片的发布，是乐鑫科技底层自研技术积累的结晶，也是一个新里程碑式的事件。ESP32-C3 芯片搭载了自研的基于开源指令集 RISC-V 的 32 位单核处理器，时钟频率高达 160 MHz，内置 400 KB 的 SRAM，集成了 2.4 GHz 的 Wi-Fi 和支持长距离的 Bluetooth 5（LE），具有行业领先的射频性能和低功耗特性，可满足常见的物联网产品功能需求，同时安全性能也大幅度提升。本书以成熟的 ESP32-C3 为硬件基础，阐述物联网项目开发等技术知识。

聚焦平台能力，回馈生态社区

乐鑫科技不仅仅是一家半导体公司，更是一家物联网平台型公司，始终坚持在技术领域寻求突破和创新。与此同时，乐鑫科技以开放的心态，将自研的操作系统和软件框架开源分享到社区，形成了独树一帜的生态环境。众多的工程师、创客及技术爱好者，积极开发新的软件应用，自由交流并分享使用心得。每时每刻都可以在各类平台看到开发者的奇思妙想，如 YouTube、Bilibili 视频平台，以及 GitHub、Gitee 等代码托管平台。有的开发者还自发编写了关于乐鑫科技产品的图书，已逾 100 本，涉及的语种有中文、英文、德文、法文、日文等十多种。

正是来自社区伙伴的支持和信任，鼓励着乐鑫科技不断创新。乐鑫科技的创始人兼 CEO 张瑞安先生曾说："我们在寻找答案，去解决人们目前生活中需要解决的问题。我们致力向社会贡献商业实践、工具、文档、写作以及想法。"乐鑫科技是一家非常重视阅读和想法的公司，而物联网技术的不断升级，对工程师综合素质的要求越来越高，如何才能帮助更多人快速掌握物联网芯片、操作系统、软件框架、应用方案以及云服务产品呢？授人以鱼不如授人以渔，于是在一次头脑风暴会议中，我们在想是否能写一本书，将知识点系统性地梳理出来呢？想法一拍即合，我们迅速在公司聚集了资深工程师们，并整合了技术团队关于嵌入式编程、物联网硬件和软件开发的相关经验，撰写了本书。在写作过程中，我们尽量客观公正、抽丝剥茧，用轻松简明的语言讲述物联网的纷繁和魅力。我们认真总结了常见的问题，倾听了社区的反馈和建议，希望能清晰地回答在开发过程中遇到的诸多疑问，为相关技术人员和决策者提供实用的物联网开发指南。

本书的结构

本书以工程师为中心视角，循序渐进地阐述了物联网工程开发的必备知识，全书分为 4 篇，具体如下：

- 准备篇：包括第 1～4 章，本篇主要介绍物联网体系结构、典型的物联网工程项目框架、ESP RainMaker® 物联网云平台和 ESP-IDF 开发环境的搭建，为物联网工程开发夯实基础。

- 硬件与驱动开发篇：包括第 5～6 章，本篇以 ESP32-C3 芯片为基础，论述了如何设计最小硬件系统和驱动开发，实现了调光、调色的控制以及无线通信功能。

- 无线通信与控制篇：包括第 7～11 章，本篇主要阐述基于 ESP32-C3 芯片的智能化 Wi-Fi 网络配置方案、本地控制协议和云端控制协议、设备的本地控制和远程控制，并给出了智能手机 App 的开发、固件更新、版本管理等方案。

- 优化与量产篇：包括第 12～15 章，本篇为提高篇，主要从电源管理、低功耗优化、增强安全等角度介绍物联网产品的优化，并介绍了量产的固件烧录和测试、如何通过 ESP Insights 远程监察平台来诊断设备固件的运行状态和日志。

关于源代码的使用

读者可以实践本书中的程序示例，既可手工输入代码，也可使用本书配套的源代码。本书注重理论和实践的结合，几乎每章都在最后给出了智能照明工程实战案例，并已开源。欢迎读者前往 esp32.com、GitHub 和 Gitee 中与本书相关的版块下载源码并进行讨论。本书的开源代码遵循 Apache 2.0 许可证的条款。

写在最后

本书为乐鑫科技的官方出品，主要编写人员是公司的资深工程师。本书适合计算机相关行业的管理者、研发人员，高等院校相关专业的师生以及物联网领域的爱好者阅读，希望本书成为大家如良师益友般的工作手册、工具书和床头书。

本书在编写过程中，借鉴和参考了国内外专家、学者、技术人员的相关研究成果，我们尽可能按学术规范予以说明，但难免会有疏漏之处，在此谨向有关作者表示深深的敬意和谢意。此外，书中引用了互联网上的资讯，在此向原作者和刊发机构致谢，对于不能一一注明引用来源的资讯作者深表歉意。

本书的顺利出版，经过了很多轮的内部讨论，听取了试读者和出版社编辑的建议反馈，再次感谢各位的帮助，使本书得以尽早与读者见面。

最后，也是最重要的，感谢乐鑫科技每一位为产品的诞生和普及而付出心血的同仁。

物联网工程开发涉及的知识面非常广泛，限于本书篇幅，以及笔者的水平和经验，疏漏之处在所难免，恳请广大专家和读者批评指正。若您对本书有任何建议，请及时联系我们，联系邮箱为 book@espressif.com。我们期待您的反馈。

乐鑫科技团队

2022 年 8 月 8 日

如何高效地阅读本书

随着信息技术的快速发展，相关的学习资料呈现爆炸式的增长。如何快速、高效地学习新的知识、掌握新的技术，是每个工程师都面临的问题。在本书的编写和出版过程中，为了帮助读者更高效地阅读本书，我们做了如下设计。

本书源码的获取方法

本书的相关源码已经开源，读者可以通过以下两个途径获取本书的源码，还可以前往 https://www.esp32.com/bookc3 书籍讨论版块，反馈您在阅读本书过程中的想法和问题。

GitHub：https://github.com/espressif/book-esp32c3-iot-projects

Gitee：https://gitee.com/EspressifSystems/book-esp32c3-iot-projects

排版约定

为了帮助读者更好地理解本书内容，全书将使用如下排版规则：

关于文本框

项目源码：

 项目源码：本书注重理论和实践相结合，因此几乎每章最后一节都配有智能照明程实战项目，对应的工程步骤和源码地址将记录在类似的文本框中。

扩展阅读：

 扩展阅读：书中类似文本框中的内容属于扩展阅读内容，供读者进行知识扩展，以便读者更加深入地理解相关的技术。

小贴士：

小贴士：实用小贴士，书中类似文本框中的内容往往是代码成功运行的非常关键的信息和提醒。

关于本书中的命令

本书中的大多数命令是在 Linux 系统下执行的，字符"$"是提示符。如果命令需要超级用户的权限来执行命令，则提示符用"#"来替代。Mac 系统下命令提示符为"%"，如 4.2.3 节（在 Mac 系统下安装 ESP-IDF 开发环境）。

关于本书的字体

为了符合大多数读者的阅读习惯，本书正文的中文采用宋体，英文和数字等采用 Times New Roman。

等宽字体：不仅用于文件内容、命令输出，还用于正文中出现的代码示例、组件、函数、变量、代码文件名、代码目录或字符串等。其中，代码和文件内容增加了行号。书中采用的是 Courier New 等宽字体。

等宽粗体：在示例中用于表示需要用户输入的命令或文字，按下回车键可输入的命令。书中采用的是 **Courier New** 等宽粗体。

英文字体：表示协议名称、专名词、缩写词的英文单词采用 Times New Roman 英文字体。

示例 1：

通过云平台完成固件更新是更为普遍的方案，本节将借助 ESP RainMaker 从云端向设备推送 OTA 升级信息。ESP RainMaker 同样使用的是 esp_https_ota 组件，ESP RainMaker SDK 中整合了 OTA 升级部分的代码，通过调用 esp_rmaker_ota_enable() 函数即可启用 OTA 升级。需要注意的是，ESP RainMaker 提供了两种 OTA 升级方式，此处需要选择通过主题形式接收 OTA 升级消息。订阅与 OTA 升级相关的主题后，可以通过这些主题接收 MQTT 消息并解析出固件的 URL，同时通过这些主题推送当前更新的进度及最终状态。ESP RainMaker OTA 升级功能的代码位于 esp-rainmaker/components/esp_rainmaker/src/ota 目录下，该目录下与固件下载相关的代码位于源文件 esp_rmaker_ota.c 中。

示例 2：

下面的命令可生成 CA 证书所需的 CSR，读者按照提示输入即可，Organization Name 可随意输入（这是因为只是在本地使用 CSR）。

```
$ openssl req -out ca.csr -key ca.key -new
You are about to be asked to enter information that will be incorporated
into your certificate request.
What you are about to enter is what is called a Distinguished Name or a DN.
There are quite a few fields but you can leave some blank
For some fields there will be a default value,
If you enter '.', the field will be left blank.
```

```
-----
Country Name (2 letter code) [AU]:CN
State or Province Name (full name) [Some-State]:
Locality Name (eg, city) []:
Organization Name (eg, company) [Internet Widgits Pty Ltd]:IOT Certificate Test
Organizational Unit Name (eg, section) []:
Common Name (e.g. server FQDN or YOUR name) []:
Email Address []:

Please enter the following 'extra' attributes
to be sent with your certificate request
A challenge password []:
An optional company name []:
```

目　　录

第 1 篇　准备篇

第 2 篇　硬件与驱动开发篇

第 3 篇　无线通信与控制篇

第 4 篇　优化与量产篇

准备篇

本篇首先介绍物联网的体系结构和相关基础知识；然后以智能照明工程的实战开发为主线，介绍 ESP RainMaker 物联网云平台的基本服务；最后介绍开发环境的搭建。通过本篇的学习，读者将熟悉本书涉及的相关概念，初步掌握实战项目的编译、开发方法，迈出搭建物联网工程的第一步。

01 /

浅谈物联网

02 /

物联网工程项目的介绍和实战

03 /

ESP RainMaker 介绍

04 /

开发环境的搭建与详解

## 第 1 章

浅谈物联网

在 20 世纪末，随着计算机网络和通信技术的兴起，互联网以迅雷不及掩耳之势融入了人们的生活。随着互联网技术不断成熟，又延伸出了物联网的概念。物联网的英文为 Internet of Things（IoT），从字面意义来看，物联网就是物物相连的互联网。如果说互联网打破了空间和时间的限制，极大地拉近了"人与人"之间的距离，物联网则让"物"成为重要的参与者，极大地拉近"人与物""物与物"的距离。

2021 年发布的"十四五"规划和《物联网新型基础设施建设三年行动计划（2021—2023 年）》，为物联网产业注入了新动力。在可预见的未来内，物联网必定成为信息产业的驱动力。而什么是物联网呢？要想准确地给出物联网的定义并不是容易的事情，因为物联网的涵义和外延都在不停发展变化中。早在 1995 年，比尔·盖茨在其著作《The Road Ahead》中就率先提出了物联网的概念。简单来说，物联网利用互联网让物体相互交换信息，最终达到"万物互联"的终极目标，这是早期对物联网概念的阐述，也是对未来科技的幻想。随着经济和科技的快速发展，20 多年前的幻想正在走进现实中。从各类智能设备、智能家居、智慧城市、车联网、可穿戴设备等，到物联网技术成为"元宇宙"的支撑，新的概念还在源源不断地涌现。本章首先对物联网的体系结构进行介绍，再对最常见的物联网应用——智能家居进行阐述，以便帮助读者建立对物联网的清晰认知。

1.1 物联网的体系结构

物联网涉及多项技术，这些技术在不同的行业有不同的应用需求和形态。为了梳理物联网的体系结构、关键技术和应用特点，需要建立统一的体系结构和标准的技术体系。本书将物联网的体系结构简单地分为感知控制层、网络层、平台层、应用层。

1. 感知控制层

感知控制层是实现物联网全面感知的核心层，也是物联网体系结构中最基础的一层，其主要功能是实现对信息的采集、识别和控制。感知控制层由具有感知、识别、控制和执行等能力的多种设备组成，负责对物质属性、行为态势、设备状态等各类数据进行获取与状态辨识，完成对现实物理世界的认知和识别。感知控制层还能对设备状态等进行控制。

在感知控制层中，最常见的设备就是各类传感器，这些传感器起到对信息采集和识别的重要作用。传感器好比人类的感觉器官，如光敏传感器好比人类的视觉、声敏传感器好比听觉、气敏传感器好比嗅觉，而压敏、温敏等传感器好比触觉，有了"感官"的物体就慢慢变得"活"起来，并实现了对物理世界的智能感知、识别和操作。

2．网络层

网络层的主要功能是实现信息的传输和通信，既负责将从感知控制层获得的数据传输到指定的地方，还负责将应用层下发的控制命令传输到感知控制层，是连接感知控制层和平台层的重要通信桥梁。物联网中的"网"字有以下两个含义：物接入互联网和互联网传输。

1）物接入互联网
互联网实现了人与人之间的互联互通，但在互联网中人与物或物与物之间无法互联。在物联网出现前，大部分的物是不具有联网能力的。随着技术的不断发展，物联网将物连接到了互联网，实现了人与物、物与物的互联。目前，物接入互联网通常使用两种方式：一种是有线网络接入；另一种是无线网络接入。

有线网络接入方式包括以太网、串行通信（如 RS-232、RS-485）和 USB 等。无线网络接入方式采用的是无线通信，无线通信又分为短距离无线通信和长距离无线通信。

短距离无线通信主要包括 ZigBee、Bluetooth$^{®}$、Wi-Fi、NFC（Near-Field Communication）、RFID（Radio Frequency Identification）等。长距离无线通信主要包括 eMTC（enhanced Machine Type Communication）、LoRa、NB-IoT（Narrow Band Internet of Things）、2G、3G、4G、5G 等。

2）互联网传输
确定物接入互联网的方式，相当于确定了数据的物理传输链路，之后还需要确定使用哪些通信协议来传输数据。与互联网的终端相比，目前大部分物联网终端的可用资源较少，如处理性能、存储容量、网络速率等，因此在物联网应用中需要选择占用资源更少的通信协议。现在广泛使用的通信协议有两种：MQTT（Message Queuing Telemetry Transport）和 CoAP（Constrained Application Protocol）。

3．平台层

平台层主要指物联网云平台。当所有的物联网终端联网后，数据需要汇总在一个物联网云平台上，实现对终端状态数据的计算、存储。平台层主要为物联网应用提供支撑，提供海量设备的接入与管理能力，可以将物联网终端连接到物联网云平台，支撑终端数据采集上云，以及从云端向终端下发命令，从而进行远程控制。平台层作为承接设备与行业应用的中间服务，在整个物联网体系结构中起着承上启下的作用，承载了抽象化的业务逻辑和标准化的核心数据模型，不仅可以实现设备的快速接入，还可以提供强大的模块化能力，能够满足行业应用场景下的各类需求。平台层主要包含设备接入、设备管理、安全管理、消息通信、监控运维和数据应用等功能模块。

- 设备接入：实现终端与物联网云平台的连接、通信。
- 设备管理：包含设备创建、设备维护、数据转换、数据同步、设备分布等功能。
- 安全管理：从安全认证和通信安全两个方面来保证物联网数据传输的安全。
- 消息通信：包括 3 种信息传输方式，即终端向物联网云平台发送数据、物联网云平台将数据发送到服务器端或其他物联网云平台，以及服务器端的远程控制设备。
- 监控运维：涉及监控诊断、固件更新、在线调试、日志服务等。
- 数据应用：涉及数据的存储、分析和应用。

4．应用层

应用层利用平台层处理后的信息来管理应用程序，应用层使用数据库、分析软件等工具对平台层的数据进行过滤和处理。应用层的结果和数据可用于真实的物联网应用，如智慧医疗、智能农业、智能家居和智能城市等。

当然，物联网的体系结构还可以再细分出更多的层次，但无论分为多少个层次，其背后的原理都万变不离其宗。了解物联网的体系结构有助于加深对物联网技术的理解和构建功能完整的物联网工程。

1.2　物联网应用之智能家居

物联网的应用已经渗透到了各行各业，和人们生活最息息相关的物联网应用就要数智能家居了。很多传统家居已经使用了一件或多件物联网设备，许多新建住宅从一开始就采用物联网技术进行设计。图 1-1 展示了一些常见的智能家居设备。

图 1-1　常见的智能家居设备

目前，智能家居发展阶段可以简单地划分为智能产品阶段、场景互联阶段和智能阶段，如图 1-2 所示。

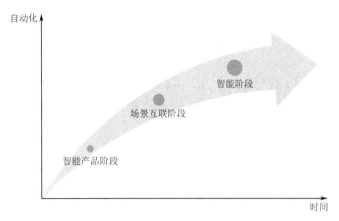

图 1-2　智能家居的发展阶段

第一个阶段为智能产品阶段。与传统家居不同，在智能家居中，物联网设备通过感知技术接收信号，通过 Wi-Fi、Bluetooth LE（低功耗蓝牙）和 ZigBee 等无线通信技术联网，用户可以通过多种多样的方式来控制智能产品，如智能手机 App、语音助手、智能音箱控制等。

第二个阶段为场景互联阶段。这个阶段不再是简单控制某个智能产品，而是使两个或者多个智能产品进行互联互通，在一定程度上实现自动化，最终形成一个自定义的场景模式。例如，当用户按下任意场景模式按键时就可以按预先设定的场景模式开启灯光、窗帘、空调等智能家居设备。当然，其前提条件是要设置好联动的逻辑，包括触发条件和执行动作。想象一下，当室内的温度低于 10 ℃ 时，触发空调制热模式；在早上 7 点时，播放用于唤醒用户的背景音乐，伴随着音乐自动打开智能窗帘，电饭煲或面包机通过智能插座自动开始工作；在起床洗漱的同时，早餐就准备好了，不耽误上班的时间，生活变得更加方便了。

第三个阶段为智能阶段。随着接入的智能家居设备的增多，产生的各类数据也会增多。借助于云计算、大数据和人工智能，智能家居就如同安装了"更加智慧的大脑"，已经不需要主人频繁发出命令了。智能家居会从之前的交互中收集数据并学习主人的行为模式和喜好，自动处理事务，包括提供用于决策的建议。

现在，大多数智能家居正处于场景联动阶段。随着智能产品渗透率和智能化的提高，通信协议之间壁垒正在被不断打破。在未来，智能家居一定能够实现真正的"智能"，正如电影《钢铁侠》中智能系统贾维斯（Jarvis），不仅能帮主人控制各种设备、处理日常事务，还具有超强的计算能力和思考能力。在智能阶段，人们将获取数量更多、质量更高的服务体验。

## 第 2 章

物联网工程项目的介绍和实战

第 1 章简要阐述了物联网的体系结构，介绍了感知控制层、网络层、平台层、应用层的作用和相互关系，以及智能家居的发展阶段。和学习游泳一样，学习物联网，仅仅了解理论知识是远远不够的，还需实际"下水"，动手实现物联网工程项目才能真正掌握物联网技术。除此之外，当工程项目走向产品的量产阶段时，还需要考虑网络连接、配置、物联网云平台交互、固件管理和升级、量产管理、安全配置等多方面因素。

在开发一个完整的物联网工程项目时，我们需要注意哪些方面呢？第 1 章中提到了智能家居是最常见的物联网应用场景之一，而智能灯又是智能家居中最基础且最实用的家电之一，可以应用在家庭、酒店、体育馆、医院、道路等场所，因此本书以搭建智能照明工程为切入点，逐步对该工程项目的基本组成、可实现功能等进行阐述，并给出相对完整的工程项目开发指导。希望读者们以此项目为参考，做到举一反三，构建丰富多彩的物联网应用。

2.1 典型的物联网工程项目介绍

从开发的角度来看，可以将物联网工程项目简单地分为物联网设备的软件开发和硬件开发、用户端应用程序开发、物联网云平台开发等基础功能模块。明确基础功能模块是十分重要的，本节将对相关内容进行介绍。

2.1.1 常见物联网设备的基本模块

物联网设备的软件开发和硬件开发主要包括以下基本模块：

数据采集。作为物联网体系结构的底层，感知控制层中的物联网设备通过所用芯片及其外设，将不同的传感器和设备连接起来，可实现数据采集、运行控制等功能。

用户绑定与初始化配置。在大多数物联网设备中，用户绑定与初始化配置是在一个操作流程中完成的，如可通过配置 Wi-Fi 网络来建立用户和设备之间的绑定关系。

与物联网云平台交互。为了实现对物联网设备的监控、控制功能，还需要将物联网设备连接到物联网云平台，通过与物联网云平台的交互来实现运行控制、状态上报等功能。

设备控制。设备通过与物联网云平台建立网络连接，可实现和云端的通信，完成设备注册、绑定、控制等功能。用户可以通过物联网云平台或本地通信协议，在智能手机 App 上完成产品的状态查询与操作。

固件更新。物联网设备还可以根据设备厂商的需求完成固件更新。通过接收云端发送的固件更新命令，可以实现固件更新和版本管理。通过固件更新功能可不断完善物联网设备的功能，修复缺陷，提升用户体验。

2.1.2　用户端应用程序基本模块

用户端应用程序（如智能手机 App）主要包括以下基本模块：

账户体系与授权。支持账户与设备授权。

设备控制。智能手机 App 通常具有控制设备的功能，用户可轻松便捷地通过智能手机连接物联网设备，通过智能手机 App 随时随地控制、管理物联网设备。其实，在实际的智能家居中，设备主要是通过智能手机 App 来进行控制的，这样不仅可以实现设备的智能化管理，还可以节省人力的支出，所以设备控制是必需的功能，如设备功能属性控制、场景控制、时间设定、远程控制、设备联动等。智能家居的用户还可以根据个人需求来设置个性化的场景，对照明、家电、门禁等进行控制，让用户的家居生活更加舒适、便利，如定时开关空调、远程关闭空调、打开门锁时玄关灯联动开启、一键开启"影院"模式等。

消息通知。该功能可将物联网设备运行状态的各项数据实时地反馈到智能手机 App 上，当物联网设备出现异常时，可远程向智能手机 App 发送报警信息。

售后客服。智能手机 App 可以提供产品的售后服务，从而及时为用户解决物联网设备故障和技术操作等相关问题。

特色功能。为了满足不同用户的需求，还可增加一些实用的功能，如摇一摇、NFC、GPS 等。GPS 功能可根据地点、距离来设定场景执行的精度；摇一摇功能则可通过摇一摇来设定设备或场景所要完成的命令。

2.1.3　常见的物联网云平台简介

物联网云平台是一个集成了设备管理、数据安全通信和消息管理等功能的一体化平台。根据面向的群体和是否开放，物联网云平台可分为公有物联网云平台（简称公有云）和私有物联网云平台（简称私有云）。

公有物联网云平台通常指由物联网云平台提供商为企业或个人提供的共享物联网云平台。公有物联网云平台由物联网云平台提供商运维，通过互联网实现和企业或个人的共享。公有物联网云平台可能是免费或低成本的，可在整个开放的公有网络中提供服务，如阿里云、腾讯云、百度云、AWS IoT、Google IoT 等。公有物联网云平台作为一个支撑平台，能够整合上游的服务提供商和下游的终端用户，打造新的价值链和生态系统。

私有物联网云平台是为了企业单独使用而构建的，因而可提供对数据、安全性和服务质量的最有效控制。私有物联网云平台的服务和基础结构由企业单独进行维护，配套的硬件和软件也专供企业使用。企业可以自定义云服务的功能以满足其业务的需求。目前，部分智能家居厂商已经拥有私有物联网云平台，并基于私有物联网云平台开发智能家居应用。公有物联网云平台和私有物联网云平台各有优势，在这里不做详细介绍。

要实现完整的通信连接，至少需要完成设备端的嵌入式开发、业务服务器和物联网云平台的开发及配置、智能手机 App 的开发等。面对如此庞大的工程，公有物联网云平台通常会提供设备端和智能手机 App 的软件开发工具包来加快开发的过程。公有物联网云平台和私有物联网云平台主要提供物联网设备接入、设备管理、设备影子、运维功能等。

（1）物联网设备接入。物联网云平台不仅需要提供设备接入的相关接口，可选择的协议有 MQTT、CoAP、HTTPS、WebSocket 等；同时还需要提供设备安全认证的功能，以防止伪造和非法设备的接入，从而有效降低设备被攻破的安全风险。安全认证的功能通常提供了不同的设备认证机制，在设备量产时，需要根据所选择的设备认证机制预分配设备证书，并将设备证书烧录到设备中。

（2）设备管理。物联网云平台提供的设备管理功能，不仅可以帮助厂商实时了解其设备的激活状态、在线状态，还可以提供设备的添加删除、检索、分组添加删除、固件更新和版本管理等功能。

（3）设备影子。物联网云平台可以为每台设备创建持久虚拟版（设备影子），通过互联网传输协议，智能手机 App 或其他设备可获取并同步设备影子的状态。设备影子保留了每台设备的最后上报状态和期望的未来状态，即使设备处于离线状态，也可以通过相关 API 获取设备的最后上报状态或设置的期望未来状态。设备影子提供始终可用的 API，使得构建与设备进行交互的智能手机 App 变得更加轻松。

（4）运维功能。运维功能包括三个方面：展示物联网设备和消息的一些统计值；日志管理提供了设备行为、上/下行消息流、消息内容等的查询功能；设备调试提供物联网云平台对设备的调试功能，可以设置属性及下发命令，查看物联网云平台和设备报文的交互。

2.2　实战：智能照明工程

本书在每章的理论讲解之后都会介绍智能照明工程的实战，方便读者在学习完理论知识后进行实践学习。智能照明工程以乐鑫科技提供的 ESP32-C3 和 ESP RainMaker 物联网云平台为基础，完成智能照明产品中的无线模组硬件、基于 ESP32-C3 的智能设备嵌入式软件、智能手机 App、ESP RainMaker 物联网云平台交互等的设计与开发。

 项目源码：为了便于读者开发或学习，本书提供了项目源码，读者可通过 GitHub 或 Gitee 获取项目源码。

2.2.1　工程框架

为了更好地理解本书介绍的智能照明工程，本节介绍智能照明工程的框架，该工程由以下三个部分组成：

（1）基于 ESP32-C3 的智能照明产品设备端。负责完成与物联网云平台的交互，控制 LED 灯珠的开关、亮度和色温。

（2）智能手机 App（包括运行 Android 和 iOS 的平板电脑 App 等）。通过智能手机 App 完成智能照明产品的网络配置，并能通过智能手机 App 轻松地控制和查询智能照明产品的状态。

（3）以 ESP RainMaker 为基础的物联网云平台（为了简化，将物联网云平台和业务服务器看成一个整体）。读者可在第 3 章中查看 ESP RainMaker 的详细介绍。

将智能照明工程对应到物联网的体系结构，可得到智能照明工程的参考结构，如图 2-1 所示。

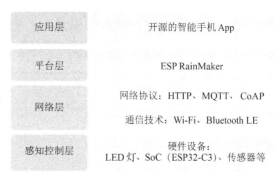

图 2-1　智能照明工程的参考结构

2.2.2　工程功能

智能照明工程由三个部分组成，其功能如下：

（1）智能照明产品设备端。设备网络配置、连接等功能；LED PWM 控制，如开关、亮度、色温等；自动化或场景功能，如定时开关等；Flash 的加密和安全启动功能；固件更新和版本管理功能。

（2）智能手机 App。提供设备网络配置、设备绑定功能；智能照明产品控制，如开关、亮度、色温等；自动化或场景设置，如定时开关等；本地控制和远程控制；用户注册、登录等。

（3）ESP RainMaker 物联网云平台。提供物联网设备接入功能；提供智能手机 App 可访问的设备操作 API；固件更新和版本管理。

2.2.3　硬件准备

在了解智能照明工程的框架和功能后，有兴趣实战的读者，还需要准备以下硬件：智能灯具、智能手机、Wi-Fi 路由器、一台可满足开发环境安装要求的计算机。

（1）智能灯具。智能灯具是一种新型灯泡，其外形与一般的乳白色白炽灯泡相同。智能灯具由电容降压式稳压电源、无线模组（内置 ESP32-C3）、LED 控制器及红（R）、绿（G）、蓝（B）三基色 LED 阵列组成。接通电源后，经电容降压、二极管整流、稳压后输出的 15 V 直流电压可为 LED 控制器和三基色 LED 阵列提供电源。LED 控制器能按一定的时间间隔自动发出高电平和低电平，控制三基色 LED 阵列的导通（点亮）与截止（熄灭），从而让其发出青、黄、绿、紫、蓝、红和白色光。无线模组负责连接 Wi-Fi 路由器，接收和上报智能灯具的状态，并发送命令控制 LED。

在前期开发过程中，读者可以通过 ESP32-C3-DevKitM-1 开发板外接三色 LED 灯珠模拟一个智能灯具（见图 2-2）。特别说明的是，这种方式并不是实现智能灯具的唯一方式，本书介绍的智能照明工程硬件设计中仅包含无线模组（内置 ESP32-C3），并不包含一个完整的智能灯具硬件设计。

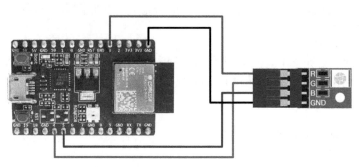

图 2-2　通过 ESP32-C3-DevKitM-1 开发板外接三色 LED 灯珠模拟一个智能灯具

除此之外，乐鑫还有基于 ESP32-C3 的 ESP32-C3-Lyra 音频灯控开发板。该开发板有麦克风、扬声器接口，支持 RGB 彩色灯带的控制，可实现超高性价比的音频播报机、炫酷的智能音乐律动灯带等产品。ESP32-C3-Lyra 音频灯控开发板外接 40 个 LED 的灯带如图 2-3 所示。

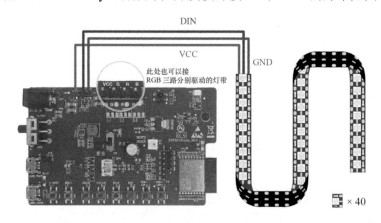

图 2-3　ESP32-C3-Lyra 音频灯控开发板外接 40 个 LED 的灯带

（2）智能手机。可以选择 Android 或 iOS 系统的智能手机，该智能照明工程开发完成后将包含一个可在智能手机上安装的软件，用于控制、设置智能照明产品。

（3）Wi-Fi 路由器。通过 Wi-Fi 路由器把有线网络信号和移动网络信号转换成无线网络信号，可用于支持 Wi-Fi 技术的相关计算机、智能手机、Pad、无线设备等的无线联网。例如，家中的宽带只需要连接一个 Wi-Fi 路由器，就可以实现 Wi-Fi 设备的无线联网。Wi-Fi 路由器支持的主流协议标准为 IEEE 802.11n，传输速率为 300 Mbit/s，最高可达 600 Mbit/s，可向下兼容 IEEE 802.11b 和 IEEE 802.11g。ESP32-C3 支持 IEEE 802.11b/g/n，因此可选用单频（2.4 GHz）或双频（2.4 GHz 和 5 GHz）的 Wi-Fi 路由器。

（4）一台可满足开发环境安装要求的计算机。可以选择安装 Linux、Mac、Windows 等操作系统的计算机。本书将在第 4 章介绍开发环境的搭建。

2.2.4　开发步骤

智能照明工程的开发步骤如图 2-4 所示。

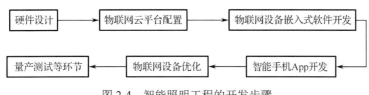

图 2-4　智能照明工程的开发步骤

硬件设计。物联网工程的开发离不开物联网设备的硬件设计，一个完整的智能照明工程，会有一个可在市电环境下工作的灯具。不同的设备制造商会生产不同样式和不同驱动类型的灯具，但是无线模组部分通常都具有相同的功能。为了简化智能照明工程的开发过程，本书仅介绍无线模组的硬件设计和软件开发。

物联网云平台配置。使用物联网云平台，需要在管理后台进行项目配置，如创建产品、创建设备、设备属性等配置。

物联网设备嵌入式软件开发。根据乐鑫科技提供的设备端 SDK（ESP-IDF）完成智能照明产品的相关功能，如连接物联网云平台、LED 驱动开发、固件更新等。

智能手机 App 开发。基于 Android 和 iOS 系统分别开发智能手机 App，完成用户的注册和登录、设备控制等功能。

物联网设备优化。在物联网设备功能基本开发完成后，可以着手进行相关的优化工作，如功耗优化。

量产测试。根据产品的功能和相关规范进行相关的量产测试，如设备功能测试、老化测试、射频测试等。

智能照明工程的开发不一定要严格按照上述的步骤进行，不同的工作也可以同时进行。例如，物联网设备嵌入式软件开发和智能手机 App 开发可以同时进行。一些步骤也可能需要重复进行，如物联网设备优化和量产测试。

2.3　本章总结

本章系统地阐述了一个物联网工程的基本组成，并对物联网工程的基础功能模块进行了概述。在介绍完理论知识后进入到了本书的实战案例，即构建智能照明工程，并给出了项目框架、项目功能、硬件准备、开发步骤等内容。通过本章介绍的实战项目，读者可以举一反三，对任何一个物联网工程开发都能做到胸有成竹，在开发中少走弯路。

## 第 3 章

ESP RainMaker 介绍

物联网为改变人们的生活方式提供了无限可能，但物联网工程的开发过程也充满了挑战。在公有云中，终端厂商可以通过以下两种方案实现产品功能：

基于方案商云平台的实现方案。终端厂商只需要完成产品的硬件设计，随后使用方案商提供的通信模组完成硬件对接，按照指引设定产品功能即可。这是一种快速且高效的方法，免去了服务器端与应用端的开发、运维等工作。该方法可以让终端厂商专注于硬件设计，无须考虑云端的实现。但不足之处是，基于方案商云平台的实现方案（如设备固件与 App）一般不会开源，产品功能会受限于方案商云平台，无法进行个性化的自定义，同时用户及设备数据属于方案商云平台。

基于云产品的实现方案。终端厂商完成硬件设计后，不仅需要使用公有云提供的单个或多个云产品实现云端功能，还需要完成硬件与云端的对接。以接入 AWS（Amazon Web Services）为例，至少需要使用的 AWS 产品有 Amazon API Gateway、AWS IoT Core、AWS Lambda，通过使用这些 AWS 产品可以实现设备接入、远程控制、数据存储、用户管理等基本功能。这就不仅要求终端厂商对云产品有非常深入的了解与丰富的实践经验，才能灵活运用和配置这些云产品，还需要终端厂商考虑云端初期的建设成本与后期的维护成本，对于公司精力和资源投入都是很大的挑战。

相比公有云，私有云通常是针对特定项目和产品进行搭建的，私有云开发者在协议设计、业务逻辑实现上有最大程度的自由性，终端厂商可以随意制定产品、设计方案，轻松整合并赋能用户数据。乐鑫科技将公有云的高安全性、高可拓展性、高可靠性等特点与私有云的优势结合起来，推出了基于亚马逊云平台的深度集成私有云方案——ESP RainMaker，用户只需要一个 AWS 账号便可部署 ESP RainMaker，完成私有云的搭建。

3.1 什么是 ESP RainMaker

ESP RainMaker 是一个完整的 AIoT 平台，使用多个成熟的 AWS 产品进行构建，可提供设备云接入、设备升级、管理后台、第三方登录、语音集成、用户管理等多个量产产品所需的服务。通过使用 AWS 提供的无服务器应用程序的托管存储库 SAR（Serverless Application

Repository），可以将 ESP RainMaker 快速部署到终端厂商 AWS 账号中，从而节省时间并降低部署的复杂程度。ESP RainMaker 使用的 SAR 由乐鑫科技管理与维护，可帮助开发者降低云端维护成本，加速 AIoT 产品的开发，构建安全稳定且可定制化的 AIoT 解决方案。图 3-1 所示为 ESP RainMaker 方案架构。

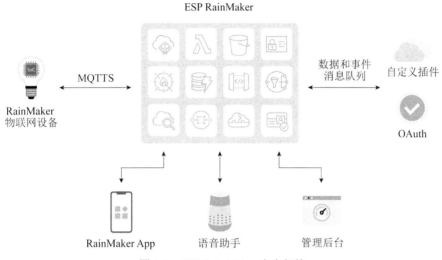

图 3-1　ESP RainMaker 方案架构

乐鑫科技提供了可用于方案评估的 ESP RainMaker 公共服务器，该服务器将免费开放给所有的 ESP 开发爱好者、创客及教育工作者。开发者在使用 ESP RainMaker 公共服务器时无须 AWS 账号与部署，可支持苹果、谷歌、GitHub 等账号的登录，利用该服务器可以快速构建自己的物联网应用产品原型。ESP RainMaker 公共服务器完成了第三方应用（Alexa、Google Home）的对接，并集成了语音控制能力（RainMaker 物联网设备的语音控制能力通过技能的形式对接第三方实现，语义识别由第三方提供，RainMaker 物联网设备只响应具体动作，已支持的语音命令可在第三方平台查看），同时乐鑫科技提供了公版的 RainMaker 智能手机 App（RainMaker App），方便用户通过智能手机对产品进行控制。

3.2　ESP RainMaker 的实现原理

ESP RainMaker 的结构如图 3-2 所示。

ESP RainMaker 由 4 个部分构成：Claiming 服务（Claiming Service），为 RainMaker 设备提供动态获取设备证书的能力；RainMaker 云（RainMaker Cloud，也称为云后端），提供消息过滤、用户管理、数据存储、第三方对接等服务；RainMaker 设备侧代理程序（RainMaker Agent），为 RainMaker 设备提供连接到 RainMaker 云的能力；客户端（RainMaker Client），提供 RainMaker App 和 CLI 脚本两种形式的客户端，用于完成网络配置、用户创建、用户设备关联和控制等功能。

ESP RainMaker 提供了一套完整的工具，用于支持开发者的开发与量产，包括：

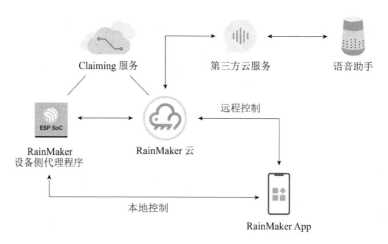

图 3-2　ESP RainMaker 的结构

（1）RainMaker SDK。SDK 用于构建固件，建立在 ESP-IDF 之上，提供了设备侧代理程序源码及相关 C API。开发人员只需编写应用程序逻辑，其余的留给 RainMaker 处理即可。

> **扩展阅读**：通过 `https://bookc3.espressif.com/rm/c-api-reference`，可获取更多关于 C API 的说明。

（2）RainMaker App。ESP RainMaker 提供了公版 RainMaker App，通过该 App 不仅可以完成设备网络配置，还可以轻松地控制和查询智能照明产品的状态等。针对不同操作系统，乐鑫科技提供了 iOS 版和 Android 版的 RainMaker App，详见第 10 章。

（3）REST API。可用于构建用户自己的应用程序，类似于 ESP RainMaker 提供的 RainMaker App。通过链接 `https://swaggerapis.rainmaker.espressif.com/`，可获取更多关于 REST API 的说明。

（4）Python API。提供了一个基于 Python 的 CLI 来实现所有类似于智能手机 App 的功能（CLI 附带在 RainMaker SDK 中）。

> **扩展阅读**：通过 `https://bookc3.espressif.com/rm/python-api-reference`，可获取更多关于 Python API 的说明。

（5）Admin CLI。针对私有部署提供更高等级的管理员 CLI，用于批量生成设备证书。

3.2.1　Claiming 服务

RainMaker 设备与云后端之间的所有通信都是通过 MQTT+TLS 进行的，ESP RainMaker 中的 Claiming 服务是指设备从 Claiming 服务获取连接云后端设备证书的过程，Claiming 服务仅适用于乐鑫科技提供的公共 RainMaker 服务，对于私有部署，设备证书需要通过 Admin CLI 批量生成。ESP RainMaker 支持三种类型的 Claiming 服务。

自身 Claiming（Self Claiming）。设备在连接到网络后通过预先编程在 eFuse 中的密钥完成设备证书的验证及获取。

主机 Claiming（Host Driven Claiming）。在用户开发的主机中通过登录 RainMaker 账号获取设备证书。

协助 Claiming（Assisted Claiming）。在配置网络时由智能手机协助完成设备证书的获取。

3.2.2　RainMaker 设备侧代理程序

RainMaker 设备侧代理程序的主要功能是提供连接能力、协助应用层处理云上/下行数据。该代理程序由 RainMaker SDK 构建，基于成熟的 ESP-IDF 开发框架开发，使用了 ESP-IDF 中的 RTOS、NVS、MQTT 等组件。图 3-3 所示为 RainMaker SDK 的结构。

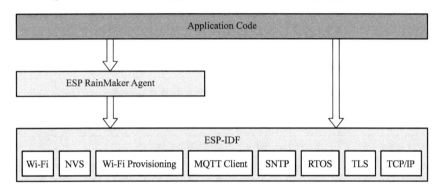

图 3-3　RainMaker SDK 的结构

RainMaker SDK 的具体功能如下：

（1）连接功能，包括：

① 配合 Claiming 服务进行设备证书的获取。

② 使用安全的 MQTT 协议连接云后端，提供远程连接能力，满足远程控制、消息上报、用户管理、设备管理等需求，默认使用 ESP-IDF 中的 MQTT 组件实现，同时提供一个抽象层，以便对接其他的协议栈。

③ 使用 wifi_provisioning 组件实现 Wi-Fi 连接与配网，使用 esp_https_ota 组件实现 OTA 升级，使用 esp_local_ctrl 组件实现本地发现与连接，这些能力通过简单的配置即可实现。

（2）数据处理功能，包括：

① 存储 Claiming 服务下发的设备证书以及运行 RainMaker 时需要存储的数据，默认使用 nvs_flash 组件提供的接口进行存储，对外提供 API 供开发者直接使用。

② 使用回调机制处理云上/下行数据，自动解封数据给应用层，方便开发者处理。例如，物联网

设备需要定义一些物模型用于描述设备及实现功能（定时、倒计时、语音控制），RainMaker SDK 提供了丰富的接口方便创建物模型数据。对于定时之类的基础交互功能，RainMaker SDK 提供了免开发的方案，仅需要在开发时启用该功能即可，RainMaker 设备侧代理程序能够直接处理这些数据，并通过相关的 MQTT 主题发送到云端，通过回调机制反馈云后端对这些数据的更改。

3.2.3　云后端

云后端是基于 AWS 无服务器计算（Amazon Serverless Computing）构建的，使用 AWS Cognito（身份管理系统）、Amazon API Gateway（API 网关）、AWS Lambda（无服务器计算服务）、Amazon DynamoDB（NoSQL 数据库）、AWS IoT Core（物联网接入核心，提供 MQTT 接入和规则过滤）、Amazon Simple Email Service（SES 简易邮件服务）、Amazon CloudFront（快速交付网络）、Amazon Simple Queue Service（SQS 消息队列）、Amazon S3（桶存储服务）实现，旨在实现最佳的可扩展性和安全性。使用 ESP RainMaker，开发者无须在云中编写代码，即可实现设备的管理，设备上报的消息以透明传输的形式提供给应用客户端或其他第三方服务。

云后端使用的 AWS 云产品及功能如表 3-1 所示，更多云产品和功能正在开发中。

表 3-1　云后端使用的 AWS 云产品及功能

RainMaker 使用的 AWS 云产品名称	功　　能
AWS Cognito	管理用户凭据、为第三方登录提供支持
AWS Lambda	实现云后端核心业务逻辑
Amazon Timestream	存放时间序列数据
Amazon DynamoDB	存放客户私有信息
AWS IoT Core	提供 MQTT 通信支持
Amazon SES	提供电子邮件发送服务
Amazon CloudFront	加速管理后台网站的访问
Amazon SQS	转发来自 AWS IoT Core 的消息

3.2.4　客户端

RainMaker 的客户端（如 App 和 CLI）与云后端通信是通过 REST API 实现的，开发者可以在乐鑫科技提供的 Swagger 文档中找到 REST API 的详细信息及使用说明。RainMaker 的手机应用客户端提供 iOS 和 Android 版本，可以实现设备的配网、控制、分享，以及创建与启用定时倒计时任务、连接至第三方平台。RainMaker 的手机应用客户端可以根据设备上报的配置自动加载 UI 及图标，完整展示设备物模型。例如，使用 RainMaker SDK 提供的例程构建智能灯，在完成配网后将自动加载球泡灯的图标及 UI，通过 UI 可以更改球泡灯颜色、亮度，再通过技能（亚马逊平台技能指 Alexa Smart Home Skill，谷歌平台技能指 Google Smart Home Actions）绑定 ESP RainMaker 账号后，就可以实现第三方应用对球泡灯的控制。图 3-4 分别为 Alexa、Google Home、ESP RainMaker App 上球泡灯的图标与 UI 示例。

3

（a）Alexa 示例

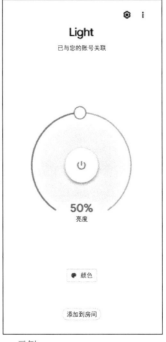

（b）Google Home 示例

图 3-4　Alexa、Google Home、ESP RainMaker App 上球泡灯的图标与 UI 示例

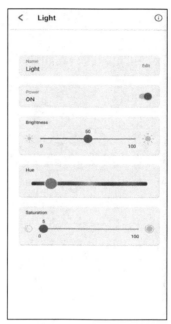

（c）ESP RainMaker 示例

图 3-4   Alexa、Google Home、ESP RainMaker App 上球泡灯的图标与 UI 示例（续）

3.3   实战：ESP RainMaker 开发要点

在完成设备驱动层开发后，开发者的主要工作是利用 RainMaker SDK 提供的 API 创建设备物模型及处理下行数据，同时根据产品的定义与需求启用 ESP RainMaker 基础服务。

本书的 9.4 节将介绍 LED 智能灯在 RainMaker 中的实现，在调试阶段可以使用 RainMaker SDK 中的 CLI 工具完成与 LED 智能灯的通信（开发者也可以通过 Swagger 工具调用 REST API 完成通信）。本书的第 10 章将在智能手机 App 的开发中介绍 REST API 的使用。LED 智能灯的 OTA 升级功能将在本书的第 11 章中介绍。如果开发者启用了 ESP Insights 远程监察平台功能，则 ESP RainMaker 管理后台将提供 ESP Insights 数据的展示，这一部分内容将在本书的第 15 章中介绍。

ESP RainMaker 提供了私有部署服务，与乐鑫科技提供的公共服务器相比，二者的区别在于：

（1）Claiming 服务。私有部署必须使用 Admin CLI 来生成设备证书。因为自身 Claiming 需要单独的身份验证服务器，使用主机 Claiming 或协助 Claiming 的设备将获得管理员权限，这在私有部署中是不可取的。公共服务器因为需要对所有的开发者开放固件更新功能，所以必须赋予开发者管理员权限。

（2）应用程序。私有部署需要为应用程序单独进行配置与编译，确保使用账户体系不互通。

（3）第三方登录与语音集成。需要使用开发者的第三方账户进行配置。

> 小贴士：通过链接 `https://customer.rainmaker.espressif.com`，开发者可以完成云端的部署。对固件来说，从公共服务器迁移到私有服务器仅仅需要替换设备证书，这将极大地提高迁移效率，降低迁移和二次调试的成本。

3.4　ESP RainMaker 功能摘要

ESP RainMaker 提供以下功能，这些功能可简单分为账户管理功能、对终端用户开放的功能、对管理员用户开放的功能，在没有特别说明的情况下，这些功能都可以在公共服务器与私有服务器上使用。

3.4.1　账户管理功能

账户管理功能允许终端用户进行注册与登录、更改密码、忘记密码等操作。

（1）注册与登录。RainMaker 的注册与登录方式包括：电子邮件地址+密码、手机号码+密码、谷歌账号、苹果账号、GitHub 账号（仅限于公共服务器）、亚马逊账号（仅限于私有服务器）。

注意：当用户使用谷歌账号或亚马逊账号注册时，RainMaker 将获取用户的电子邮件地址；当用户使用苹果账号注册时，RainMaker 将获取苹果为用户配置的、专用于 RainMaker 服务的虚拟地址。新用户在使用谷歌、苹果或亚马逊账号登录 RainMaker 时将自动创建新的账号。

（2）更改密码。只有在使用电子邮件地址+密码或手机号码+密码的方式登录时，用户才可更改密码。密码更改成功后，其余活动会话将退出登录。在 AWS Cognito 服务中，会话退出登录后将继续保持一定时长的执行状态，最长为 1 小时。

（3）忘记密码。只有使用电子邮件地址+密码或手机号码+密码的方式登录时，用户才可以找回密码。

3.4.2　对终端用户开放的功能

对终端用户开放的功能允许终端用户实现设备的远程控制与监测、设备的本地控制与监测、设定定时、对设备创建群组、共享设备、接收推送通知、连接到第三方，以下为功能概要。

（1）设备的远程控制与监测。包括查询某个或所有设备的配置、参数值和连接状态；对单个或多个设备下发参数。

（2）设备的本地控制与监测。通过本地网络实现控制功能。在使用本地控制与监测功能时，用户需要将智能手机和设备接入同一个网络。

（3）设定定时。在用户设定的时间触发设备的某个功能，设置成功后设备无须联网，支持一次性或重复定时，可以指定单个或多个设备。

（4）对设备创建群组。支持多层次的抽象群组，可用群组的元数据创建"家-房间"结构。

（5）设备共享。可与一个或多个用户共享一个或多个设备。

（6）接收推送通知。在以下情况终端用户将收到推送通知，如添加新设备、删除设备、设备连接到云端、设备从云端断开连接、创建设备共享请求、接受或拒绝设备共享请求、设备报告警告信息。

（7）连接到第三方。允许在 Alexa 与 Google Home 中通过技能登录并控制 RainMaker 设备，支持的品类包括球泡灯、开关、插座、风扇、温度传感器等。

3.4.3　对管理员用户开放的功能

对管理员用户开放的功能允许管理员用户实现设备注册、设备群组、OTA 升级、查看统计数据、查看 ESP Insights 数据，以下为功能概要。

（1）设备注册。生成设备证书并使用 Admin CLI 进行注册（仅限于私有服务器）。

（2）设备群组。根据设备信息创建抽象群组或结构群组（仅限于私有服务器）。

（3）OTA（Over-the-Air）升级。可根据版本、型号推送固件；将固件推送至一个或多个设备或某个群组；监控、取消、归档 OTA 升级任务状态。

（4）查看统计数据。可查看的统计数据包括设备注册（由管理员用户注册的设备证书）数量、设备激活（即设备首次连接）数量、账户创建数量、用户与设备的关联数量。

（5）查看 ESP Insights 数据。可查看的 ESP Insights 数据包括错误、警告和自定义日志，崩溃报告和分析，重启原因，内存占用率，RSSI 等指标，自定义的指标和变量。

3.5　本章总结

本章对比了当前公有云与私有云在产品层面上的差异。乐鑫科技推出了可靠性高、拓展性强的私有云 ESP RainMaker 方案。目前，ESP32 系列芯片均已接入并适配 AWS，可以极大地降低使用 AWS 成本，开发者无须了解各种 AWS 云产品，可专注于产品原型的验证。同时本章还介绍了 ESP RainMaker 实现原理、功能概要，以及使用 ESP RainMaker 进行实战开发的要点。

扫描下载 ESP RainMaker Android 手机 App

扫描下载 ESP RainMaker iOS 手机 App

第 4 章

开发环境的搭建与详解

本章首先介绍 ESP32-C3 的官方软件开发框架 ESP-IDF（包含开发环境），以及在不同计算机操作系统上搭建开发环境的方法；然后以一个典型工程为例，介绍 ESP-IDF 代码工程结构、编译系统，以及相关开发工具的使用方法；最后演示示例代码的实际编译和运行过程，详细解读不同环节的输出信息。

4.1 ESP-IDF 概述

ESP-IDF（Espressif IoT Development Framework）是乐鑫科技提供的一站式物联网开发框架，它以 C/C++为主要的开发语言，支持 Linux、Mac、Windows 等主流操作系统下的交叉编译。本书提供的示例程序均是基于 ESP-IDF 搭建的，具有以下特性：

（1）包含 ESP32、ESP32-S2、ESP32-C3 等系列的 SoC 系统级驱动，主要包括外设底层 LL（Low Level）库、HAL（Hardware Abstraction Layer）库、RTOS 支持和上层驱动软件等。

（2）包含物联网开发必要的基础组件，主要包括 HTTP、MQTT 等多种网络协议栈，可支持动态调频的电源管理框架，以及 Flash 加密方案和 Secure Boot 方案等。

（3）提供了开发和量产过程中常用的构建、烧录和调试工具（见图 4-1），例如基于 CMake 的构建系统、基于 GCC 的交叉编译工具链、基于 OpenOCD 的 JTAG 调试工具等。

值得注意的是，ESP-IDF 代码主要遵守 Apache 2.0 开源协议，在遵守开源协议的前提下，用户可以不受限制地进行个人或商业软件开发，并且免费拥有永久的专利许可，无须开源修改后的源代码。

4.1.1 ESP-IDF 版本介绍

ESP-IDF 代码在 GitHub 上开源，目前有 v3、v4 和 v5 三个主要版本，每个主要版本通常包含多个不同的子版本，如 v4.2、v4.3 等。乐鑫科技还为每个已发布的子版本提供 30 个月的 bug 修复、安全修复支持，因此一般还会发布子版本的修订版本，如 v4.3.1、v4.2.2 等。不同版本的 ESP-IDF 对乐鑫芯片的支持状态如表 4-1 所示，其中 preview 表示提供预览版本的支持，预览版本可能缺少关键的功能或文档，supported 表示提供正式版本的支持。

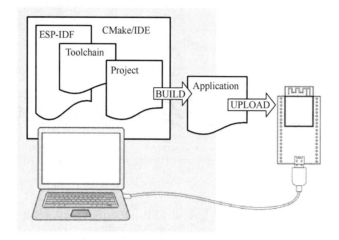

图 4-1 在开发和量产过程中常用的构建、烧录和调试工具

表 4-1 不同版本的 ESP-IDF 对乐鑫芯片的支持状态

芯片系列	v4.1	v4.2	v4.3	v4.4	v5.0
ESP32	supported	supported	supported	supported	supported
ESP32-S2		supported	supported	supported	supported
ESP32-C3			supported	supported	supported
ESP32-S3				supported	supported
ESP32-C2					supported
ESP32-H2				preview	preview

主要版本的迭代往往伴随着框架结构的调整和编译系统的更新，如 v3.* 到 v4.* 的主要变化是构建系统从 Make 逐渐迁移到 CMake；子版本的迭代一般意味着新增功能或新增芯片支持。

读者还需要注意稳定版本和 GitHub 分支的区别和联系，如上所述的带有 v*.* 或 v*.*.* 标签的版本均为稳定版本，稳定版本已通过乐鑫科技的完整内部测试，同一版本下的代码、工具链、发布文档在固定后不再变更。而 GitHub 分支（如 release/v4.3 分支）则几乎每天都会有新的代码提交，因此，同在该分支下的两份代码可能是不同的，需要开发者及时更新。

4.1.2 ESP-IDF Git 工作流程

乐鑫科技 ESP-IDF Git 的工作流程如下：

新的改动总是在 master 分支（主开发分支）上进行的，master 分支上的 ESP-IDF 版本总带有 -dev 标签，表示正在开发中，如 v4.3-dev。master 分支上的改动将首先在乐鑫科技的内部仓库中进行代码审阅与测试，然后在自动化测试完成后推至 GitHub。

新版本一旦完成特性开发（在 master 分支上进行）并达到进入 Beta 测试的标准，则会将这个新版本切换至一个新分支（如 `release/v4.3`）。此外，这个新分支还会加上预发布标签（如 v4.3-beta1）。开发者可以在 GitHub 平台上查看 ESP-IDF 的完整分支列表和标签列表。Beta 版本（预发布版本）可能仍存在大量已知问题，随着对 Beta 版本的不断测试，bug 修复将同时增加至该版本分支和 `master` 分支，而 `master` 分支可能也已经开始为下个版本开发新特性了。当测试快结束时，该发布分支上将增加一个 `rc` 标签，表示候选发布（Release Candidate），如 v4.3-rc1，此时该分支仍属于预发布版本。

如果一直未发现或未报告重大 bug，则该预发布版本将最终增加主要版本（如 v5.0）或次要版本标记（如 v4.3），成为正式发布版本，并体现在发布说明页面中。后续，该版本中发现的 bug 都将在该发布分支上进行修复。在人工测试完成后，该分支将增加一个 Bugfix 版本标签（如 v4.3.2），并体现在发布说明页面中。

4.1.3　选择一个合适的版本

由于 ESP-IDF 从 v4.3 版本正式开始对 ESP32-C3 提供支持，在撰写本书时还未正式发布 v4.4 版本，因此本书使用的是 v4.3.2 修订版本。当读者阅读本书时，可能已经发布了 v4.4 版本或更新的版本，对于版本的选择，我们建议：

（1）对于入门开发者，推荐选择稳定的 v4.3 版本及其修订版本，与本书示例版本保持一致。

（2）如果有量产需求，则推荐使用最新的稳定版本，以便获得最及时的技术支持。

（3）如果需要尝试新芯片或者预研产品新功能，请使用 `master` 分支，最新版本包含所有的最新特性，但存在已知或未知的 bug。

（4）如果使用的稳定版本没有新特性，又想降低使用 `master` 分支的风险，请使用对应的发布分支，如 `release/v4.4` 分支（ESP-IDF GitHub 会先创建 `release/v4.4` 分支，等完成全部功能的开发和测试后，再基于该分支的某一历史节点发布稳定的 v4.4 版本）。

4.1.4　ESP-IDF SDK 目录总览

ESP-IDF SDK 包含 `esp-idf` 和 `.espressif` 两个主要目录，前者主要包含 ESP-IDF 仓库源代码文件和编译脚本，后者主要保存编译工具链等软件。熟悉这两个目录，有助于开发者更好地利用已有的资源，加快开发过程。ESP-IDF 的目录结构如下所述。

（1）ESP-IDF 仓库代码目录（`~/esp/esp-idf`）如图 4-2 所示。

① 组件目录 `components`。该目录是 ESP-IDF 的核心目录，集成了大量的核心软件组件，任何一个工程代码都无法完全脱离该目录的组件进行编译。该目录包括对多款乐鑫芯片的驱动支持，从外设底层 LL 库、HAL 库接口，到上层 Driver、VFS 层支持，都能找到对应的组件，以供开发者进行不同层级的开发；ESP-IDF 还适配了多种标准网络协议栈，如 TCP/IP、HTTP、MQTT、WebSocket 等，开发者可以使用 Socket 等自己熟悉的接口完成网络应用的开发。组件作为一个功能完整的模块，可以方便地集成在应用程序中，开发者只需要专注于业

务逻辑即可。常用的组件如下：

- driver：包含乐鑫各系列芯片的外设驱动程序，如 GPIO、I2C、SPI、UART、LEDC（PWM）等。该组件中的外设驱动程序为用户提供了与芯片无关的抽象接口，每个外设均有一个通用的头文件（如 gpio.h），用户无须再特别处理不同芯片的支持问题。
- esp_wifi：Wi-Fi 作为一个特殊外设，因此将其作为一个单独组件，该组件包含了多种 Wi-Fi 驱动模式初始化、参数配置和事件处理等多个 API。该组件的部分功能以静态链接库的形式提供，ESP-IDF 同时给出了详细的驱动说明文件，方便用户快速使用。
- freertos：包含了完整的 FreeRTOS 代码，乐鑫除了对该操作系统提供了完整的支持，还扩展了该操作系统对双核芯片的支持，对于 ESP32、ESP32-S3 等双核芯片，用户可以将任务创建在指定的内核上。

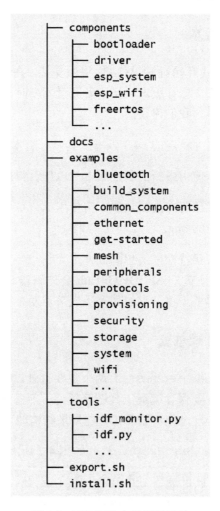

图 4-2　ESP-IDF 仓库代码目录

② 文档目录 docs。该目录包含了 ESP-IDF 的相关开发文档，如快速入门手册、API 参考手册、开发指南等。

> 小贴士：该目录经过自动化工具的编译后，会部署在 `https://docs.espressif.com/projects/esp-idf`，注意请将文档切换为 ESP32-C3，并选择指定的 ESP-IDF 版本。

③ 脚本工具 `tools`。该目录包含了常用的编译前端 `idf.py`、监视器终端工具 `idf_monitor.py` 等，子目录 `cmake` 还包含了编译系统核心脚本文件，这些文件是实现 ESP-IDF 编译规则的基础。在环境变量添加期间，`tools` 目录中的内容将被添加到系统环境变量，因此可以在项目路径下直接执行 `idf.py`。

④ 示例程序目录 `examples`。该目录中包含了大量的 ESP-IDF 示例程序，以便尽可能多地展示组件 API 的使用方法。按照示例类别，目录 `examples` 的子目录可分为以下几类：

- `get-started`：入门示例子目录，包含 hello world、blink 等基础的示例程序，便于读者入门学习。
- `bluetooth`：蓝牙示例子目录，包含 Bluetooth LE Mesh、Bluetooth LE HID、BluFi 等示例程序。
- `wifi`：Wi-Fi 示例子目录，包含 Wi-Fi SoftAP、Wi-Fi Station 等基础的示例程序，espnow 等乐鑫科技专有的通信协议示例程序，以及基于 Wi-Fi 的多个应用层示例程序（如 Iperf、Sniffer、Smart Config 等）。
- `peripherals`：外设示例子目录，这是一个比较大的文件夹，按照外设名称又分为数十个子文件夹，主要包含乐鑫系列芯片的外设驱动示例程序，每个示例程序均包含若干个示例。例如，子目录 gpio 中包含了 GPIO 和 GPIO 矩阵键盘两个示例。需要注意的是，这里的示例未必都适用于 ESP32-C3，例如 `usb/host` 中的示例仅适用于包含 USB Host 硬件的外设（如 ESP32-S3），而 ESP32-C3 不具有该外设，对于这类示例，在设置目标时编译系统一般输出相应的提示。每个示例的 `README` 文件中会列出已经适配的芯片。
- `protocols`：通信协议示例子目录，该子目录包含了数十种通信协议的示例程序，包括 MQTT、HTTP、HTTP Server、PPPoS、Modbus、mDNS、SNTP 等，几乎涵盖了所有物联网开发所需的通信协议示例。
- `provisioning`：配网示例子目录，该子目录包含了多种配网方式，如 Wi-Fi 配网、Bluetooth LE 配网等。
- `system`：系统示例子目录，该子目录包含了系统调试示例（如堆栈追踪、运行追踪、任务监控等），与电源管理相关的示例（如各种休眠模式、协处理器等），以及控制台终端、事件循环、系统定时器等常用系统组件的示例。
- `storage`：存储示例子目录，该子目录包含了 ESP-IDF 支持的所有文件系统和存储机制示例（如 Flash、SD 卡等存储媒介的读写），以及非易失存储（NVS）、FatFS、SPIFFS 等文件系统操作示例。
- `security`：安全示例子目录，该子目录包含了与 Flash 加密相关的示例程序。

（2）ESP-IDF 编译工具链目录（`~/.espressif`）如图 4-3 所示。

① 软件分发目录 `dist`。ESP-IDF 工具链等软件会以压缩包的形式被分发，安装工具在安装过程中先将压缩包下载到 `dist` 目录，再将其解压缩到指定的目录下（安装完成后，可以清

空该目录中的内容）。

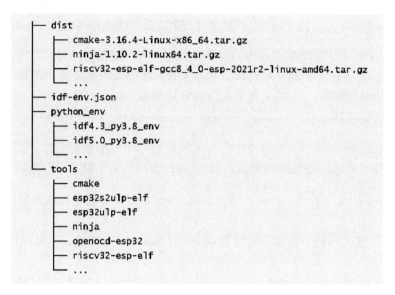

图 4-3　ESP-IDF 编译工具链目录

② Python 虚拟环境目录 `python_env`。由于不同版本的 ESP-IDF 依赖于不同版本的 Python 软件包，如果这些软件包直接安装在同一台主机上则会引起软件包版本冲突问题，因此 ESP-IDF 使用 Python 虚拟环境的方式隔离不同软件包版本冲突的问题。基于这种机制，开发者可在主机上同时安装多个版本的 ESP-IDF，只需要在使用时导入不同的环境变量即可。

③ 编译工具链目录 `tools`。该目录主要包含编译 ESP-IDF 工程所需的交叉编译工具，如 CMake 工具、Ninja 构建工具，以及生成最终可执行程序的 gcc 工具链。同时该目录还包含 C/C++语言的标准库及对应的头文件，如果在程序中引用了系统头文件，如#include <stdio.h>，则编译工具链将在该目录中查找该 stdio.h 头文件。

4.2　ESP-IDF 开发环境安装详解

ESP-IDF 开发环境支持 Windows、Linux、Mac 等主流操作系统，本节将一一介绍在各系统上的开发环境安装过程。本书推荐在 Linux 系统上进行 ESP32-C3 开发，这里将做详细介绍。由于不同平台的开发工具有极大相似性，部分说明在其他平台上将不再赘述，因此推荐仔细阅读本节的内容。

 扩展阅读：通过链接 `https://bookc3.espressif.com/esp32c3`，读者可以打开相关的在线文档，以便查看本节涉及的命令。

4.2.1　在 Linux 系统下安装 ESP-IDF 开发环境

Linux 系统原生自带了 ESP-IDF 开发环境所需的 GNU 开发和调试工具，其命令行终端也更加强大易用，因此在 Liunx 系统上开发 ESP32-C3 将获得最佳的编译速度和开发体验。开发者可以选择一个喜欢的 Linux 发行版本，本书推荐使用 Ubuntu 或其他 Debian 系统。本节将以 Ubuntu 20.04 为例介绍 ESP-IDF 开发环境的安装。

1. 安装依赖软件包

请打开一个新的终端，执行下面的命令可安装所有必要的软件包，已经安装的软件包将被自动跳过：

```
$ sudo apt-get install git wget flex bison gperf python3 python3-pip python3-setuptools cmake ninja-build ccache libffi-dev libssl-dev dfu-util libusb-1.0-0
```

> 小贴士：在执行上面的命令时需要使用管理员账户和密码，输入密码时默认不显示任何信息，按回车键即可。

软件包介绍。Git 是 ESP-IDF 中关键的代码管理工具，在成功安装开发环境后，可以使用命令 git log 来查看 ESP-IDF 自创建以来的每一次代码变更，除此以外 ESP-IDF 还使用 Git 来确认版本信息，用于正确地安装对应版本的工具链。除了 Git，重要的系统工具还有 Python，ESP-IDF 中包含了大量使用 Python 语言编写的自动化脚本。CMake、Ninja-build 和 Ccache 等工具在以 C/C++为主的工程中被广泛使用，这些工具也是 ESP-IDF 默认使用的代码编译和构建工具。libusb-1.0-0 和 dfu-util 作为主要驱动，被用于 USB 串口通信和固件烧录。

在成功安装软件包后，可以使用命令 apt show <package_name> 来查询各个软件包的详细描述，使用命令 apt show git 打印 Git 工具的描述信息。

问：软件包下载速度太慢，应该怎么办？

答：读者可将 Ubuntu 系统的源切换为国内的服务器，在打开的 Software & Updates（软件&更新）界面中，将 Download from（下载服务器）改为 Server for China，如图 4-4 所示。

问：不支持 Python 版本，应该怎么办？

答：ESP-IDF 的 v4.3 版本要求 Python 版本不低于 v3.6。对于老版本的 Ubuntu 系统，请手动下载并安装更高版本的 Python，并将 Python3 设置为系统默认的 Python 环境。通过搜索关键词 update-alternatives python 可以获得详细的设置过程。

2. 下载 ESP-IDF 仓库代码

请打开一个终端，使用 mkdir 命令在主目录创建一个名称为 esp 的文件夹（当然也可以将文件夹设置为其他名字），并使用 cd 命令进入该文件夹。命令如下：

图 4-4　将 Ubuntu 系统的源切换为国内的服务器

```
$ mkdir -p ~/esp
$ cd ~/esp
```

使用 git clone 命令下载 ESP-IDF 仓库代码，命令如下：

```
$ git clone -b v4.3.2 --recursive https://github.com/espressif/esp-idf.git
```

在上面的命令中，参数 -b v4.3.2 表示将下载并切换到 v4.3.2 版本；参数 --recursive 表示在主仓库下载完成后，将递归地下载 ESP-IDF 所有的子仓库，子仓库信息可在 .gitmodules 文件中查询。

问：代码下载速度太慢，应该怎么办？

答：由于 GitHub 服务器访问速度较慢，可以使用国内 Gitee 仓库加速下载。方法如下：

（1）使用 git clone 命令从 Gitee 上下载 ESP-IDF 主仓库代码，命令如下：

```
$ git clone -b v4.3.2 https://gitee.com/EspressifSystems/esp-idf.git
```

在上面的命令中，参数 -b v4.3.2 表示将下载并切换到 v4.3.2 版本。注意，这里不再使用参数 --recursive，这是因为 ESP-IDF 子仓库使用的是相对路径，Gitee 上可能没有对应的子仓库地址。

（2）为了下载子仓库，下载 esp-gitee-tools 工具。命令如下：

```
$ git clone https://gitee.com/EspressifSystems/esp-gitee-tools.git
```

（3）进入 esp-gitee-tools 目录，添加工具所在路径，方便后期使用。命令如下：

```
$ cd esp-gitee-tools
$ export EGT_PATH=$(pwd)
```

（4）返回 esp-idf 目录下载子仓库代码。命令如下：

```
$ cd ~/esp/esp-idf
$ $EGT_PATH/submodule-update.sh
```

3．安装 ESP-IDF 开发工具链

乐鑫科技提供的自动化脚本 install.sh 可自动完成工具链的下载和安装，该脚本首先会检查当前的 ESP-IDF 版本和操作系统环境；然后下载并安装对应版本的 Python 工具包和编译工具链，工具链的默认安装路径为 ~/.espressif；最后进入 esp-idf 目录运行 install.sh 即可。命令如下：

```
$ cd ~/esp/esp-idf
$ ./install.sh
```

成功安装工具链后终端将显示：

```
All done!
```

至此便完成了 ESP-IDF 开发环境的安装。

问：工具链下载速度太慢，应该怎么办？

答：由于 pip 工具默是认从原始服务器下载 Python 工具包的，芯片的工具链也默认从 GitHub 服务器下载，在国内访问以上资源的速度比较慢，可通过重定向下载路径的方法来提升下载速度。方法如下：

（1）重定向 pip 下载：可以在执行 ./install.sh 命令之前先执行以下命令，将 pip 服务器修改为 mirrors.aliyun.com（国内的阿里云）。

```
$ pip --version
$ pip config set global.index-url https://mirrors.aliyun.com/pypi/simple
$ pip config set global.trusted-host mirrors.aliyun.com
```

（2）重定向编译工具链下载：可以在执行 ./install.sh 命令之前先执行以下命令，将下载服务器改为乐鑫科技的官方服务器。

```
$ export IDF_GITHUB_ASSETS="dl.espressif.com/github_assets"
```

4.2.2　在 Windows 系统下安装 ESP-IDF 开发环境

1．下载 ESP-IDF 安装工具

> 小贴士：推荐在 Windows 10 及以上版本的系统下安装 ESP-IDF 开发环境，读者可以通过 https://dl.espressif.com/dl/esp-idf/ 下载安装包。安装工具本身也是一个开源软件，可以通过 https://github.com/espressif/idf-installer 查看源代码。

（1）在线安装工具：在线安装工具的安装包比较小，只有 4 MB，其他软件包和代码将在安装过程中下载。在线安装工具的优点是不仅可以在安装过程中按需下载软件包和代码，并且有更多的版本可选择，还可以安装 GitHub 最新分支的代码（如 master 分支）；其缺点是在安装过程中需要保持联网状态，可能会因为网络问题导致安装失败。

（2）离线安装工具：离线安装工具的安装包较大，有 1 GB，包含了环境安装需要的所有软件包和代码。离线安装工具的主要优点是可以在无法访问互联网的计算机中使用，且安装的成功率比较高。需要注意的是，离线安装工具只能安装以 v*.* 或 v*.*.* 标识的 ESP-IDF 稳定发布版本。

2．运行安装工具

下载对应版本的安装工具后（这里下载的是 ESP-IDF Tools Offline 4.3.2），双击 exe 文件即可进入 ESP-IDF 的安装界面。以下演示了如何使用离线安装工具安装 ESP-IDF 的稳定版本 v4.3.2。

（1）在如图 4-5 所示的"选择安装语言"界面的下拉列表中选择使用的语言，这里选择"简体中文"。

（2）选择语言后单击"确定"按钮，可弹出"许可协议"界面（见图 4-6），仔细阅读安装许可协议后选择"我同意此协议"，并单击"下一步"按钮。

图 4-5　"选择安装语言"界面

图 4-6　"许可协议"界面

（3）在"安装前系统检查"界面（见图 4-7）中检查系统配置项，这里主要检查 Windows 的版本信息和已安装的杀毒软件信息，检查完成后单击"下一步"按钮。如果系统配置项异常，则可以单击"完整日志"按钮，根据关键项检索相关的解决方案。

> 小贴士：将日志提交到 https://github.com/espressif/idf-installer/issues 可寻求帮助。

图 4-7　"安装前系统检查"界面

（4）选择 ESP-IDF 安装目录，这里选择 D:/.espressif，如图 4-8 所示，并单击"下一步"按钮。请注意这里的 .espressif 是一个隐藏目录，在安装完成后，打开文件管理器的显示隐藏的项目可查看该文件夹内的具体内容。

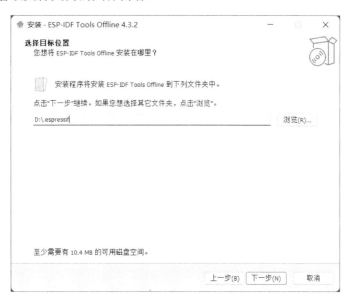

图 4-8　选择 ESP-IDF 安装目录

（5）勾选需要安装的组件，如图 4-9 所示，建议使用默认选项，即完全安装，然后单击"下一步"按钮。

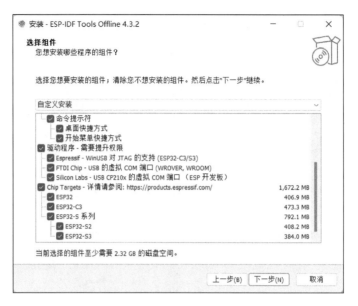

图 4-9　勾选需要安装的组件

（6）确定准备安装的组件，单击"安装"按钮即可开始自动化的安装过程，如图 4-10 所示。安装过程可能持续数十分钟，安装过程进度条如图 4-11 所示，请耐心等待。

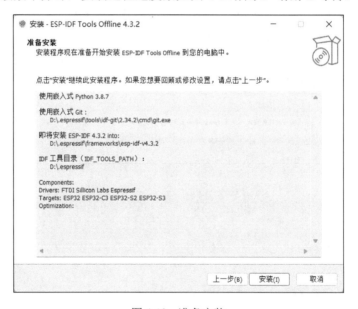

图 4-10　准备安装

（7）安装完成后，建议勾选"将 ESP-IDF 工具的可执行文件注册为 Windows Defender 的排除项……"，以避免杀毒软件误删文件，同时加入排除项可跳过杀毒软件的频繁扫描，大大提高 Windows 系统的代码编译效率。单击"完成"按钮即可完成开发环境的安装，如图 4-12 所示。读者可选择勾选"运行 ESP-IDF PowerShell 环境""运行 ESP-IDF 命令提示符"。在安装完后直接运行编译窗口，确保开发环境能够正常运行。

图 4-11　安装过程进度条

图 4-12　安装完成

（8）在程序列表中快速打开安装的开发环境（ESP-IDF 4.3 CMD 或 ESP-IDF 4.3 PowerShell 终端任选其一，如图 4-13 所示），在终端运行时会自动添加 ESP-IDF 的环境变量，之后就可以使用 `idf.py` 命令进行操作了。打开的 ESP-IDF 4.3 CMD 如图 4-14 所示。

图 4-13　安装的开发环境

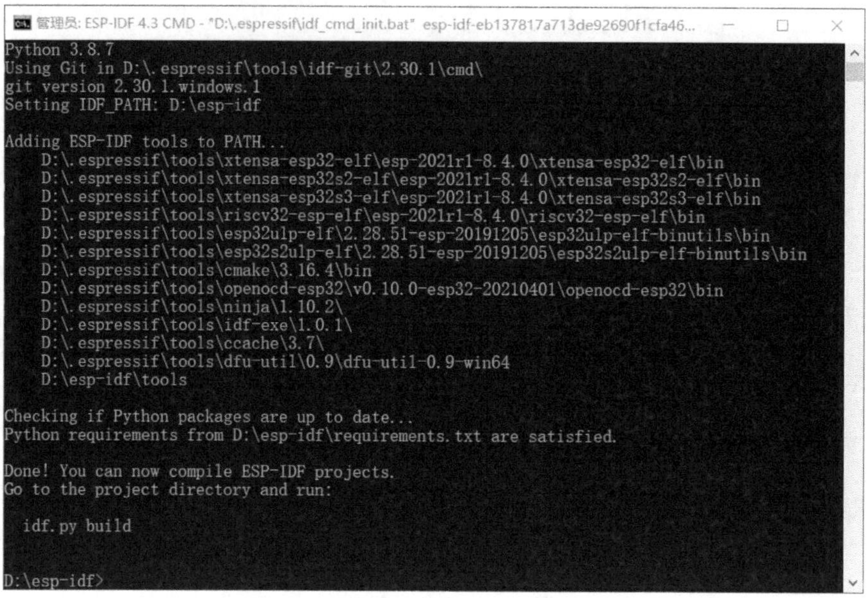

图 4-14 打开的 ESP-IDF 4.3 CMD

4.2.3 在 Mac 系统下安装 ESP-IDF 开发环境

在 Mac 系统下安装 ESP-IDF 开发环境的流程和 Linux 系统一致，仓库代码下载和工具链安装命令也完全相同，只是安装依赖软件包的命令略不相同。

1. 安装依赖软件包

pip 作为 Python 包管理工具，将用于后续 Python 软件包的安装。打开终端，输入以下命令可安装 pip：

```
% sudo easy_install pip
```

安装包管理工具 HomeBrew 用于安装其他依赖软件，输入下面的命令可安装 HomeBrew：

```
% /bin/bash -c "$(curl -fsSL https://raw.githubusercontent.com/Homebrew/install/HEAD/install.sh) "
```

输入以下命令可安装依赖软件包：

```
% brew install python3 cmake ninja ccache dfu-util
```

2. 下载 ESP-IDF 仓库代码

该部分请参考 4.2.1 节，与 Linux 系统中下载 ESP-IDF 仓库代码的方法相同。

3. 安装 ESP-IDF 开发工具链

该部分请参考 4.2.1 节，与 Linux 系统中安装 ESP-IDF 开发工具链的方法相同。

4.2.4　VS Code 代码编辑工具的安装

ESP-IDF SDK 默认不附带代码编辑工具（最新的 Windows 版安装工具可选择安装 ESP-IDF Eclipse），读者可使用任何文本编辑工具进行代码的编辑，代码编辑完成后可在终端控制台使用命令进行代码的编译。

VS Code（Visual Studio Code）是一个免费的代码编辑工具，具有丰富且易用的插件功能，支持代码跳转和高亮显示，支持 Git 版本管理和终端集成等。另外乐鑫科技也为 VS Code 开发了专用插件 Espressif IDF，方便工程配置和调试。

读者可以使用命令 code 在 VS Code 中快速打开当前文件夹，也可以使用命令 Ctrl+~ 在 VS Code 中打开系统默认的终端控制台。

> **小贴士**
>
> 本书推荐使用 VS Code 进行 ESP32-C3 代码的开发，读者可以通过链接 `https://code.visualstudio.com/` 下载并安装最新的 VS Code。

4.2.5　第三方开发环境简介

除了支持以 C 语言为主的官方开发环境 ESP-IDF，ESP32-C3 还支持其他主流开发语言和大量第三方开发环境，主要包括：

（1）Arduino。是一个开源硬件和开源软件平台，支持包括 ESP32-C3 在内的大量微控制器。Arduino 基于 C++ 语言的 API，由于使用简单和标准，在开发者社区广泛流行，也被称为 Arduino 语言，被广泛应用在原型开发和教学领域。同时 Arduino 还提供一个可扩展软件包的 IDE，可以一键完成代码编译和烧录工作。

（2）MicroPython。是可在嵌入式微控制器平台上运行的 Python3 语言解析器，通过简单的脚本语言即可直接调用 ESP32-C3 的外设资源（如 UART、SPI、I2C 等）和通信功能（如 Wi-Fi、Bluetooth LE），能够大大简化与硬件的交互过程。结合 Python 的大量数学运算库，用户可以在 ESP32-C3 上轻松实现复杂的算法，加速人工智能相关应用的开发。借助脚本语言的特性，用户不需要重复代码的编译和烧录过程，只需要修改运行脚本即可。

（3）NodeMCU。是一个针对 ESP 系列芯片开发的 LUA 语言解析器，几乎支持 ESP 芯片的所有外设功能，相比 MicroPython 也更加轻量。同样，NodeMCU 也有脚本语言，具有无须重复编译的优点。

除此以外，ESP32-C3 还支持 NuttX 和 Zephyr 操作系统。NuttX 是支持 POSIX 兼容接口的实时操作系统，提高了应用软件的可移植性。Zephyr 是专为物联网场景开发的小型实时操作系统，包含了大量的物联网开发过程中需要的软件库，正逐渐发展为完整的软件生态系统。

本书不再详细描述以上开发环境的安装过程，请读者根据需求选择开发环境后，按照相应的安装方法完成开发环境的安装。

4.3 ESP-IDF 编译系统详解

4.3.1 编译系统基本概念

ESP-IDF 工程是一个包含入口函数的主程序和多个独立功能组件的集合。例如，一个控制 LED 开关的项目主要包含一个入口程序 main 和控制 GPIO 的 driver 组件。如果要实现 LED 远程控制功能，则还需要额外添加 Wi-Fi、TCP/IP 协议栈等。

编译系统通过一套构建规则可对代码进行编译、链接，并生成可执行文件（.bin）。ESP-IDF v4.0 及以上版本的编译系统默认以 CMake 为基础搭建，编译脚本 CMakeLists.txt 可用于控制代码的编译行为。ESP-IDF 编译系统除了支持 CMake 基础语法，还定义了一套默认的编译规则和 CMake 函数，用户使用简单的语句即可完成编译脚本的编写。

4.3.2 工程文件结构

工程（Project，也称为项目）是指一个包含入口程序 main、用户自定义组件，以及构建可执行应用程序所需的编译脚本、配置文件、分区表等文件的文件夹。工程可以被复制和传递，并可在安装了相同版本 ESP-IDF 开发环境的机器中编译生成相同的可执行文件。典型的 ESP-IDF 工程文件结构如图 4-15 所示。

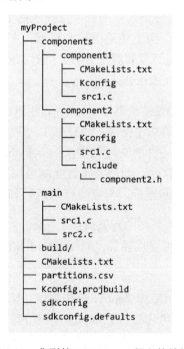

图 4-15 典型的 ESP-IDF 工程文件结构

由于 ESP-IDF 具有跨芯片平台的特性，同时支持乐鑫的多款物联网芯片，包括 ESP32、ESP32-S

系列、ESP32-C 系列、ESP32-H 系列等，因此在编译代码之前，需要确定一个目标。目标既是运行应用程序的硬件设备，也是编译系统的生成目标。

工程可以指定编译目标，也可同时兼容多种目标，在编译时由用户选择。例如，可以通过命令 idf.py set-target esp32c3 将编译目标设置为 ESP32-C3，期间将加载针对 ESP32-C3 的默认参数和编译工具链路径，经过编译后即可为 ESP32-C3 生成可执行程序。用户也可以再次运行命令 set-target 来设置其他目标，编译系统将自动清理并重新进行配置。

（1）组件。组件是模块化且独立的代码，在编译系统中以文件夹的形式管理（文件夹名默认为组件名）。通过组件的编译脚本，可以指定其编译参数和依赖关系。在编译时组件会被编译成独立的静态库（.a 文件），最终在链接阶段共同组成应用程序。

ESP-IDF 的关键功能（如操作系统、外设驱动、网络协议栈等）是以组件的形式提供的，这些组件保存在 ESP-IDF 根目录下的 components 目录中，开发者无须将这些组件复制到 myProject 的 components 目录中，只需要在 CMakeLists.txt 中使用 REQUIRES 或 PRIV_REQUIRES 指明对它们的依赖关系即可，编译系统会自动找到该组件并对其进行编译。

因此 myProject 下 components 目录并不是必需的，这里仅用于包含项目的部分自定义组件，自定义组件可以是第三方库或者用户的自定义代码。除此之外，组件也可以来自非 ESP-IDF 或非当前工程的任意目录，如来源于在其他目录下保存的开源项目。这时只需要在根目录的 CMakeLists.txt 中通过设置 EXTRA_COMPONENT_DIRS 变量来添加该组件的查找位置即可。该目录同样会对 ESP-IDF 同名组件进行覆盖。

（2）入口程序。main 目录和其他组件（如 component1）的文件结构是一样的，它是一个必须存在的特殊组件。一个工程有且仅有一个 main 目录，该目录包含了项目本身的源代码和用户程序的入口 app_main，用户程序默认从这里开始执行。main 组件的特殊之处还有，它默认依赖于所有搜索路径中的组件，因此不必在自己的 CMakeLists.txt 中使用 REQUIRES 或 PRIV_REQUIRES 指明依赖关系。

（3）配置文件。工程的根目录下包含了一个名为 sdkconfig 配置文件，该文件包含了工程所有组件的配置参数。sdkconfig 是由编译系统自动生成的，可通过命令 idf.py menuconfig 进行修改并重新生成。menuconfig 中的选项主要从工程的 Kconfig.projbuild 以及组件的 Kconfig 导入，组件的开发者一般通过在 Kconfig 中添加配置项，使组件具有灵活可配置的特性。

（4）编译目录（build）。使用命令 idf.py build 编译产生的中间文件和最终的可执行程序，将默认保存在工程的 build 目录中。一般情况下，用户不必查看 build 目录的内容，ESP-IDF 预定义了操作该目录的命令，如使用命令 idf.py flash 将自动找到编译生成的二进制文件，并烧录到指定的 Flash 地址；使用命令 idf.py fullclean 可以对整个 build 目录进行清理。

（5）分区表（partitions.csv）。每一个工程都会配置相应的分区表，用于划分 Flash 的空间，指明可执行程序和用户数据空间的大小、起始地址等。命令 idf.py flash 或者 OTA 升级程序据此将固件烧录到 Flash 的对应地址。ESP-IDF 在 components/partition_table 中提供了几套系统默认的分区表，如 partitions_singleapp.csv 和 partitions_two_ota.csv 等，用户可以在 menuconfig 中进行选择。

如果系统默认的分区表不能满足项目的要求，则开发者可以在项目的目录下添加自定义的分区表 partitions.csv，并在 menuconfig 中选择自定义的分区表。

4.3.3　编译系统默认的构建规范

（1）同名组件覆盖规则。编译系统在搜索组件时，首先搜索 ESP-IDF 的内部组件，然后搜索用户的项目组件，最后搜索 EXTRA_COMPONENT_DIRS 中的组件。如果这些目录中的两个或者多个目录包含相同名字的组件，最后搜索到的同名组件将覆盖前面搜索到的同名组件。基于这种规则，可将 ESP-IDF 组件复制到用户工程，再进行自定义修改，ESP-IDF 代码本身可以保持不变。

（2）默认包含的通用组件。如 4.3.2 节所述，组件需要在 CMakeLists.txt 中显式地指明和其他组件的依赖关系。对于 freertos 等通用组件，即使在编译脚本中不显式地指明依赖关系，也会被默认包含在构建系统中。ESP-IDF 通用组件包括 freertos、Newlib、heap、log、soc、esp_rom、esp_common、xtensa/riscv、cxx，使用这些通用组件可避免在编写 CMakeLists.txt 时重复性工作，使其更加简洁。

（3）配置项覆盖规则。开发者可以通过在工程中添加一个名为 sdkconfig.defaults 的默认配置文件，给工程添加默认配置参数。例如，添加 CONFIG_LOG_DEFAULT_LEVEL_NONE=y 可控制 UART 接口默认不打印 Log 数据。除此之外，如果想针对特定目标设置特定参数，可添加名为 sdkconfig.defaults.TARGET_NAME 的配置文件，TARGET_NAME 可以是 esp32s2、esp32c3 等。以上配置文件将在编译期间被导入 sdkconfig 中，导入的顺序是先导入通用默认配置文件 sdkconfig.defaults，再导入目标的特定配置文件，如 sdkconfig.defaults.esp32c3。如果存在同名的配置项，则后者将对前者进行覆盖。

4.3.4　编译脚本详解

在基于 ESP-IDF 进行工程开发时，开发者不仅需要编写源代码，而且需要编写工程和组件的 CMakeLists.txt。CMakeLists.txt 是一个文本文件，也称为编译脚本，其中定义了一系列编译对象、编译配置项和命令，用于指导源代码的编译过程。ESP-IDF v4.3.2 的编译系统是基于 CMake 搭建的，除了支持原生 CMake 函数和命令，还定义了一系列的自定义函数，大大简化了用户编写编译脚本的工作。

ESP-IDF 中的编译脚本主要包含工程编译脚本和组件编译脚本。工程的根目录下包含的 CMakeLists.txt 称为工程编译脚本，用于指导整个工程的编译过程。最基础的工程编译脚本仅包含以下三行代码：

```
1.  cmake_minimum_required(VERSION 3.5)
2.  include($ENV{IDF_PATH}/tools/cmake/project.cmake)
3.  project(myProject)
```

其中，cmake_minimum_required（VERSION 3.5）必须放在首行，用于指明工程需要的最小 CMake 版本号，新版本的 CMake 一般向后兼容老版本，当使用新版本 CMake 命令时，请同时将版本号调整为最新值，否则命令可能无法被识别。include($ENV{IDF_PATH}/tools/cmake/project.cmake)用于导入 ESP-IDF 编译系统预定义的编译配置项和命令，4.3.3 节所述的编译系统默认的构建规范均包含在其中。project(myProject)用于创建项目本身，并指定项目名称，该名称会作为最终输出的二进制文件名称，即 myProject.elf 和 myProject.bin。

同一个工程可能有包含 main 组件在内的多个组件，每个组件的顶层目录包含的 CMakeLists.txt 称为组件编译脚本。组件编译脚本主要用于指定组件的依赖关系，配置参数与编译的源代码文件、可被包含的头文件等。借助 ESP-IDF 的自定义函数 idf_component_register，最基础的组件编译脚本仅需要以下的代码。

```
1.  idf_component_register(SRCS "src1.c"
2.                         INCLUDE_DIRS "include"
3.                         REQUIRES component1)
```

其中，参数 SRCS 用于提供该组件中源文件列表，如果有多个文件，则使用空格分隔；参数 INCLUDE_DIRS 用于提供该组件公共头文件目录列表，目录将被添加到需要当前组件的所有其他组件的 include 搜索路径中；参数 REQUIRES 用于标识当前组件的公共组件依赖项，组件必须显式地写明依赖于哪些组件，如 component2 依赖于 component1。由于 main 组件默认依赖于所有组件，因此对于 main 组件，可省略参数 REQUIRES。

除此之外，用户也可以在编译脚本中使用原生的 CMake 命令。例如，使用命令 set 来设置变量，如 set(VARIABLE "VALUE")等。

4.3.5　常用命令详解

在 ESP-IDF 编译代码的过程中，需要使用 CMake 项目配置工具、Ninja 项目构建工具和 esptool 烧录工具，每种工具分别在编译、构建、烧录过程中发挥不同作用，同时也支持不同的操作命令。为了便于用户操作，ESP-IDF 添加了一个统一前端 idf.py，通过 idf.py 可以快速和连续调用上述的命令。

在使用 idf.py 之前，需要确保：

- ESP-IDF 的环境变量 IDF_PATH 已经添加到当前终端。
- 命令执行目录为工程的根目录，即包含工程编译脚本 CMakeLists.txt 的目录。

idf.py 的常用命令如下：

- idf.py --help：可显示命令列表和使用说明。

- idf.py set-target <target>：设置编译目标，如将 <target> 替换为 esp32c3。
- idf.py menuconfig：运行 menuconfig 终端图像化配置工具，可以选择或修改配置选项，配置结果将保存在 sdkconfig 文件中。
- idf.py build：开始编译代码，编译产生的中间文件和最终的可执行程序将默认保存在项目的 build 目录。编译过程是增量式的，如果仅对一个源文件进行修改，在下次编译时将只编译已修改的文件。
- idf.py clean：清理项目编译产生的中间文件，下次编译时会强制编译整个项目。需要注意，清理时不会删除 CMake 配置和使用 menuconfig 修改的配置。
- idf.py fullclean：删除整个 build 目录下的内容，包括所有 CMake 的配置输出文件。在下次构建项目时，CMake 会从头开始配置项目。请注意，该命令会递归删除构建目录下的所有文件，请谨慎使用，项目配置文件不会被删除。
- idf.py flash：将 build 生成的可执行程序二进制文件烧录到目标 ESP32-C3 中。选项 -p <port_name> 和 -b <baud_rate> 分别用于设置串口的设备名和烧录时的波特率，如果不指定这两个选项，将自动搜索串口并使用默认的波特率。
- idf.py monitor：用于显示目标 ESP32-C3 的串口输出。选项 -p 可用于设置主机端串口的设备名，在串口打印期间，可按下组合键 Ctrl+] 退出监视器。

以上命令也可以组合输入，如命令 idf.py build flash monitor 将依次进行代码编译、下载、打开串口监视器等操作。

读者可访问 https://bookc3.espressif.com/build-system 阅读 ESP-IDF 编译系统章节。

4.4　实战：Blink 示例程序编译

4.4.1　Blink 示例程序分析

本节将以 Blink 示例程序为例，详细分析一个实际工程的文件结构和编码规则。Blink 示例程序实现了 LED 指示灯的闪烁效果，该工程保存在目录 examples/get-started/blink 中，包含一个源文件、配置文件和若干个编译脚本。

本书中的实战项目——智能照明工程也将以该示例程序为基础，在后面的章节中逐步添加功能，最终完成智能照明实战项目。

 项目源码：为了展示整个开发过程，所以将 Blink 示例程序复制到了目录 book-esp32c3-iot-projects/device_firmware/1_blink 中。

blink 工程的文件目录结构如图 4-16 所示。

blink 工程仅包含一个 main 目录，如 4.3.2 节所述，该目录是一个必须包含的特殊组件，主要用于存放 app_main() 函数的实现，该函数是用户程序的入口。blink 工程未包含

components 目录，原因是当前示例只需要使用 ESP-IDF 自带的组件即可，不需要增加额外组件。blink 工程包含的 CMakeLists.txt 用于指导编译过程，而 Kconfig.projbuild 用于在 menuconfig 中添加该示例程序的配置项。其他不必要的文件不会影响代码的编译，这里不再赘述，对 blink 工程文件的详细解读如下：

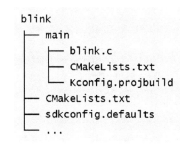

图 4-16　blink 工程的文件目录结构

```
1.  /*blink.c 包含以下头文件*/
2.  #include <stdio.h>                //C 语言标准库头文件
3.  #include "freertos/FreeRTOS.h"    //FreeRTOS 主头文件
4.  #include "freertos/task.h"        //FreeRTOS Task 头文件
5.  #include "sdkconfig.h"            //kconfig 生成的配置头文件
6.  #include "driver/gpio.h"          //GPIO 驱动头文件
```

源文件 blink.c 包含了一系列函数声明对应的头文件，ESP-IDF 一般遵循先包含标准库头文件，再包含 FreeRTOS 头文件、驱动头文件、其他组件头文件、项目头文件的顺序。头文件的包含顺序有可能影响最终的编译结果，所以请尽量遵循默认规范。需要注意的是，sdkconfig.h 由 kconfig 自动生成，仅能通过命令 idf.py menuconfig 进行配置，对该头文件的直接修改将会被覆盖。

```
1.  /*开发者可以在 (idf.py menuconfig) 中选择 LED 对应的 GPIO, menuconfig 的修改结果是，
    CONFIG_BLINK_GPIO 的值被改变。也可以直接修改这里的宏定义，将 CONFIG_BLINK_GPIO 改
    成一个固定的数值*/
2.  #define BLINK_GPIO CONFIG_BLINK_GPIO
3.  void app_main(void)
4.  {
5.      /*将 IO 配置为 GPIO 默认功能，启用上拉模式，禁用输入模式和输出模式*/
6.      gpio_reset_pin(BLINK_GPIO);
7.      /*将 GPIO 设置为输出模式*/
8.      gpio_set_direction(BLINK_GPIO, GPIO_MODE_OUTPUT);
9.      while(1) {
10.         /*打印 Log*/
11.         printf("Turning off the LED\n");
12.         /*关闭 LED (输出低电平)*/
13.         gpio_set_level(BLINK_GPIO, 0);
14.         /*延时 (1000 毫秒)*/
```

```
15.         vTaskDelay(1000 / portTICK_PERIOD_MS);
16.         printf("Turning on the LED\n");
17.         /*点亮LED(输出高电平)*/
18.         gpio_set_level(BLINK_GPIO, 1);
19.         vTaskDelay(1000 / portTICK_PERIOD_MS);
20.     }
21. }
```

app_main()是一个无参数且无返回值的简单函数，该函数作为用户程序的入口，在系统完成初始化后被调用。系统初始化的操作包括初始化 Log 串口、配置单/双核、配置看门狗等必要步骤。app_main()函数的运行上下文是一个名为 main 的任务（Task），用户可以在 menuconfig → Componentconfig → Common ESP-related 中调整该任务的堆栈大小和优先级等。对于令 LED 闪烁这种简单的任务，可以直接在 app_main()函数中实现所有工作代码，先初始化 LED 对应的 GPIO，再使用 while(1) 循环执行开关 LED 的动作。当然用户也可以在 app_main()函数中使用 FreeRTOS 的 API 创建新任务来完成令 LED 闪烁的任务，新任务创建成功后，可以退出 app_main()函数。main/CMakeLists.txt 的内容如下：

```
1.  idf_component_register(SRCS "blink.c" INCLUDE_DIRS ".")
```

其中，main/CMakeLists.txt 仅调用一个编译系统函数，即 idf_component_register。与其他大多数组件的 CMakeLists.txt 编写方法一致，这里将 blink.c 添加到 SRCS，添加到 SRCS 的源文件将参与编译。同时还将 "."（代表 CMakeLists.txt 所在路径）添加到 INCLUDE_DIRS，添加到 INCLUDE_DIRS 的目录将作为头文件的搜索目录。CMakeLists.txt 的内容如下：

```
1.  #指定v3.5作为当前工程支持的最小CMake版本
2.  #小于v3.5的版本必须先升级CMake才能继续编译
3.  cmake_minimum_required(VERSION 3.5)
4.  #包含ESP-IDF编译系统CMake默认配置项
5.  include($ENV{IDF_PATH}/tools/cmake/project.cmake)
6.  #创建名为blink的工程
7.  project(blink)
```

其中，根目录下的 CMakeLists.txt 主要包含了 $ENV{IDF_PATH}/tools/cmake/project.cmake，该文件是 ESP-IDF 提供的 CMake 主配置文件，用于配置 ESP-IDF 编译系统的默认规则，并定义 idf_component_register 等常用函数；project(blink) 创建了一个名为 blink 的工程，最终生成的固件将以 blink.bin 的形式命名。

4.4.2　Blink 示例程序的编译过程

本节以 Blink 示例程序为例，一步步地完成一个简单的 ESP-IDF 示例程序编译。需要注意的是，本节是通过 GPIO 的高/低电平来驱动 LED 的。对于 WS2812 指示灯，需要使用特殊通信协议，请参考 esp-idf/examples/peripherals/rmt/led_strip 中的示例程序。

1．打开新的终端并导入 ESP-IDF 环境变量

对于 Linux 和 Mac 系统，使用命令 cd ~/esp/esp-idf 进入 ESP-IDF 的文件夹，使用命令 ../export.sh 导入 ESP-IDF 环境变量，该过程将同时进行开发环境的完整性检查。

> **小贴士**
>
> 请注意 ../export.sh 中空格前的 . 不可省略。. 与 source 指令等价，是指在当前 Shell 环境中执行脚本，可更改当前 Shell 中的环境变量。

对于 Windows 系统，可以直接在程序列表查找并打开 ESP-IDF 4.3 CMD 或 ESP-IDF 4.3 PowerShell，终端打开后会自动添加环境变量，如图 4-17 所示。

图 4-17　Windows 系统自动添加环境变量

2．进入 blink 工程根目录

开发者进入工程根目录后才能进行编译操作，这里使用命令 cd examples/get-started/blink 进入 blink 工程根目录。

3．设置编译目标为 ESP32-C3

使用命令 idf.py set-target esp32c3 将编译目标设置为 ESP32-C3，如图 4-18 所示。如果该步骤被跳过，则编译目标默认为 ESP32。

4. 配置 GPIO

使用命令 idf.py menuconfig 进入选项配置界面，按向上/向下按键和 Enter 按键进入 Example Configuration，输入数字将 GPIO 改为指定引脚，如图 4-19 所示，按照提示进行保存即可。

图 4-18　将编译目标设置为 ESP32-C3

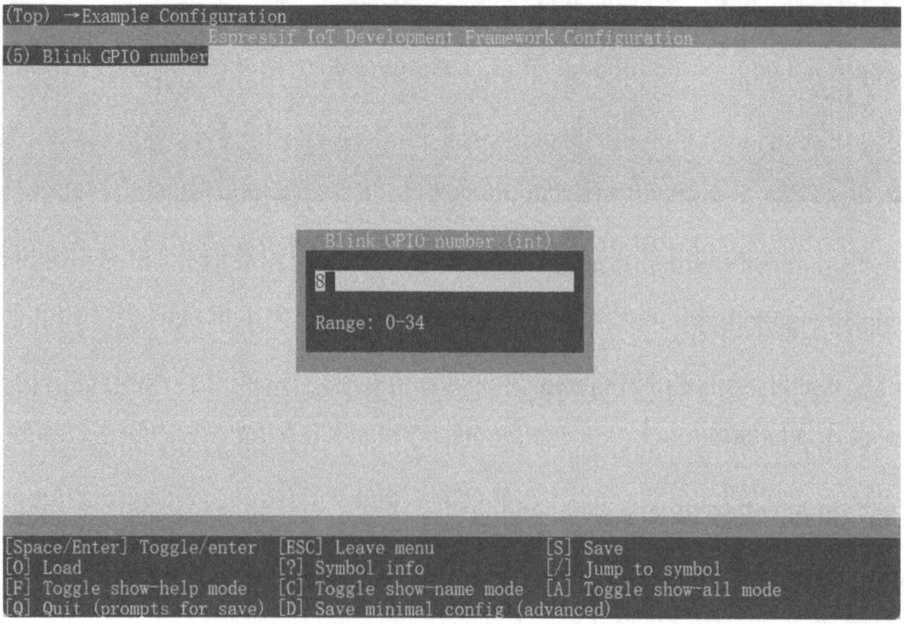

图 4-19　使用 menuconfig 配置 GPIO

5．编译代码

使用命令 `idf.py build` 进行代码编译，代码编译过程如图 4-20 所示，代码编译完成后将出现如图 4-21 所示的提示，并打印出烧录命令。

图 4-20　代码编译过程

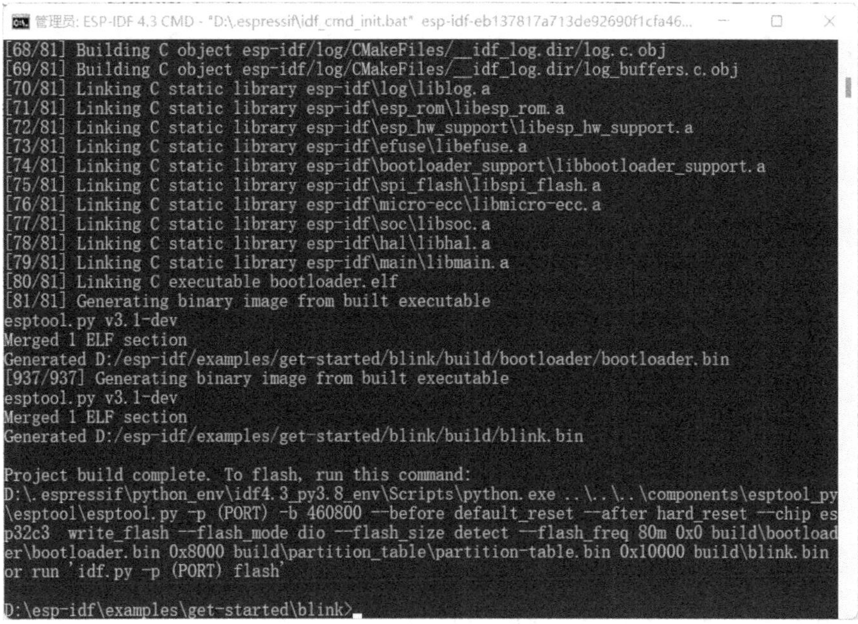

图 4-21　代码编译完成后的提示

4.4.3 Blink 示例程序的烧录过程

对于 Linux 系统，通过 USB-UART 芯片（如 CP2102）将 ESP32-C3 接入 Linux 计算机，使用命令 `ls /dev/ttyUSB*` 查看串口号。如果打印的当前串口号为 `/dev/ttyUSB0`，则使用命令 `idf.py -p /dev/ttyUSB0 flash` 进行烧录。

对于 Mac 系统，通过 USB-UART 芯片（如 CP2102）将 ESP32-C3 接入 Mac 电脑，使用命令 `ls /dev/cu.*` 查看串口号。如果打印当前串口号为 `/dev/cu.SLAB_USBtoUART`，则使用命令 `idf.py -p /dev/cu.SLAB_USBtoUART flash` 进行烧录。

对于 Windows 系统，通过 USB-UART 芯片（如 CP2102）将 ESP32-C3 接入 Windows 计算机，通过设备管理器查看串口号。如果当前串口号为 COM5，则使用命令 `idf.py -p COM5 flash` 进行烧录。

在烧录完成后，控制台将出现如图 4-22 所示的提示。当出现以下 Log 时开始执行代码，可以观察到开发板上的 LED 开始闪烁（注意：ESP32-C3-Lyra 或 ESP32-C3-DevKitM-1 开发板上的 LED 均为单线控制 LED，是不适用 Blink 例程的，需要发送相应协议对其控制）。

```
Hard resetting via RTS pin…
Done
```

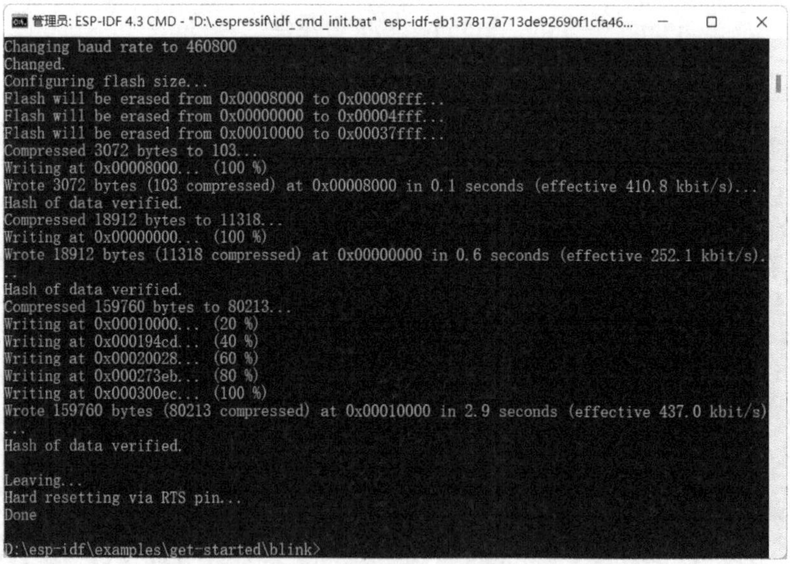

图 4-22　在烧录完成后控制台出现的提示

4.4.4 Blink 示例程序的串口 Log 分析

固件编译和下载完成以后，在工程文件夹内执行命令 `idf.py monitor`，将打开一个带有彩色字体标记的监视器，该监视器可用于输出目标 ESP32-C3 设备的串口 Log，内容默认分为三部分：一级 Bootloader 信息、二级 Bootloader 信息和用户程序输出。在 Log 的输出过程中，用户按下组合键 Ctrl+] 即可退出 Log 输出。

```
ESP-ROM:esp32c3-api1-20210207
Build:Feb 7 2021
rst:0x1 (POWERON),boot:0xc (SPI_FAST_FLASH_BOOT)
SPIWP:0xee
mode:DIO, clock div:1
load:0x3fcd6100,len:0x1798
load:0x403ce000,len:0x8dc
load:0x403d0000,len:0x2984
entry 0x403ce000
```

（1）一级 Bootloader 信息：默认从 UART 输出，v4.3.2 版本的 ESP-IDF 无法通过配置关闭一级 Bootloader 信息的输出。一级 Bootloader 信息不仅包括芯片内部固化的 ROM 代码版本信息，同型号芯片后续可能会进行 ROM 修复和功能扩充，因此存在不同的版本；也包括芯片重启原因，如 rst:0x1 表示芯片上电重启，rst:0x3 表示软件触发重启，rst:0x4 表示软件异常重启等，用户可以据此判断芯片的工作状态；还包括了芯片 Boot 模式的信息，如 boot:0xc 表示 SPI Flash Boot 模式（正常运行模式，该模式下 Flash 中的代码将被加载并运行），boot:0x4 表示 Flash Download 模式（该模式下可对 Flash 内容进行擦除和烧录）。

（2）二级 Bootloader 信息：可以在 menuconfig 中通过将 menuconfig(Top) → Bootloader config → Bootloader log verbosity 设置为 No output 来关闭二级 Bootloader 信息的输出。二级 Bootloader 信息主要包括 ESP-IDF 版本信息、Flash 运行模式和速率信息、系统分区和堆栈分配信息，以及应用程序名称和版本信息等。

```
I (30) boot: ESP-IDF v4.3.2-1-g887e7c0c73-dirty 2nd stage bootloader
I (30) boot: compile time 18:27:35
I (30) boot: chip revision: 3
I (34) boot.esp32c3: SPI Speed      : 80MHz
I (38) boot.esp32c3: SPI Mode       : DIO
I (43) boot.esp32c3: SPI Flash Size : 2MB
I (48) boot: Enabling RNG early entropy source...
I (53) boot: Partition Table:
I (57) boot: ## Label            Usage          Type ST Offset   Length
I (64) boot:  0 nvs              WiFi data      01 02 00009000 00006000
I (72) boot:  1 phy_init         RF data        01 01 0000f000 00001000
I (79) boot:  2 factory          factory app    00 00 00010000 00100000
I (86) boot: End of partition table
I (91) esp_image: segment 0: paddr=00010020 vaddr=3c020020 size=06058h (24664) map
I (103) esp_image: segment 1: paddr=00016080 vaddr=3fc89c00 size=01a88h (6792) load
I (109) esp_image: segment 2: paddr=00017b10 vaddr=40380000 size=08508h (34056) load
I (122) esp_image: segment 3: paddr=00020020 vaddr=42000020 size=15c54h (89172) map
I (138) esp_image: segment 4: paddr=00035c7c vaddr=40388508 size=0157ch (5500) load
I (139) esp_image: segment 5: paddr=00037200 vaddr=50000000 size=00010h (16) load
I (147) boot: Loaded app from partition at offset 0x10000
I (150) boot: Disabling RNG early entropy source...
```

```
I (166) cpu_start: Pro cpu up.
I (179) cpu_start: Pro cpu start user code
I (179) cpu_start: cpu freq: 160000000
I (179) cpu_start: Application information:
I (182) cpu_start: Project name:    blink
I (186) cpu_start: App version:    v4.3.2-1-g887e7c0c73-dirty
I (193) cpu_start: Compile time:    Jan 26 2022 18:27:31
I (199) cpu_start: ELF file SHA256: dadcae8e7bb964ab...
I (205) cpu_start: ESP-IDF:        v4.3.2-1-g887e7c0c73-dirty
I (212) heap_init: Initializing. RAM available for dynamic allocation:
I (219) heap_init: At 3FC8C4D0 len 00033B30 (206 KiB): DRAM
I (225) heap_init: At 3FCC0000 len 0001F060 (124 KiB): STACK/DRAM
I (232) heap_init: At 50000010 len 00001FF0 (7 KiB): RTCRAM
I (238) spi_flash: detected chip: generic
I (243) spi_flash: flash io: dio
W (247) spi_flash: Detected size(4096k) larger than the size in the binary image
header(2048k). Using the size in the binary image header.
I (260) sleep: Configure to isolate all GPIO pins in sleep state
I (267) sleep: Enable automatic switching of GPIO sleep configuration
I (274) cpu_start: Starting scheduler.
```

（3）用户程序输出：包括所有通过 printf() 或 ESP_LOG() 函数输出的信息，前者是 C 语言的标准输出函数，后者是 ESP-IDF 自定义的输出函数。这里推荐使用后者，它可为 Log 标记等级，用户可以通过 menuconfig(Top) → Component config → Log output 来控制哪个等级以上的 Log 被输出。

```
I (278) gpio: GPIO[5]| InputEn: 0| OutfgputEn: 0| OpenDrain: 0| Pullup: 1| Pulldown:
0| Intr:0
Turning off the LED
Turning on the LED
Turning off the LED
Turning on the LED
```

除了常规的 Log 输出功能，idf.py monitor 也可用于解析系统异常、追溯软件错误。例如，当应用程序崩溃（Crash）时，将产生以下的寄存器转储和回溯信息：

```
Guru Meditation Error of type StoreProhibited occurred on core  0. Exception was
unhandled.
Register dump:
PC   : 0x400f360d PS    : 0x00060330 A0    : 0x800dbf56 A1    : 0x3ffb7e00
A2   : 0x3ffb136c A3    : 0x00000005 A4    : 0x00000000 A5    : 0x00000000
A6   : 0x00000000 A7    : 0x00000080 A8    : 0x00000000 A9    : 0x3ffb7dd0
A10  : 0x00000003 A11   : 0x00060f23 A12   : 0x00060f20 A13   : 0x3ffba6d0
A14  : 0x00000047 A15   : 0x0000000f SAR   : 0x00000019 EXCCAUSE: 0x0000001d
EXCVADDR: 0x00000000 LBEG : 0x4000c46c LEND : 0x4000c477 LCOUNT : 0x00000000

Backtrace:  0x400f360d:0x3ffb7e00  0x400dbf56:0x3ffb7e20  0x400dbf5e:0x3ffb7e40
0x400dbf82:0x3ffb7e60 0x400d071d:0x3ffb7e90
```

IDF 监视器将根据寄存器地址信息，查询编译生成的 ELF 文件，追溯应用程序崩溃时的代码调用过程，将函数调用信息补充到监视器输出中：

```
Guru Meditation Error of type StoreProhibited occurred on core 0. Exception was
unhandled.
Register dump:
PC : 0x400f360d   PS : 0x00060330   A0 : 0x800dbf56   A1 : 0x3ffb7e00
0x400f360d: do_something_to_crash at /home/gus/esp/32/idf/examples/get-
started/hello_world/main/./hello_world_main.c:57
(inlined by) inner_dont_crash at /home/gus/esp/32/idf/examples/get-
started/hello_world/main/./hello_world_main.c:52
A2    : 0x3ffb136c A3    : 0x00000005 A4    : 0x00000000 A5    : 0x00000000
A6    : 0x00000000 A7    : 0x00000080 A8    : 0x00000000 A9    : 0x3ffb7dd0
A10   : 0x00000003 A11   : 0x00060f23 A12   : 0x00060f20 A13   : 0x3ffba6d0
A14   : 0x00000047 A15   : 0x0000000f SAR   : 0x00000019 EXCCAUSE: 0x0000001d
EXCVADDR: 0x00000000 LBEG : 0x4000c46c LEND  : 0x4000c477 LCOUNT  : 0x00000000

Backtrace:  0x400f360d:0x3ffb7e00  0x400dbf56:0x3ffb7e20  0x400dbf5e:0x3ffb7e40
0x400dbf82:0x3ffb7e60 0x400d071d:0x3ffb7e90
0x400f360d: do_something_to_crash at /home/gus/esp/32/idf/examples/get-started/
hello_world/main/./hello_world_main.c:57
(inlined by) inner_dont_crash at /home/gus/esp/32/idf/examples/get-started/
hello_world/main/./hello_world_main.c:52
0x400dbf56: still_dont_crash at /home/gus/esp/32/idf/examples/get-started/
hello_world/main/./hello_world_main.c:47
0x400dbf5e: dont_crash at /home/gus/esp/32/idf/examples/get-started/hello_
world/main/./hello_world_main.c:42
0x400dbf82: app_main at /home/gus/esp/32/idf/examples/get-started/hello_
world/main/./hello_world_main.c:33
0x400d071d: main_task at /home/gus/esp/32/idf/components/esp32/./cpu_start.
c:254
```

根据监视器的追溯信息，可以发现应用程序在 do_something_to_crash() 函数中崩溃，该函数的调用过程是 app_main() 函数 → dont_crash() 函数 → still_dont_crash() 函数 → inner_dont_crash() 函数 → do_something_to_crash() 函数，据此可以检查各个环节的输入/输出参数，最终确定崩溃的原因。

4.5　本章总结

本章主要介绍了 ESP32-C3 的官方软件开发环境 ESP-IDF 的安装方法，梳理了 ESP-IDF 的代码资源和文件结构，并用一个简单示例示范了 ESP-IDF 代码工程结构、编译系统以及相关开发工具的使用方法。读者可以根据本章内容进行 ESP-IDF 的简单开发。如果无法满足特殊的编译要求，则需要同时参考 ESP-IDF 官方文档和 CMake 官方文档。

硬件与驱动开发篇

本篇主要介绍物联网工程开发过程中的硬件设计与驱动开发。本篇以智能照明产品为例,首先介绍物联网产品的功能和硬件组成;然后对如何设计 ESP32-C3 应用的最小硬件系统进行详细的说明;接着介绍 ESP32-C3 外设的应用场景、驱动开发的过程;最后回到智能照明工程的驱动开发,介绍 LED 驱动基础、调光驱动的开发。

05 /

ESP32-C3 的智能照明产品的硬件设计

06 /

驱动开发

## 第 5 章

ESP32-C3 的智能照明产品的硬件设计

本章首先介绍智能照明产品的主要组成及各种应用场景，并以 LED 智能灯为例说明智能照明产品的主要硬件模块框架；然后介绍如何基于 ESP32-C3 芯片及模组设计一个智能照明产品，实现调光、调色的控制以及无线通信功能，相关的设计方案也可以扩展应用于灯带、吸顶灯、射灯等多种 LED 智能照明产品中。

5.1 智能照明产品的功能及组成

智能照明产品一般采用 LED 作为发光源，LED 是一种固态电光源，是一种半导体照明器件，具有功耗低、寿命长，便于调节控制及无污染等特征，相比传统的照明产品，具有更高的光能转换效率。同时智能照明产品都具有无线连接功能，支持通过 Wi-Fi、Bluetooth LE 或 ZigBee 连接到无线路由器或智能网关，然后连接互联网和云端服务器。用户不仅可以使用智能手机、平板电脑、具有语音控制功能的智能音箱、智能控制面板等来调节 LED 智能灯的发光亮度和颜色；也可以设置多个定时开灯和关灯的时间；还可以把多个 LED 智能灯编组，同时控制一组 LED 智能灯的亮度和颜色。在 LED 智能灯中，可以预先设置多个灯光场景模式，用户能自由切换多个灯光场景模式，满足家庭日常生活的需求，如打开影院模式，可以使整个环境灯光调暗；打开阅读模式，可以自动将灯光调节到不会伤害眼睛的柔和亮度；打开音乐模式，不仅可以改变灯光的颜色，还可以实现灯光跟随音乐节奏的闪烁功能；在晚餐时，暖色灯光可以营造出温馨的用餐氛围；在入睡时，只需要打开睡眠模式即可关闭除夜灯外的所有灯光，非常方便。智能照明的体系结构示意图如图 5-1 所示。

从以上说明中，我们了解到智能照明产品的主要特点是可以通过多种无线连接方式进行开关、调光、调色等操作。下面以彩色 LED 智能灯为例，介绍智能照明产品的主要组成部分，以及控制功能的实现。

图 5-2 所示为彩色 LED 智能灯的结构，主要包括连接灯座的 E27 标准灯头、塑胶包裹铝灯体、电源及 LED 驱动板、Wi-Fi 模块、LED 灯珠及铝基板，以及高透光灯罩。与传统的 LED 球泡灯相比，彩色 LED 智能灯增加了一个 Wi-Fi/Bluetooth LE 模块，这个模块是如何实现彩色 LED 智能灯的无线控制的呢？下面将从功能实现方面进一步展开介绍。

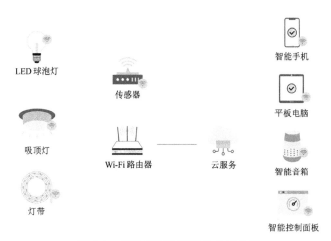

图 5-1　智能照明体系结构的示意图

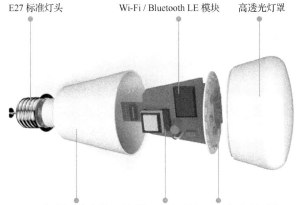

图 5-2　彩色 LED 智能灯的结构

图 5-3 所示为彩色 LED 智能灯的功能单元框图，主要包括 220 V AC-DC 电源模块、LED 驱动恒流源、3.3 V 输出辅助电源、PWM 控制及无线通信，以及多种颜色的 LED 灯珠等。

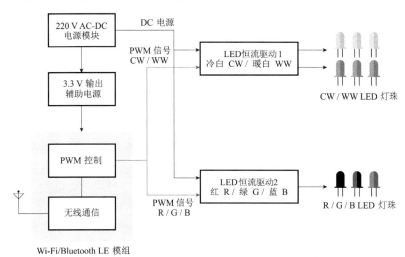

图 5-3　彩色 LED 智能灯的功能单元框图

LED PWM 的调光、调色原理。智能照明产品（如彩色 LED 智能灯）的发光亮度和颜色的变化是通过对 LED 灯珠进行调光、调色来实现的，其中调光方法主要分为模拟调光和数字调光，模拟调光是通过改变 LED 灯珠回路中电流大小来实现的；数字调光又称为 PWM 调光，是通过不同脉宽的 PWM 信号控制开启和关闭 LED 灯珠来改变正向电流的导通时间，从而实现调光的。6.3.3 节将详细介绍 PWM 调光，这里先简单介绍使用 PWM 信号进行 PWM 调光的方法。

使用可控制恒流源分别驱动 LED 灯珠时，可通过 2 路 PWM 信号的不同占空比来互补调节暖白（WW）和冷白（CW）LED 灯珠的驱动电流比例，实现色温的调节；可以通过 3 路 PWM 信号的不同占空比控制对应不同颜色的亮度，彩色 LED 智能灯可以发出不同颜色 LED 灯珠混合后的颜色，实现颜色的调节。

（1）220 V AC-DC 电源模块。彩色 LED 智能灯的输入电源通常是高压交流电源，我国家用标准交流电源的电压为 220 V。220 V AC-DC 电源模块首先通过整流桥将交流电转换为直流电，并将电压降低到 18～40 V，然后供给 LED 驱动恒流源。因为 PWM 控制及无线通信的工作电压通常是 3.3 V，所以还有另一路直流降压的辅助电源，会把电压降低到 3.3 V。

（2）LED 恒流驱动。为了确保多个 LED 灯珠发光的一致性，通常要把多个 LED 灯珠串联在一起，并使用可控制恒流源来驱动。LED 灯珠的亮度可通过 PWM 信号控制恒流源来进行调节，LED 恒流驱动 1 用于驱动冷白（CW）和暖白（WW）的 LED 灯珠，电源输出功率会比较大一些；LED 恒流驱动 2 用于驱动红色（R）/绿色（G）/蓝色（B）的 LED 灯珠，主要用来调节颜色，电源输出功率相对小一些。

（3）LED 灯珠。在彩色 LED 智能灯中，通常都会包含暖白、冷白、红色、绿色、蓝色五种颜色的 LED 灯珠，其中暖白和冷白的 LED 灯珠数量会多一些，用于照明；红色、绿色和蓝色的 LED 灯珠数量少一些，用于实现不同颜色的混色。

（4）PWM 控制及无线通信。在智能照明产品中，为了实现 PWM 控制和无线通信功能，通常会选用具有无线通信功能的高集成度的系统级芯片（SoC）。系统级芯片支持多路 PWM 信号输出，支持 Wi-Fi、Bluetooth LE 或 ZigBee 等一种或多种主流的无线通信功能，能够运行嵌入式 RTOS，支持软件应用开发。如果使用支持 Wi-Fi 功能的芯片，就可以通过 Wi-Fi 路由器连接到互联网和云端服务器；如果使用支持 Bluetooth LE 或 ZigBee 功能的芯片，则通常还需要配置一个支持 Bluetooth LE 或 ZigBee 的网关设备，通过网关设备转接到以太网或 Wi-Fi 路由器后，才能连接到互联网和云端服务器。

以上简要介绍了彩色 LED 智能灯的主要组成单元，以及调光、调色功能的实现，从中可以看出，PWM 控制及无线通信的使用是智能照明产品与普通照明产品的最大区别。本章后续内容将重点介绍如何基于 ESP32-C3 芯片进行最小硬件系统设计，实现 PWM 调光、调色，以及无线通信功能。这部分的功能实现也适用于射灯、吸顶灯、灯具、灯带等多种智能照明产品。

5.2　ESP32-C3 最小硬件系统设计

通过 5.1 节的介绍可知，PWM 控制和无线通信模块是智能照明产品中的核心系统单元，也是与传统照明产品的最大不同。如何设计这样的核心系统单元，实现智能照明产品的功能呢？本节采用 ESP32-C3 芯片，讲解最小硬件系统的设计。

ESP32-C3 芯片搭载了 RISC-V 核心的 32 位处理器，是高集成度的系统级芯片（SoC），集成了 2.4 GHz 的 Wi-Fi 和低功耗蓝牙（Bluetooth LE）无线通信功能，其功能框图如图 5-4 所示。

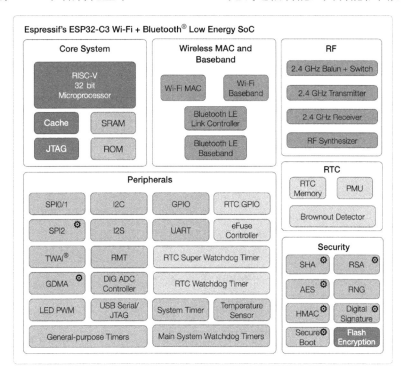

图 5-4　ESP32-C3 芯片的功能框图

ESP32-C3 芯片的主要特点如下：

- 搭载 RISC-V 核心的 32 位单核处理器，采用四级流水线架构，主频高达 160 MHz。
- 集成了完整的 Wi-Fi 子系统，符合 IEEE 802.11b/g/n 协议，具有 Station 模式、SoftAP 模式、SoftAP + Station 模式和混杂模式（即 Promiscuous Mode，是一种特殊模式）。
- 集成了低功耗蓝牙子系统，支持 Bluetooth LE 5 和 Bluetooth Mesh。
- 内置 400 KB 的 SRAM、384 KB 的 ROM 存储空间，并支持多个外部 SPI、Dual SPI、Quad SPI、QPI Flash 存储器。
- 具有完善的安全机制，硬件加密加速器支持 AES-128/256、Hash、RSA、HMAC、数字签名和安全启动，支持片外存储器加/解密功能，集成真随机数发生器，支持片上存储器、片外存储器和外设的访问权限管理。
- 具有丰富的接口，可支持多种场景的应用，有 22 个 GPIO 接口，可以灵活配置支持 LED

PWM、UART、I2C、SPI、I2S、ADC、TWAI、RMT（红外遥控）、USB 串口/JTAG 等多种应用功能。

ESP32-C3 芯片有多种型号，包含内置 SPI Flash 版本。ESP8685 芯片版本为 ESP32-C3 芯片的小封装版本，如表 5-1 所示。

表 5-1　ESP32-C3 芯片的型号

芯片型号	内置 Flash/MB	环境温度/℃	封装/mm
ESP32-C3	—	−40～105	QFN32（5×5）
ESP32-C3-FN4	4	−40～85	QFN32（5×5）
ESP32-C3-FH4	4	−40～105	QFN32（5×5）
ESP32-C3-FH4AZ	4	−40～105	QFN32（5×5）
ESP8685H2	2	−40～105	QFN32（4×4）
ESP8685H4	4	−40～105	QFN32（4×4）

表注：ESP32-C3FH4AZ、ESP8685H2、ESP8685H4 未引出用于连接内置 SPI Flash 的相关引脚。

ESP32-C3 芯片的命名规则为：F 表示内置了 Flash，H/N 表示温度，AZ 为其他标识。

ESP32-C3 最小硬件系统电路由 20 个左右的电阻、电容、电感，1 个无源主晶振，1 个 SPI Flash（未含内置 Flash 的芯片）等元器件组成，非常适合智能照明产品等小型化的应用。图 5-5 和图 5-6 所示为 ESP32-C3 芯片的核心电路框图和核心电路原理图。

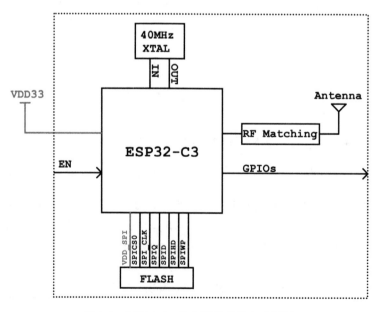

图 5-5　ESP32-C3 最小硬件系统电路框图

接下来将对 ESP32-C3 最小硬件系统电路原理图及设计中注意问题进行详细说明。

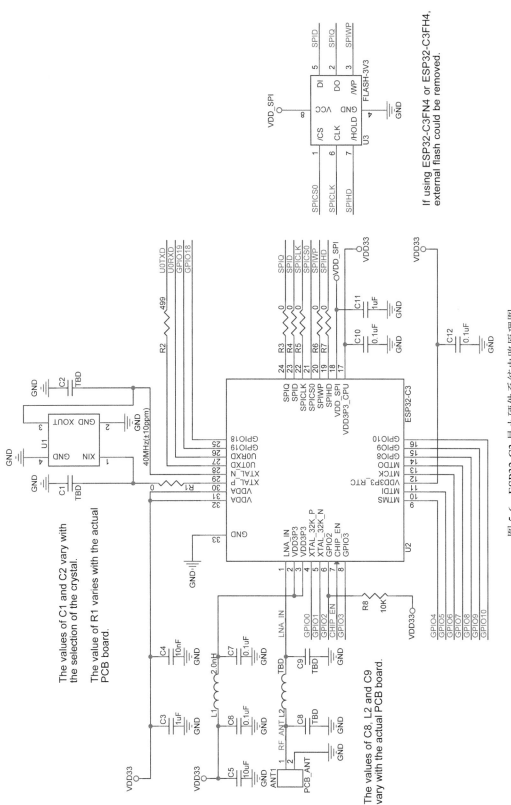

图 5-6　ESP32-C3 最小硬件系统电路原理图

5.2.1　电源

ESP32-C3 的引脚 11 和引脚 17 分别为 RTC 的输入电源引脚和 CPU 的输入电源引脚，工作电压为 3.0～3.6 V，建议在电路中靠近电源引脚处分别添加 0.1 µF 的电容。当 VDD_SPI（引脚 18）作为输出电源时，主要给外部 SPI Flash 供电，建议靠近该电源引脚处添加 1 µF 的对地滤波电容。当使用 VDD_SPI 给嵌入式的 Flash 或外部 3.3 V 的 Flash 供电时，需要满足 Flash 对工作电压的要求，一般应保证 VDD3P3_CPU 引脚的电压在 3.0 V 及以上。

ESP32-C3 芯片的引脚 2、引脚 3、引脚 31 和引脚 32 为模拟电源引脚，工作电压为 3.0～3.6 V。使用模拟电源引脚时需要注意的是，当 ESP32-C3 工作在发送（TX）模式时，瞬时电流会加大，往往会引起电源的轨道塌陷，所以在设计电路时建议在电源走线上增加一个 10 µF 的电容，该电容可与 0.1 µF 的电容搭配使用。另外，在靠近引脚 2 和引脚 3 处还需添加 LC 滤波电路，用于抑制高频谐波，请注意电感的额定电流最好在 500 mA 及以上。请参考最小硬件系统电路原理图在其余电源引脚附近放置相应的去耦电容。

使用单电源供电时，建议供给 ESP32-C3 的电源电压为 3.3 V，最大输出电流可达 500 mA 及以上。另外建议在总电源入口处添加 ESD 保护器件。

5.2.2　上电时序与复位

ESP32-C3 使用 3.3 V 的电源作为统一的系统电源，所以在上电时需要确保 ESP32-C3 引脚 7（CHIP_EN，使能引脚）的上电要晚于系统电源的上电。ESP32-C3 上电和复位时序图如图 5-7 所示，相关参数说明如表 5-2 所示。

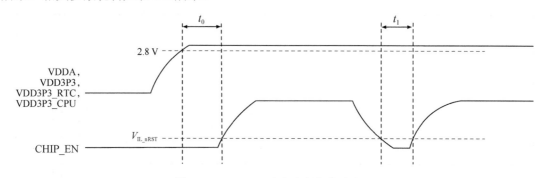

图 5-7　ESP32-C3 上电和复位的时序图

表 5-2　ESP32-C3 上电和复位时序图的参数说明

参　　数	说　　明	最　小　值
t_0	CHIP_EN 引脚上电时间晚于 VDDA、VDD3P3、VDD3P3_RTC 和 VDD3P3_CPU 等引脚上电的时间	50 µs
t_1	CHIP_EN 电平时间低于 V_{IL_nRST} 的时间	50 µs

为确保在 ESP32-C3 上电使能时，电源已到达正常工作电压，需要在 CHIP_EN 引脚处增加 RC 延迟电路。在 RC 延迟电路中，通常建议 $R=10\ \mathrm{k\Omega}$、$C=1\ \mu\mathrm{F}$，具体的数值需要根据电源的上电时序和芯片的上电复位时序进行调整。

CHIP_EN 引脚也是 ESP32-C3 的复位引脚。当 CHIP_EN 引脚为低电平时，建议复位电平（$V_{\mathrm{IL\_nRST}}$）范围为（$-0.3\sim0.25$）$\times V_{\mathrm{DD}}$（其中 V_{DD} 为 I/O 的供电电压）。为防止外界干扰引起重启，CHIP_EN 引脚的引线需尽量短一些，且最好增加上拉电阻和对地电容，该引脚不可悬空。

5.2.3　SPI Flash

ESP32-C3 最大可以外接 16 MB 的 SPI Flash，其中 ESP32-C3FH4/FN4 内部已经包含了 4 MB 的 SPI Flash，主要用于存储程序固件、系统参数、用户参数、用户数据等内容。SPI Flash 使用 VDD_SPI 引脚的输出电压供电。建议在 SPI 线上预留串联电阻（初始可使用 0 Ω 的电阻），主要用于降低驱动电流、减小串扰和外部干扰、调节时序等。

5.2.4　时钟源

ESP32-C3 固件目前支持 40 MHz 的主晶振，晶振外部匹配电容 C1、C2 的具体数值需要通过对系统测试后确定，在 XTAL_P 引脚的时钟走线上需串联一个元器件（即图 5-6 中 R1 位置），以减小晶振谐波对射频的影响，初始可以使用 24 nH 的电感，具体数值可以通过射频测试后确认。选用的晶振自身精度需在 10 ppm 左右。在实际使用中，随着智能照明产品的温度上升，晶振的频偏也会加大，因此需要确保晶振的频偏不超过 25 ppm，以免影响正常的 Wi-Fi 通信。

虽然 ESP32-C3 内部已经集成了 RC 振荡器作为 RTC 时钟源，但也支持使用外置 32.768 kHz 的时钟振荡器作为 RTC 时钟源。ESP32-C3 的外置 RTC 晶振电路如图 5-8 所示。

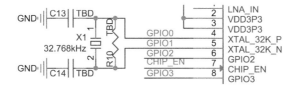

图 5-8　ESP32-C3 的外置 RTC 晶振电路

说明：

（1）32.768 kHz 的晶振选择要求。等效内阻（ESR）≤70 kΩ；两端负载电容值根据晶振的规格要求进行配置。

（2）并联的电阻 R10 用于偏置晶振电路，要求电阻值为 5～10 MΩ，该电阻一般无须上拉。

（3）如果不需要该 RTC 时钟源，则可以将引脚 4（XTAL_32K_P）和引脚 5（XTAL_32K_N）配置为 GPIO 引脚。

5.2.5　射频及天线

在 ESP32-C3 的射频端口（LNA_IN 引脚）和天线之间，需要添加 π 型匹配网络以便和天线进行匹配。建议 π 型匹配网络优先采用 CLC 结构，如图 5-9 所示，其中的 C8、L2、C9 的具体数值需要结合产品所选用的天线进行匹配调试来确定。

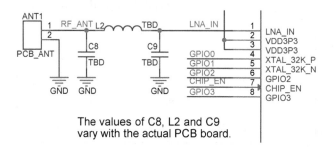

图 5-9　采用 CLC 结构的 π 型匹配网络

天线可以根据产品的结构设计要求及综合成本来考虑，既可以选用 PCB 板载天线，也可以外接棒状天线、FPC 天线、陶瓷天线、3D 金属天线等。常用的天线类型如图 5-10 所示，安装方式与特点如表 5-3 所示。

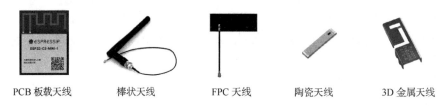

PCB 板载天线　　　棒状天线　　　FPC 天线　　　陶瓷天线　　　3D 金属天线

图 5-10　常用的天线类型

表 5-3　常用天线的安装方式与特点

天 线 类 型	安 装 方 式	特　　点
PCB 板载天线	PCB 板载	成本低，天线增益中等，多集成在模组上
棒状天线	IPEX 外接	成本较高，天线增益高，不易受干扰，全向性好
FPC 天线	胶贴安装	成本适中，天线增益中等，可以贴装到外壳上，适用于结构受限制的产品
陶瓷天线	PCB 贴片	成本适中，天线增益低，尺寸小，适用于空间小的模组
3D 金属天线	PCB 贴片	成本较高，天线增益高，不易受干扰，全向性好

通过天线匹配调试可以使得射频性能达到最优的状态，匹配调试好后，可以使用 CMW500、WT-200、IQ View、IQ Xel 等 RF 综合测试仪，对 ESP32-C3 核心板进行射频性能的测试。射频测试可以分为传导测试（Conducted Test）或辐射测试（Radiated Test）。

（1）传导测试。在进行传导测试时，需要通过 50 Ω 的射频线把 ESP32-C3 核心板的射频输出端口连接到 RF 综合测试仪的射频端口，在 PC 端运行 ESP32-C3 的射频测试软件，通过软件来与 ESP32-C3 核心板和 RF 综合测试仪进行通信，以便控制测试。ESP32-C3 核心板的射频传导测试示意图如图 5-11 所示。

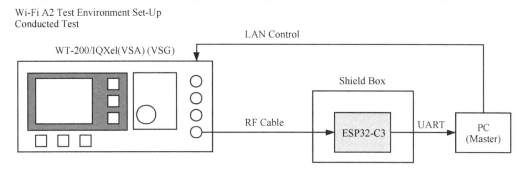

图 5-11　ESP32-C3 核心板的射频传导测试示意图

（2）辐射测试。在进行辐射测试时，需要采用天线耦合的方式在屏蔽箱中对 RF 综合测试仪的射频天线与 ESP32-C3 核心板的射频天线进行测试，建议两个箱之间相距大约 10 cm，在 PC 端运行 ESP32-C3 的射频测试软件，通过软件来与 ESP32-C3 核心板和 RF 综合测试仪进行通信，以便控制测试。ESP32-C3 核心板的射频辐射测试示意图如图 5-12 所示。

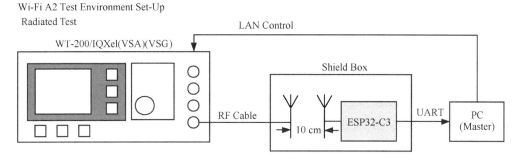

图 5-12　ESP32-C3 核心板的射频辐射测试示意图

在进行 Wi-Fi 射频性能测试时，主要测试目标发射功率、EVM、接收灵敏度、频率误差等参数，如表 5-4 所示。

表 5-4　Wi-Fi 射频性能测试的主要参数

工作模式及速率	目标发射功率/dBm	EVM/dB	接收灵敏度/dBm	频率误差/ppm
IEEE 802.11b，1 Mbit/s	21.0±2.0	<-24.5	<-98	±25
IEEE 802.11g，54 Mbit/s	19.0±2.0	<-27.5	<-76.2	±20
IEEE 802.11n，MCS7 HT20	18.5±2.0	<-29	<-74.4	±20
IEEE 802.11n，MCS7 HT40	18.5±2.0	<-28	<-71.2	±20

不同工作模式下的频谱模板要求如图 5-13 所示。

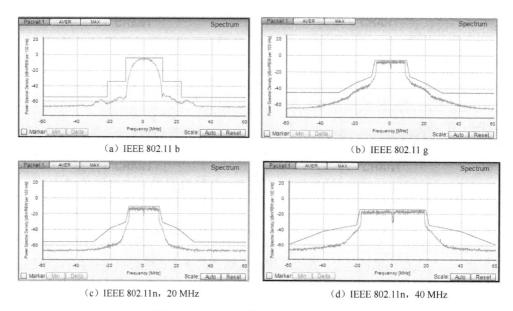

(a) IEEE 802.11 b　　　　　　　　　(b) IEEE 802.11 g

(c) IEEE 802.11n, 20 MHz　　　　　　(d) IEEE 802.11n, 40 MHz

图 5-13　不同工作模式下的频谱模板要求

5.2.6　Strapping 引脚

ESP32-C3 共有三个 Strapping 引脚，分别为 GPIO2、GPIO8、GPIO9。在芯片的系统复位过程中，Strapping 引脚对自己引脚上的电平进行采样并将采样结果存储到锁存器中，直到芯片掉电或关闭为止。根据锁存器中存储的 Strapping 引脚电平，芯片在系统复位后会进入不同的启动模式。Strapping 引脚和系统复位后的启动模式如表 5-5 所示。在系统复位后，Strapping 引脚和普通引脚的功能相同。

表 5-5　Strapping 引脚和系统复位后的启动模式

引　　脚	默　　认	SPI 启动模式	下载启动模式
GPIO2	无	1	1
GPIO8	无	无关项	1
GPIO9	内部弱上拉	1	0

5.2.7　GPIO 和 PWM 功能

ESP32-C3 共有 22 个 GPIO 引脚，通过配置对应的寄存器，可以为这些引脚分配不同的功能。所有的 GPIO 引脚都可选择内部上拉/下拉，或设置为高阻。GPIO MUX 和 GPIO 交换矩阵用于共同控制芯片的 GPIO 引脚信号。利用 GPIO MUX 和 GPIO 交换矩阵（见图 5-14），可配置外设模块的输入信号来自任意的 GPIO 引脚，并且外设模块的输出信号也可连接到任意的 GPIO 引脚。

PWM 控制器可以生成 6 路独立的 PWM 信号，通过 GPIO 交换矩阵，可以供任意的 GPIO 引脚使用。

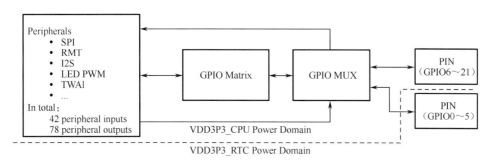

图 5-14　GPIO MUX 和 GPIO 交换矩阵

5.3　实战：使用 ESP32-C3 构建智能照明系统

5.2 节介绍了如何基于 ESP32-C3 设计用于智能照明产品的最小硬件系统（核心电路）和通信系统。这个最小硬件系统包含了外围的主要器件和天线部分，其中天线部分还需要根据选用的天线及射频线路的设计，通过网络分析仪和 RF 综合测试仪进行匹配调试。这部分对于初次接触射频的用户来说可能会有些难度。那么，有没有一个已经调试好射频性能的最小硬件系统模块，让用户可以快速地用于智能照明产品呢？

答案是有的，基于 ESP32-C3 芯片，厂商已经设计好了运行最小硬件系统的模组，在模组中除了 ESP32-C3 芯片，已经包含了晶振、Flash、天线、射频电路和外围主要器件等，并且模组也通过了 SRRC、CE、FCC、KCC 等主要国家和地区的安规认证，可以直接应用于智能照明产品。下面将选用一款 ESP32-C3 模组来用于智能照明产品的设计。

5.3.1　模组选用

ESP32-C3 模组如表 5-6 所示，根据不同的天线方式可分为 PCB 天线模组和 IPEX 外接天线模组；根据尺寸及引脚方式的不同还可分为 WROOM 系列和 MINI 系列。每个模组有−40〜85℃和−40〜105℃两种温度范围版本，适用于不同温度需求的智能照明产品。在 LED 球泡灯类产品中，因为内部温度比较高，所以需要选用−40〜105℃版本的模组；如果是一些工作温度不高的灯具类产品，则可以选用−40〜85℃版本的模组。

5.3.2　PWM 信号的 GPIO 配置

ESP32-C3 的 PWM 控制器可以生成 6 路独立的 PWM 信号，通过 GPIO 交换矩阵可以设置任意的 GPIO 引脚输出 PWM 信号。在本设计中，使用其中的 5 路 PWM 信号输出，分别作为 R（红色）、G（绿色）、B（蓝色）、CW（冷白）、WW（暖白）的 LED 控制信号。在实际产品应用中，可以使用 1 路 PWM 信号控制 WW（暖白）和 CW（冷白）驱动占空比，并互补输出调节色温；另 1 路 PWM 信号控制总电流，调节暖白（WW）和冷白（CW）的总亮度。各路 PWM 信号输出的 GPIO 引脚配置表如表 5-7 所示。

表 5-6　ESP32-C3 模组列表

模 组 型 号	天 线 类 型	工作温度/℃	产品尺寸/mm	模 组 图 片
ESP32-C3-WROOM-02	PCB 天线	−40～85℃/ −40～105℃	18×20×3.2	
ESP32-C3-WROOM-02U	IPEX 外接天线	−40～85℃/ −40～105℃	18×14.3×3.2	
ESP32-C3-MINI-1	PCB 天线	−40～85℃/ −40～105℃	13.2×16.6×2.4	
ESP32-C3-MINI-1U	IPEX 外接天线	−40～85℃/ −40～105℃	13.2×12.5×2.4	

注：读者也可选择 ESP8685-WROOM-01 至 ESP8685-WROOM-07 的更小封装的模组，可以到 www.products.espressif.com 产品选型工具中查看。

表 5-7　各路 PWM 信号输出的 GPIO 引脚配置表

功　　能	选用的 GPIO
R（红色）	GPIO3
G（绿色）	GPIO4
B（蓝色）	GPIO5
CW（冷白）	GPIO7
WW（暖白）	GPIO10

在选用 GPIO 引脚时,需要注意所选的 GPIO 引脚是在芯片启动后默认没有高电平输出的 GPIO 引脚，否则可能会使 LED 球泡灯在上电时闪烁一下。如果选不到合适的 GPIO 引脚，则可以在 GPIO 引脚外部加上 10 kΩ 的下拉电阻，以防止 LED 球泡灯在上电时闪烁一下。ESP32-C3 的 PWM 功能支持使用任意的 GPIO 引脚，只需要在上电后进行软件初始化时配置一下即可。

图 5-15 所示为基于 ESP32-C3-WROOM-02 模组搭建的最小控制系统，该图给出了连接 R（红色）、G（绿色）、B（蓝色）、CW（冷白）、WW（暖白）5 种 LED 的示意框图。

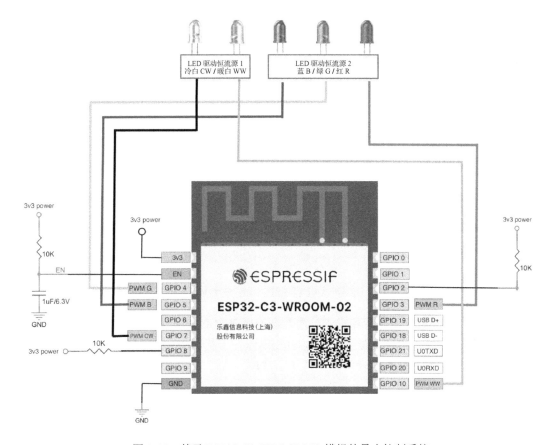

图 5-15　基于 ESP32-C3-WROOM-02 模组的最小控制系统

5.3.3　固件烧录和调试接口

（1）ESP32-C3 支持通过以下几种方式与 PC 连接进行固件下载和调试：

ESP32-C3 芯片内部集成了 USB 串口/JTAG 控制器，无须使用外部 USB-UART 桥和 JTAG 适配器。ESP32-C3 芯片上的 USB 使用 GPIO19 作为 D+，使用 GPIO18 作为 D−，可以直接连接到 PC 上的 USB 接口，从而实现固件下载和 Log 打印及 JTAG 调试功能。图 5-16 为使用 ESP32-C3 芯片内置的 USB 串口/JTAG 控制器进行调试的连接示意图。

通过 *https://bookc3.espressif.com/usb*，可以查看更多的 USB 接口使用方式。

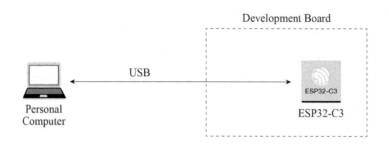

图 5-16　使用 ESP32-C3 芯片内置的 USB 串口/JTAG 控制器进行调试的连接示意图

在安装有 USB-UART 桥（USB-to-UART Bridge）芯片的 ESP32-C3 开发板中，USB-UART 桥已经连接到了 ESP32-C3 芯片的 UART0 接口，将 PC 的 USB 接口连接到 ESP32-C3 开发板的 USB 接口，就可以实现固件下载和 Log 打印功能。图 5-17 为使用安装有 USB-UART 桥 ESP32-C3 开发板进行调试的连接示意图。

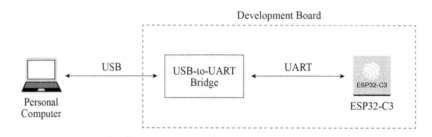

图 5-17　使用安装有 USB-UART 桥 ESP32-C3 开发板进行调试的连接示意图

在成品板中，为了节省板子空间和成本，通常会使用带有 USB-UART 桥的编程器，将编程器连接到 ESP32-C3 芯片的 UART0 接口，即可实现固件下载和 Log 打印功能。图 5-18 为使用带有 USB-UART 桥的编程器进行调试的连接示意图。

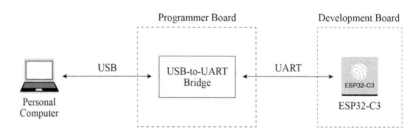

图 5-18　使用带有 USB-UART 桥的编程器进行调试的连接示意图

（2）固件烧录。ESP32-C3 芯片运行的固件和参数等资料存储在与芯片连接的 SPI Flash 中。在进行固件烧录时，要先控制 ESP32-C3 芯片进入下载启动模式。依照表 5-5 中的要求，控制 GPIO2 和 GPIO8 为高电平、GPIO9 为低电平，重新复位 ESP32-C3 芯片后即可进入下载启动模式。开发者采用以上 3 种连接方式将 ESP32-C3 芯片与 PC 连接在一起连接后就可以进行固件下载了。

（3）调试接口。调试接口主要包括串口 Log 打印和 JTAG 调试。

串口 Log 打印：ESP32-C3 ROM Code 及 IDF SDK 默认是通过 UART0 接口输出 Log 信息的，开发者选用以上 3 种连接方式将 ESP32-C3 芯片与 PC 连接在一起后，就可以在 PC 端输出 Log 信息。

JTAG 调试：开发者可以直接使用 ESP32-C3 芯片集成的 USB JTAG 控制器进行调试。如果使用 ESP32-C3 芯片的 JTAG 接口进行调试时，需要把相关 JTAG 接口的引脚 MTMS/GPIO4、MTDI/GPIO5、MTCK/GPIO6、MTDO/GPIO7 连接到外部 JTAG 适配器，然后进行调试。

5.3.4　射频设计要求

如果智能照明产品采用带有 PCB 天线的模组进行设计，则需考虑模组在底板（Base board）的布局，应尽可能地减小底板对 PCB 天线性能的影响。建议将模组尽可能地靠近底板的边缘放置，在条件允许的情况下，PCB 天线区域最好可以延伸到底板板框外，并使 PCB 天线的馈点距离板框最近。

模组 ESP32-C3-WROOM-02 的 PCB 天线馈点在右侧，模组 ESP32-C3-MINI-1 的 PCB 天线馈点在左侧。ESP32-C3 模组在底板上的位置示意图如图 5-19 和图 5-20 所示。

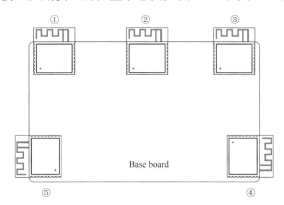

图 5-19　ESP32-C3 模组在底板上的位置示意图（PCB 天线馈点在右侧）

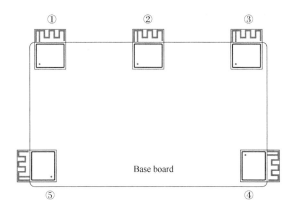

图 5-20　ESP32-C3 模组在底板上的位置示意图（PCB 天线馈点在左侧）

说明：在图 5-19 中，强烈推荐 ESP32-C3 模组（PCB 天线馈点在右侧）在底板上的位置为③、④，不推荐位置①、②、⑤；在图 5-20 中，强烈推荐 ESP32-C3 模组（PCB 天线馈点在左侧）在底板上的位置为①、⑤，不推荐位置②、③、④。

如上述方法受限而无法实行，请确保模组不被任何金属的外壳包裹，模组的 PCB 天线区域及外扩 15 mm 的区域应净空（严禁铺铜、走线、摆放元件）。该净空区域（Clearance Area）越大越好，如图 5-21 所示。另外，建议将 PCB 天线下方区域的底板切割掉，以尽可能地减少底板板材对 PCB 天线的影响。涉及整机设计时，请注意考虑外壳对 PCB 天线的影响。

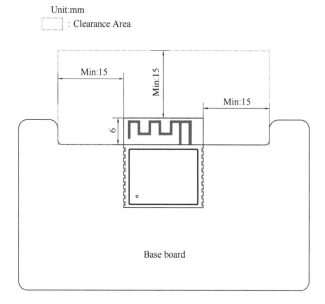

图 5-21　净空区域在底板上的位置示意图

5.3.5　供电电源设计要求

当模组使用单一引脚供电时，只需要外接 1 个 3.3 V、可提供 500 mA 及以上电流输出的电源即可。电源纹波可极大地影响射频的发射性能，一般情况下，在发送 IEEE 802.11n MCS7 的包时，电源纹波的峰值必须小于 80 mV；在发送速率为 11 Mbit/s 时，电源纹波的峰值必须小于 120 mV。

5.4　本章总结

通过本章内容的学习，读者可以掌握以下内容，并可以尝试构建自己的智能照明产品控制硬件系统。

- 智能照明系统的主要组成及功能的实现，彩色 LED 智能灯的主要功能模块。
- 彩色 LED 智能灯实现调光、调色的原理和方法。

- 使用 ESP32-C3 实现 PWM 控制和无线通信功能。
- 无线通信的天线选用，以及 Wi-Fi 射频的主要参数说明和测试。
- ESP32-C3 的主要功能特点，以及最小系统硬件的设计。
- 选用 ESP32-C3 模组简化应用设计，更快地实现智能照明产品的控制模块。
- 基于 ESP32-C3 实现智能照明产品时的注意事项。

5

6 章

驱动开发

第 5 章介绍了一个物联网应用产品（智能照明产品）的功能和硬件组成，本章将介绍物联网应用产品的驱动开发。在物联网体系结构中，感知控制层的一个重要功能是对物体进行控制，如控制灯光、窗帘的开关等。针对不同的控制对象，需要相应的硬件驱动支持，如 LED 驱动电路、电机驱动控制单元等。感知控制层可以结合上层的云计算、数据挖掘和模糊识别等人工智能技术，对海量的数据和信息进行分析与处理，对物体实施智能化的控制，实现对物理世界的实时控制、精确管理和科学决策。

6.1 驱动开发过程

开发一个传感器驱动一般需要下面的几个步骤：了解传感器、开发传感器驱动、传感器驱动测试。

（1）了解传感器。根据传感器的技术规格书或其他途径了解传感器的特性，并记录传感器的主要特性，包括传感器类型、通信接口（如 I2C、SPI 等）、测量周期、工作模式、电源模式等。

（2）开发传感器驱动。开发传感器驱动的主要任务是利用所选 SoC 提供的外设接口，控制传感器的相关行为。

（3）传感器驱动测试。传感器驱动开发完成后，还需要编写测试用例，测试能否成功读取数据和控制接口。

同理，开发一个物体控制类驱动，也需要下面几个步骤：了解控制单元原理、驱动开发、驱动测试。

（1）了解控制单元原理。根据控制单元所用控制器的技术规格书，了解控制单元的控制原理，为选择合适的外设接口做准备。

（2）驱动开发。根据控制单元的控制原理，选择 SoC 的外设接口，并实现相应驱动程序 API 的开发，供其他嵌入式软件模块调用。

（3）驱动测试。编写测试用例，测试各驱动程序 API 是否可以被正常调用，并实现预期功能。

6.2 ESP32-C3 外设应用

ESP32-C3 芯片拥有丰富的外设接口，如图 6-1 所示。本节将介绍 ESP32-C3 外设接口在感知控制层中的应用场景。

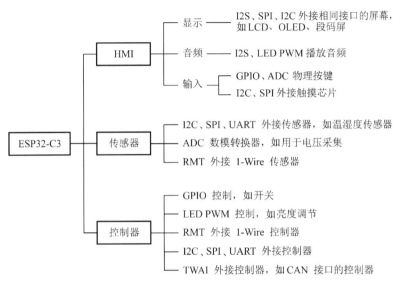

图 6-1 ESP32-C3 外设应用

1．人机交互（Human Machine Interface，HMI）

HMI 产品是利用显示屏显示的，通过输入单元（如触摸屏、按键等）输入操作命令，实现人与机器信息交互的数字设备。针对 HMI 的应用场景，可使用 ESP32-C3 的 SPI、I2C 外设接口连接 LCD 彩屏、单色屏、OLED 屏。使用普通 GPIO 和 ADC 可以实现物理按键功能，供用户操作使用。更进一步，如果使用带电容触摸 GPIO 的 SoC（如 ESP32、ESP32-S2、ESP32-S3等），则可以使用电容触摸 GPIO 开发触摸按键、矩阵按键、线性滑条、二维触摸面板、接近感应等功能。按键和屏幕相关的功能适用于带显示屏的智能门锁等应用。使用 I2S 接口还可以外接音频编/解码器，适用于需要语音播放、识别的应用。除此之外，数码管/LED 点阵是嵌入式系统中常见的显示方案，数码管/LED 显示驱动器可以使用 I2C 接口进行驱动，该方案比 LCD 显示屏占用更少的引脚和内存资源，实现也更加简单，比较适合计时、计数、状态显示等具有单一显示需求的应用场景。

2．传感器

通俗地讲，传感器是指可以把自然界中的各种物理量、化学量、生物量转化为可测量的电信号的装置与元件，由此可见传感器的种类是众多纷杂的。传感器属于物联网的神经末梢，成为人类全面感知自然的最核心元件，各类传感器的大规模部署和应用是构成物联网不可或缺的基本条件。对于不同的应用，需要使用不同的传感器，如温湿度传感器、惯性传感器、光传感器、气压传感器、手势传感器等。不同的传感器可能需要不同的外设接口与之相连，才能控制传感器的工作并收集传感器的数据。为此，ESP32-C3 的 I2C、SPI、ADC 等外设接口经常用于传感器的驱动。

 扩展阅读：在 GitHub 网站上的 `espressif/esp-iot-solution` 仓库中提供了已适配的不同类型传感器驱动，读者可以此作为参考，适配所需的传感器驱动。

3．控制类

对物体实施控制是感知控制层的重要功能之一。控制系统可以分为两类：一类是开环控制系统，另一类是闭环控制系统。开环控制系统不使用反馈，直接使用执行器来控制物体（被控对象），控制器的输出信号对控制系统的其他信号不起作用，即控制器的输出信号没有反馈回去影响控制系统中的其他信号。闭环控制系统通常使用传感器测量控制器的实际输出信号，并将实际的输出信号反馈回去，与期望的输出信号进行比较，得到偏差信号，采用偏差信号计算控制器输出的控制信号。在智能家居的应用中，常见的被控对象有照明灯光、电机起停、开关控制等，这些被控对象大多使用 SoC 提供数字信号和模拟信号即可完成控制。ESP32-C3拥有的 LED PWM、GPIO、ADC 等外设接口可用于智能家居中的被控对象。

6.3　LED 驱动基础

本节将介绍 LED 驱动基础知识，包括照明领域中的色彩空间、LED 驱动器、LED 调光方式、PWM 介绍等。

6.3.1　色彩空间

在绘画时，使用品红色、黄色和青（天蓝）色这三种颜色可以生成不同的颜色，这些颜色就定义了一种色彩空间。我们将品红色的量定义为 x 坐标轴、黄色的量定义为 y 坐标轴、青色的量定义为 z 坐标轴，这样就可以得到一个三维空间，每种可能的颜色在这个三维空间中都有唯一的位置。

但是，这并不是唯一的色彩空间。例如，在计算机显示器上显示颜色时，通常使用 RGB（红色、绿色、蓝色）定义色彩空间，这是另外一种生成不同颜色的方法，红色、绿色、蓝色的量被当成 x、y 和 z 坐标轴。另外一种生成不同颜色的方法是使用色相（x 轴）、饱和度（色度，y 轴）和明度（z 轴）表示，这种方法定义的色彩空间称为 HSV 色彩空间。另外，HSL 色彩空间也是照明领域常用的一种色彩空间，该色彩空间是通过色相（H）、饱和度（S）、亮度（L）三个颜色通道的变化以及它们相互之间的叠加来得到不同颜色的，H、S、L 分别表示色相、饱和度、亮度三个颜色通道。

1．RGB 色彩空间

RGB 色彩空间是日常接触最多的色彩空间，如图 6-2 所示，该色彩空间由三种颜色〔分别为红色（R），绿色（G）和蓝色（B）] 的组合表示一种颜色，这三种颜色的不同组合可以生成几乎所有的颜色。RGB 色彩空间是图像处理中最基本、最常用、面向硬件的色彩空间，比较容易理解。RGB 色彩空间利用三个颜色分量的线性组合来表示颜色，任何一种颜色都与这三个颜色分量有关，而且这三个颜色分量是高度相关的，所以连续变换颜色时并不直观，要想对 LED 的颜色进行调整，则需要更改这三个颜色分量才行。

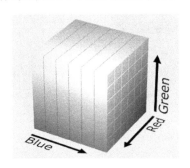

图 6-2　RGB 色彩空间

在自然环境下获取的图像容易受自然光照、遮挡和阴影等情况的影响，即对亮度比较敏感。而 RGB 色彩空间的三个颜色分量都与亮度密切相关，即只要改变亮度，三个颜色分量都会随之相应地改变，但并没有一种直观的方式来表达这种变化。人眼对于这三种颜色分量的敏感程度是不一样的，在单色中，人眼对红色最不敏感、对蓝色最敏感，所以 RGB 色彩空间是一种均匀性较差的色彩空间。如果直接用欧氏距离来度量颜色的相似性，其结果会与人眼视觉有较大的偏差。对于某一种颜色，我们很难用较为精确的三个颜色分量数值来表示。

2．HSV 色彩空间

在计算机中使用较多的是 HSV 色彩空间，如图 6-3 所示。该色彩空间比 RGB 色彩空间更接近人们对彩色的感知经验，可以非常直观地表达颜色的色调、鲜艳程度和明暗程度，方便进行颜色的对比。

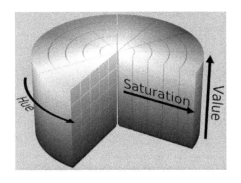

图 6-3　HSV 色彩空间

在 HSV 色彩空间中，可以比在 RGB 色彩空间中更容易地跟踪某种颜色的物体，常用于分割指定颜色的物体。在使用 HSV 色彩空间表示颜色时，颜色是由 Hue（色调、色相）、Saturation（饱和度、色彩纯净度）、Value（明度）三个部分表示的。

通常，HSV 色彩空间是用圆柱体来表示的，圆柱体的横截面可以看成一个极坐标系，Hue 用极坐标的极角表示，Saturation 用极坐标的极轴长度表示，Value 用圆柱中轴的高度表示。Hue 用角度度量，取值范围为 0～360°，表示色彩信息，即所处的光谱颜色的位置。HSV 色彩空间中的 Hue 分量如图 6-4 所示。

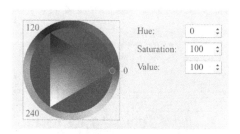

图 6-4　HSV 色彩空间中的 Hue 分量

在图 6-4 中，颜色圆环上所有的颜色都是光谱上的颜色，从红色开始按逆时针方向旋转，Hue=0 表示红色，Hue=120 表示绿色，Hue=240 表示蓝色等。

在 RGB 色彩空间中，颜色是由三个值共同决定的，如黄色可表示为（255,255,0）；在 HSV 色彩空间中，黄色只需要由一个值决定，Hue=60 即可。

HSV 色彩空间的圆柱体半边横截面（Hue=60），可以表示 HSV 色彩空间的 Saturation 和 Value 分量，如图 6-5 所示。

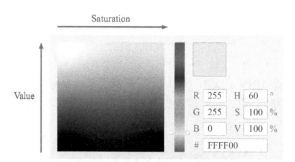

图 6-5　HSV 色彩空间中的 Saturation 和 Value 分量

在图 6-5 中，水平方向表示饱和度（Saturation），饱和度表示颜色接近光谱色的程度。饱和度越高，表示颜色越深，越接近光谱色；饱和度越低，表示颜色越浅，越接近白色。饱和度为 0 表示纯白色，Saturation 的取值范围为 0%～100%，值越大，颜色越饱和。竖直方向表示明度（Value），用来表示 HSV 色彩空间中的颜色明暗程度，明度越高，表示颜色越明亮。Value 的取值范围是 0%～100%。明度为 0，表示纯黑色（此时颜色最暗）。

3．HSL 色彩空间

HSL 色彩空间和 HSV 色彩空间比较类似，HSL 色彩空间也有三个分量，Hue（色相）、Saturation（饱和度）、Lightness（亮度）。HSL 色彩空间和 HSV 色彩空间的区别是最后一个分量不同，

HSL 色彩空间的最后一个分量是 Lightness（亮度），HSV 色彩空间的最后一个分量是 Value（明度）。HSL 色彩空间中的 Lightness 分量表示亮度，亮度为 100，表示白色；亮度为 0，表示黑色。HSV 色彩空间中的 Value 分量表示明度，明度为 100，表示光谱色；明度为 0，表示黑色。图 6-6 所示为 HSL 色彩空间。

图 6-6　HSL 色彩空间

HSL 色彩空间中的 Hue（H）分量如图 6-7 所示，表示人眼所能感知的颜色范围，这些颜色分布在一个平面的色相环上，取值范围是 0～360°，每个角度都代表一种颜色。色相值的意义在于，我们可以在不改变光感的情况下，通过旋转色相环来改变颜色。

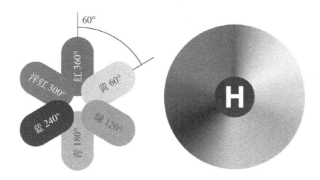

图 6-7　HSL 色彩空间中的 Hue（H）分量

HSL 色彩空间的 Saturation（S）分量如图 6-8 所示，表示色彩的饱和度，其取值范围为 0%～100%。Saturation 分量的值描述了相同色相、亮度下色彩纯度的变化，值越大颜色中的灰色越少，颜色越鲜艳，呈现一种从灰色到纯色的变化趋势。

图 6-8　HSL 色彩空间的 Saturation（S）分量

HSL 色彩空间的 Lightness（L）分量如图 6-9 所示，表示是色彩的亮度，该分量的作用是控制色彩的明暗变化，它的取值范围同样是 0%～100%，值越小色彩越暗，越接近于黑色；值越大，色彩越亮，越接近于白色。

图 6-9 HSL 色彩空间的 Lightness（L）分量

上述的三种色彩空间，只是描述色彩的维度不同，因此它们之间是可以互相转换的。在实际的彩色照明灯具中，控制红色、绿色、蓝色三种颜色 LED 灯珠的亮度值，使之经混色后得到不同的颜色。但是，在用户界面和传输控制消息中使用的色彩空间通常是 HSV 色彩空间或 HSL 色彩空间，这就需要在 LED 驱动中将 HSV 色彩空间或 HSL 色彩空间中的值转换为 RGB 色彩空间中的值，并改变对应颜色 LED 灯珠，混色后可得到期望的颜色。

6.3.2　LED 驱动器

LED 具有高光效、长寿命、环保等优点，由其替代传统光源已成为一个大趋势。作为绿色、环保、节能的新型光源，LED 一般是低电压、大电流的半导体器件，其发光强度取决于 LED 光源的正向电流，正向电流越大，对应 LED 的亮度也越高。选用 LED 驱动器时需要考虑工作环境，如果 LED 驱动器对周围环境的温度敏感，则应选择发热较少的器件，或者进行散热处理。LED 驱动器是智能照明产品最核心的部件之一，会直接影响整个智能照明产品的寿命和使用体验。目前，LED 驱动器主要有以下两种：

（1）恒压源驱动。也就是 LED 的端电压不变，电流随着负载的变化而变化。使用恒压源驱动时，每个 LED 都需要加上合适的电阻才能使每个 LED 的亮度一样。

（2）恒流源驱动。顾名思义，就是流过 LED 的电流恒定不变，LED 两端的电压随负载而变化；使用恒流源驱动时，可以通过控制流过 LED 的电流来实现 LED 调光。

6.3.3　LED 调光

调光是 LED 智能照明产品的基本功能之一，如调节颜色、亮度、开关等。用户可以通过智能手机 App、遥控器等来调节 LED 智能照明产品。LED 调光方式主要有以下三种：

（1）可控硅调光。使用可控硅调光时，输入电压的波形会因可控硅的导通角变化而变化，从而改变输入电压的有效值，通过电压有效值的变化实现调光。可控硅调光适用于白织灯、荧光灯等传统灯具。

（2）PWM 调光。PWM 调光的基本原理是利用 PWM 信号快速控制 LED 的开关操作，通过调节 PWM 信号的频率和占空比来实现 LED 调光。

（3）I2C 协议调光。具备 I2C 协议接口的调光 LED 线性恒流控制芯片，适用于驱动小功率的

LED 灯具，这种芯片具有多个独立的输出接口，通过 I2C 协议输入接口接收控制信号，可以调整每个输出接口的电流，从而实现 LED 调光。

在上述的三种 LED 调光方式中，PWM 调光的综合表现最佳，具有光色不变，且低亮度时稳定性好等优势，从而得到了广泛的应用。

PWM 调光的框图如图 6-10 所示，主要包括开关信号采样电路、主控电路和 PWM 控制器。开关信号采样电路通过检测电路中开关信号，可产生一个时钟信号。主控电路用于接收时钟信号并产生 3 路脉冲信号，分别输出到 3 个 PWM 控制器。PWM 控制器可根据主控电路输出的脉冲信号输出不同的电流信号，以调节 LED 灯珠的亮度。主控电路中通常包括单片机，单片机的输入端与开关信号采样电路连接，单片机的三个输出端分别连接到 3 个 PWM 控制器。PWM 控制器的输出端连接到了 LED 灯珠，LED 灯珠分为红色 LED 灯珠、绿色 LED 灯珠和蓝色 LED 灯珠，PWM 控制器分别控制三种颜色的 LED 灯珠的亮度值，使之经混色后得到不同的颜色。LED 灯珠全部封装在一个灯罩内。

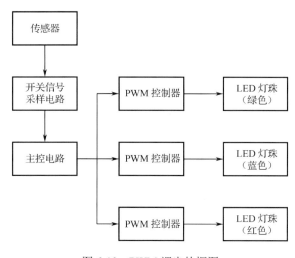

图 6-10　PWM 调光的框图

6.3.4　PWM 介绍

脉冲宽度调制（Pulse Width Modulation，PWM）简称脉宽调制，是一种将模拟信号变为脉冲信号的技术（用数字来控制模拟输出的一种手段）。PWM 可以控制 LED 亮度、直流电动机的转速等。PWM 的主要参数如下：

（1）PWM 频率。PWM 频率是 PWM 信号在 1 s 内从高电平到低电平再回到高电平的次数，也就是说 1 s 内有多少个 PWM 周期，单位为 Hz。

（2）PWM 周期。PWM 周期是 PWM 频率的倒数，即 $T=1/f$，T 是 PWM 周期，f 是 PWM 频率。如果 PWM 频率为 50 Hz，也就是说 PWM 周期是 20 ms，即 1 s 有 50 个 PWM 周期。

（3）PWM 占空比。PWM 占空比是指在一个 PWM 周期内，高电平的时间与整个周期时间的比例，取值范围为 0%～100%。PWM 占空比如图 6-11 所示。

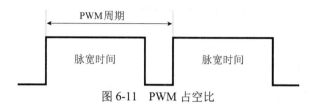

图 6-11　PWM 占空比

图 6-11 中，PWM 周期是一个 PWM 信号的时间；脉宽时间是指高电平时间；脉宽时间占 PWM 周期的比例就是占空比。例如，如果 PWM 周期是 10 ms、脉宽时间是 8 ms，那么 PWM 占空比就是 8/10=80%，此时的 PWM 信号就是占空比为 80% 的 PWM 信号。PWM 名为脉冲宽度调制，顾名思义，可通过调节 PWM 占空比来调节 PWM 脉宽时间。

例如，周期为 10 ms，脉宽时间为 8 ms，则占空比为 8/(8+2)=80%。在使用 PWM 控制 LED时，亮 1 s 后灭 1 s（占空比为 50%），往复循环，就可以看到 LED 在闪烁；如果把这个周期缩小到 200 ms，亮 100 ms 后灭 100 ms，往复循环，就可以看到 LED 在高频闪烁。由于人眼对光的感知有一个暂留效应，当这个周期持续缩小，总有一个临界值使人眼分辨不出 LED 在闪烁。此时人眼的暂留效应会将亮和灭的时间混合，感知到一个稳定的平均亮度。该平均亮度与 PWM占空比呈正相关，如图 6-12 所示。因此，我们可以通过改变 PWM 占空比实现 LED 调光。

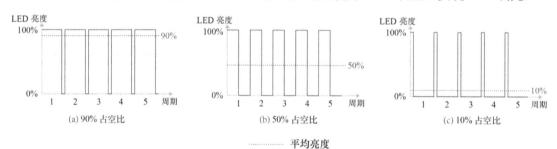

图 6-12　PWM 占空比与平均亮度的关系

6.4　LED 调光驱动开发

在了解 LED 驱动的基础知识后，便可以基于 ESP32-C3 芯片开发 LED 调光驱动，该驱动的开发主要包括操作 LED 灯开关、亮度、颜色、色温控制等功能 API 的开发。在日常生活中，通常都希望在下一次开灯时，灯的颜色、亮度、色温和当前的状态保持一致，这就需要保存当前的状态，这个功能可依靠 ESP-IDF 中的非易失性存储（NVS）来实现。

在编写驱动程序的代码前，还需要了解 ESP32-C3 芯片的 PWM 外设和编程方式，以及非易失性存储。

6.4.1　非易失性存储

ESP-IDF 中的非易失性存储可以通过调用 esp_partition.h 中的 API 来使用主 Flash 的部

分存储空间，用于在主 Flash 中存储键值对格式的数据。由于 NVS 存储是永久性的，因此即便设备重启或断电，存储的数据也不会丢失。NVS 在 Flash 中有一个专门的分区，该分区用来存储数据，NVS 支持多种数据类型的存储，如整型、以 NULL 结尾的字符串和二进制数据等。NVS 经过了专门设计，不但可以防止设备断电带来的数据损坏，而且还可以将写入的数据分布到整个 NVS 中，以处理 Flash 磨损的问题。

NVS 适合存储一些较小的数据，而非字符串或二进制大对象（BLOB）等较大的数据。如果需要存储较大的 BLOB 或者字符串，则考虑使用基于磨损均衡库的 FAT 文件系统。在物联网工程项目中，NVS 既可以存储产品的唯一性的量产数据，也可以存储任何与应用程序相关的用户数据。

下面将介绍几个 NVS 的关键概念：键值对、命名空间、安全性、篡改性及鲁棒性。

1. 键值对

NVS 的操作对象为键值对，即键：值（key:value），其中的键是 ASCII 字符串，当前支持的最大键长为 15 个字符，值可以为以下几种类型：

- 整型：uint8_t、int8_t、uint16_t、int16_t、uint32_t、int32_t、uint64_t 和 int64_t。
- 以 0 结尾的字符串。
- 可变长度的二进制数据。

2. 命名空间

为了减少不同组件之间键名的潜在冲突，NVS 为每个键值对分配给了一个命名空间。命名空间的命名规则遵循键名的命名规则，即最多可占用 15 个字符。命名空间的名称是通过调用 nvs_open() 或 nvs_open_from_part() 等函数指定的，函数调用后将返回一个不透明句柄，该句柄用于后续调用 nvs_get_*()、nvs_set_*()、nvs_commit() 等函数。这样，一个句柄就关联了一个命名空间，某个命名空间中的键名就不会与其他命名空间中相同键名发生冲突了。请注意，不同 NVS 分区中具有相同名称的命名空间将被视为不同的命名空间。

3. 安全性、篡改性及鲁棒性

NVS 在加密后，数据能够以加密的形式存储。如果未启用 NVS 加密，则任何具有 Flash 物理访问权限的用户都可以修改、擦除或添加键值对。NVS 加密后，如果不知道相应的 NVS 加密密钥，则无法修改或添加键值对并将其标识为有效键值。但是，擦除操作没有相应的防篡改功能。

当 Flash 处于不一致状态时，NVS 会尝试进行恢复。在任何时间关闭设备电源后重新上电，都不会导致数据丢失；但如果关闭设备电源时正在写入新的键值对，则该键值对就可能丢失。

6.4.2　LED PWM 控制器

ESP32-C3 的 PWM 控制器可以生成 6 路独立的数字波形，具有如下特性：

- 具有 6 个独立的 PWM 生成器（即 6 个通道）。

- 具有 4 个独立定时器，可实现小数分频。
- 占空比可自动渐变（即 PWM 占空比可逐渐增加或减小，无须 ESP32-C3 干预），渐变完成时产生中断。
- PWM 的输出信号相位可调节。
- 在 Light-sleep 低功耗模式下（第 12 章将详细介绍低功耗模式）可输出 PWM 信号。
- PWM 信号的最大精度为 14 位。

4 个定时器具有相同的功能和运行方式，下文将 4 个定时器统称为 Timer$x$（x 的范围是 0～3）。6 个 PWM 生成器的功能和运行方式也相同，下文将统称为 PWMn（n 的范围是 0～5）。LED PWM 的定时器如图 6-13 所示。

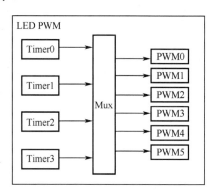

图 6-13　LED PWM 的定时器

4 个定时器可独立配置（可配置时钟分频器和计数器最大值），每个定时器内部都有一个时基计数器（即基于基准时钟周期计数的计数器）。每个 PWM 生成器都选择 4 个定时器中的一个，以该定时器的计数值为基准生成 PWM 信号。

图 6-14 所示为定时器和 PWM 生成器的主要功能块。

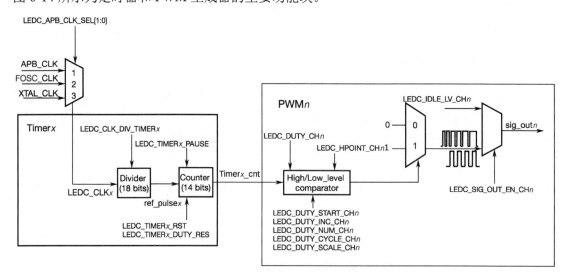

图 6-14　定时器和 PWM 生成器的主要功能块

要生成 PWM 信号，PWM 生成器（PWMn）就需选择一个定时器（Timer$x$）。每个 PWM 生成器均可单独配置，在 4 个定时器中选择一个输出 PWM 信号。

PWM 生成器主要包括一个高低电平比较器和两个选择器。PWM 生成器将比较定时器的 14 位计数值（Timer$x$_cnt）与高低电平比较器的值（Hpoint$n$ 和 Lpoint$n$），如果定时器的计数值等于 Hpoint$n$ 或 Lpoint$n$，PWM 信号可以输出高电平或低电平。

图 6-15 展示了如何使用 Hpoint$n$ 和 Lpoint$n$ 生成占空比固定的 PWM 信号。

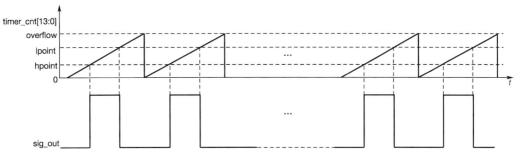

图 6-15　使用 Hpoint$n$ 和 Lpoint$n$ 生成占空比固定的 PWM 信号

PWM 生成器可以渐变 PWM 信号的占空比，即由一种占空比逐渐变为另一种占空比。如果开启了占空比渐变功能，Lpoint$n$ 的值会在计数器溢出固定次数后递增或递减。图 6-16 展示了占空比渐变功能。

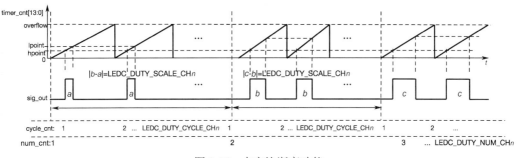

图 6-16　占空比渐变功能

6.4.3　LED PWM 编程

了解了 ESP32-C3 的 PWM 控制器后，还需要根据 ESP-IDF 提供的 LED PWM API 对 PWM 控制器进行配置，让 PWM 控制器按照预期的行为进行控制。PWM 控制器的配置可分三步完成，如图 6-17 所示。

（1）定时器的配置。指定 PWM 信号的频率、占空比分辨率。

（2）通道配置。绑定定时器和输出 PWM 信号的 GPIO。

（3）驱动 LED。输出 PWM 信号来驱动 LED，可通过软件控制或硬件渐变功能来改变 LED 的亮度。

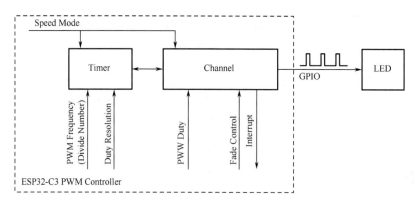

图 6-17　PWM 控制器的配置步骤

1. 定时器配置

通过调用 ledc_timer_config() 函数可以配置定时器。在调用 ledc_timer_config() 函数时，需要将设置了以下参数的结构体 ledc_timer_config_t 传递给该函数：

- 速度模式（该参数的值必须为 LEDC_LOW_SPEED_MODE）。
- 定时器索引 timer_num。
- PWM 频率。
- PWM 占空比分辨率。

PWM 频率和占空比分辨率是相互关联的，PWM 频率越高，其占空比分辨率就越低；PWM 频率越低，其占空比分辨率就越高。如果相关的 API 不是用来改变 LED 亮度的，而是用于其他目的，这种相互关系可能会更重要。

2. 通道配置

在配置好定时器后，还需要配置所需要的通道（ledc_channel_t 之一）。可以通过调用 ledc_channel_config() 函数来配置通道，通道的配置与定时器的配置类似，需要向 ledc_channel_config() 函数传递包括通道配置参数的结构体 ledc_channel_config_t。

此时，通道会按照结构体 ledc_channel_config_t 开始运行，并在选定的 GPIO 上生成由定时器配置指定的频率和通道配置指定的占空比的 PWM 信号。在通道运行的过程中，可以随时通过调用 ledc_stop() 函数来将其暂停。

3. 改变 PWM 信号

在通道开始运行、生成恒定占空比和频率的 PWM 信号后，可通过多种方式来改变该信号。在进行 LED 调光时，主要通过改变 PWM 占空比来改变照明灯具的颜色、亮度等。

（1）通过软件改变 PWM 占空比。通过调用 ledc_set_duty() 函数可以设置新的 PWM 占空比，通过调用 ledc_update_duty() 函数可以使新设置的 PWM 占空比生效，可以通过调用 ledc_get_duty() 函数来查看当前设置的 PWM 占空比。另外，还可以通过调用 ledc_ channel_config()函数来设置 PWM 占空比和其他通道参数。

传递给函数的 PWM 占空比大小取决于 duty_resolution(占空比分辨率)，取值范围是 0～$2^{duty\_resolution}-1$。例如，当 duty_resolution 为 10 时，PWM 占空比的数值范围为 0～1023。

（2）通过硬件改变 PWM 占空比。通过 PWM 控制器可以逐渐改变 PWM 占空比的数值。要通过硬件改变 PWM 占空比，需要先调用 ledc_fade_func_install()函数启用逐渐改变 PWM 占空比的功能，再调用以下函数之一进行配置：

```
1.  esp_err_t ledc_set_fade_with_time(ledc_mode_t speed_mode,
2.                                    ledc_channel_t channel,
3.                                    uint32_t target_duty,
4.                                    int max_fade_time_ms);
5.
6.  esp_err_t ledc_set_fade_with_step(ledc_mode_t speed_mode,
7.                                    ledc_channel_t channel,
8.                                    uint32_t target_duty,
9.                                    uint32_t scale,
10.                                   uint32_t cycle_num);
11.
12. esp_err_t ledc_set_fade(ledc_mode_t speed_mode,
13.                         ledc_channel_t channel,
14.                         uint32_t duty,
15.                         ledc_duty_direction_t fade_direction,
16.                         uint32_t step_num,
17.                         uint32_t duty_cycle_num,
18.                         uint32_t duty_scale);
```

最后调用 ledc_fade_start()函数开始逐渐改变 PWM 占空比。如果不需要逐渐改变 PWM 占空比或者中断逐渐改变 PWM 占空比，则需要调用 ledc_fade_func_uninstall()函数来关闭逐渐改变 PWM 占空比的功能。

4．PWM 频率和占空比分辨率的范围

PWM 控制器主要用于 LED 调光驱动。该控制器的 PWM 占空比分辨率范围较大，例如，当 PWM 频率为 5 kHz 时，PWM 占空比分辨率最大可为 13 位。这意味着 PWM 占空比的值可为 0%～100%，最小单位 0.012%（2^{13} = 8192 个 LED 亮度的离散电平）。PWM 占空比分辨率取决于 PWM 控制器的定时器计时时钟信号，PWM 控制器为通道提供时钟信号。

PWM 控制器可用于生成频率较高的信号，为数码相机模组等其他设备提供时钟。此时，最大频率可为 40 MHz，PWM 占空比分辨率为 1 位。也就是说，PWM 占空比固定为 50%，无法调整。PWM 控制器的 API 会在设定的 PWM 频率和 PWM 占空比分辨率超过 PWM 控制器的硬件范围时报错。例如，在试图将 PWM 频率设置为 20 MHz、PWM 占空比分辨率设置为 3 位时，串行端口监视器上会报告如下错误：

```
[E (196) ledc: requested frequency and duty resolution cannot be achieved, try
reducing freq_hz or duty_resolution. div_param=128]
```

此时，PWM 占空比分辨率或 PWM 频率必须降低。比如，将 PWM 占空比分辨率设置为 2 位可解决这一问题，即将 PWM 占空比设置为 25%的倍数，如 25%、50%或 75%。如果设置的 PWM频率和PWM占空比分辨率低于所支持的最低值，则串行端口监视器上会报告如下错误：

```
[E (196) ledc: requested frequency and duty resolution cannot be achieved, try
increasing freq_hz or duty_resolution. div_param=128000000]
```

PWM 占空比分辨率通常由 `ledc_timer_bit_t` 设置，其取值范围是 10～15 位。如果需要较小的 PWM 占空比分辨率（上至 10，下至 1），则可直接输入相应的数值。

6.5 实战：智能照明工程中的驱动应用

在智能照明工程中，需要开发的驱动有按键驱动和 LED 调光驱动。完成这两个驱动的开发后，就可以通过按键来控制 LED 的状态。

6.5.1 按键驱动

在使用 ESP32-C3-DevKitM-1 开发板模拟灯具进行开发时，可以发现该开发板上有两个按键，分别是按键 Boot 和按键 RST，按下按键 RST 后 ESP32-C3 将复位重启。按键 Boot 在固件运行后可以当成普通按钮来使用，因此按键 Boot 可以用于模拟一些灯具上的开关控制按键。

为此，我们提供了按键驱动 button 组件，按键驱动的开发在本书不作说明，读者可以通过阅读相关源码来学习按键驱动的开发。在智能照明工程的基础上，添加按键驱动的关键步骤有：

1．添加驱动相关源文件

在智能照明工程所在的文件夹下新建 components 文件夹，将智能照明工程所用的组件放在 components 文件夹中。在 components 文件夹下新建 button 文件夹，并在 button 文件夹中新建按键驱动相关源文件和头文件，并编辑代码。

在 `book-esp32c3-iot-projects/device_firmware/components/button` 目录下，具体的代码实现可以参考文件夹下的源文件和头文件。

在智能照明工程的 main 文件夹下新建 app_driver.c 源文件，该源文件用于智能照明驱动相关处理，同时在 main 文件夹中的 include 文件夹下新建相关头文件，并在源文件和头文件中添加相关驱动操作和函数声明，如驱动初始化、按键事件处理。关键代码如下：

```
1.   //按下按键的回调函数
2.   static void push_btn_cb(void *arg)
3.   {
4.       //此处省略其他代码
```

```
5.    }
6.    void app_driver_init()
7.    {
8.        //按键驱动初始化
9.        button_config_t btn_cfg = {
10.           .type = BUTTON_TYPE_GPIO,
11.           .gpio_button_config = {
12.               .gpio_num      = LIGHT_BUTTON_GPIO,
13.               .active_level = LIGHT_BUTTON_ACTIVE_LEVEL,
14.           },
15.       };
16.       button_handle_t btn_handle = iot_button_create(&btn_cfg);
17.       if (btn_handle) {
18.           iot_button_register_cb(btn_handle, BUTTON_PRESS_UP, push_btn_cb);
19.       }
20.       //此处省略其他代码
21.   }
```

2. 将源文件添加到编译系统

修改智能照明工程目录下的 CMakeLists.txt 文件，将 components 文件夹中的组件添加到智能照明工程组件搜索路径中，代码如下：

```
1.    //此处省略其他代码
2.    set(EXTRA_COMPONENT_DIRS ${CMAKE_CURRENT_LIST_ DIR}/../components)
3.    //此处省略其他代码
```

修改 main 文件夹下的 CMakeLists.txt 文件，将 app_driver.c 源文件添加到编译系统，代码如下：

```
1.    set(srcs "app_main.c"
2.             "app_driver.c")
3.    set(include_dirs "include")
4.    idf_component_register(SRCS "${srcs}"
5.                           INCLUDE_DIRS "${include_dirs}")
```

除此之外，button 组件也有 CMakeLists.txt 文件，目的是将按键驱动源码添加到编译系统，读者可参考 book-esp32c3-iot-projects/device_firmware/components/button/CMakeLists.txt 文件，之后的章节在智能照明工程的新增组件中也会有类似的结构，将不再赘述。

6.5.2 LED 调光驱动

在本书的智能照明工程中，LED 灯包含 Red（红色）、Green（绿色）、Blue（蓝色）、WW（暖光）、CW（冷光）五种不同的颜色，所以需要五个 PWM 通道。同时，智能照明工程的功能包含：开关 LED 灯，颜色、色温、亮度控制，呼吸状态、渐变状态的控制等。由于在开发中使用 ESP32-C3-DevKitM-1 开发板来模拟灯具，该开发板只有 R、G、B 三个通道，所以在开发中只能对颜色进行控制，不能对色温进行控制。

> **项目源码**：根据智能照明项目的需求，对 LED 调光驱动进行了封装，以 light_driver 组件的形式提供 LED 调光驱动，light_driver 组件位于 book_esp32c3_iot_projects/device_firmware/components/light_driver。另外，为了保存 LED 灯的状态，智能照明工程还提供了 app_storage 组件，该组件的底层使用了非易失性存储（NVS），NVS 通过调用 esp_partition.h 中的 API 使用主 Flash 的部分空间，以键值对格式在 Flash 中存储数据。app_storage 组件位于 book-esp32c3-iot-projects/device_firmware/components/app_storage。

1. light_driver 组件

根据智能照明工程的需求，light_driver 组件提供了 LED 调光驱动初始化/去初始化、开关/颜色/亮度/色温控制、呼吸/渐变状态控制等功能，light_driver 组件中的 LED 调光驱动为主应用提供的 API 如表 6-1 所示。

表 6-1　light_driver 组件中的 LED 调光驱动为主应用提供的 API

API	用　　途
light_driver_init()	初始化 light_driver 驱动
light_driver_deinit()	去初始化 light_driver 驱动
light_driver_config()	配置 light_driver 驱动渐变时间和闪烁周期
light_driver_set_switch()	设置打开/关闭 LED 灯
light_driver_get_switch()	获取 LED 灯的开关状态
light_driver_set_hue()	设置色调 Hue
light_driver_get_hue()	获取色调 Hue
light_driver_set_saturation()	设置饱和度 Saturation
light_driver_get_saturation()	获取饱和度 Saturation
light_driver_set_value()	设置明度 Value
light_driver_get_value()	获取明度 Value
light_driver_set_hsv()	同时设置 HSV 色彩空间三个分量的值
light_driver_get_hsv()	同时获取 HSV 色彩空间三个分量的值
light_driver_set_lightness()	设置亮度 Lightness
light_driver_get_lightness()	获取亮度 Lightness
light_driver_set_hsl()	同时设置 HSL 色彩空间三个分量的值
light_driver_get_hsl()	同时获取 HSL 色彩空间三个分量的值
light_driver_set_color_temperature()	设置色温
light_driver_get_color_temperature()	获取色温
light_driver_set_brightness()	设置亮度 Brightness
light_driver_get_brightness()	获取亮度 Brightness
light_driver_set_ctb()	同时设置色温、亮度两个分量的值
light_driver_get_ctb()	同时获取色温、亮度两个分量的值

续表

API	用　途
`light_driver_set_rgb()`	同时设置 RGB 色彩空间三个分量的值
`light_driver_breath_start()`	设置呼吸状态的颜色，并开始呼吸状态
`light_driver_breath_stop()`	停止呼吸状态
`light_driver_blink_start()`	设置闪烁状态的颜色，并开始闪烁状态
`light_driver_blink_stop()`	停止闪烁状态

2．app_storage 组件

app_storage 组件在底层使用了非易失性存储（NVS）。app_storage 组件为主应用提供的 API 如表 6-2 所示。

表 6-2　app_storage 组件为主应用提供的 API

API	用　途
`app_storage_init()`	app_storage 组件初始化
`app_storage_set()`	存储键值对格式的数据
`app_storage_get()`	获取键值对格式的数据
`app_storage_erase()`	擦除某个键值对格式的数据

3．LED 灯状态保存

在 LED 灯关灯后、下一次上电时，可能希望 LED 灯能恢复到之前的颜色、亮度状态。为了实现这个功能，需要在每次控制 LED 灯之后保存 LED 灯状态，并且需要在驱动初始化的时候重新加载 LED 灯状态。LED 灯的状态保存功能在 `light_driver` 组件中已经完成了，在每次调用 `light_driver` 组件中的 API 修改 LED 灯状态时，都会保存修改后的 LED 灯状态，并在调用 LED 调光驱动初始化 API 时加载 LED 灯状态并改变当前的 LED 灯状态。

```
1.  //保存 LED 灯状态
2.  if (app_storage_get(LIGHT_STATUS_STORE_KEY, &g_light_status,
3.                      sizeof(light_ status_t)) != ESP_OK) {
4.      //此处省略
5.  }
6.  //加载 LED 灯状态
7.  if (app_storage_set(LIGHT_STATUS_STORE_KEY, &g_light_status,
8.                      sizeof(light_ status_t)) != ESP_OK) {
9.      //此处省略
10. }
```

4．驱动初始化

在智能照明工程基础上，添加 LED 调光驱动时需要在 `app_main()` 函数中添加 LED 调光驱动初始化相关代码。在调用 LED 调光驱动初始化 API 时，需要提供 `light_driver_config_t` 参数，该参数指明了五个 PWM 通道使用的 ESP32-C3 的 GPIO 引脚、渐变时间、呼吸灯周期、PWM 频率、PWM 控制器的时钟源、PWM 占空比分辨率等。在 `app_main()` 函数中调用 `app_driver_init()` 函数可以完成 LED 调光驱动的初始化，代码如下：

```
1.  void app_driver_init()
2.  {
3.      //此处省略其他代码
4.      //LED 调光驱动初始化
5.      light_driver_config_t driver_config = {
6.          .gpio_red        = LIGHT_GPIO_RED,
7.          .gpio_green      = LIGHT_GPIO_GREEN,
8.          .gpio_blue       = LIGHT_GPIO_BLUE,
9.          .gpio_cold       = LIGHT_GPIO_COLD,
10.         .gpio_warm       = LIGHT_GPIO_WARM,
11.         .fade_period_ms  = LIGHT_FADE_PERIOD_MS,
12.         .blink_period_ms = LIGHT_BLINK_PERIOD_MS,
13.         .freq_hz         = LIGHT_FREQ_HZ,
14.         .clk_cfg         = LEDC_USE_APB_CLK,
15.         .duty_resolution = LEDC_TIMER_11_BIT,
16.     };
17.     ESP_ERROR_CHECK(light_driver_init(&driver_config));
18.     //此处省略其他代码
19. }
```

5．LED 灯状态的控制

在 `app_main()` 函数中添加 LED 调光驱动初始化的相关代码后，便可以在 LED 调光驱动初始化后使用 `light_driver` 组件提供的 LED 调光 API 对 LED 灯进行控制。结合按键驱动，可以通过按键来控制 LED 灯的开关。这里重点介绍常用的开关、颜色、色温的控制。

（1）开关控制。在完成 LED 调光驱动初始化后，应用层就可以开始对 LED 灯进行控制了。下面的 API 可对 LED 灯进行开关控制。

```
1.  //开灯
2.  light_driver_set_switch(true);
3.  //关灯
4.  light_driver_set_switch(false);
```

（2）颜色控制。在完成 LED 调光驱动初始化，并在开灯的情况下，可以选择 RGB 色彩空间、HSL 色彩空间或 HSV 色彩空间对 LED 灯进行颜色控制。使用 LED 调光 API 时，需要注意这些 API 的参数取值范围：

- HSV 色彩空间：Hue≤360，Saturation≤100，Value≤100。
- HSL 色彩空间：Hue≤360，Saturation≤100，Lightness≤100。
- RGB 色彩空间：Red≤255，Green≤255，Blue≤255。

下面的 API 是在同时调整 RGB 色彩空间、HSL 色彩空间或 HSV 色彩空间中的三个分量时需要使用的 API。当然，用户也可以仅仅对色彩空间中的某一个分量进行调整。

```
1.  //RGB 色彩空间颜色控制
2.  light_driver_set_rgb(uint8_t red, uint8_t green, uint8_t blue);
3.  //HSL 色彩空间颜色控制
4.  light_driver_set_hsl(uint16_t hue, uint8_t saturation, uint8_t lightness);
5.  //HSV 色彩空间颜色控制
6.  light_driver_set_hsv(uint16_t hue, uint8_t saturation, uint8_t value);
```

（3）色温控制。除了对开关、颜色的控制，还可以使用 light_driver 组件提供的 API 对色温进行控制。如果在开发中使用模拟灯具，则只能对颜色进行控制，不能对色温进行控制。下面的 API 可用于色温和亮度的控制：

```
1.  light_driver_set_ctb(uint8_t color_temperature, uint8_t brightness);
```

 项目源码：在智能照明工程的基础上添加 LED 调光驱动和按键驱动，读者可在目录 book-esp32c3-iot-projects/device_firmware/2_light_drivers 中查看完整的代码，也可在编译、链接后烧录到开发板，查看运行结果。

6.6　本章总结

ESP32-C3 拥有多种外设接口，可用于不同的应用场景，如屏幕显示、传感器数据采集、音频播放等。在智能照明应用中通常使用 PWM 控制器实现 LED 调光驱动。

相信阅读完本章的驱动开发步骤后，读者可以动手实际操作，并依据本书中的智能照明工程实战项目，通过编程对 LED 灯状态进行控制。之后的章节将介绍物联网工程中常用的无线通信技术和协议相关知识，并在智能照明工程中运用这些无线通信技术。

无线通信与控制篇

在物联网应用中，物体之间是通过网络进行连接的。用户既能通过互联网远程访问和控制物联网设备，也能通过局域网在本地访问与控制物联网设备。这些访问与控制包括获得被控设备状态、进行设备的固件更新等。目前，在物联网设备中，通常利用 Wi-Fi 和蓝牙无线通信技术完成网络连接。针对物联网应用出现的物联网云平台，提供了物联网应用所需的常用功能，既能降低开发难度，也能提升用户体验。本篇主要介绍网络连接技术、物联网云平台和固件更新等内容。

07 /
Wi-Fi 网络配置与连接

08 /
设备的本地控制

09 /
设备的云端控制

10 /
智能手机 App 开发

11 /
固件更新与版本管理

## 第 7 章

Wi-Fi 网络配置和连接

本章主要介绍 Wi-Fi 网络配置和连接的规范。首先介绍 Wi-Fi 基础知识，并对蓝牙的背景知识进行描述；其次介绍主流的 Wi-Fi 网络配置方式；接着通过对示例的介绍，使读者进一步了解什么是 Wi-Fi 网络配置、Wi-Fi 连接的运作机制和常见的智能化 Wi-Fi 网络配置方式；最后结合智能照明工程，指导读者如何基于 ESP32-C3 实现智能化 Wi-Fi 网络配置。

由于无线通信技术已经存在并发展了较长的时间，一些经典文献对其做了详细的介绍，因此本章对涉及的知识只做引用性描述。

7.1　Wi-Fi 基础知识

本节将通过回答以下 4 个问题来全面认识 Wi-Fi：

- 什么是 Wi-Fi？
- Wi-Fi 的发展历程有哪些？
- Wi-Fi 的相关术语有哪些？
- Wi-Fi 的连接原理和过程又是怎样的？

7.1.1　什么是 Wi-Fi

Wi-Fi 是一个无线通信技术的品牌，由 Wi-Fi 联盟（Wi-Fi Alliance，WFA）拥有。WFA 专门负责 Wi-Fi 认证与商标授权工作。严格地说，Wi-Fi 是一个认证的名称，该认证用于测试无线网络设备是否符合 IEEE 802.11 系列协议的规范。通过该认证的设备将被授予一个名为 Wi-Fi CERTIFIED^{TM} 的商标。相比于其他无线通信技术，Wi-Fi 具有覆盖范围广、穿墙性能佳、吞吐量大等优势。

7.1.2　IEEE 802.11 的发展历程

使用 Wi-Fi 的读者都或多或少地接触过 IEEE 802.11，它到底代表什么呢？

IEEE（Institute of Electrical and Electronics Engineers）是美国电气和电子工程协会的英文简称，802 是该协会中的一个专门负责制定局域网标准的委员会，也称为 LMSC（LAN/MAN Standards Committee，局域网/城域网标准委员会）。由于工作量巨大，该委员会被细分成多个工作组，每个工作组负责解决某个特定方面的问题。工作组会被赋予一个编号（位于 802 的后面，中间用点号隔开），因此 802.11 代表 802 的第 11 个工作组，专门负责制定无线局域网（Wireless LAN）的媒介访问控制（Medium Access Control，MAC）协议和物理层（Physical Layer，PHY）技术规范。IEEE 802.11 的发展历经好几个版本。

表 7-1 是 IEEE 802.11 各版本的简单介绍。

表 7-1　IEEE 802.11 各版本的简单介绍

协　　议	频率范围/GHz	信道带宽/MHz	速率/Mbit/s	调 制 技 术	新　名　称
802.11a	5	20	54	OFDM[2]	—
802.11b	2.4	22	11	CCK[3]/DSSS[4]	—
802.11g	2.4	20	54	OFDM	—
802.11n	2.4、5	20、40	72～600 (MIMO[1]: 4×4)	OFDM	Wi-Fi 4
802.11ac	5	20、40、80、80+80、160	433～1733 (MIMO: 4×4)	OFDM	Wi-Fi 5
802.11ax	2.4、5	20、40、80、80+80、160	600～2401 (MIMO: 4×4)	OFDMA[5]	Wi-Fi 6

表注：

[1]　MIMO：Multiple Input Multiple Output，多输入多输出。

[2]　OFDM：Orthogonal Frequency Division Multiplexing，正交频分复用。

[3]　CCK：Complementary Code Keying，补码键控。

[4]　DSSS：Direct Sequence Spread Spectrum，直接序列扩频。

[5]　OFDMA：Orthogonal Frequency Division Multiple Access，正交频分多址。

7.1.3　Wi-Fi 相关术语

本节将介绍 IEEE 802.11 涉及的网络技术，包括 OSI/RM（Open System Interconnection Reference Model，开放系统互连参考模型）和 IEEE 802.11 中的物理组件。

1．OSI/RM

在 OSI/RM 中，计算机网络体系被划分为七层，其名称和对应关系如图 7-1 所示。

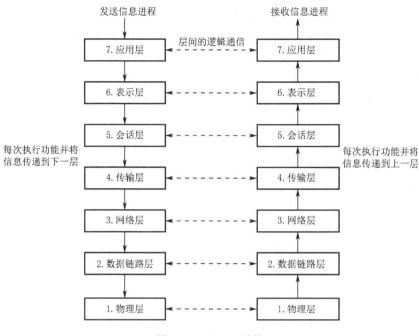

图 7-1　OSI/RM 结构

2．IEEE 802.11 规范中的物理组件

IEEE 802.11 规范中的物理组件主要有四种，如图 7-2 所示。

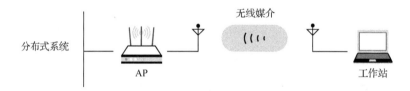

图 7-2　IEEE 802.11 规范中的物理组件

（1）无线媒介（Wireless Medium，WM）。是指能传输无线 MAC 帧数据的物理层。IEEE 802.11 规范最早定义了不止一种物理层，如射频和红外两种物理层，事后证明射频物理层较受欢迎。

（2）工作站（Station，STA）。所谓的 STA，是指携带无线网络接口卡的设备。通常，STA 是以电池供电的膝上型（Laptop）或手持式（Handheld）计算机。然而，STA 不见得就是携带型（Portable）计算设备，有时候，使用无线网络的目的是节省布线的麻烦，桌上型（Desktop）计算机一样可以使用无线局域网络。

（3）无线接入点（Access Point，AP）。AP 本身也是一个 STA，只不过它还能为那些已经关联的 STA 提供分布式服务。

（4）分布式系统（Distribution System，DS）。当几个 AP 串联以覆盖较大区域时，彼此之间必须相互通信才能够掌握移动式 STA 的行踪，分布式系统负责将帧（Frame）转送到目的地。

3. 无线网络的构建

有了上面描述的物理组件，就可以搭建由这些物理组件组成的无线网络了。在 IEEE 802.11 规范中，基本服务集（Basic Service Set，BSS）是整个无线网络的基本构建组件（Basic Building Block）。BSS 有两种类型，即独立型 BSS 和基础结构型 BSS，如图 7-3 所示。

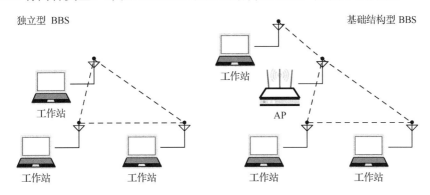

图 7-3　BSS 的两种类型

（1）独立型 BSS（Independent BSS）。该类型的 BSS 不需要 AP 参与，各 STA 之间可直接交互。

（2）基础结构型 BSS（Infrastructure BSS）。所有 STA 之间的交互必须经过 AP，AP 是基础结构型 BSS 的中控台。这也是读者最常见的网络架构。在这种网络架构中，一个 STA 必须完成诸如关联、授权等步骤后才能加入某个 BSS。

上述网络架构中都有所谓的 Identification，它们分别是：

（1）BSSID（BSS Identification）。每一个 BSS 都有用于识别的物理地址，称为 BSSID。在基础结构型 BSS 中，BSSID 就是 AP 的 MAC 地址，该 MAC 地址是真实的地址。MAC 地址在设备出厂时会有一个默认值，可更改，也有其固定的命名格式。

（2）SSID（Service Set Identification）。每个 AP 都有一个用于用户识别的标识，一般而言，BSSID 会和一个 SSID 关联。BSSID 往往是一个可读字符串，也就是我们经常说的 Wi-Fi 名称。

7.1.4　Wi-Fi 连接的过程

STA 首先需要通过主动/被动扫描发现周围的无线网络，再通过认证和关联两个过程后，才能和 AP 建立连接，最终接入无线局域网。Wi-Fi 连接的过程如图 7-4 所示。

1. 扫描

STA 可以通过两种扫描方式来获取周围的无线网络。

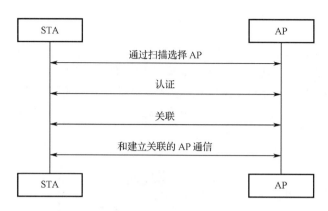

图 7-4　Wi-Fi 连接的过程

（1）被动扫描（Passive Scanning）。STA 可以通过监听周围 AP 定期发送的 Beacon（信标帧）发现周围的无线网络。当用户需要节省电量时，推荐使用被动扫描。

（2）主动扫描（Active Scanning）。主动发送一个探测请求（Probe Request）帧，接收 AP 返回的探测响应帧（Probe Response）。根据探测请求帧是否携带 SSID，主动扫描可以分为两种：

①不携带 SSID 的主动扫描。STA 会定期在其支持的信道列表中，发送探测请求帧来扫描周围的无线网络。当 AP 收到探测请求帧后，会回应探测响应帧，以便通告可以提供的无线网络。通过这种方式，STA 可以主动获取周围可使用的无线网络。

②携带指定 SSID 的主动扫描。当 STA 需要配置待连接的无线网络或者已经成功连接到一个无线网络时，STA 会定期发送探测请求帧（该帧携带了配置信息或者已经连接的无线网络 SSID），当能够提供指定 SSID 无线网络的 AP 接收到探测请求帧后回应探测响应帧。通过这种方式，STA 可以主动扫描指定的无线网络。

对于隐藏 AP，需要使用携带指定 SSID 的主动扫描方式。

2．认证

当 STA 找到可使用的无线网络时，在 SSID 匹配的 AP 中，可依据连接策略（如信号最优或 MAC 地址匹配等）选择合适的 AP，进入认证阶段。认证包括开放式认证和非开放式认证。

（1）开放式认证。开放式认证在实质上是完全不认证，也不加密，任何人都可以连接并使用无线网络。当连接到无线网络时，AP 并没有验证 STA 的真实身份。开放式认证的步骤如图 7-5 所示。

图 7-5　开放式认证的步骤

STA 发起认证请求，AP 应答认证结果，如果返回的是成功，则表示两者认证成功。

（2）非开放式认证。非开放式认证包括共享密钥、WPA（Wi-Fi Protected Access，Wi-Fi 保护访问）和 RSN（Robust Security Network，强健安全网络）等方式。

① 共享密钥（Shared Key）。共享密钥认证依赖于 WEP（Wired Equivalent Privacy，有线等效加密）机制，是最基本的加密技术，其加密的安全性很脆弱。

STA 与 AP 必须拥有相同的密钥，才能解读互相传输的数据。密钥分为 64 bit 密钥及 128 bit 密钥两种，最多可设定四组不同的密钥。共享密钥认证的步骤如图 7-6 所示。

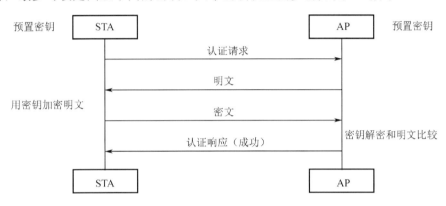

图 7-6　共享密钥认证的步骤

STA 发起认证请求，AP 收到请求后回复质询文本，STA 利用预置密钥将加密后的明文发送给 AP，AP 用预置密钥解密明文，并和之前的明文比较，如一致则表示通过认证。

② WPA。WPA 是在 IEEE 802.11i 规范正式发布前用于替代 WEP 的一个中间产物，它采用了新的 MIC（Message Integrity Check，消息完整性校验）算法，用于替代 WEP 中的 CRC 算法；采用 TKIP（Temporal Key Integrity Protocol，临时密钥完整性协议）来为每一个 MAC 帧生成不同的 Key。TKIP 是一种过渡性的加密协议，现已被证明其安全性不高。

③ RSN。RSN 被 WFA 称为 WPA2，它采用了全新的加密方式 CCMP（Counter Mode with CBC-MAC Protocol，计数器模块及密码块链消息认证码协议），这是一种基于 AES（Advanced Encryption Standard，高级加密标准）的块安全协议，本书后文将结合身份验证详细介绍相关的内容。

④ WPA3。虽然 WPA2 在一定程度上保证了 Wi-Fi 网络的安全，但 WPA2 在应用过程中也不断暴露出很多安全漏洞，如离线字典或暴力破解攻击、KRACK（Key Reinstallation Attacks，密钥重装攻击）等。WFA 于 2018 年发布的新一代 Wi-Fi 加密协议 WPA3，改进了 WPA2 中存在的安全风险，增加了许多新的功能，为 Wi-Fi 网络的安全性提供了更强的保护。相比 WPA2，WPA3 的优势如下：

（a）禁止使用过时的 TKIP，强制使用 AES 加密算法。

（b）必须对管理帧进行保护。

（c）使用更加安全的 SAE（Simultaneous Authentication of Equals，对等实体同时验证）来取代 WPA2 中的 PSK 认证方式。首先，对于多次尝试连接设备的终端，SAE 会直接拒绝服务，断绝了穷举或逐一尝试密码的行为；其次，SAE 的前向保密功能使得攻击者即使通过某种方式获取了密码，也不能破解获取到数据；最后，SAE 将设备视为对等的，任意一方都可以发起握手，独立地发送认证消息，缺少了来回交换消息的过程，从而让 KRACK 无可乘之机。

（d）提供可选的 192 位强度模式，进一步提升了密码防御强度；使用 HMAC-SHA-384 算法在四次握手阶段进行密钥导出和确认；使用 GCMP-256（Galois Counter Mode Protocol，伽罗瓦计数器模式协议）算法保护用户上线后的无线流量；使用更加安全的 GCMP 的 GMAC-256（Galois Message Authentication Code，伽罗瓦消息认证码）保护组播管理帧。

（e）提供开放性网络保护，在该认证方式下，用户仍然无须输入密码即可接入网络，保留了开放式 Wi-Fi 网络用户接入的便利性。同时，OWE 采用 Diffie-Hellman 密钥交换算法在用户和 Wi-Fi 设备之间交换密钥，为用户与 Wi-Fi 网络的数据传输进行加密，可以保护用户数据的安全性。

3. 关联

当 AP 向 STA 返回认证响应消息，身份认证获得通过后，进入关联阶段。以便获得网络的完全访问权。关联的步骤如图 7-7 所示。

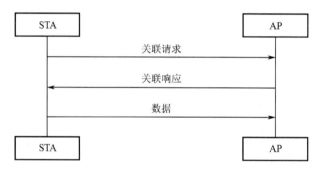

图 7-7 关联的步骤

4. 身份验证

在经过 Wi-Fi 的扫描、认证、关联后，我们将重点关注 Wi-Fi 连接的最后一个步骤，即身份验证。首先介绍 EAP（Extensible Authentication Protocol），然后介绍密钥协商（四次握手协议）。

（1）EAP。目前在身份验证方面最基础的安全协议就是 EAP，它既是一种协议，更是一种协议框架。基于这个协议框架，各种认证方法都可得到很好的支持。当验证申请者通过 EAPOL（EAP Over LAN，基于 LAN 的扩展 EAP 协议）发送身份验证请求给验证者时，如果验证成功，Supplicant 就可正常使用网络了。EAP 的架构如图 7-8 所示。

本书主要介绍其中涉及的基本概念，不对 EAP 做深入的介绍，读者可通过 RFC 3748 了解其详细情况。

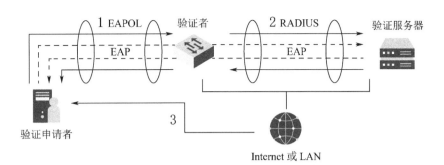

图 7-8　EAP 的架构

① Authenticator（验证者）。响应认证请求的实体。在无线网络中，AP 即 Authenticator。

② Supplicant（验证申请者）。发起验证请求的实体。在无线网络中，STA 即 Supplicant。

③ BAS（Backend Authentication Server，后台认证服务器）。某些情况下（如企业级应用）Authenticator 并不真正处理身份验证，它仅仅将验证请求发给后台认证服务器去处理。正是这种架构设计拓展了 EAP 的适用范围。

④ AAA（Authentication、Authorization and Accounting，认证、授权和计费）。另外一种基于 EAP 的协议。实现它的实体属于 BAS 的一种具体形式，AAA 包括常用的 RADIUS 服务器等。

⑤ EAP Server。真正处理身份验证的实体。如果没有 BAS，则 EAP Server 功能就在 Authenticator 中，否则该功能由 BAS 实现。

（2）密钥协商。RSNA（Robust Secure Network Association，强健安全网络联合）是 IEEE 802.11 定义的一组保护无线网络安全的过程，包括两个主要部分：数据加密和完整性校验。RSNA 使用了前面提到的 TKIP 和 CCMP。TKIP 和 CCMP 中使用的 TK（Temporary Key）来自于 RSNA 定义的密钥派生方法。同时，RSNA 基于 IEEE 802.1X 提出了 4-Way Handshake（四次握手协议，用于派生对单播数据加密的密钥）和 Group Key Handshake（组密钥握手协议，用于派生对组播数据加密的密钥）两个新协议，用于密钥派生。

为什么要进行密钥派生呢？在 WEP 中，所有的 STA 都使用同一个 WEP Key 进行数据加密，其安全性较差。而 RSNA 要求不同的 STA 和 AP 关联后使用不同的 Key 进行数据加密。这是否表明 AP 需要为不同的 STA 设置不同的密码呢？显然，这和实际情况是违背的，因为在实际生活中，我们将多个 STA 关联到同一个 AP 时使用的是相同的密码。

如何实现不同 STA 使用不同密码呢？原来，我们在 STA 中设置的密码称为 PMK（Pairwise Master Key，成对主密钥），其来源于 PSK，即在家用无线路由器里边设置的密码，无须专门的验证服务器，对应的设置项为 WPA/WPA2-PSK。PMK 的来源如图 7-9 所示。

在 WPA2-PSK 中，PSK 即 PMK，直接来源于密钥；WPA3 则根据 WPA2 中的 PMK 通过 SAE 生成新的 PMK，以保证任何 STA 在不同的阶段都有不同的 PMK。通过 SAE 获得 PMK 的流程如图 7-10 所示。

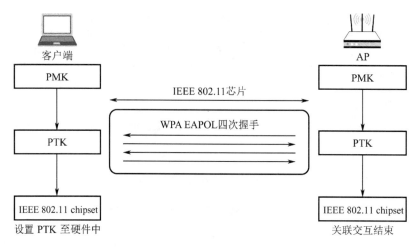

图 7-9　PMK 的来源

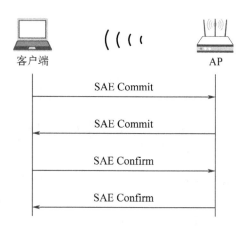

图 7-10　通过 SAE 获得 PMK 的流程

SAE 不区分 Supplicant 或者 Authenticator，通信双方是对等的，均可首先发起认证。通过双方交换的数据，证明自己知道密钥，并生成 PMK。SAE 包括 Commit 和 Confirm 两个阶段，在 Commit 阶段，双方发送 SAE Commit 帧互相提供数据来推测 PSK；在 Confirm 阶段，双方发送 SAE Confirm 帧互相确认推测的结果。通信双方校验成功后，进行后续的关联过程。

① Commit 阶段。发送端首先根据 PSK、收发双方的 MAC 地址，通过 Hunting and Pecking 算法计算出 PWE（Password Element，密码元素）；然后根据 PWE、内部生成的随机数，通过椭圆曲线算法获得一个大整数 Scalar 和椭圆曲线上一点的坐标 Element。接收方在对 SAE Confirm 帧校验通过后，使用本端和对端的 Scalar 等内容，通过密钥衍生算法计算出 KCK（Key Confirmation Key，密钥确认密钥）和 PMK，其中 KCK 会在 Confirm 阶段生成并校验帧中的内容。

② Confirm 阶段。通信双方使用在 Commit 阶段产生的 KCK、本端和对端的 Scalar、本端和对端的 Element 等参数，使用相同的哈希消息认证算法，分别计算一个校验码，在双方校验码一致时，视为验证通过。

STA 和 AP 在得到 PMK 后，将进行密钥派生。正是在密钥派生的过程中，AP 和不同 STA 生成了独特的密钥，这些密钥被设置到硬件中，用于实际数据的加/解密。由于 AP 和 STA 在每次关联时都需要重新派生这些密钥，所以它们称为 PTK（Pairwise Transient Key，成对临时 Key）。二者利用 EAPOL Key 帧进行双方的 Nonce 等消息交换，这就需要使用到 4-Way Handshake，其流程如图 7-11 所示。

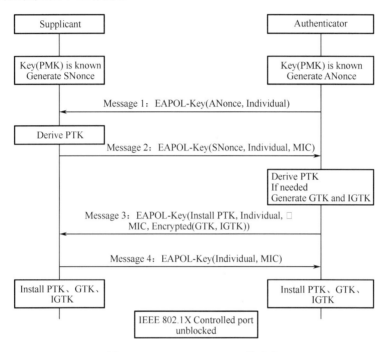

图 7-11　4-Way Handshake 的流程

① Authenticator 生成一个 Nonce（ANonce），然后利用 EAPOL-Key 消息将其发给 Supplicant。

② Supplicant 根据 ANonce、自己生成一个 Nonce（SNonce）、自己所设置的 PMK 和 Authenticator 的 MAC 地址等信息进行密钥派生。随后将 SNonce 以及一些消息通过第二个 EAPOL-Key 发送给 Authenticator。Message 2 还包含一个 MIC 值，该值会被 KCK 加密。Authenticator 取出 Message 2 中的 SNonce 后，将进行和 Supplicant 中类似的计算来验证 Supplicant 返回的消息是否正确。如果不正确，则表明 Supplicant 的 PMK 错误，整个握手工作就此停止。

③ 如果 Supplicant 的 PMK 正确，则 Authenticator 也进行密钥派生。此后，Authenticator 将发送第三个 EAPOL-Key 给 Supplicant，该消息携带组临时密码（Group Transient Key，GTK，用于后续更新组密钥，该密钥用 KEK 加密）、MIC（用 KCK 加密）。Supplicant 收到 Message 3 后也将做一些计算，以判断 AP 的 PMK 是否正确。

④ Supplicant 最后发送一次 EAPOL-Key 给 Authenticator 用于确认。此后，双方将使用它来对数据进行加密。

至此，Supplicant 和 Authenticator 完成密钥派生和组对，双方可以正常进行通信了。

7.2　蓝牙基础知识

本节将通过回答以下 4 个问题来全面认识蓝牙：

- 什么是蓝牙？
- 蓝牙协议发展历程是怎样的？
- 蓝牙相关术语有哪些？
- 蓝牙的连接过程是怎样的？其原理有哪些？

7.2.1　什么是蓝牙

蓝牙是一种支持设备短距离通信的无线通信技术，最早由爱立信公司于 1994 年发明。蓝牙的目标是使各类移动设备、嵌入式设备、计算机外设和家用电器等众多设备之间在没有电缆连接的情况下能够在短距离范围内实现信息的自由传输与分享。相较于其他无线通信技术，蓝牙具有安全性高、易于连接等优势。

> **扩展阅读**：蓝牙名字的由来
>
> 　　蓝牙（Bluetooth）一词取自于 10 世纪丹麦国王哈拉尔的名字——Harald Bluetooth。哈拉尔国王由于统一斯堪的纳维亚半岛而闻名于世。传说哈拉尔国王特别喜欢吃蓝莓，吃得使牙齿都变成蓝色了，因而人们把这位国王的牙齿称为蓝牙（Bluetooth）。1998 年，英特尔、诺基亚、爱立信成立了特别兴趣小组（SIG）。特别兴趣小组（SIG）的名称就叫蓝牙（Bluetooth）。蓝牙这个名字很快流行起来，成为了短距离无线通信技术的代名词。

蓝牙采用分散式网络结构以及快跳频和短包技术，支持点对点及点对多点的通信，工作在全球通用的 2.4 GHz ISM（即工业、科学、医学）频段。蓝牙可分为经典蓝牙和低功耗蓝牙。

（1）经典蓝牙。经典蓝牙（BR/EDR）泛指支持蓝牙协议在 4.0 版本以下的模块，一般用于如语音、音乐等大数据量的传输。经典蓝牙的协议包含了个人局域网的各种规范（Profile），不同的规范对应于不同的应用场景，比较常用的有：适用于音频的 Advanced Audio Distribution Profile（A2DP）、适用于免提设备的 Hands-Free Profile/Head-Set Profile（HFP/HSP）、适用于文本串口透传的 Serial Port Profile（SPP）、适用于无线输入/输出设备的 Human Interface Device（HID）。

（2）低功耗蓝牙。低功耗蓝牙（Bluetooth Low Energy，Bluetooth LE）是一种新型的超低功耗无线通信技术，主要针对低成本、低复杂度的无线体域网和无线个域网设计，最主要的优点之一是可以用纽扣电池为低功耗蓝牙芯片供电，结合微型传感器构建出各种嵌入式传感器或可穿戴式传感器与传感器网络应用。

总体来看，蓝牙协议版本有两个分支，分别是经典蓝牙和低功耗蓝牙。其中，蓝牙 1.1、1.2、2.0、2.1、3.0 版本属于经典蓝牙，4.0 版本的蓝牙包括经典蓝牙和低功耗蓝牙，4.0 版本以后的蓝牙添加了低功耗蓝牙。

7.2.2　蓝牙相关术语

本节将介绍蓝牙涉及的无线网络技术，包括核心体系结构和蓝牙规范中的组件。

1．核心体系结构

蓝牙的核心系统主要由主机（Host）、控制器（Controller）、主机控制接口（Host Controller Interface，HCI）构成：Host 主要用于实现各种业务场景需求，大部分的开发工作都是在 Host 上进行的；Controller 主要用于蓝牙报文的收发，以及蓝牙物理连接的管理等基本功能，由专门的蓝牙芯片厂商负责实现。

Host 和 Controller 最初的设计理念是将这两个模块单独运行在两颗不同的芯片甚至系统上，两者之间通过主机控制接口进行通信，以方便替换和升级。虽然现在有不少芯片把 Host 和 Controller 都放在一颗芯片上，但基本还遵循这样的层次结构，只是将 HCI 协议从硬件通信端口换成了软件端口。

低功耗蓝牙协议栈包含物理层（Physical Layer，PHY）、链路层（Link Layer，LL）、逻辑链路控制和适配协议（Logical Link Control and Adaptation Protocol，L2CAP）、属性协议（Attribute Protocol，ATT）、安全管理器协议（Security Manager Protocol，SMP）、通用属性配置文件（Generic Attribute Profile，GATT）、通用访问配置文件（Generic Access Profile，GAP）等。图 7-12 所示为低功耗蓝牙的协议栈层次。

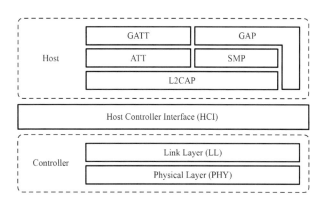

图 7-12　低功耗蓝牙的协议栈层次

① PHY 用来指定低功耗蓝牙所用的无线频段、调制解调方式等。PHY 做得好不好，将直接决定整个低功耗蓝牙芯片的功耗，灵敏度以及 selectivity 等射频指标的好坏。

② LL 只负责把数据发送出去或者接收回来，对数据进行怎样的解析则交给上面的 GAP 或者 ATT 处理。LL 要处理的事情非常多，如选择什么程度的射频通道进行通信、怎么识别空中数据包、具体在哪个时间点将数据包发送出去、如何保证数据的完整性、如何对链路进行管理和控制、ACK 如何接收、重传等，是整个低功耗蓝牙协议栈的核心。

③ HCI 是 Host 和 Controller 之间的通信接口。HCI 可以是物理形式的，如 UART、USB 等，常见于双芯片架构；也可以直接通过 API 实现，常见于单芯片架构。

④ L2CAP 向上层协议（协议复用、分段、重组操作）提供连接导向和无连接的数据服务，并按通道进行流量控制和重传。

⑤ ATT 主要用来定义用户命令以及命令操作的数据，如读取或者写入。低功耗蓝牙协议栈引入了 Attribute 概念，用于描述一条条的数据。ATT 除了定义数据，同时也定义该数据可以使用的 ATT 命令，是读者接触最多的部分。

⑥ SMP 负责管理低功耗蓝牙连接的加密和安全，既保证连接的安全性，同时又不影响用户的体验。

⑦ GATT 用来规范 Attribute 中的数据内容，并运用分组（Group）的概念对 Attribute 进行分类管理。当然，没有 GATT，也能跑低功耗蓝牙协议栈，只是会在互联互通上出问题。正是因为有了 GATT 和各种各样的应用 Profile，Bluetooth LE 才摆脱了 ZigBee 等无线协议的兼容性困境。

⑧ GAP 对 LL 的有效数据包进行了一些规范和定义，是解析 LL 负载数据最简单的一种方式。因此 GAP 能实现的功能极其有限，主要用来进行广播、扫描和发起连接等。

2．蓝牙的角色

蓝牙的角色有以下几种：广播者（Advertise）、扫描者（Scanner）、发起者（Initiator），其中主设备（主机）是由发起者、扫描者转化而来的，从设备（从机）则是由广播者转化而来的。

蓝牙通信是指在两个或多个蓝牙设备之间的通信，进行通信的双方必须一个是主机，另一个是从机，从机和从机之间不能直接进行通信。

（1）主机模式。工作在主机模式的设备，可以与一个从机进行连接。在此模式下可以对周围的设备进行搜索并选择需要连接的从机进行连接。理论上讲，如果不使用 Bluetooth LE Mesh（用于建立多对多设备通信的低功耗蓝牙的网络拓扑），只能组建微微网。

一个具备蓝牙通信功能的设备，可以在两种模式间进行切换，平时工作在从机模式，等待其他主机来连接；在需要时转换为主机模式，向其他设备发起呼叫。一个蓝牙设备以主机模式发起呼叫时，需要知道对方的蓝牙地址、配对密码等信息，配对完成后可直接发起呼叫。

（2）从机模式。工作在从机模式下的蓝牙设备只能被主机搜索，不能主动搜索。从机和主机连接以后，也可以和主机进行数据的发送和接收。

从上述的描述不难看出主机与从机的区别：主机是指能够搜索其他从机并主动建立连接的一方；从机则不能主动建立连接，只能等主机来连接自己。

3．蓝牙网络的搭建

在确定蓝牙设备的主从关系后，就可以搭建蓝牙网络了。根据拓扑结构，蓝牙网络可分为微微网（Piconet）、散射网（Scatternet）和 Mesh。

（1）微微网。每次建立的蓝牙无线链路，都处于微微网中。一个微微网由两个或更多占用相同物理信道的设备组成（表示这些设备是按照共用时钟和跳频序列进行同步的）。微微网的拓扑结构如图 7-13 所示。

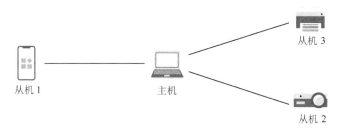

图 7-13　微微网的拓扑结构

（2）散射网。如果多个微微网存在重叠的区域，就可构成散射网。散射网的拓扑结构如图 7-14 所示。

构成散射网的各个微微网仍然具有自己的主机，一个微微网的主机，可以同时充当另一个微微网的从机，这样该设备就具备双重身份。如图 7-14 中的手机，既可充当左侧微微网的主机，也可充当右侧微微网的从机。

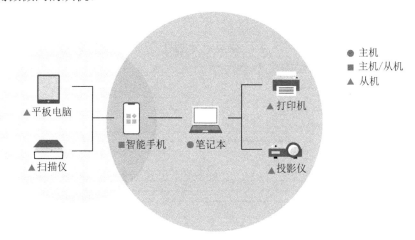

图 7-14　散射网的拓扑结构

（3）Mesh。在蓝牙 4.0 之后诞生了蓝牙 Mesh，它是用于建立多对多设备通信的低能耗蓝牙网络，允许创建基于多个设备的大型网络，可以包含数十台、数百台甚至数千台蓝牙 Mesh 设备，设备之间可以相互进行数据传输。由于蓝牙 Mesh 不是本书的重点，读者仅需了解其概念即可。

7.2.3　蓝牙连接的过程

蓝牙首先需要通过广播或扫描发现周围设备，其次创建连接，最终组建网络传输数据。

1. 从机端广播

在大部分情况下，外围设备（Peripheral，从机）通过广播自己来让中心设备（Central，主机）发现自己，并建立 GATT 连接，从而进行更多的消息交换。也有些情况是不需要连接的，只需要外围设备（外设）广播自己的信息即可，用这种方式的主要目的是让外设把自己的消息发送给多个中心设备。

从机（外设）要被主机连接，那么它就必须先被主机发现。这个时候，从机把自身消息以广播形式发送出去。例如，从机需要先进行广播，不断发送广播包，t 为广播间隔。每发送一次广播包，我们称其为一次广播事件（Advertising Event），因此 t 也称为广播事件间隔，如图 7-15 所示。

图 7-15 从机广播间隔

广播事件是一阵一阵的，每次广播事件都会持续一段时间，蓝牙芯片只有在广播事件期间才打开射频模块发送广播包，这时的功耗比较高；其余时间蓝牙芯片都处于空闲待机状态，平均功耗非常低。

当广播事件时，每一个事件包含 3 个广播包，分别在 37、38、39 这三个信道上同时广播相同的消息。从机广播事件的过程如图 7-16 所示。

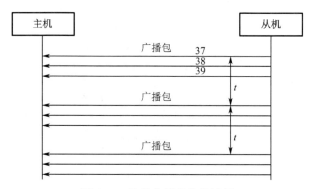

图 7-16 从机广播事件的过程

2. 主机端扫描

扫描是一个在一定范围内用来寻址其他低功耗蓝牙设备广播的过程，扫描者在扫描过程中会使用广播信道。与广播过程不同的是，扫描过程没有严格的时间定义和信道规则，扫描过程应该按照主机设定的扫描定时参数进行。

（1）被动扫描。在被动扫描中，扫描者仅仅监听广播包，而不向广播者发送任何数据，被动扫描的过程如图 7-17 所示。

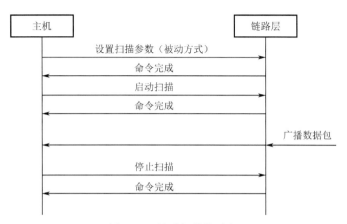

图 7-17　被动扫描的过程

一旦设置好扫描参数，主机就可以在协议栈中发送命令启动扫描。在扫描过程中，如果控制器接收到符合过滤策略或其他规则的广播包，则向主机发送一个报告事件。报告事件除了包括广播者的设备地址，还包括广播包中的数据，以及接收广播包时的信号接收强度。开发者可以利用信号接收强度以及广播包中的发射功率，共同确定信号的路径损失，从而给出大致的范围，该方面的典型应用就是防丢器和蓝牙定位。

（2）主动扫描。在主动扫描中，主机不仅可以捕获到从机发送的广播包，还可以捕获扫描响应包，并区分广播包和扫描响应包。主动扫描的过程如图 7-18 所示。

图 7-18　主动扫描的过程

控制器收到扫描数据后将向主机发送一个报告事件，该报告事件包括了链路层数据包的广播类型，因此主机能够判断从机是否可以连接或扫描，并区分广播包和扫描响应包。

3．主机端连接

（1）外设开始广播，发送完一个广播包后的 T_IFS 内（Inter Frame Space，同一信道上连续传输包之间的时间间隔），开启射频窗口接收来自中心设备的数据包。

（2）中心设备扫描到广播，在接收此广播的 T_IFS 后如果开启了中心设备的扫描回复，则中心设备将向外设发送回复。

（3）外设收到中心设备的回复后，做好接收准备并返回 ACK 包。

（4）如果 ACK 包未被中心设备接收到，则中心设备将一直发送回复直到超时为止，此期间内只要外设返回过一次 ACK 包就算连接成功。

（5）开始建立通信，后续中心设备将以接收到外设广播的时间为原点，以连接间隔（Connection Interval）为周期向外设发送数据包，数据包具有两个作用：同步两个设备的时钟和建立主从模式的通信，其过程如下：

① 外设每收到中心设备发送的一个数据包，就会重新设置自己的时序原点，以便与中心设备同步（Service 向 Client 同步）。

② 低功耗蓝牙通信在建立成功后变为主从模式，中心设备变为主机，外设变为从机，从机只能在主机向它发送了一个数据包后才能在规定的时间内把自己的数据回传给主机。

③ 连接建立成功。

④ 外设自动停止广播，其他设备无法再查找到该外设。

⑤ 在中心设备发送数据包的间隔内，外设可以发送多个广播包。

通信时序如图 7-19 所示。

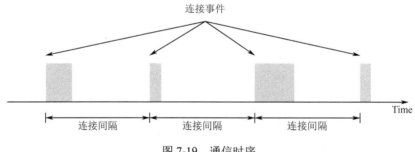

图 7-19　通信时序

在需要断开连接时，只需要中心设备停止连接（停止发送数据包）即可。中心设备可以将外设的 MAC 地址写入 Flash 或 SRAM 等存储器件，保持监听此 MAC 地址，当再次收到外设发送的广播包时就可以建立通信。从机为了省电，当一段时间内没有数据要发送时，可以不再发送广播包，双方就会因为连接超时（Connection Timeout）而断开，这时需要中心设备启动监听，这样当从机需要发送数据时，就可以再次进行连接。

7.3　Wi-Fi 配网

物联网行业的发展催生了大批需要联网的设备，但这类设备不像智能手机、平板电脑等有丰富的人机交互界面，在这类设备上，用户不能直接输入要连接的路由器 SSID 和密码。如何赋能这类设备、解决它们快速连接到路由器，并进一步连接到互联网或其他局域网络呢？这是 Wi-Fi 设备的重要特性之一。本节将介绍一些主流的配网方式，以及这些配网方式的实现。

7.3.1　Wi-Fi 配网导读

配网指的是外部向 Wi-Fi 设备提供 SSID 和密码，以便 Wi-Fi 设备可以连接指定的 AP 并加入 AP 所建立的 Wi-Fi 网络。

Wi-Fi 配网的核心其实就是通过各种方法，将要连接的 AP 的 SSID 和密码发送到需要联网设备的 Wi-Fi 设备，然后由 Wi-Fi 设备去连接指定的 Wi-Fi 网络，达到接入局域网或者互联网的目的。Wi-Fi 配网的基本过程如图 7-20 所示。

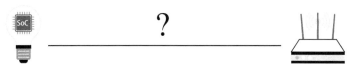

图 7-20　Wi-Fi 配网的基本过程

待配网的物联网设备，除了要连接到网络，一般还需要与某个账户进行关联，所以衍生了如下几个概念：

（1）狭义配网。Wi-Fi 设备获取 AP 信息（SSID 和密码等）并连接 AP 的过程。

（2）绑定。用户智能手机 App 账户与被配网设备关联的过程。

（3）广义配网。狭义配网+绑定。

本节主要介绍狭义配网，不对绑定进行介绍。目前主流的 Wi-Fi 配网方式有 SoftAP 配网、一键配网、蓝牙配网和其他配网等。

7.3.2　SoftAP 配网

1. 知识导读

SoftAP 配网又称为传统配网。首先，待配网的 Wi-Fi 设备会建立一个 AP，用户将智能手机或其他具备人机交互功能的设备连接到这个 AP，如平板电脑等。然后，将要连接的设备信息发送给待配网的 Wi-Fi 设备，待配网的 Wi-Fi 设备收到信息后，找到对应的 AP 并主动与之连接，完成配网。SoftAP 配网的基本步骤如图 7-21 所示。

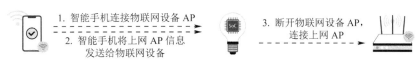

图 7-21　SoftAP 配网的基本步骤

SoftAP 配网属于局域网直连模式，其优点是没有路由器参与，不受路由器兼容性的干扰，所以配网的成功率相比一键配网要高；其缺点是需要智能手机先连接物联网 SoftAP，用户需要先进入 Wi-Fi 列表页面，然后手动切换到物联网 SoftAP，连接成功。如果需要上云，还需要切换到路由器。有的智能手机并不能自动切换上网 AP，如苹果 iOS 11.0 系统以下的智能手机，需要用户进入 Wi-Fi 列表页面，选择新的上网 AP，相对比较烦琐。

2. 如何启用

SoftAP 配网的流程如图 7-22 所示。

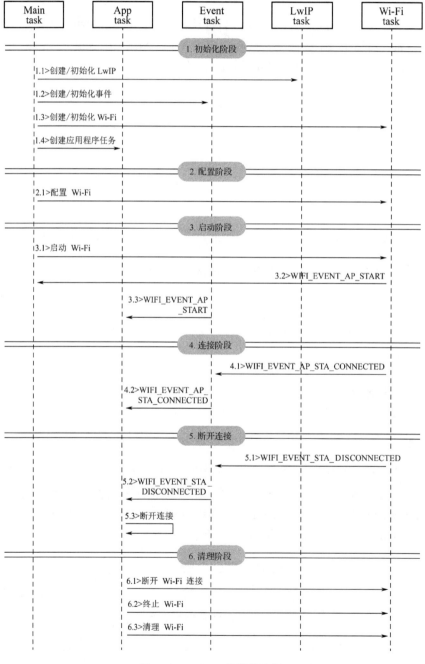

图 7-22 SoftAP 配网的流程

后续在分析 Wi-Fi 编程时，将结合代码对 SoftAP 配网进行更为详尽的介绍，此处先不据此展开，读者了解 SoftAP 配网的流程即可。

7.3.3　一键配网

1. 知识导读

一键配网是指智能手机将 SSID 和密码按照一定的编码格式填充在 MAC 包中不加密的包头部分，并采用广播和组播方式分段多次发送给 Wi-Fi 设备。一般需要在发送 SSID 和密码的设备上安装一个 App，该 App 实现了和 Wi-Fi 设备之间发送 SSID 和密码的协议交互。一键配网的基本步骤如图 7-23 所示。

SSID/密码通告
信道 1
信道 2
…
信道 13
从信道
1～13 扫描
配网通告
SoC
物联网设备
连接上网 AP

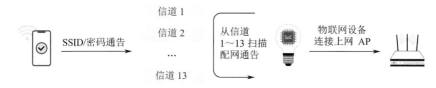

图 7-23　一键配网的基本步骤

接收端进入一键配置功能后，Wi-Fi 设备从信道 1 开始监听路由器上的数据，如果当前被监听的信道有符合规则的数据包，就停止信道切换，停留在当前信道接收全部的数据。否则就依次切换至信道 2、3、4…直到信道 13 后又从信道 1 开始继续监听信道，并依次循环。

从 IEEE 802.11 的 MAC 层帧格式中可以看到，链路层载荷数据（即网络层头部及网络层数据）在数据帧中是清晰可辨的，只要接收到 IEEE 802.11 的 MAC 帧就可以立刻提取出链路层载荷数据，计算载荷数据的长度。这里的载荷数据，通常就是密文。图 7-24 所示为一键配网的数据包结构。

字节数
6
6
2
3
5
Variable
4
字段
DA
SA
LENGTH
LLC
SNAP
DATA
FCS
包含设备可以获得的
SSID 和密码信息

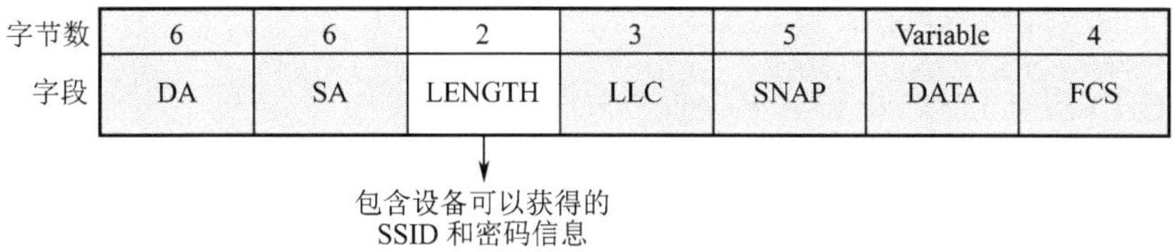

图 7-24　一键配网的数据包结构

一键配网的数据包各字段如表 7-2 所示。

表 7-2　一键配网的数据包各字段

数 据 帧	说　明
DA	目标 MAC 地址
SA	源 MAC 地址
LENGTH	载荷数据长度
LLC	LLC 头

续表

数　据　帧	说　　明
SNAP	3 B 的厂商代码和 2 B 的协议类型
DATA	载荷数据
FCS	帧检验序列

在发送端，通常采用以下两种不同的编码发送方式：

（1）UDP 广播。根据 IEEE 802.11 的 MAC 帧格式可知，从无线信号监听方的角度来说，不管无线信道有没有加密，DA、SA、LENGTH、LLC、SNAP、FCS 字段总是暴露的，因此无线信号监听方可以从这 6 个字段获取有效信息。从发送端的角度来说，由于操作系统的限制，如果采用广播，则只剩下 LENGTH 字段，发送端可通过改变其所需要发送数据包的长度进行控制，所以只需要指定一套利用长度编码的通信协议，就可利用数据包的 LENGTH 字段来发送数据。

（2）UDP 组播。组播地址是保留的 D 类地址，其范围是 224.0.0.0～239.255.255.255。IP 地址与 MAC 地址映射关系为：将 MAC 地址的前 25 bit 设定为 01.00.5E，而 MAC 地址的后 23 bit 对应 IP 地址的位。故发送端可以在组播 IP 的后 23 bit 中进行数据编码，通过组播包发送编码后的数据，接收端只需要对接收到的数据进行解码即可。

一键配网优点是用户操作简单、体验好；其缺点是对智能手机和路由器的兼容性有严格的要求。例如，有些路由器默认关闭广播/组播报文转发使得设备无法接收路由器转发的报文，或者智能手机和设备所用的频段不同导致配网失败，如手机以 5 GHz 的频段连接到路由器，而 2.4 GHz 的设备压根就接收不到数据等，诸如此类的不可控因素会导致整体的兼容性变差，配网成功率低。

2．如何启用

乐鑫科技开发的一键配网包括：

- ESP-TOUCH V2：UDP 广播和组播编码。
- ESP-TOUCH：UDP 广播编码。
- AIRKISS：微信小程序。

> **项目源码**：后续在分析 Wi-Fi 编程时，将结合代码对一键配网进行更为详尽的介绍。感兴趣的读者可以从 https://github.com/espressif/esp-idf 获取 examples/wifi/smart_config 示例的代码。

7.3.4　蓝牙配网

1．知识导读

如果待配网的 Wi-Fi 设备也具有蓝牙通信功能，则可以通过蓝牙信道来向其发送配网绑定信息，从而实现配网。

蓝牙配网的原理和 SoftAP 配网类似，只不过传输 Wi-Fi 信息的通信方式由 Wi-Fi（AP 模式）变成了蓝牙。待配网的 Wi-Fi 设备会建立一个蓝牙的 Profile，用户将智能手机或其他可以具备人机交互功能的设备（如平板电脑等）通过蓝牙信道连接到设备，然后将要连接的信息发送给待配网的 Wi-Fi 设备。待配网的 Wi-Fi 设备接收到信息后，找到对应的 AP 并主动与之连接，完成配网。蓝牙配网的基本步骤如图 7-25 所示。

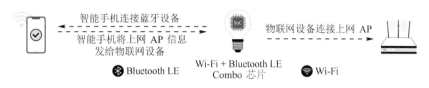

图 7-25　蓝牙配网的基本步骤

蓝牙配网优点是没有路由器兼容性问题，成功率高；可以直接发现和连接设备，省去了开启设备以及连接 AP 的步骤，配网更简单。其缺点是蓝牙模块和手机的兼容性会影响配网的成功率；同时蓝牙模块会增加一定的成本。

2．如何启用

ESP32-C3 芯片是 Wi-Fi+Bluetooth LE 的 Combo 芯片，因此可以支持多种配网方式。在蓝牙配网方面，ESP32-C3 有一个完整的解决方案——BluFi 配网。BluFi 配网的流程如图 7-26 所示。

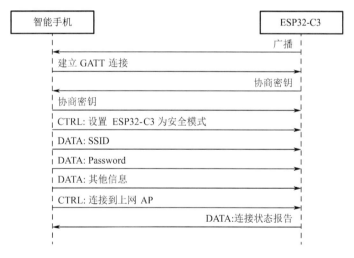

图 7-26　BluFi 配网的流程

> 项目源码：后续在分析 Wi-Fi 编程时，将结合代码对蓝牙配网进行更为详尽的介绍。感兴趣的读者可以从 https://github.com/espressif/esp-idf 获取 examples/bluetooth/blufi 示例的代码。

7.3.5 其他配网方式

1. 直接配网

直接配网是指通过 UART、SPI、SDIO、I2C 等外设接口，遵循一定的通信协议，将 SSID 和密码直接发送给 Wi-Fi 设备，所以这种方式也称为有线配网。Wi-Fi 设备在收到 SSID 和密码后连接 AP，并将连接的结果从主机接口返回。

另外，有些设备在出厂时会烧录固定 Wi-Fi 信息（如 SSID 和密码），在指定的 Wi-Fi 环境下启动设备就可以自动连接相应的 AP。这些设备一般在大规模组网、工厂测试或者工业场景下应用得较多。直接配网的基本步骤如图 7-27 所示。

1. UART/SPI 发送上网 AP 信息　　2. 物联网设备连接上网 AP

图 7-27　直接配网的基本步骤

直接配网优点是采用软件方案，实现简单，但需要敷设通信线路，通常适合于板载 Wi-Fi 设备，或由其他协议传输线连接的设备；其缺点是对环境的要求比较高，需要在系统间有其他的通信线路。

乐鑫科技提供的 ESP-AT（Espressif AT）命令固件可直接用于量产的物联网应用中，开发者可以通过 AT 命令中的 Wi-Fi 命令快速加入无线网络。由于篇幅所限，本书不对此做过多的介绍，详细信息请参考 ESP-AT 用户指南。

2. 路由器配网

WPS（Wi-Fi Protected Setup，Wi-Fi 安全防护设定）是由 Wi-Fi 联盟推出的全新标准，推出该标准的主要原因是为了解决长久以来无线网络加密认证设定的步骤过于繁杂之弊病。WPS 简化了 Wi-Fi 的安全设置和网络管理，它支持两种模式：个人识别码（PIN）模式和按钮（PBC）模式。路由器配网的基本步骤如图 7-28 所示。

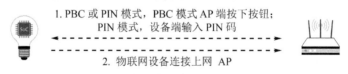

1. PBC 或 PIN 模式，PBC 模式 AP 端按下按钮；
PIN 模式，设备端输入 PIN 码
2. 物联网设备连接上网 AP

图 7-28　路由器配网的基本步骤

路由器配网的操作比较简单，但要求路由器和设备同时支持 WPS。用户往往因为步骤太过麻烦而不做任何加密安全设定，从而会引发许多安全上的问题。越来越多的路由器开始放弃或者默认关闭对这种方式的支持，这种方式近几年已经逐步被舍弃。

> **项目源码：** 乐鑫科技官方推出的物联网开发框架——ESP-IDF 提供了该配网方案示例，在示例中调用的接口极其简单，本书在此不做过多的描述，感兴趣的读者可通过 https://github.com/espressif/esp-idf 获取 examples/wifi/wps 示例。

3．零配（Zeroconfig）配网

零配配网的本质是用一台已联网的设备给另外一台设备配网，在整个环节中，智能手机这个角色用别的设备替换掉了，如智能音箱等。

设备进入配网状态时，待配网设备将自己的 MAC 地址通过自定义报文的方式发送出去，此时路由器下支持的零配配网设备就可以获取到待配网设备的 MAC 地址，同时已联网设备会将自己保存的路由器 SSID 和密码通过自定义报文发送给待配网设备，并等待待配网设备连接上网络，进行外网绑定等流程。零配配网的基本步骤如图 7-29 所示。

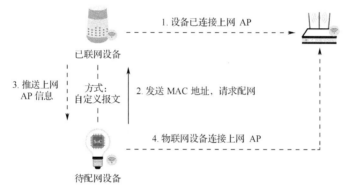

图 7-29　零配配网的基本步骤

该方式由于零配配网设备已保存了路由器的 SSID 和密码，因此可以减少用户输入路由器密码的步骤，用户体验好、成功率高；其缺点是应用面窄，需要满足路由器下存在已联网设备的要求，同时由于智能手机 App 权限问题，无法通过第三方程序组装或者接收 Wi-Fi 管理帧，限制了该方式在智能手机上的应用（智能手机不能当主配网方式），使得智能手机只能成为一种辅助或者特定领域的配网方式。

4．手机 AP 配网

手机 AP 配网是将智能手机设置成一个具有特定名字和密码的 AP，然后让待配网设备连接智能手机，再发送和接收配网绑定信息。手机 AP 配网的基本步骤如图 7-30 所示。

图 7-30　手机 AP 配网的基本步骤

手机 AP 配网的优点是待配网设备无须支持 AP 模式，设备端的开发工作量较低，可与一键配网共存（同时使用），常用于备用配网方式。手机 AP 配网的缺点也很明显，即用户体验不佳。

在实际应用中，很多用户并不知道怎么设置智能手机的 AP 名字，甚至也不知道怎么开启智能手机 AP，尤其在 iOS 设备上，App 无法自动创建 AP，需要用户跳转设置界面，手动更改设备名称和启用 AP，因此手机 AP 配网不适合在消费类设备中大规模推广。

除了上述配网方式，乐鑫还支持 Wi-Fi Easy Connect（DPP），感兴趣的读者可以通过 https://bookc3/espressif.com/esp-dpp 了解相关信息。

7.4 Wi-Fi 编程

本节重点描述 Wi-Fi API 的使用原则、如何创建一个 STA 连接场景，以及针对该连接场景的智能化配置。

一般来说，要编写应用程序，最高效的方式是首先选择一个相似的示例，然后将其中可用的部分移植到自己的项目中。如果读者希望编写一个强健的 Wi-Fi 应用程序，则强烈建议在开始前先阅读本节。

7.4.1 ESP-IDF 中的 Wi-Fi 组件

1. 功能概述

Wi-Fi 组件支持配置及监控 ESP32-C3 的 Wi-Fi 网络连接功能，主要包括：

- STA 模式，即基站模式或 Wi-Fi 客户端模式，此时 ESP32-C3 连接到 AP。
- AP 模式，即 SoftAP 模式或接入点模式，此时 AP 连接到 ESP32-C3。
- AP-STA 共存模式，即 ESP32-C3 既是 AP，同时又作为 AP 连接到另外一个 AP。
- 上述模式均采用各种安全模式，如 WPA、WPA2、WPA3 及 WEP 等。
- 扫描 AP，包括主动扫描和被动扫描。
- 使用混杂模式监控 IEEE 802.11 Wi-Fi 数据包。

2. API 介绍

Wi-Fi 组件的 API 都定义在 esp_wifi.h 中，如表 7-3 所示。

表 7-3　Wi-Fi 组件的 API

函 数 名	说 明
esp_wifi_init()	为 Wi-Fi 驱动程序初始化资源，如 Wi-Fi 控制结构、Wi-Fi 任务等
esp_wifi_deinit()	释放 Wi-Fi 驱动程序初始化时的资源并停止 Wi-Fi 任务
esp_wifi_set_mode()	设置 ESP32-C3 Wi-Fi 工作模式
esp_wifi_get_mode()	获取 ESP32-C3 Wi-Fi 工作模式
esp_wifi_start()	根据当前配置启动 Wi-Fi
esp_wifi_stop()	根据当前配置停止 Wi-Fi

续表

函　数　名	说　　明
esp_wifi_connect()	将 ESP32-C3 连接到 AP
esp_wifi_disconnect()	断开 ESP32-C3 Wi-Fi 站点与 AP 的连接
esp_wifi_scan_start()	扫描所有可用的 AP
esp_wifi_scan_stop()	停止正在进行中的扫描
esp_wifi_scan_get_ap_num()	获取 ESP32-C3 扫描的 AP 数量
esp_wifi_scan_get_ap_records()	获取 ESP32-C3 扫描的 AP 信息
esp_wifi_set_config()	设置 ESP32-C3 STA 或 AP 的配置
esp_wifi_get_config()	获取 ESP32-C3 STA 或 AP 的配置

3. 编程模型

ESP32-C3 Wi-Fi 编程模型如图 7-31 所示。

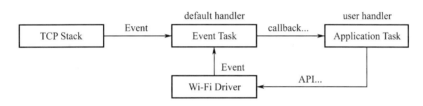

图 7-31　ESP32-C3 Wi-Fi 编程模型

Wi-Fi 驱动程序可以看成一个无法感知上层代码［如网络协议栈（TCP Stack）、应用程序任务（Application Task）、事件任务（Event Task）等］的黑匣子。通常，应用程序任务（代码）负责调用 Wi-Fi 驱动程序 API 来初始化 Wi-Fi 网络，并在必要时处理 Wi-Fi 事件；然后由 Wi-Fi 驱动程序接收并处理 API 数据，并在应用程序中插入事件。

Wi-Fi 事件处理是在 esp_event 组件的基础上进行的。Wi-Fi 驱动程序将事件发送到默认事件循环，应用程序便可以使用 esp_event_handler_register() 中的回调函数处理这些事件。除此之外，esp_netif 组件也负责处理 Wi-Fi 事件，并产生一系列默认行为。例如，当 STA 连接至一个 AP 时，esp_netif 组件将自动开启 DHCP（Dynamic Host Configuration Protocol，动态主机配置协议）客户端服务等。

7.4.2　牛刀小试：Wi-Fi 连接初体验

1. 设定 STA 模式，连接到 AP

处于 STA 模式下的 ESP32-C3，可以作为 STA 连接到 AP。

基于 AP 组建的 BSS，多个 STA 加入所组成的无线网络，AP 是整个网络的中心，网络中所有的通信都通过 AP 转发来完成。在此模式下设备可以通过 AP 分配的 IP 地址（Internet Protocol Address，网际协议地址）直接访问外网和内网。Wi-Fi STA 模式如图 7-32 所示。

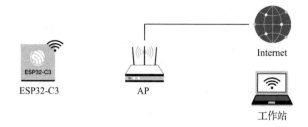

图 7-32 Wi-Fi STA 模式

2. 如何使用 ESP-IDF 的组件控制设备连接到路由器

使用 ESP-IDF 的组件控制设备连接到路由器的流程如图 7-33 所示。

（1）初始化阶段：如图 7-33 中 1.1、1.2、1.3 所示，分别为：

① 初始化 LwIP。创建 LwIP 核心任务并初始化与 LwIP 相关的工作。

```
1.  ESP_ERROR_CHECK(esp_netif_init());
```

② 初始化事件。Wi-Fi 事件处理基于 esp_event 组件，Wi-Fi 驱动程序会将事件发送到默认事件循环。应用程序可以在 esp_event_handler_register() 中的回调函数中处理这些事件。esp_netif 组件还会处理 Wi-Fi 事件，以提供一组默认行为。例如，当 ESP32-C3 连接到 AP 时，esp_netif 将自动启动 DHCP 客户端（默认情况下）。初始化事件的代码如下：

```
1.  ESP_ERROR_CHECK(esp_event_loop_create_default());
2.  esp_netif_create_default_wifi_sta();
3.  esp_event_handler_instance_t instance_any_id;
4.  esp_event_handler_instance_t instance_got_ip;
5.  ESP_ERROR_CHECK(esp_event_handler_instance_register(WIFI_EVENT,
6.                                                      ESP_EVENT_ANY_ID,
7.                                                      &event_handler,
8.                                                      NULL,
9.                                                      &instance_any_id));
10. ESP_ERROR_CHECK(esp_event_handler_instance_register(IP_EVENT,
11.                                                      IP_EVENT_STA_GOT_IP,
12.                                                      &event_handler,
13.                                                      NULL,
14.                                                      &instance_got_ip));
```

③ 初始化 Wi-Fi。创建 Wi-Fi 驱动程序任务，并初始化 Wi-Fi 驱动程序。初始化 Wi-Fi 的代码如下：

```
1.  wifi_init_config_t cfg = WIFI_INIT_CONFIG_DEFAULT();
2.  ESP_ERROR_CHECK(esp_wifi_init(&cfg));
```

（2）配置阶段。Wi-Fi 驱动程序初始化成功后，进入配置阶段。在该阶段中，Wi-Fi 驱动程序处于 STA 模式，调用 esp_wifi_set_mode(WIFI_MODE_STA) 函数将 ESP32-C3 模式配置为 STA 模式。代码如下：

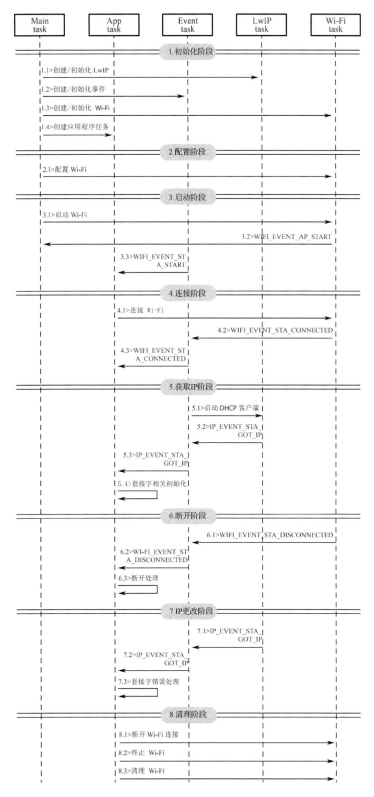

图 7-33　使用 ESP-IDF 的组件控制设备连接到路由器的流程

```
1.  wifi_config_t wifi_config = {
2.      .sta = {
3.          .ssid = EXAMPLE_ESP_WIFI_SSID,
4.          .password = EXAMPLE_ESP_WIFI_PASS,
5.      },
6.  };
7.  ESP_ERROR_CHECK(esp_wifi_set_mode(WIFI_MODE_STA));
8.  ESP_ERROR_CHECK(esp_wifi_set_config(WIFI_IF_STA, &wifi_config));
```

（3）启动阶段。调用 esp_wifi_start() 函数启动 Wi-Fi 驱动程序。

```
1.  ESP_ERROR_CHECK(esp_wifi_start());
```

Wi-Fi 驱动程序将 WIFI_EVENT_STA_START 发布到事件任务，事件任务将执行一些常规操作，并将调用应用程序事件回调函数。

应用程序事件回调函数将 WIFI_EVENT_STA_START 中继到应用程序任务，此时调用函数 esp_wifi_connect()。

（4）连接阶段。一旦 esp_wifi_connect() 函数被调用，Wi-Fi 驱动程序将开始内部扫描/连接过程。

如果内部扫描/连接过程成功，则生成 WIFI_EVENT_STA_CONNECTED。在事件任务中，将启动 DHCP 客户端，该客户端最终将触发 DHCP 进程。代码如下：

```
1.  static void event_handler(void* arg, esp_event_base_t event_base,
2.                            int32_t event_id, void* event_data)
3.  {
4.      if (event_base == WIFI_EVENT && event_id == WIFI_EVENT_STA_START) {
5.          esp_wifi_connect();
6.      } else if (event_base == WIFI_EVENT && event_id == WIFI_EVENT_STA_DISCONNECTED)
7.      {
8.          if (s_retry_num < EXAMPLE_ESP_MAXIMUM_RETRY) {
9.              esp_wifi_connect();
10.             s_retry_num++;
11.             ESP_LOGI(TAG, "retry to connect to the AP");
12.         } else {
13.             xEventGroupSetBits(s_wifi_event_group, WIFI_FAIL_BIT);
14.         }
15.         ESP_LOGI(TAG, "connect to the AP fail");
16.     } else if (event_base == IP_EVENT && event_id == IP_EVENT_STA_GOT_IP) {
17.         ip_event_got_ip_t* event = (ip_event_got_ip_t*) event_data;
18.         ESP_LOGI(TAG, "got ip:" IPSTR, IP2STR(&event->ip_info.ip));
19.         s_retry_num = 0;
20.         xEventGroupSetBits(s_wifi_event_group, WIFI_CONNECTED_BIT);
21.     }
22. }
```

（5）获取 IP 阶段。初始化 DHCP 客户端后，将进入获取 IP 阶段。如果从 DHCP 服务器成功接收到 IP 地址，则将触发 IP_EVENT_STA_GOT_IP 事件，并在事件任务中进行常规处理。

在应用程序事件回调函数中，IP_EVENT_STA_GOT_IP 被传递到应用程序任务。对于基于 LwIP 的应用程序，此事件非常特殊，意味着该应用程序已准备就绪，可以开始其他任务。但在接收 IP 之前，请勿进行与套接字相关的工作。

（6）断开阶段。由于主动断开连接、密码错误、找不到 AP 等原因，Wi-Fi 连接可能会失败。在这种情况下，会触发 WIFI_EVENT_STA_DISCONNECTED 事件并提供失败的原因，如调用 esp_wifi_disconnect() 函数以主动断开连接。

```
1.  ESP_ERROR_CHECK(esp_wifi_disconnect());
```

（7）IP 更改阶段。如果 IP 地址发生变化，将触发 IP_EVENT_STA_GOT_IP 事件，在该事件中将 ip_change 设置为 true。

（8）清理阶段。包括断开 Wi-Fi 连接、终止 Wi-Fi 驱动程序、清理 Wi-Fi 驱动程序等。清理阶段的代码如下：

```
1.  ESP_ERROR_CHECK(esp_event_handler_instance_unregister(IP_EVENT,
2.                                                         IP_EVENT_STA_GOT_IP,
3.                                                         instance_got_ip));
4.  ESP_ERROR_CHECK(esp_event_handler_instance_unregister(WIFI_EVENT,
5.                                                         ESP_EVENT_ANY_ID,
6.                                                         instance_any_id));
7.  ESP_ERROR_CHECK(esp_wifi_stop());
8.  ESP_ERROR_CHECK(esp_wifi_deinit());
9.  ESP_ERROR_CHECK(esp_wifi_clear_default_wifi_driver_and_handlers(
10.              station_netif));
11. esp_netif_destroy(station_netif);
```

7.4.3　大显身手：Wi-Fi 连接智能化

1. SoftAP 配网

ESP32-C3 提供的 wifi_provisioning 组件可通过 SoftAP 或 Bluetooth LE 来传输 AP 的 SSID 和密码，然后用获取到的 SSID 和密码去连接 AP。

（1）API 介绍。关于 wifi_provisioning 组件的 API 都定义在 esp-idf/components/wifi_provisioning/include/wifi_provisioning/manager.h 中，wifi_provisioning 组件的 API 如图表 7-4 所示。

表 7-4　wifi_provisioning 组件的 API

API	说　　明
wifi_prov_mgr_init()	根据当前配置初始化 provisioning 管理器接口
wifi_prov_mgr_deinit()	释放 provisioning 管理器接口

API	说　明
wifi_prov_mgr_is_provisioned()	检查 ESP32-C3 的 provisioning 状态
wifi_prov_mgr_start_provisioning()	开始 provisioning 服务
wifi_prov_mgr_stop_provisioning()	停止 provisioning 服务
wifi_prov_mgr_wait()	等待 provisioning 服务结束
wifi_prov_mgr_disable_auto_stop()	禁用自动停止 provisioning 服务
wifi_prov_mgr_endpoint_create()	创建一个 endpoint 并为其分配内部资源
wifi_prov_mgr_endpoint_register()	为创建的 endpoint 注册句柄
wifi_prov_mgr_endpoint_unregister()	为创建的 endpoint 取消句柄注册
wifi_prov_mgr_get_wifi_state()	在获取 provisioning 时 Wi-Fi 的状态
wifi_prov_mgr_get_wifi_disconnect_reason()	在获取 provisioning 时 Wi-Fi 断开的原因

（2）程序结构。

初始化，代码如下：

```
1.  wifi_prov_mgr_config_t config = {
2.      .scheme = wifi_prov_scheme_softap,
3.      .scheme_event_handler = WIFI_PROV_EVENT_HANDLER_NONE
4.  };
5.
6.  ESP_ERR_CHECK(wifi_prov_mgr_init(config));
```

检查 provisioning 状态，代码如下：

```
1.  bool provisioned = false;
2.  ESP_ERROR_CHECK(wifi_prov_mgr_is_provisioned(&provisioned));
```

开始 provisioning 服务，代码如下：

```
1.  const char *service_name = "my_device";
2.  const char *service_key = "password";
3.
4.  wifi_prov_security_t security = WIFI_PROV_SECURITY_1;
5.  const char *pop = "abcd1234";
6.
7.  ESP_ERR_CHECK(wifi_prov_mgr_start_provisioning(security, pop, service_name,
8.              service_key));
```

释放 provisioning 资源，主应用程序在 provisioning 服务结束时，会在释放 provisioning 相关的资源后开始执行应用逻辑。有两种方法可以实现这一点，最简单的方法是调用函数 wifi_prov_mgr_wait()，代码如下：

```
1.  //等待 provisioning 服务结束
2.  wifi_prov_mgr_wait();
3.
```

```
4.   //释放 provisioning 相关的资源
5.   wifi_prov_mgr_deinit();
```

或者在事件的回调函数中进行处理，代码如下：

```
1.   static void event_handler(void* arg, esp_event_base_t event_base,
2.                             int event_id, void* event_data)
3.   {
4.       if (event_base == WIFI_PROV_EVENT && event_id == WIFI_PROV_END) {
5.           //在 provisioning 服务结束时，释放 provisioning 相关的资源
6.           wifi_prov_mgr_deinit();
7.       }
8.   }
```

（3）功能验证。在智能手机上安装乐鑫科技提供的配套 ESP SoftAP Prov App，并打开 Wi-Fi，设备上电后请确认串口工具输出的 Log（见图 7-34）中携带 PROV_ 开头的信息。

> 小贴士：通过 https://www.espressif.com/zh-hans/support/download/apps，读者可下载相关的 App。

```
I (904) wifi_prov_mgr: Provisioning started with service name : PROV_DAED2C
I (914) app: Provisioning started
I (914) app: Scan this QR code from the provisioning application for Provisioning.
I (924) QRCODE: Encoding below text with ECC LVL 0 & QR Code Version 10
I (934) QRCODE: {"ver":"v1","name":"PROV_DAED2C","pop":"abcd1234","transport":"softap"}
```

```
I (1154) app: If QR code is not visible, copy paste the below URL in a browser.
https://espressif.github.io/esp-jumpstart/qrcode.html?data={"ver":"v1","name":"PROV_DAED2C",
"pop":"abcd1234","transport":"softap"}
```

图 7-34　串口工具输出的 Log

① ESP SoftAP Prov 信息界面。打开智能手机上的 ESP SoftAP Prov App，在 App 界面单击"Start Provisioning"按钮，开发者可以在 ESP SoftAP Prov 信息界面（见图 7-35）中看到名字类似于 PROV_DAED2CXXXXX 的设备。

② SoftAP 连接成功界面。单击"Connect"按钮可跳转到手机 Wi-Fi 设置界面，选择连接 PROV_DAED2CXXXXX 设备，如果连接成功则在返回后会出现如图 7-36 所示的界面。

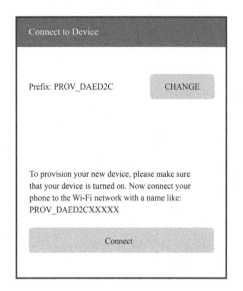

图 7-35　SoftAP Prov 信息界面　　　　图 7-36　SoftAP 连接成功界面

同时串口输出如下 Log：

```
I (102906) wifi:station: 88:40:3b:40:c1:13 join, AID=1, bgn, 40U
I (103056) esp_netif_lwip: DHCP server assigned IP to a station, IP is: 192.168.4.2
I (124286) wifi:station: 88:40:3b:40:c1:13 leave, AID = 1, bss_flags is 134259, bss:0x3fca7844
I (124286) wifi:new:<1,0>, old:<1,1>, ap:<1,1>, sta:<0,0>, prof:1
I (149036) wifi:new:<1,1>, old:<1,0>, ap:<1,1>, sta:<0,0>, prof:1
I (149036) wifi:station: 88:40:3b:40:c1:13 join, AID=1, bgn, 40U
I (149246) esp_netif_lwip: DHCP server assigned IP to a station, IP is: 192.168.4.2
```

③ 配网界面。单击"Provision Network"按钮可进入配网界面，如图 7-37 所示。

④ 配网结束界面。单击"Provision"按钮可进入配网结束界面，如图 7-38 所示。

图 7-37　配网界面　　　　　　　　　图 7-38　配网结束界面

同时串口输出如下信息：

```
I (139471) app: Received Wi-Fi credentials
       SSID    : myssid
       Password : mypassword
       .
       .
       .
I (144091) app: Connected with IP Address:192.168.50.31
I (144091) esp_netif_handlers: sta ip: 192.168.50.31, mask: 255.255.255.0, gw: 192.168.50.1
I (144091) wifi_prov_mgr: STA Got IP
I (144101) app: Provisioning successful
I (144101) app: Hello World!
I (145101) app: Hello World!
       .
       .
       .
I (146091) wifi_prov_mgr: Provisioning stopped
I (146101) app: Hello World!
I (147101) app: Hello World!
I (148101) app: Hello World!
```

2．一键配网

ESP32-C3 提供的 SmartConfig 组件可以通过混杂模式传输 AP 的 SSID 和密码，然后用获取到的 SSID 和密码去连接 AP。

（1）API 介绍。关于一键配网的 API 都定义在 esp-idf/components/esp_wifi/ include/esp_smartconfig.h 中，一键配网的 API 如表 7-5 所示。

表 7-5　一键配网的 API

API	说　　明
esp_smartconfig_get_version()	获取当前 SmartConfig 的版本
esp_smartconfig_start()	开始 SmartConfig
esp_smartconfig_stop()	停止 SmartConfig
esp_esptouch_set_timeout()	设置 SmartConfig 进程超时
esp_smartconfig_set_type()	设置 SmartConfig 的协议类型
esp_smartconfig_fast_mode()	设置 SmartConfig 模式
esp_smartconfig_get_rvd_data()	获取 Touchv2 预留数据

（2）程序结构。

Wi-Fi 事件处理。主要负责 Wi-Fi 的连接、断开重连、扫描等，详情可以参考前文的描述。除此之外，在触发 WIFI_EVENT_STA_START 事件时，还将创建 SmartConfig 任务。

NETIF 事件处理。完成 IP 地址信息的获取，更多信息可以参考前文的描述。当触发 IP_EVENT_STA_GOT_IP 事件时，将设置连接完成标志。

SmartConfig 事件处理。此过程事件均按照接收的请求进行相应的处理。SmartConfig 事件处理如表 7-6 所示。

表 7-6　SmartConfig 事件处理

事　件	说　明
SC_EVENT_SCAN_DONE	扫描，获取周围环境中的 AP 信息
SC_EVENT_FOUND_CHANNEL	获取目标 AP 的信道
SC_EVENT_GOT_SSID_PSWD	设置进入 STA 模式，获取目标 AP 的 SSID 和密码
SC_EVENT_SEND_ACK_DONE	触发一键配网完成标志事件

SmartConfig 任务。SmartConfig 任务的代码如下。

```
1.   static void smartconfig_example_task (void *param)
2.   {
3.       EventBits_t uxBits;
4.       ESP_ERROR_CHECK(esp_smartconfig_set_type(SC_TYPE_ESPTOUCH));
5.       smartconfig_start_config_t cfg = SMARTCONFIG_START_CONFIG_DEFAULT();
6.       ESP_ERROR_CHECK(esp_smartconfig_start(&cfg));
7.       while (1) {
8.           uxBits = xEventGroupWaitBits (s_wifi_event_group,
9.                                         CONNECTED_BIT | ESPTOUCH_DONE_BIT,
10.                                        true,
11.                                        false,
12.                                        portMAX_DELAY);
13.          if (uxBits & CONNECTED_BIT) {
14.              ESP_LOGI (TAG, "WiFi Connected to ap");
15.          }
16.          if (uxBits & ESPTOUCH_DONE_BIT) {
17.              ESP_LOGI (TAG, "smartconfig over");
18.              esp_smartconfig_stop();
19.              vTaskDelete (NULL);
20.          }
21.      }
22.  }
```

由上述代码可知，SmartConfig 任务主要完成三个功能：首先，设置 SmartConfig 的类型，包括 ESP-TOUCH 和 ESP-TOUCH V2 等；其次，在完成 SmartConfig 的配置后，通过调用函数 esp_smartconfig_start() 启用 SmartConfig；最后，循环检测事件组的标志位，在接收到事件 SC_EVENT_SEND_ACK_DONE 后，调用函数 esp_smartconfig_stop() 停用 SmartConfig。

主程序。创建事件组，在触发相关事件时设置相应的标志位；初始化 Wi-Fi。

（3）功能验证。在智能手机上安装乐鑫科技提供的 EspTouch App，并打开 Wi-Fi，设备上电后，可通过串口工具看到如下的 Log：

```
I (1084) wifi:mode : sta (30:ae:a4:80:65:7c)
I (1084) wifi:enable tsf
I (1134) smartconfig: SC version: V3.0.1
I (5234) wifi:ic_enable_sniffer
I (5234) smartconfig: Start to find channel...
I (5234) smartconfig_example: Scan done
```

> **小贴士**：通过 `https://www.espressif.com/zh-hans/support/download/apps`，读者可下载相关的 App。

智能手机连接上 Wi-Fi 后输入密码，开始配置。一键配网的界面如图 7-39 所示。

图 7-39　一键配网的界面

同时，串口输出如下 Log：

```
I (234592) smartconfig: TYPE: ESPTOUCH
I (234592) smartconfig: T|PHONE MAC:68:3e:34:88:59:bf
I (234592) smartconfig: T|AP MAC:a4:56:02:47:30:07
I (234592) sc: SC_STATUS_GETTING_SSID_PSWD
I (239922) smartconfig: T|pswd: 123456789
I (239922) smartconfig: T|ssid: IOT_DEMO_TEST
I (239922) smartconfig: T|bssid: a4:56:02:47:30:07
I (239922) wifi: ic_disable_sniffer
I (239922) sc: SC_STATUS_LINK
```

```
I (239932) sc: SSID:IOT_DEMO_TEST
I (239932) sc: PASSWORD:123456789
I (240062) wifi: n:1 0, o:1 0, ap:255 255, sta:1 0, prof:1
I (241042) wifi: state: init -> auth (b0)
I (241042) wifi: state: auth -> assoc (0)
I (241052) wifi: state: assoc -> run (10)
I (241102) wifi: connected with IOT_DEMO_TEST, channel 1
I (244892) event: ip: 192.168.0.152, mask: 255.255.255.0, gw: 192.168.0.1
I (244892) sc: WiFi Connected to ap
I (247952) sc: SC_STATUS_LINK_OVER
I (247952) sc: Phone ip: 192.168.0.31
I (247952) sc: smartconfig over
```

3. 蓝牙配网

ESP32-C3 提供的 BluFi 组件可以通过 Bluetooth LE 传输 AP 的 SSID 和密码，然后用获取到的 SSID 和密码去连接 AP。

（1）API 介绍。BluFi 组件的 API 如表 7-7 所示，定义在 `esp_blufi_api.h` 中。

表 7-7　BluFi 组件的 API

API	说　　明
`esp_blufi_register_callbacks()`	注册 BluFi 回调事件
`esp_blufi_profile_init()`	初始化 BluFi Profile
`esp_blufi_profile_deinit()`	取消 BluFi Profile 的初始化
`esp_blufi_send_wifi_conn_report()`	发送 Wi-Fi 连接报告
`esp_blufi_send_wifi_list()`	发送 Wi-Fi 列表
`esp_blufi_get_version()`	获取当前 BluFi Profile 的版本
`esp_blufi_close()`	关闭设备的连接
`esp_blufi_send_error_info()`	发送 BluFi 错误信息
`esp_blufi_send_custom_data()`	发送自定义数据

（2）程序结构。

Wi-Fi 事件处理。主要负责 Wi-Fi 的连接、断开重连、扫描等，详情可以参考前文的描述。

NETIF 事件处理。完成 IP 地址信息的获取，更多信息可以参考前文的描述。

BluFi 事件处理。此过程的事件处理均按照接收到的请求进行。BluFi 事件处理如表 7-8 所示。

表 7-8　BluFi 事件处理

事　　件	说　　明
`ESP_BLUFI_EVENT_INIT_FINISH`	完成 BluFi 功能初始化，设置设备名称（Device Name）并发送特定的广播数据

续表

事　件	说　明
ESP_BLUFI_EVENT_DEINIT_FINISH	处理 deinit 配置事件
ESP_BLUFI_EVENT_BLE_CONNECT	连接 Bluetooth LE，并设备进入安全模式
ESP_BLUFI_EVENT_BLE_DISCONNECT	设置 Bluetooth LE 断开重连
ESP_BLUFI_EVENT_SET_WIFI_OPMODE	设置 ESP32-C3 进入运行模式
ESP_BLUFI_EVENT_REQ_CONNECT_TO_AP	设置断开原有的 Wi-Fi 连接，并连接指定 Wi-Fi
ESP_BLUFI_EVENT_REQ_DISCONNECT_FROM_AP	断开当前 ESP32-C3 连接到的 AP
ESP_BLUFI_EVENT_REPORT_ERROR	通知错误信息
ESP_BLUFI_EVENT_GET_WIFI_STATUS	获取 Wi-Fi 状态信息，包括 Wi-Fi 当前模式、是否连接成功
ESP_BLUFI_EVENT_RECV_SLAVE_DISCONNECT_BLE	通知 BluFi 的 GATT 连接关闭
ESP_BLUFI_EVENT_RECV_STA_BSSID	设置进入 STA 模式，获取目标 AP 的 BSSID
ESP_BLUFI_EVENT_RECV_STA_SSID	设置进入 STA 模式，获取目标 AP 的 SSID
ESP_BLUFI_EVENT_RECV_STA_PASSWD	设置进入 STA 模式，获取目标 AP 的密码
ESP_BLUFI_EVENT_RECV_SOFTAP_SSID	设置进入 SoftAP 模式，获取 AP 自定义 SSID
ESP_BLUFI_EVENT_RECV_SOFTAP_PASSWD	设置进入 SoftAP 模式，获取 AP 自定义密码
ESP_BLUFI_EVENT_RECV_SOFTAP_MAX_CONN_NUM	设置 SoftAP 模式下最大可连接设备数量
ESP_BLUFI_EVENT_RECV_SOFTAP_AUTH_MODE	设置 SoftAP 模式下进入认证模式
ESP_BLUFI_EVENT_RECV_SOFTAP_CHANNEL	设置 SoftAP 模式下的信道
ESP_BLUFI_EVENT_GET_WIFI_LIST	获取扫描到的空中 SSID 列表、信道和站点 MAC 地址
ESP_BLUFI_EVENT_RECV_CUSTOM_DATA	打印接收到的数据，根据应用程序进行裁减处理

主程序。包括初始化 Wi-Fi、初始化蓝牙控制器、启用蓝牙控制器、初始化蓝牙协议、启用蓝牙协议、获取蓝牙地址、获取 BluFi 版本号、创建蓝牙 GAP 处理事件、创建 BluFi 事件。

（3）功能验证。在智能手机上安装乐鑫科技提供的配套 EspBlufi App，并打开 Wi-Fi 和蓝牙，设备上电，请确认串口工具输出如下的 Log：

```
I (516) phy_init: phy_version 500,985899c,Apr 19 2021,16:05:08
I (696) wifi:set rx active PTI: 0, rx ack PTI: 12, and default PTI: 1
I (908) wifi:mode : sta (30:ae:a4:80:41:55)
I (908) wifi:enable tsf
W (706) BTDM_INIT: esp_bt_controller_mem_release not implemented, return OK
I (706) BTDM_INIT: BT controller compile version [9c99115]
I (716) coexist: coexist rom version 9387209
I (726) BTDM_INIT: Bluetooth MAC: 30:ae:a4:80:41:56
I (746) BLUFI_EXAMPLE: BD ADDR: 30:ae:a4:80:41:56
I (1198) BLUFI_EXAMPLE: BLUFI VERSION 0102
I (1198) BLUFI_EXAMPLE: BLUFI init finish
```

> 小贴士：通过 https://www.espressif.com/zh-hans/support/download/apps，读者可下载相关的 App。

EspBlufi 信息界面。打开智能手机上的 EspBlufi App，在 App 的界面下拉刷新，可以看到周围的蓝牙设备信息，如图 7-40 所示。

蓝牙连接成功界面。在刷新后界面显示的一系列蓝牙设备中，单击 ESP32-C3 模组 BLUFI_DEVICE，跳转到该设备的界面，单击"连接"按钮可进行蓝牙连接。如果连接成功，则会出现如图 7-41 所示的蓝牙连接成功界面。

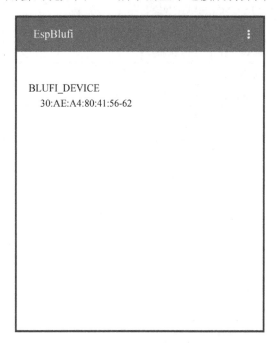

图 7-40　EspBlufi 信息界面　　　　图 7-41　蓝牙连接成功界面

同时，串口工具中会输出如下 Log：

```
I (32736) BLUFI_EXAMPLE: BLUFI ble connect
```

配网界面。单击图 7-41 中的"配网"按钮，可进入如图 7-42 所示的配网界面。

STA 连接信息。单击图 7-42 中的"确定"按钮可进行配网。如果配网成功，则会出现如图 7-43 所示的 STA 连接信息界面，且在该界面的最下面显示配置完成后 Wi-Fi 模式的 STA 连接信息，包括 AP 的 BSSID 和 SSID 信息，以及连接状态等。

同时，串口工具中会输出如下 Log：

```
I (63756) BLUFI_EXAMPLE: BLUFI Set WIFI opmode 1
I (63826) BLUFI_EXAMPLE: Recv STA SSID NETGEAR
I (63866) BLUFI_EXAMPLE: Recv STA PASSWORD 12345678
I (63936) BLUFI_EXAMPLE: BLUFI requset wifi connect to AP
I (65746) wifi:new:<8,2>, old:<1,0>, ap:<255,255>, sta:<8,2>, prof:1
I (66326) wifi:state: init -> auth (b0)
I (67326) wifi:state: auth -> init (200)
I (67326) wifi:new:<8,0>, old:<8,2>, ap:<255,255>, sta:<8,2>, prof:1
```

```
I (69516) wifi:new:<10,0>, old:<8,0>, ap:<255,255>, sta:<10,0>, prof:1
I (69516) wifi:state: init -> auth (b0)
I (69566) wifi:state: auth -> assoc (0)
I (69626) wifi:state: assoc -> run (10)
I (69816) wifi:connected with NETGEAR, aid = 1, channel 10, BW20, bssid = 5c:02:14:
03:a5:7d
I (69816) wifi:security: WPA2-PSK, phy: bgn, rssi: -48
I (69826) wifi:pm start, type: 1
I (69826) wifi:set rx beacon pti, rx_bcn_pti: 14, bcn_timeout: 14, mt_pti: 25000,
mt_time: 10000
I (69926) wifi:BcnInt:102400, DTIM:1 W (70566) wifi:idx:0 (ifx:0, 5c:02:14:03:a5:
7d), tid:0, ssn:2, winSize:64
I (71406) esp_netif_handlers: sta ip: 192.168.31.145, mask: 255.255.255.0, gw: 192.
168.31.1
```

图 7-42　配网界面

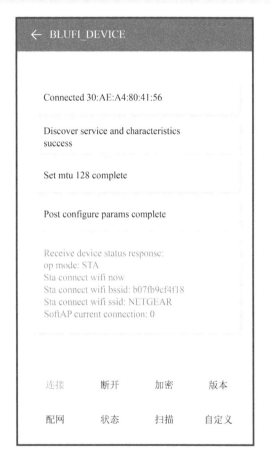

图 7-43　STA 连接信息界面

7.5　实战：智能照明工程中实现 Wi-Fi 配置

本节在 LED 调光驱动工程的基础上，首先编写 Wi-Fi 连接工程的代码，其次实现 Wi-Fi 智能化配置实例。本节的目标是指导读者如何在智能照明工程中通过 Wi-Fi 进行智能化配置。

7.5.1 智能照明工程 Wi-Fi 连接实例

在了解 Wi-Fi 连接基础知识后,便可以基于 ESP32-C3 实现 Wi-Fi 连接,并根据应用需求对 Wi-Fi 连接功能进行封装,从而提供用于 Wi-Fi 初始化和 Wi-Fi 连接初始化的 API。

1. 驱动初始化 API

该 API 主要指定 ESP32-C3 的 GPIO 引脚、渐变时间、呼吸灯周期、PWM 频率、PWM 控制器时钟源、PWM 占空比分辨率等参数,详细内容请参考第 5 章。

```
1.  app_driver_init();
```

2. NVS 初始化 API

Wi-Fi 组件需要获取和保存一些参数,因此需要在初始化 Wi-Fi 前完成 NVS 库初始化。NVS 库初始化 API 如下:

```
1.  nvs_flash_init();
```

3. Wi-Fi 初始化 API

该 API 主要完成 LwIP、Wi-Fi 事件处理以及 Wi-Fi 驱动程序的初始化。

```
1.  wifi_initialize();
```

4. Wi-Fi 连接初始化 API

该 API 主要完成 Wi-Fi 配置、启动 Wi-Fi 驱动程序并等待 Wi-Fi 连接结束。

```
1.  wifi_station_initialize();
```

 项目源码:在 LED 调光驱动工程中添加 Wi-Fi 连接的代码,读者可以在 `book-esp32c3-iot-projects/device_firmware/3_wifi_connection` 中查看完整的工程代码。

读者可以实际编译并烧录到开发板中运行,运行结果如下:

```
I (397) wifi station: Application driver initialization
I (397) gpio: GPIO[9]| InputEn: 1| OutputEn: 0| OpenDrain: 0| Pullup: 1| Pulldown:
0| Intr:0
I (427) wifi station: NVS Flash initialization
I (427) wifi station: Wi-Fi initialization
I (547) wifi station: Wi-Fi Station initialization
I (727) wifi station: wifi_station_initialize finished.
I (6427) wifi station: connected to ap SSID:espressif password:espressif
[00] Hello world!
```

7.5.2　Wi-Fi 智能化配置实例

在了解 Wi-Fi 配置基础知识后，就可以基于 ESP32-C3 实现 Wi-Fi 智能化配置，根据应用需求对 Wi-Fi 智能化配置功能进行封装，提供用于 Wi-Fi 智能化配置初始化 API。完成 provisioning 初始化后检查 provisioning 状态，如果设备未进行配网，则输出 QR 码并提示读者开始配网；如果设备已经完成配网，则根据路由器信息完成 Wi-Fi 的连接。

```
1.  wifi_prov_mgr_initialize();
```

在 7.5.1 节的工程上添加蓝牙配网的 Wi-Fi 智能化配置代码，在 book-esp32c3-iot-projects/device_firmware/4_network_config 中可以查看完整的工程代码。在智能手机上安装 Bluetooth LE Prov App 后，读者可以实际编译并烧录到开发板中运行，运行结果如下。

> 小贴士：通过链接 https://www.espressif.com/zh-hans/support/download/apps，读者可下载相关的 App。

（1）如果设备未进行配网，则可看到如图 7-44 所示的 Log。

```
I (679) wifi_prov_mgr: Provisioning started with service name : PROV_082118
I (689) wifi station: Scan this QR code from the provisioning application for Provisioning.
I (699) QRCODE: Encoding below text with ECC LVL 0 & QR Code Version 10
I (709) QRCODE: {"ver":"v1","name":"PROV_082118","pop":"abcd1234","transport":"ble"}
```

```
I (899) wifi station: If QR code is not visible, copy paste the below URL in a browser.
https://espressif.github.io/esp-jumpstart/qrcode.html?data={"ver":"v1","name":"PROV_082118","pop":"ab
cd1234","transport":"ble"}
```

图 7-44　设备未进行配网时的 Log

（2）如果设备已经完成配网，则会输出如下 Log：

```
I (399) wifi station: Application driver initialization
I (399) gpio: GPIO[9]| InputEn: 1| OutputEn: 0| OpenDrain: 0| Pullup: 1| Pulldown: 0| Intr:0
I (429) wifi station: NVS Flash initialization
I (429) wifi station: Wi-Fi initialization
I (549) wifi station: Wi-Fi Provisioning initialization
```

```
I (549) wifi station: Already provisioned, starting Wi-Fi STA
I (809) wifi station: wifi_station_initialize finished.
I (1939) wifi station: got ip:192.168.3.105
```

7.6 本章总结

本章首先介绍了物联网设备配网的两个重要技术——Wi-Fi 和蓝牙；接着分别介绍了实现 Wi-Fi 配网的相关概念和实现原理，主要包括 SoftAP 配网、一键配网、蓝牙配网，以及直接配网、路由器配网、零配配网和手机 AP 配网等；然后结合 Wi-Fi 编程，分析了 SoftAP 配网、一键配网和蓝牙配网的实现代码；最后给出了智能照明工程中的开发实例，读者可以快速完成 Wi-Fi 连接智能化配置。

8
第　　章

设备的本地控制

第 7 章学习了 Wi-Fi 与蓝牙的基础知识与架构，以及常见的几种配网方式。通过第 7 章的学习和实际操作，读者已经能够进行设备配网并连接到 Wi-Fi 路由器。在此基础之上，本章将介绍如何基于 Wi-Fi 与蓝牙实现设备的本地控制，并在 ESP32-C3 上实现本地控制。本章的目的主要是帮助读者了解什么是本地控制、本地控制的流程和常见的本地控制通信协议，并指导读者如何基于 ESP32-C3 搭建自己的智能灯本地控制框架。

8.1　本地控制的介绍

本节首先介绍什么是本地控制及其使用条件、场景和优势，再阐述本地控制中涉及的设备发现功能、数据通信协议，以及如何选择本地控制的数据传输媒介。读者在学习完这些知识点后，会对设备的本地控制有充分的认知。

顾名思义，本地控制是指在受控设备附近，通过硬件开关、触摸按键、红外遥控、智能手机、计算机网络等一系列方式对受控设备进行操作的行为。在日常生活中，无时无刻都存在着本地控制，例如，通过空调的红外遥控器调整空调的运行参数，通过语音控制声控设备，通过家用开关或者智能手机 App 打开家用照明设备等，可以说本地控制的技术与理念已经深入日常生活的每个角落。

细心的读者可能会发现，上述列举的几个本地控制，有的是通过硬件电路开关进行的本地控制，通过红外等无线通信技术进行的本地控制；还有的是通过语音识别进行的本地控制，通过物联网等数据通信技术进行的本地控制。本书主要围绕物联网的数据通信技术，介绍如何进行本地控制，帮助读者构建属于自己的本地控制框架，进而完成 ESP32-C3 智能灯的本地控制。

对于物联网，每个接入物联网的设备都需要通过数据通信来传输命令，常见的数据通信方法如下：

（1）使用 Wi-Fi 或者以太网来进行数据通信。在一般情况下，基于 Wi-Fi 和以太网的设备中都会原生运行 TCP/IP 协议栈，这样就大大降低了数据本身的协议适配与开发，在进行本地通信时会搭配网关或 Wi-Fi 路由器。

（2）使用蓝牙或者 ZigBee 等短距离无线通信技术进行数据通信，适用于低速率和低功耗等设备之间的数据传输。

本章根据 ESP32-C3 的功能特征，介绍两种常用的本地控制技术，即局域网内的 Wi-Fi 控制和蓝牙控制。在局域网内，由 Wi-Fi 控制的网络拓扑结构如图 8-1 所示，设备与控制命令发送设备（智能手机或者 PC）处于同一个局域网，智能手机和 PC 通过 Wi-Fi 向设备发送数据。对于蓝牙控制，则不需要通过 Wi-Fi 路由器，智能手机和设备之间可以直接通过蓝牙传输数据。

STA 模式

图 8-1　在局域网内由 Wi-Fi 控制的网络拓扑结构

可见，使用蓝牙比使用 Wi-Fi 更简单，无须 Wi-Fi 路由器的介入，但在实际使用中，如果设备需要接入云平台，就需要连接 Wi-Fi 路由器，从而接入互联网（Internet）并连接到云平台，而且智能手机一般也会接入 Wi-Fi 路由器。局域网中通常都存在 Wi-Fi 路由器，这就可以方便地使用 Wi-Fi 来进行本地控制。如果设备不需要接入云平台，则可以使用蓝牙进行本地控制。可根据设备是否需要接入云平台来选择本地控制方式。

（1）如果设备需要接入云平台，则建议使用 Wi-Fi 进行本地控制，其优点是支持多部智能手机同时控制一个设备，而且 Wi-Fi 的传输带宽比蓝牙大，蓝牙可以只用于配网，配网结束后停止蓝牙协议栈，节省 ESP32-C3 资源的使用。

（2）如果设备不需要接入云平台，则可以只使用蓝牙而不需要使用 Wi-Fi，通过智能手机与被控设备进行数据通信。

8.1.1　本地控制的使用条件

由图 8-1 所示的拓扑结构可以看出，在局域网内搭建基于 Wi-Fi 控制的本地控制框架需要一个 Wi-Fi 路由器、一个控制设备和一个被控设备。控制设备可以是智能手机或计算机等可以运行 TCP/IP 协议栈的设备，控制设备和被控设备需要连接到同一个 Wi-Fi 路由器上，保证彼此在同一个局域网内，以便进行数据通信。

在局域网内搭建基于蓝牙控制的本地控制框架相对比较简单，只需要一个控制设备（如智能手机）和一个被控设备。智能手机可以通过蓝牙直接连接被控设备，通过蓝牙无线传输媒介实现点对点传输数据。

8.1.2　本地控制的适用场景

相对于远程控制而言，本地控制的数据不需要通过 Wi-Fi 路由器转发到互联网上，所以无须将 Wi-Fi 路由器连接到互联网。但物联网项目中的很多设备都会接入远端的云平台上，因此对于设备的控制，大部分都通过智能手机 App 向云平台发送命令，然后由云平台向被控设备发送命令以进行控制，这就是远程控制。当 Wi-Fi 路由器断开与互联网的连接时，被控设备就无法连接到云平台，此时远程控制的链路就已经无法使用了。如果被控设备支持本地控制，则依然可以通过智能手机或者计算机对其进行本地控制。设想一下，即使网络出现异常，您还可以使用智能手机 App 通过本地控制将控制命令发送给被控设备，避免网络异常而导致设备全体"罢工"事件的发生。当然，上述条件成立的前提是智能手机和被控设备连接在同一台 Wi-Fi 路由器上，即处于同一个局域网内。

对于蓝牙本地控制，则不用理会 Wi-Fi 路由器，可以通过智能手机直接向被控设备发送控制命令，以便进行控制。

8.1.3　本地控制的优势

本地控制的数据只在局域网内部进行传输，并不会传输到互联网上。因此，本地控制天然地具有延时短、响应快等特点，并且本地控制的数据只在被控设备、Wi-Fi 路由器和控制设备（如智能手机）之间组成的局域网内进行交互，减少了数据被窃取修改的概率，提高了数据的隐私性与安全性。另外，本地控制还具有节省互联网带宽的优点。本地控制不受 Wi-Fi 路由器断网的影响，只要被控设备和控制设备（如智能手机）处于同一个局域网内或者智能手机可以通过蓝牙连接被控设备，就依然可以通过智能手机控制被控设备。对于一些不需要接入云平台的产品，本地控制成为智能手机控制被控设备的唯一手段。

本地控制技术以其延时短、安全性高等特性，越来越多地受到了物联网企业的青睐，越来越多的 SDK 和产品都支持本地控制功能，如乐鑫科技推出的完整物联网平台 RainMaker 就包含了智能手机 App，可支持设备的本地控制。

8.1.4　通过智能手机发现被控设备

对于基于 Wi-Fi 无线传输媒介，数据运行在 TCP/IP 协议栈上的本地控制，由于智能手机与被控设备不是直接连接的，因此会涉及两个问题：智能手机如何找到被控设备，以及智能手机如何与被控设备进行数据通信。

对于智能手机如何找到被控设备，也就是智能手机如何知道被控设备的 IP 地址。因为所有的数据通信都是基于 IP 层进行传输的，获取到被控设备的 IP 地址是进行后续数据通信的前提。也许有人会说："我登录到 Wi-Fi 路由器界面，直接在 Wi-Fi 路由器界面查看被控设备的 IP 地址不就可以了？"没错，您完全可以按照这种方式获取被控设备的 IP 地址，但这种手动查询 IP 地址的方式完全背离了物联网技术给人们带来便利的初衷，所以需要一种技术来自动发现被控设备。这部分内容将会在 8.2 节中进行详细介绍。

对于基于蓝牙控制的本地控制框架，读者可以从第 7 章介绍的蓝牙扫描了解到，被控设备的蓝牙会广播自己的蓝牙信息，智能手机只需要扫描到被控设备的蓝牙。通过蓝牙发现被控设备相比 Wi-Fi 会简单很多，智能手机连接上被控设备的蓝牙后就可以向其发送数据，而且蓝牙传输不需要基于 TPC/IP 协议栈，蓝牙有自己的传输协议。这部分内容将会在 8.3 节中进行详细介绍。

8.1.5　智能手机与被控设备的数据通信

智能手机如何与被控设备进行数据通信呢？当使用 Wi-Fi 无线传输媒介时，智能手机获取到被控设备的 IP 地址后，就可以通过 TCP/IP 协议或 UDP 协议与被控设备进行数据通信了。一般而言，对于本地控制，被控设备作为接收方，接收由智能手机发送的控制命令；而智能手机作为发送方，将控制命令发送给被控设备。所以，对于被控设备而言，它扮演的是一个服务器端的角色，智能手机扮演的是一个客户端的角色，允许多个客户端向服务器端发送控制命令。这部分内容将会在 8.3 节中进行详细介绍。

8.2　常见的本地发现方法

在 8.1.4 节中，我们提及了如何在使用 Wi-Fi 无线传输媒介的局域网内找到被控设备。在 TCP/IP 协议栈中，找到被控设备是指获取被控设备的 IP 地址。

在局域网内，如何获取对端的 IP 地址是一个值得研究的问题。常见的获取对端 IP 地址的协议是 RARP（Reverse Address Resolution Protocol，反向地址转换协议），这是一种在知道对端 MAC 地址的条件下发送查询包，网关服务器端通过解析自己的 ARP 表来获取想要查询 MAC 设备 IP 地址的协议。熟悉局域网的读者可能会在第一时间就联想到 ARP（Address Resolution Protocol，地址解析协议），ARP 是通过知晓对端 IP 地址的情况下，发送查询包，对端设备或者网关设备查询自己的 ARP 表后回复 IP 地址对应的 MAC 地址的协议。ARP 和 RARP 是一对网络层地址与数据链路层地址相互解析的协议，但这一对协议有一个共同点，就是需要知道对端的网络层地址或者数据链路层地址，这在物联网应用中会变得很不灵活，因为用户很难知道局域网中设备的网络层地址和数据链路层地址，所以本节要介绍真正适用于物联网的本地发现技术。

本地发现就是发现局域网内节点的信息，包括与节点进行通信的地址信息、节点所支持的应用服务信息、用户自定义的信息等。例如，常用的本地发现协议有 mDNS（Multicast DNS，该协议的介绍请参考 8.2.4 节）。本地发现的思路就是发一个报文，对端在接收到该报文后将自己的设备信息告知给发送方。但是目前需要解决的问题是如何确保对端能接收到发送方发送的报文。

其实如果知道 IP 地址的分类后，就会知道，除了比较常用的点对点通信（单播），还有一对多（组播）和一对所有（广播）通信。IP 地址可以分为单播（Unicast）地址、组播（Multicast）地址和广播（Broadcast）地址。单播需要知道对端的 IP 地址，所以不适合本地发现的场景。

组播和广播并不需要知道对端的 IP 地址，它们会向特定地址发送报文，对端只要监听该地址就可以接收到报文，因此组播和广播适合在局域网内的发现设备，也能解决发送方发送的报文让对端接收到的问题。

8.2.1 广播

什么是广播呢？广播是指将报文发送给网络中所有可能的接收方。广播的用途主要有两个：在本地网络中定位一个主机；在本地网络中减少分组流通，一个报文就可以通知本地网络中的所有主机。常见的广播应用报文有：

（1）ARP（Address Resolution Protocol，地址解析协议）。其用途是在本地网络中广播一个 ARP 请求 "IP 地址为 *a.b.c.d* 的设备，硬件 MAC 地址是多少，请告诉我"。ARP 的广播属于二层链路层 MAC 广播，而不是三层网络层 IP 广播。

（2）DHCP（Dynamic Host Configuration Protocol，动态主机配置协议）。在本地网络中有 DHCP 服务器端的前提下，DHCP 客户端发送目的 IP 地址（通常为 255.255.255.255）的 DHCP 请求，在同一网络中的 DHCP 服务器端就可以接收到该请求并回复分配的 IP 地址。

广播主要使用 UDP 协议（详见 8.3.3 节），不适合使用 TCP 协议（详见 8.3.1 节），TCP 适用于单播。

1．广播地址

对于广播地址，可以分为二层链路层 MAC 广播地址（FF:FF:FF:FF:FF:FF）和三层网络层 IP 广播地址（255.255.255.255），以下简称为二层地址、三层地址。本节主要介绍三层地址。一般情况下，在报文的三层地址为全 255 的情况下，二层地址通常也为全 FF。因为三层地址为全 255 的报文，意味着本地网络的设备都会收到该报文。如果该报文的二层地址不是全 FF，则该报文在接收设备的二层地址处理中会被丢弃。对于接收设备而言，如果报文的二层地址不是广播地址，也不是本机的 MAC 地址和组播 MAC 地址（如 01:00:5E:*XX:XX:XX*），就会丢弃不处理。所以一般三层地址是广播地址，二层地址也是广播地址。

IPv4 地址由子网 ID 和主机 ID 构成，如 IP 地址为 192.168.3.4，子网掩码为 255.255.255.0 的设备，其子网 ID 和主机 ID 是通过 IP 地址和子网掩码计算求得的。在本例中，子网 ID 是 192.168.3.0，主机 ID 是 4。除了子网 ID 和主机 ID 全为 255 的情况下是广播地址，只有主机 ID 是 255 的情况下也是广播地址。例如，您有一个 192.168.1/24 的子网，那么 192.168.1.255 就是该子网的广播地址。也许读者会有疑问 "子网 ID 和主机 ID 全为 255 的广播地址和只有主机 ID 是 255 的广播地址有什么区别呢？"全为 255 的广播范围比特定子网的广播范围要大。例如，Wi-Fi 路由器有两个子网 192.168.1/24 和 192.168.2/24，在子网 192.168.1/24 里的一个主机 192.168.1.2 向目的地址 192.168.1.255 发送报文，Wi-Fi 路由器只会将该报文转给 192.168.1/24 子网里的主机，并不会转发给 192.168.2/24 子网里的主机；如果该主机向目的地址 255.255.255.255 发送报文，则 Wi-Fi 路由器会将该报文转发给两个子网里的主机。所以这种主机 ID 是 255 的广播地址也称为子网定向广播地址。通过子网定向广播地址可以向指定的子网发送报文，防止局域网中其他不需要接收的子网也收到该报文，避免网络资源浪费。

2. 使用 Socket 实现广播发送方

 项目源码：通过 book-esp32c3-iot-projects/test_case/broadcast_discovery，可查看函数 esp_send_broadcast() 的完整示例代码。

函数 esp_send_broadcast() 实现了向局域网内发送 UDP 广播包并且携带数据 "Are you Espressif IOT Smart Light"，然后等待对端回复的功能。该函数中用到了伯克利套接字（Berkeley Sockets）标准接口，也称为 BSD Socket。伯克利套接字是 UNIX 系统中的通用网络接口，不仅支持不同的网络类型，而且也是一种内部进程之间的通信机制。本书涉及的 TCP/UDP 网络编程都使用伯克利套接字，感兴趣的读者可以阅读人民邮电出版社出版的《UNIX 网络编程卷 1：套接字联网 API》，详细了解伯克利套接字的编程知识，本书只是简单地介绍如何使用套接字编程。

本节首先使用 socket(AF_INET, SOCK_DGRAM, 0) 函数创建 UDP 套接字，然后使用 setsockopt() 函数开启套接字支持广播，最后设置广播的目的地址为全 255、端口为 3333，调用 sendto() 函数将报文发送出去。读者可以根据 sendto() 函数的返回值判断数据是否发送成功。代码如下：

```
1.  esp_err_t esp_send_broadcast(void)
2.  {
3.      int opt_val = 1;
4.      esp_err_t err = ESP_FAIL;
5.      struct sockaddr_in from_addr = {0};
6.      socklen_t from_addr_len = sizeof(struct sockaddr_in);
7.      char udp_recv_buf[64 + 1] = {0};
8.
9.      //创建 IPv4 UDP 套接字
10.     int sockfd = socket(AF_INET, SOCK_DGRAM, 0);
11.     if (sockfd == -1) {
12.         ESP_LOGE(TAG, "Create UDP socket fail");
13.         return err;
14.     }
15.
16.     //设置 SO_BROADCAST 套接字选项，使用该套接字支持广播发送
17.     int ret = setsockopt(sockfd, SOL_SOCKET, SO_BROADCAST, &opt_val,
18.                           sizeof(int));
19.     if (ret < 0) {
20.         ESP_LOGE(TAG, "Set SO_BROADCAST option fail");
21.         goto exit;
22.     }
23.
24.     //设置广播目的地址和端口
25.     struct sockaddr_in dest_addr = {
```

```
26.        .sin_family      = AF_INET,
27.        .sin_port        = htons(3333),
28.        .sin_addr.s_addr = htonl(INADDR_BROADCAST),
29.    };
30.
31.    char *broadcast_msg_buf = "Are you Espressif IOT Smart Light";
32.
33.    //调用 sendto()函数发送广播数据
34.    ret = sendto(sockfd, broadcast_msg_buf, strlen(broadcast_msg_buf), 0,
35.                  (struct sockaddr *)&dest_addr,
36.                  sizeof(struct sockaddr));
37.    if (ret < 0) {
38.        ESP_LOGE(TAG, "Error occurred during sending: errno %d", errno);
39.    } else {
40.        ESP_LOGI(TAG, "Message sent successfully");
41.        ret = recvfrom(sockfd, udp_recv_buf, sizeof(udp_recv_buf) - 1, 0,
42.                        (struct sockaddr *)&from_addr,
43.                        (socklen_t *)&from_addr_len);
44.        if (ret > 0) {
45.            ESP_LOGI(TAG, "Receive udp unicast from %s:%d, data is %s",
46.                      inet_ntoa (((struct sockaddr_in *)&from_addr)->sin_addr),
47.                      ntohs(((struct sockaddr_in *)& from_addr)->sin_port),
48.                      udp_recv_buf);
49.            err = ESP_OK;
50.        }
51.    }
52. exit:
53.    close(sockfd);
54.    return err;
55. }
```

3. 使用 Socket 实现广播接收方

 项目源码：通过 book-esp32c3-iot-projects/test_case/broadcast_ discovery，可查看函数 esp_receive_broadcast()的完整示例代码。

函数 esp_receive_broadcast()实现了广播包的接收与单播回复。与发送方的代码逻辑一样，首先创建 UDP 套接字，并且设置监听的报文源地址和端口号，一般作为服务器端，报文源地址设置为 0.0.0.0，表示不对报文源地址进行验证，调用 bind()函数绑定套接字；然后使用 recvfrom()函数接收报文，当接收到携带了 "Are you Espressif IOT Smart Light" 数据的广播包后，对端的 IP 地址和端口号就保存在 from_addr 里；最后以单播的形式将要发送的数据发送给对端。代码如下：

```
1.  esp_err_t esp_receive_broadcast(void)
2.  {
3.      esp_err_t err = ESP_FAIL;
```

```
4.      struct sockaddr_in from_addr = {0};
5.      socklen_t from_addr_len    = sizeof(struct sockaddr_in);
6.      char udp_server_buf[64 + 1] = {0};
7.      char *udp_server_send_buf = "ESP32-C3 Smart Light https 443";
8.
9.      //创建 IPv4 UDP 套接字
10.     int sockfd = socket(AF_INET, SOCK_DGRAM, 0);
11.     if (sockfd == -1) {
12.         ESP_LOGE(TAG, "Create UDP socket fail");
13.         return err;
14.     }
15.
16.     //设置广播目的地址和端口
17.     struct sockaddr_in server_addr = {
18.         .sin_family      = AF_INET,
19.         .sin_port        = htons(3333),
20.         .sin_addr.s_addr = htonl(INADDR_ANY),
21.     };
22.
23.     int ret = bind(sockfd, (struct sockaddr *)&server_addr,
24.                 sizeof(server_addr));
25.     if (ret < 0) {
26.         ESP_LOGE(TAG, "Bind socket fail");
27.         goto exit;
28.     }
29.
30.     //调用 recvfrom()函数接收广播数据
31.     while (1) {
32.         ret = recvfrom(sockfd, udp_server_buf, sizeof(udp_server_buf) - 1, 0,
33.                     (struct sockaddr *)&from_addr,
34.                     (socklen_t *)&from_addr_len);
35.         if (ret > 0) {
36.             ESP_LOGI(TAG, "Receive udp broadcast from %s:%d, data is %s",
37.                     inet_ntoa (((struct sockaddr_in *)&from_addr)->sin_addr),
38.                     ntohs(((struct sockaddr_in *)& from_addr)->sin_port),
39.                     udp_server_buf);
40.             //如果收到广播请求数据，单播发送对端数据通信应用端口
41.             if (!strcmp(udp_server_buf, "Are you Espressif IOT Smart Light")){
42.                 ret = sendto(sockfd, udp_server_send_buf, strlen(udp_server_send_buf),
43.                         0, (struct sockaddr *)&from_addr, from_addr_len);
44.                 if (ret < 0) {
45.                     ESP_LOGE(TAG, "Error occurred during sending: errno %d", errno);
46.                 } else {
47.                     ESP_LOGI(TAG, "Message sent successfully");
48.                 }
49.             }
50.         }
```

```
51.     }
52. exit:
53.     close(sockfd);
54.     return err;
55. }
```

4．运行结果

在 Wi-Fi Station 示例里添加发送方和接收方代码，保证它们连接在同一个 Wi-Fi 路由器上。
广播发送的 Log 如下：

```
I (774) wifi:mode : sta (c4:4f:33:24:65:f1)
I (774) wifi：enable tsf
I (774) wifi station：wifi_init_sta finished
I (784) wifi:new:<6,0>, old:<1,0>, ap:<255,255>, sta:<6,0>, prof:1
I (794) wifi:state: auth -> assoc (0)
I (814) wifi:state: assoc -> run (10)
I (834) wifi:connected with myssid, aid = 1, channel 6, BW20, bssid = 34:29:12:
43:c5:40
I (834) wifi:security: WPA2-PSK, phy: bgn, rssi: -23
I (834) wifi:pm start, type: 1
I (884) wifi:AP's beacon interval = 102400 us, DTIM period = 1
I (1544) esp netif handlers: sta ip: 192.168.3.5, mask: 255.255.255.0, gw: 192.168.3.1
I (1544) wifi station: got ip:192.168.3.5 I (1544) wifi station: connected to ap
SSID: myssid password:12345678
I (1554) wifi station: Message sent successfully
I (1624) wifi station: Receive udp unicast from 192.168.3.80:3333, data is ESP32-C3
Smart Light https 443
```

广播接收的 Log 如下：

```
I (1450) wifi:new:<6,0>, old:<1,0>, ap:<255,255>, sta:<6,0>, prof:1
I (2200) wifi:state: init -> auth (b0)
I (2370) wifi:state: auth -> assoc (0)
I (2380) wifi:state: assoc -> run (10)
I (2440) wifi:connected with myssid, aid = 2, channel 6, BW20, bssid =
34:29:12 :43:c5:40
I (2450) wifi:security: WPA2-PSK, phy: bgn, rssi: -30
I (2460) wifi:pm start, type: 1
I (2530) wifi:AP's beacon interval = 102400 us, DTIM period = 1
I (3050) esp_netif_handlers: sta ip: 192.168.3.80, mask: 255.255.255.0, gw: 192.168.3.1
I (3050) wifi station: got ip:192.168.3.80
I (3050) wifi station: connected to ap SSID: myssid password:12345678
W (17430) wifi:<ba-add>idx:0 (ifx:0, 34:29:12:43:c5:40), tid:5, ssn:0, winSize:64
I (26490) wifi station: Receive udp broadcast from 192.168.3.5:60520, data is Are
you Espressif IOT Smart Light
I (26500) wifi station: Message sent successfully
I (382550) wifi station: Receive udp broadcast from 192.168.3.5:63439, data is Are
```

8

```
you Espressif IOT Smart Light
I (382550) wifi station: Message sent successfully
```

广播发送 Log 表示发送方发送了携带 "Are you Espressif IOT Smart Light" 数据的 UDP 广播包，广播接收 Log 表示接收方监听本地网络的广播包，并对携带 "Are you Espressif IOT Smart Light" 的数据包回复携带 "ESP32-C3 Smart Light https 443" 数据的单播包。这样就实现了本地设备发现的功能。发送方收到接收方的单播回复后，就可以确认对端的 IP 地址，并且可以从携带的数据中知道后续数据通信的应用协议和端口号。

本地网络的广播协议可以完成设备的发现功能，但为了发现设备将发现请求广播到本地网络的所有设备上，会对本地网络和本地主机造成一定的负担。因此，通过广播来发现设备并不是一个好的选择。

8.2.2　组播

什么是组播呢？组播也称为多播，是指将报文发送给那些感兴趣的接收方。相比于单播和广播寻址方案的两个 "极端"（要么单个要么全部），组播技术提供了折中的方案。顾名思义，组播主要强调组的概念，也就是说，一个主机可以向一个组地址发送报文，所有加入这个组的主机都可以收到报文。这有点类似于子网定向广播，但比子网定向广播更加灵活，因为一个主机可以随时加入或者离开某个组，这样就可以减轻本地网络与主机的负担。

IGMP（Internet Group Management Protocol，互联网组管理协议）是一种负责 IP 组播成员管理的协议，用来在 IP 主机和与其直接相邻的组播 Wi-Fi 路由器之间建立、维护组播组成员关系。对于组播而言，需要 Wi-Fi 路由器支持 IGMP 协议。

1．组播地址

组播报文目的地址使用 D 类 IP 地址，第一个字节以二进制的 1110 开始，其范围是 224.0.0.0～239.255.255.255。由于组播 IP 地址标识了一组主机，因此组播 IP 地址只能作为目标地址，不能作为源地址，源地址总是单播地址。

组播组是一个组，这个组使用特定的组播地址作为标识，组内或者组外的成员往这个组播地址发送报文时，由组播地址标识的组内成员就可以收到该报文。组播组可以是永久的，也可以是临时的。在组播地址中，由官方分配的组播地址的称为永久组播组；那些既不是保留地址也不是永久组播地址的称为临时组播组。永久组播组和临时组播组内的主机数量都是动态的，甚至可以没有主机。

组播地址分类如下：

- 224.0.0.0～224.0.0.255：为保留组播地址（永久组播组），地址 224.0.0.0 不做分配，其他地址供路由协议使用。
- 224.0.1.0～224.0.1.255：是公用组播地址，可以用于互联网。
- 224.0.2.0～238.255.255.255：为用户可用的组播地址（临时组播组），全网范围内有效。
- 239.0.0.0～239.255.255.255：为本地管理组播地址，仅在特定的本地范围内有效。

2．使用 Socket 实现组播发送方

 项目源码：通过 `book-esp32c3-iot-projects/test_case/multicast_discovery`，可查看函数 `esp_join_multicast_group()` 的完整示例代码。

组播发送的实现比广播发送更复杂。组播发送需要设定组播报文的发送接口，如果需要接收某个组播组的报文，还需要加入该组播组。函数 `esp_join_multicast_group()` 实现了组播组发送接口的设置与组播组加入的功能。函数 `esp_send_multicast()` 实现了常规 UDP 套接字的创建、绑定、目的地址端口的配置和收发功能。除此之外，还增加了 TTL 的设置，保证该组播组只能在该路由下的局域网中进行。代码如下：

```
1.  #define MULTICAST_IPV4_ADDR "232.10.11.12"
2.  int esp_join_multicast_group(int sockfd)
3.  {
4.      struct ip_mreq imreq = { 0 };
5.      struct in_addr iaddr = { 0 };
6.      int err = 0;
7.
8.      //配置组播组发送接口
9.      esp_netif_ip_info_t ip_info = { 0 };
10.     err = esp_netif_get_ip_info(esp_netif_get_handle_from_ifkey("WIFI_STA_DEF"),
11.                             &ip_info);
12.     if (err != ESP_OK) {
13.         ESP_LOGE(TAG, "Failed to get IP address info. Error 0x%x", err);
14.         goto err;
15.     }
16.     inet_addr_from_ip4addr(&iaddr, &ip_info.ip);
17.     err = setsockopt(sockfd, IPPROTO_IP, IP_MULTICAST_IF, &iaddr, sizeof(struct in_addr));
18.     if (err < 0) {
19.         ESP_LOGE(TAG, "Failed to set IP_MULTICAST_IF. Error %d", errno);
20.         goto err;
21.     }
22.
23.     //配置监听的组播组地址
24.     inet_aton(MULTICAST_IPV4_ADDR, &imreq.imr_multiaddr.s_addr);
25.
26.     //配置套接字加入组播组
27.     err = setsockopt(sockfd, IPPROTO_IP, IP_ADD_MEMBERSHIP,
28.                     &imreq, sizeof(struct ip_mreq));
29.     if (err < 0) {
30.         ESP_LOGE(TAG, "Failed to set IP_ADD_MEMBERSHIP. Error %d", errno);
31.     }
32. err:
```

```
33.        return err;
34. }
35.
36. esp_err_t esp_send_multicast(void)
37. {
38.        esp_err_t err = ESP_FAIL;
39.        struct sockaddr_in saddr = {0};
40.        struct sockaddr_in from_addr = {0};
41.        socklen_t from_addr_len     = sizeof(struct sockaddr_in);
42.        char udp_recv_buf[64 + 1] = {0};
43.
44.        //创建 IPv4 UDP 套接字
45.        int sockfd = socket(AF_INET, SOCK_DGRAM, 0);
46.        if (sockfd == -1) {
47.            ESP_LOGE(TAG, "Create UDP socket fail");
48.            return err;
49.        }
50.
51.        //绑定套接字
52.        saddr.sin_family = PF_INET;
53.        saddr.sin_port = htons(3333);
54.        saddr.sin_addr.s_addr = htonl(INADDR_ANY);
55.        int ret = bind(sockfd, (struct sockaddr *)&saddr, sizeof(struct sockaddr_in));
56.        if (ret < 0) {
57.            ESP_LOGE(TAG, "Failed to bind socket. Error %d", errno);
58.            goto exit;
59.        }
60.
61.        //设置组播 TTL 为1，表示该组播包只能经由一个路由
62.        uint8_t ttl = 1;
63.        ret = setsockopt(sockfd, IPPROTO_IP, IP_MULTICAST_TTL, &ttl, sizeof(uint8_t));
64.        if (ret < 0) {
65.            ESP_LOGE(TAG, "Failed to set IP_MULTICAST_TTL. Error %d", errno);
66.            goto exit;
67.        }
68.
69.        //加入组播组
70.        ret = esp_join_multicast_group(sockfd);
71.        if (ret < 0) {
72.            ESP_LOGE(TAG, "Failed to join multicast group");
73.            goto exit;
74.        }
75.
76.        //设置组播目的地址和端口
77.        struct sockaddr_in dest_addr = {
78.            .sin_family = AF_INET,
79.            .sin_port = htons(3333),
```

```
80.     };
81.     inet_aton(MULTICAST_IPV4_ADDR, &dest_addr.sin_addr.s_addr);
82.     char *multicast_msg_buf = "Are you Espressif IOT Smart Light";
83.
84.     //调用 sendto() 函数发送组播数据
85.     ret = sendto(sockfd, multicast_msg_buf, strlen(multicast_msg_buf), 0,
86.                 (struct sockaddr *)&dest_addr, sizeof(struct sockaddr));
87.     if (ret < 0) {
88.         ESP_LOGE(TAG, "Error occurred during sending: errno %d", errno);
89.     } else {
90.         ESP_LOGI(TAG, "Message sent successfully");
91.         ret = recvfrom(sockfd, udp_recv_buf, sizeof(udp_recv_buf) - 1, 0,
92.                     (struct sockaddr *)&from_addr,
93.                     (socklen_t *)&from_addr_len);
94.         if (ret > 0) {
95.             ESP_LOGI(TAG, "Receive udp unicast from %s:%d, data is %s",
96.                     inet_ntoa(((struct sockaddr_in *)&from_addr)->sin_addr),
97.                     ntohs(((struct sockaddr_in *)&from_addr)->sin_port),
98.                     udp_recv_buf);
99.             err = ESP_OK;
100.        }
101.    }
102.exit:
103.    close(sockfd);
104.    return err;
105.}
```

3．使用 Socket 实现组播接收方

 项目源码： 通过 `book-esp32c3-iot-projects/test_case/multicast_discovery`，可查看函数 `esp_recv_multicast()` 的完整示例代码。

实现组播接收方和实现组播发送方一样，需要指定组播报文的接口和需要加入的组播组。函数 `esp_recv_multicast()` 实现了常规 UDP 套接字的创建、绑定、目的地址端口的配置和收发功能。此外，由于本例中还需要发送组播，所以设置了 TTL（Time To Live）。代码如下：

```
1.  esp_err_t esp_recv_multicast(void)
2.  {
3.      esp_err_t err = ESP_FAIL;
4.      struct sockaddr_in saddr = {0};
5.      struct sockaddr_in from_addr = {0};
6.      socklen_t from_addr_len    = sizeof(struct sockaddr_in);
7.      char udp_server_buf[64 + 1] = {0};
8.      char *udp_server_send_buf = "ESP32-C3 Smart Light https 443";
9.
10.     //创建 IPv4 UDP 套接字
11.     int sockfd = socket(AF_INET, SOCK_DGRAM, 0);
```

```
12.      if (sockfd == -1) {
13.          ESP_LOGE(TAG, "Create UDP socket fail");
14.          return err;
15.      }
16.
17.      //绑定套接字
18.      saddr.sin_family = PF_INET;
19.      saddr.sin_port = htons(3333);
20.      saddr.sin_addr.s_addr = htonl(INADDR_ANY);
21.      int ret = bind(sockfd, (struct sockaddr *)&saddr, sizeof(struct sockaddr_in));
22.      if (ret < 0) {
23.          ESP_LOGE(TAG, "Failed to bind socket. Error %d", errno);
24.          goto exit;
25.      }
26.
27.      //设置组播 TTL 为 1, 表示该组播包只能经由一个路由
28.      uint8_t ttl = 1;
29.      ret = setsockopt(sockfd, IPPROTO_IP, IP_MULTICAST_TTL, &ttl, sizeof(uint8_t));
30.      if (ret < 0) {
31.          ESP_LOGE(TAG, "Failed to set IP_MULTICAST_TTL. Error %d", errno);
32.          goto exit;
33.      }
34.
35.      //加入组播组
36.      ret = esp_join_multicast_group(sockfd);
37.      if (ret < 0) {
38.          ESP_LOGE(TAG, "Failed to join multicast group");
39.          goto exit;
40.      }
41.
42.      //调用 recvfrom() 函数接收组播数据
43.      while (1) {
44.          ret = recvfrom(sockfd, udp_server_buf, sizeof(udp_server_buf) - 1, 0,
45.                      (struct sockaddr *)&from_addr,
46.                      (socklen_t *)&from_addr_len);
47.          if (ret > 0) {
48.              ESP_LOGI(TAG, "Receive udp multicast from %s:%d, data is %s",
49.                      inet_ntoa (((struct sockaddr_in *)&from_addr)->sin_addr),
50.                      ntohs(((struct sockaddr_in *)& from_addr)->sin_port),
51.                      udp_server_buf);
52.              //如果收到组播请求数据, 则单播发送对端数据通信应用端口
53.              if (!strcmp(udp_server_buf, "Are you Espressif IOT Smart Light")) {
54.                  ret = sendto(sockfd, udp_server_send_buf, strlen(udp_server_send_buf),
55.                          0, (struct sockaddr *)&from_addr, from_addr_len);
56.                  if (ret < 0) {
57.                      ESP_LOGE(TAG, "Error occurred during sending: errno %d", errno);
58.                  } else {
```

```
59.                 ESP_LOGI(TAG, "Message sent successfully");
60.             }
61.         }
62.     }
63.   }
64. exit:
65.     close(sockfd);
66.     return err;
67. }
```

4. 运行结果

在 Wi-Fi Station 示例里添加发送方和接收方代码，保证它们连接在同一个 Wi-Fi 路由器上。
组播发送 Log 如下：

```
I (752) wifi :mode : sta (c4:4f :33:24:65:f1)
I (752) wifi:enable tsf
I (752) wifi station: wifi init sta finished.
I (772) wifi:new:<6,0>, old:<1,0>, ap:<255,255>, sta:<6,0>, prof:1
I (772) wifi:state: init -> auth (b0)
I (792) wifi:state: auth -> assoc (0)
I (802) wifi:state: assoc -> run (10)
I  (822)  wifi:connected  with  myssid,  aid  =  2,  channel  6,  BW20,  bssid  =
34:29:12:43:c5:40
I (822) wifi:security: WPA2-PSK, phy: bgn, rssi: -17
I (822) wifi:pm start, type: 1
I(882) wifi:AP's beacon interval = 102400 us, DTIM period = 1
I (1542) esp_netif_handlers: sta ip: 192.168.3.5, mask: 255.255.255.0, gw: 192. 168.3.1
I (1542) wifi station: got ip:192.168.3.5
I (1542) wifi station: connected to ap SSID: myssid password:123456 7 8
I (1552) wifi station: Message sent successfully
I (1632) wifi station: Receive udp unicast from 192.168.3.80:3333, data is ESP32-C3
Smart Light https 443
```

组播接收 Log 如下：

```
I (806) wifi:state: init -> auth (b0)
I (816) wifi:state: auth -> assoc (0)
I (836) wifi:state: assoc -> run (10)
I  (966)  wifi:connected  with  myssid,  aid  =  1,  channel  6,  BW20,  bssid  =
34:29:12:43:c5:40
I (966) wifi:security: WPA2-PSKI phy: bgn, rssi: -29
I (976) wifi:pm start, type: 1
I (1066) wifi:AP's beacon interval = 102400 us, DTIM period = 1
I (2056) esp_netif_handlers: sta ip: 192.168.3.80, mask: 255.255.255.0, gw: 192.168.3.1
I (2056) wifi station: got ip:192.168.3.80
I (2056) wifi station: connected to ap SSID: myssid password:12345678
W (18476) wifi:<ba-add>idx:0 (ifx:0, 34:29:12:43:c5:40), tid:0, ssn:4, winSize: 64
```

```
W (23706) wifi:<ba-add>idx:1 (ifx:0, 34:29:12:43:c5:40), tid:5, ssn:0, winSize: 64
I (23706) wifi station: Receive udp multicast from 192.168.3.5:3333, data is Are
you Espressif IOT Smart Light
I (23716) wifi station: Message sent successfully
```

和广播的 Log 一样，发送方发送特定数据的报文，接收方告知发送方数据通信的应用协议与端口号。

8.2.3 广播与组播对比

广播与组播的对比如表 8-1 所示，从中可以看出来，组播的带宽开销比较小，局域网内的设备可以自主加入或者离开感兴趣的或预先规定的组播组来接收和发送数据，比较灵活。对于广播而言，局域网内所有设备都会收到报文，无形中会给局域网内的其他设备增加负担，也会加重局域网带宽的负担。

表 8-1 广播与组播的对比

对 比	广 播	组 播
原理	数据包被发送到所有连接到网络的主机	数据包仅发送到网络中的预期接收方
传播	一对所有	一对多
管理	不需要组管理	需要组管理
网络	可能造成网络带宽浪费与拥塞	网络带宽可控
速率	慢	快

8.2.4 本地发现之组播应用协议 mDNS

在计算机网络中，多播 DNS（Multicast DNS，mDNS）协议将主机名解析为不包含本地名称服务器端的小型网络中的 IP 地址。这是一种零配置的服务器端，mDNS 与传统域名解析服务（DNS）有着基本相同的编程接口、数据包格式和操作方式。

mDNS 由 Bill Woodcock 和 Bill Manning 于 2000 年在 IETF 中首次提出，在 2013 年最终由 Stuart Cheshire 和 Marc Krochmal 作为标准协议发布在 RFC 6762，并由 Apple Bonjour 和开源 Avahi 软件包实现，包含在大多数 Linux 发行版中（摘录自维基百科）。

1．mDNS 协议介绍

mDNS 是本地网络的域名解析协议，使用 5353 端口，组播地址是 224.0.0.251，是运行于 UDP 之上的应用协议。不同于传统的 DNS 协议，mDNS 协议不需要 DNS 服务器端进行域名解析，可节省本地网络的域名服务器端配置。

启用了 mDNS 服务的主机加入局域网后，会首先向局域网的组播地址 224.0.0.251 组播一个消息"我是谁，我的 IP 地址是多少，我提供的服务和端口号是多少"；局域网中其他启用 mDNS 服务的主机收到该消息后会记录该消息，然后响应"它是谁，它的 IP 地址是多少，它提供的服务和端口号是多少"。如果一台主机想要查询 mDNS 域名，会先查询自己的缓存信息，如果没有查询到，则会向局域网组播查询该域名的 IP 是多少，以及提供的服务和端口是多少。

如果主机查询一个域名，那么该怎么区分该域名是 DNS 域名还是 mDNS 域名呢？mDNS 域名与 DNS 域名是通过后缀.local 区分的。

2. 基于 ESP-IDF 使用 mDNS 组件

> **扩展阅读：mDNS 的组件**
> 　　ESP-IDF 提供了 mDNS 的组件，可方便用户进行应用开发。另外，相关的接口使用说明可以参考 ESP-IDF 编程指南中 mDNS 服务。
> mDNS 的组件请参考 https://github.com/espressif/esp-idf/tree/v4.3.2/components/mdns。
> mDNS 服务请参考 https://bookc3.espressif.com/mdns。

本节主要介绍如何使用 mDNS 组件开发被发现设备的代码逻辑。

```
1.  esp_err_t esp_mdns_discovery_start(void)
2.  {
3.      char *host_name = "my_smart_light";
4.      char *instance_name = "esp32c3_smart_light";
5.
6.      //初始化 mDNS 组件
7.      if (mdns_init() != ESP_OK) {
8.          ESP_LOGE(TAG, "mdns_init fail");
9.          return ESP_FAIL;
10.     }
11.
12.     //设置主机名,用于其他主机查询的 DNS 域名标识
13.     if (mdns_hostname_set(host_name) != ESP_OK) {
14.         ESP_LOGE(TAG, "mdns_hostname_set fail");
15.         goto err;
16.     }
17.     ESP_LOGI(TAG, "mdns hostname set to: [%s]", host_name);
18.
19.     //设置 mDNS 实例名,用于 mDNS 局域网发现
20.     if (mdns_instance_name_set(instance_name) != ESP_OK) {
21.         ESP_LOGE(TAG, "mdns_instance_name_set fail");
22.         goto err;
23.     }
24.
25.     //设置服务 TXT 字段数据（可选的）
26.     mdns_txt_item_t serviceTxtData[1] = {
27.         {"board", "esp32c3"}
28.     };
29.
```

```
30.      //添加 HTTP 服务，端口号 80 对应 mDNS 服务
31.      //第二个参数代表应用层协议，第三个参数代表传输层协议，需要相互对应
32.      if (mdns_service_add(instance_name, "_http", "_tcp", 80,
33.                          serviceTxtData, 1) != ESP_OK) {
34.          ESP_LOGE(TAG, "mdns_instance_name_set fail");
35.          goto err;
36.      }
37.
38.      //设置服务 TXT 字段数据
39.      if (mdns_service_txt_item_set("_http", "_tcp", "path", "/foobar") != ESP_OK){
40.          ESP_LOGE(TAG, "mdns_service_txt_item_set fail");
41.          goto err;
42.      }
43.      return ESP_OK;
44. err:
45.      mdns_free();
46.      return ESP_FAIL;
47. }
```

上述代码实现了域名为 my_smart_light、节点为 esp32c3_smart_light 的 mDNS 服务。
用户的其他主机可以通过 mDNS 服务查询节点 esp32c3_smart_light，智能灯主机会回复
自己的域名（my_smart_light）与对应的 IP 地址，提供的服务（HTTP）、对应的服务器端口
（80）和 TXT 节点字段（path=/foobar board=esp32c3）。

> **项目源码**：通过 book-esp32c3-iot-projects/test_case/mdns_
> discovery，可查上述代码的完整示例代码。

用户既可以使用 Windows 命令 dns-sd -L esp32c3_smart_light _http 来查询局域网内
该主机的信息。命令如下：

```
c:\Users> dns-sd -L esp32c3_smart_light _http
Lookup esp32c3_smart_light._http._tcp.local
14:25:09.682  esp32c3_smart_light._http._tcp.local. can be reached at my_smart_
light.local.:80 (interface 6)
 path=/foobar board=esp32c3
```

> **扩展阅读**：Bonjour 软件
> 使用命令 dns-sd 前需要安装 Bonjour 软件。Bonjour 软件是一款网络配置软件，支持
> 零配置联网服务，能自动发现 IP 网络上的计算机、设备和服务。Bonjour 软件的下载链接
> 为 https://bonjour.en.softonic.com/。

用户也可以使用 Linux 命令 avahi-browse -a -resolve 查询局域网内所有的 mDNS 主机
服务信息。命令如下：

```
# avahi-browse -a --resolve
= enp1s0 IPv4 esp32c3_smart_light  Web Site  local
   hostname = [my_smart_light.local]
```

```
address = [192.168.3.5]
port = [80]
txt = ["board=esp32c3" "path=/foobar"]
```

8.3　常见的本地数据通信协议

介绍完如何在局域网内发现设备后，本节将介绍如何控制设备。以智能灯为例，最简单的控制就是开关智能灯，对于软件层而言，就是 GPIO 引脚电平被拉高或拉低。通过其他设备来控制智能灯的开关，无非就是提供命令来进行 GPIO 的操作。那么这种命令是怎么通过智能手机发送到智能灯的呢？这种命令到底是什么格式？采用什么协议呢？本节将会一一解开读者的疑惑，本节主要介绍通过 Wi-Fi 无线传输媒介来传输符合 TCP/IP 协议的数据，以及通过蓝牙无线传输媒介来传输符合蓝牙数据通信协议的数据。

8.3.1　TCP 协议

传输控制协议（TCP，Transmission Control Protocol）是 Internet 协议族的主要协议之一。在 TCP/IP 模型中，TCP 作为传输层协议，为应用层协议提供了可靠的数据传输，常用的应用层协议有 HTTP、MQTT、FTP 等。TCP/IP 模型如图 8-2 所示。

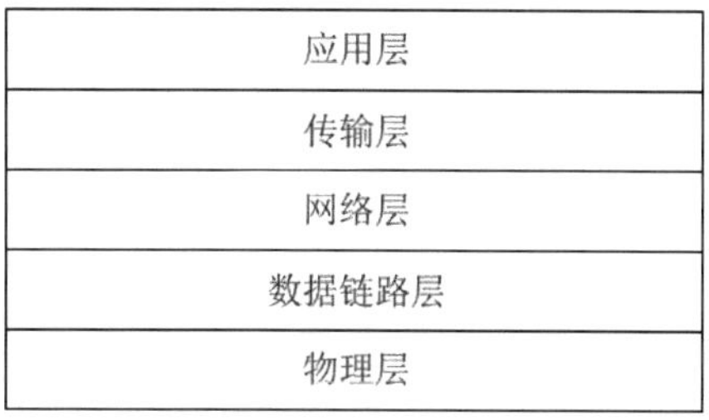

| 应用层 |
| 传输层 |
| 网络层 |
| 数据链路层 |
| 物理层 |

图 8-2　TCP/IP 模型

1. TCP 协议介绍

TCP 是一种面向连接的、可靠的、基于字节流的传输层通信协议，由 IETF 的 RFC 793 定义。

（1）面向连接。采用 TCP 协议发送数据前需要在发送方和接收方之间建立连接，也就是常说的三次握手。

（2）可靠的。采用 TCP 协议发送数据，可以保证接收方的接收，如果丢失了数据，则会重传丢失的数据。TCP 协议还可保证接收方按顺序接收数据。

（3）字节流。在采用 TCP 协议发送数据时，首先将应用层数据写入 TCP 缓冲区中，然后由 TCP 协议来控制发送数据，是按字节流的方式发送数据的，和应用层写下来的报文长度没有任何关系，所以说是字节流。

TCP 协议将上层应用数据发给接收方的流程如下：

（1）上层应用程序将应用数据写入 TCP 缓冲区。

（2）TCP 缓冲区将数据打包成 TCP 报文发往网络层。

（3）接收方接收到 TCP 报文，将其放入 TCP 缓冲区。

（4）当收到一定数量的数据后，对数据进行排序与重组后告知给应用层。

采用 TCP 协议的数据发送与接收流程如图 8-3 所示。

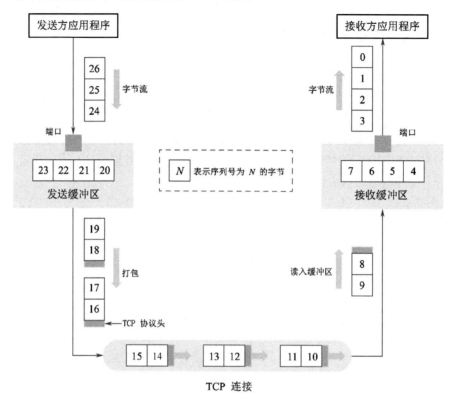

图 8-3　采用 TCP 协议的数据发送与接收流程

2. 使用 Socket 创建 TCP 服务器端

 项目源码：通过 book-esp32c3-iot-projects/test_case/tcp_socket，读者可查看函数 esp_create_tcp_server() 的完整示例代码。

函数 esp_create_tcp_server() 可创建一个 TCP 服务器端，包括 TCP 套接字的创建、端口配置绑定、监听、接收数据和发送数据。相较于 TCP 客户端、UDP 服务器端和客户端，TCP 服务器端的代码流程都要复杂一些，会涉及 listen 和 accept 两个套接字函数的使用，这是 TCP 服务器端特有的操作。代码如下：

```
1.  esp_err_t esp_create_tcp_server(void)
2.  {
3.      int len;
4.      int keepAlive = 1;
5.      int keepIdle = 5;
6.      int keepInterval = 5;
7.      int keepCount = 3;
8.      char rx_buffer[128] = {0};
```

```
9.      char addr_str[32] = {0};
10.     esp_err_t err = ESP_FAIL;
11.     struct sockaddr_in server_addr;
12.
13.     //创建 TCP 套接字
14.     int listenfd = socket(AF_INET, SOCK_STREAM, 0);
15.     if (listenfd < 0) {
16.         ESP_LOGE(TAG, "create socket error");
17.         return err;
18.     }
19.     ESP_LOGI(TAG, "create socket success, listenfd : %d", listenfd);
20.
21.     //启用 SO_REUSEADDR 选项，允许服务器端绑定当前已建立连接的地址
22.     int opt = 1;
23.     int ret = setsockopt(listenfd, SOL_SOCKET, SO_REUSEADDR, &opt,
24.                       sizeof(opt));
25.     if (ret < 0) {
26.         ESP_LOGE(TAG, "Failed to set SO_REUSEADDR. Error %d", errno);
27.         goto exit;
28.     }
29.
30.     //服务器端绑定 IP 全 0、端口号为 3333 的接口
31.     server_addr.sin_family = AF_INET;
32.     server_addr.sin_addr.s_addr = INADDR_ANY;
33.     server_addr.sin_port = htons(3333);
34.     ret = bind(listenfd, (struct sockaddr *) &server_addr, sizeof(server_addr));
35.     if (ret < 0) {
36.         ESP_LOGE(TAG, "bind socket failed, socketfd : %d, errno : %d",
37.                   listenfd, errno);
38.         goto exit;
39.     }
40.     ESP_LOGI(TAG, "bind socket success");
41.     ret = listen(listenfd, 1);
42.     if (ret < 0) {
43.         ESP_LOGE(TAG, "listen socket failed, socketfd : %d, errno : %d",
44.                   listenfd, errno);
45.         goto exit;
46.     }
47.     ESP_LOGI(TAG, "listen socket success");
48.     while (1) {
49.         struct sockaddr_in source_addr;
50.         socklen_t addr_len = sizeof(source_addr);
51.
52.         //等待新的 TCP 连接建立成功，并返回与对端通信的套接字
53.         int sock = accept(listenfd, (struct sockaddr *)&source_addr, &addr_len);
54.         if (sock < 0) {
55.             ESP_LOGE(TAG, "Unable to accept connection: errno %d", errno);
```

8

```
56.          break;
57.      }
58.
59.      //开启 TCP 保活功能，防止僵尸客户端
60.      setsockopt(sock, SOL_SOCKET, SO_KEEPALIVE, &keepAlive, sizeof(int));
61.      setsockopt(sock, IPPROTO_TCP, TCP_KEEPIDLE, &keepIdle, sizeof(int));
62.      setsockopt(sock, IPPROTO_TCP, TCP_KEEPINTVL, &keepInterval, sizeof(int));
63.      setsockopt(sock, IPPROTO_TCP, TCP_KEEPCNT, &keepCount, sizeof(int));
64.      if (source_addr.sin_family == PF_INET) {
65.          inet_ntoa_r(((struct sockaddr_in *)&source_addr)->sin_addr,
66.                      addr_str, sizeof(addr_str) - 1);
67.      }
68.      ESP_LOGI(TAG, "Socket accepted ip address: %s", addr_str);
69.      do {
70.          len = recv(sock, rx_buffer, sizeof(rx_buffer) - 1, 0);
71.          if (len < 0) {
72.              ESP_LOGE(TAG, "Error occurred during receiving: errno %d", errno);
73.          } else if (len == 0) {
74.              ESP_LOGW(TAG, "Connection closed");
75.          } else {
76.              rx_buffer[len] = 0;
77.              ESP_LOGI(TAG, "Received %d bytes: %s", len, rx_buffer);
78.          }
79.      } while (len > 0);
80.      shutdown(sock, 0);
81.      close(sock);
82.    }
83. exit:
84.    close(listenfd);
85.    return err;
86. }
```

上述代码创建了 TCP 服务器端并且监听端口号为 3333 的应用数据。代码中的套接字选项 SO_REUSEADDR 允许服务器端绑定当前已建立连接的地址，对于服务器端的代码很有用。套接字选项 SO_KEEPALIVE 允许开启 TCP 保活功能，可以检测一些非正常断开的客户端，防止这些客户端占用服务器端进程。套接字 TCP_KEEPIDLE、TCP_KEEPINTVL 和 TCP_KEEPCNT 分别对应距离对端上次发送数据的空闲时间、TCP 保活报文发送的间隔时间和报文发送的最大重试次数。例如，TCP 客户端设置 TCP_KEEPIDLE 为 5，表示客户端与服务器端 5 s 内没有数据通信，客户端就需要发送 TCP 保活报文给服务器端；TCP 客户端设置 TCP_KEEPINTVL 为 5，表示客户端发送了 TCP 保活报文给服务器端，服务器端在 5 s 之内没有回复，客户端就需要重新发送 TCP 保活报文给服务器端；TCP 客户端设置 TCP_KEEPCNT 为 3，表示客户端最多向服务器端重传 3 次 TCP 保活报文。

3．使用 Socket 创建 TCP 客户端

 项目源码：通过 book-esp32c3-iot-projects/test_case/tcp_socket，
读者可查看函数 esp_create_tcp_client() 的完整示例代码。

函数 esp_create_tcp_client() 可创建一个 TCP 客户端与服务器端的 TCP 连接，包括
TCP 套接字的创建、目的地址端口的配置、连接和数据的发送。代码如下：

```
1.   #define HOST_IP "192.168.3.80"
2.   #define PORT 3333
3.
4.   esp_err_t esp_create_tcp_client(void)
5.   {
6.       esp_err_t err = ESP_FAIL;
7.       char *payload = "Open the light";
8.       struct sockaddr_in dest_addr;
9.       dest_addr.sin_addr.s_addr = inet_addr(HOST_IP);
10.      dest_addr.sin_family = AF_INET;
11.      dest_addr.sin_port = htons(PORT);
12.
13.      //创建 TCP 套接字
14.      int sock =  socket(AF_INET, SOCK_STREAM, 0);
15.      if (sock < 0) {
16.         ESP_LOGE(TAG, "Unable to create socket: errno %d", errno);
17.         return err;
18.      }
19.      ESP_LOGI(TAG, "Socket created, connecting to %s:%d", HOST_IP, PORT);
20.
21.      //连接 TCP 服务器端
22.      int ret = connect(sock, (struct sockaddr *)&dest_addr, sizeof(dest_addr));
23.      if (ret != 0) {
24.         ESP_LOGE(TAG, "Socket unable to connect: errno %d", errno);
25.         close(sock);
26.         return err;
27.      }
28.      ESP_LOGI(TAG, "Successfully connected");
29.
30.      //发送 TCP 数据
31.      ret = send(sock, payload, strlen(payload), 0);
32.      if (ret < 0) {
33.         ESP_LOGE(TAG, "Error occurred during sending: errno %d", errno);
34.         goto exit;
35.      }
36.      err = ESP_OK;
37.  exit:
38.      shutdown(sock, 0);
```

8

```
39.    close(sock);
40.    return err;
41. }
```

当客户端与服务器端建立 TCP 连接后，客户端向服务器端发送 TCP 数据 "Open the light"。客户端除了可以使用 TCP 套接字，还可以使用 TCP 调试助手工具模拟客户端进行 TCP 连接。

根据上述的 TCP 客户端与服务器端代码，结合通过智能手机控制智能灯的需求，读者可以在智能灯设备上实现 TCP 服务器端的相关代码，在智能手机实现 TCP 客户端的相关代码，通过智能手机与智能灯建立 TCP 连接后，智能手机就可以发送数据。例如，上述代码中的 TCP 客户端发送数据 "Open the light"，智能灯接收数据后，就会通过拉高智能灯的 GPIO 引脚电平，可实现开灯的操作。

8.3.2　HTTP 协议

HTTP（HyperText Transfer Protocol，超文本传输协议）是基于传输层之上的应用协议。HTTP 协议是万维网（World Wide Web，WWW 或 Web）的数据通信基础，它规定了客户端与服务器端之间数据传输的格式与方式。客户端使用 HTTP 协议可以通过 HTTP 请求方式来获取智能灯的开关状态（GET）或者操作智能灯的亮灭（POST），并且每个操作都会有对端的响应回复。因此，HTTP 协议在应用上比单纯的 TCP 协议更加完善与合理。

1．HTTP 协议介绍

HTTP 协议是一个客户端（用户）和服务器端（网站）之间请求和应答的标准。客户端通过网页浏览器、网络爬虫或者其他的工具与服务器端建立 TCP 连接，然后发送请求读取服务器端数据、上传数据或者表单到服务器端，并读取服务器端的响应状态，如 "HTTP/1.1 200 OK"，以及返回的内容（如请求的文件、错误消息或者其他信息）。通过 HTTP 协议请求的资源由统一资源标识符（Uniform Resource Identifiers，URI）来标识。

在 0.9 和 1.0 版本的 HTTP 协议中，TCP 连接在每一次请求和回应之后关闭。在 1.1 版本的 HTTP 协议中，引入了保持连接的机制，一个连接可以重复多个请求和回应，这样可以在每次数据请求前减少 TCP 握手时间和网络开销。

常见的 HTTP 请求方法有：

（1）GET。请求指定的 URI 资源。

（2）POST。向指定 URI 资源提交数据，请求服务器端进行处理（如提交表单或者上传文件）。

（3）DELETE。请求服务器端删除 URI 所标识的资源。

在智能灯的本地控制中，读者可以使用 GET 方法来获取智能灯的状态，使用 POST 方法来操作智能灯的行为。

2. 使用 ESP-IDF 组件创建 HTTP 服务器端

 项目源码：通过 book-esp32c3-iot-projects/test_case/https_server，读者可查看函数 esp_start_webserver() 的完整示例代码。

函数 esp_start_webserver() 可创建一个 HTTP 服务器端。该服务器端对应的 GET 和 POST 操作的回调函数的定义分别为 esp_light_get_handler() 和 esp_light_set_handler()，并且要在服务器端调用函数 httpd_start() 后通过函数 httpd_register_uri_handler() 进行注册。

```
1.  char buf[100] = "{\"status\": true}";
2.  //HTTP GET 请求的回调函数
3.  esp_err_t esp_light_get_handler(httpd_req_t *req)
4.  {
5.      //向客户端发送包含智能灯状态的 JSON 格式数据
6.      httpd_resp_send(req, buf, strlen(buf));
7.      return ESP_OK;
8.  }
9.
10. //HTTP POST 请求的回调函数
11. esp_err_t esp_light_set_handler(httpd_req_t *req)
12. {
13.     int ret, remaining = req->content_len;
14.     memset(buf, 0 ,sizeof(buf));
15.     while (remaining > 0) {
16.         //读取 HTTP 请求数据
17.         if ((ret = httpd_req_recv(req, buf, remaining)) <= 0) {
18.             if (ret == HTTPD_SOCK_ERR_TIMEOUT) {
19.                 continue;
20.             }
21.             return ESP_FAIL;
22.         }
23.         remaining -= ret;
24.     }
25.     ESP_LOGI(TAG, "%.*s", req->content_len, buf);
26.
27.     //TODO: 读到数据后解析并且操作智能灯
28.     return ESP_OK;
29. }
30.
31. //GET 对应的回调函数
32. static const httpd_uri_t status = {
33.     .uri      = "/light",
34.     .method   = HTTP_GET,
35.     .handler  = esp_light_get_handler,
```

8

```
36.  };
37.
38.  //POST 对应的回调函数
39.  static const httpd_uri_t ctrl = {
40.     .uri      = "/light",
41.     .method   = HTTP_POST,
42.     .handler  = esp_light_set_handler,
43.  };
44.
45.  esp_err_t esp_start_webserver()
46.  {
47.     httpd_handle_t server = NULL;
48.     httpd_config_t config = HTTPD_DEFAULT_CONFIG();
49.     config.lru_purge_enable = true;
50.
51.     //启动 HTTP 服务器端
52.     ESP_LOGI(TAG, "Starting server on port: '%d'", config.server_port);
53.     if (httpd_start(&server, &config) == ESP_OK) {
54.         //设置 HTTP URI 对应的回调函数
55.         ESP_LOGI(TAG, "Registering URI handlers");
56.         httpd_register_uri_handler(server, &status);
57.         httpd_register_uri_handler(server, &ctrl);
58.         return ESP_OK;
59.     }
60.     ESP_LOGI(TAG, "Error starting server!");
61.     return ESP_FAIL;
62.  }
```

上述代码实现了 HTTP 服务器端，用于查询并设置智能灯的状态，当使用浏览器访问 `http://[ip]/light` 时，浏览器上会返回 `{"status": true}` 数据（JSON 格式），表示智能灯的状态是 `true`；当使用浏览器发送数据 `{"status": false}` 时，表示将智能灯的状态设置为 `false`。

使用 HTTP 查询智能灯的状态如图 8-4 所示。

图 8-4　使用 HTTP 查询智能灯的状态

在当前页面按下 F12 键，可进入 Console，输入如下命令后按下 Enter 键，可发送 POST 请求。

```
$ var xhr = new XMLHttpRequest();
$ xhr.open("POST", "192.168.3.80/light", true);
$ xhr.send("{\"status\": false}");
```

使用 HTTP 设置智能灯的状态如图 8-5 所示。

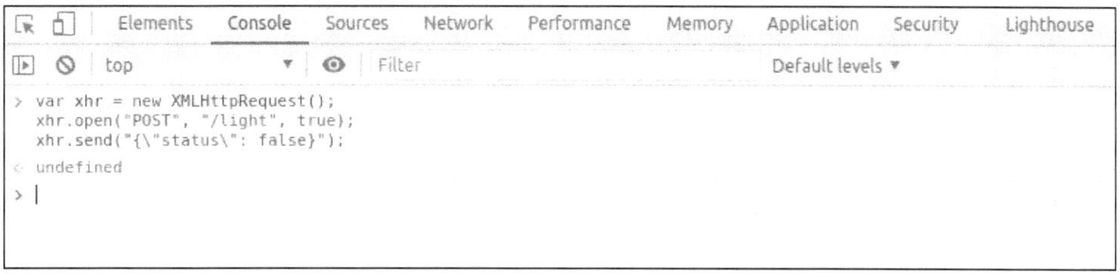

图 8-5　使用 HTTP 设置智能灯的状态

此时服务器端会收到 HTTP POST 请求数据{"status": false}。使用 HTTP 设置智能灯状态的 Log 如下：

```
I (773) wifi:mode:sta (30:ae:a4:80:48:98)
I (773) wifi:enable tsf
I (773) wifi station: wifi init sta finished.
I (793) wifi:new:<6,0>, old:<1,0>, ap:<255,255>, sta:<6,0>, prof:1
I (793) wifi:state: init -> auth (be)
I (813) wifi:state: auth -> assoc (0)
I (823) wifi:state: assoc -> run (10)
I (873) wifi:connected with myssid, aid = 1, channel 6, BW20, bssid =
34:29:12:43:c5:40
I (873) wifi:security: WPA2-PSK, phy: bgn, rssi: -21
I (883) wifi:pm start, type: 1
I (943) wifi:AP's beacon interval = 102400 us, DTIM period = 1
I (1543) esp netif handlers: sta ip: 192.168.3.80, mask: 255.255.255.0, gw: 192.168.3.1
I (1543) wifi station: got ip:192.168.3.80
I (1543) wifi station: connected to ap SSID: myssid password:12345678
I (1553) wifi station: Starting server on port: '80'
I (1563) wifi station: Registering URI handlers
W (11393) wifi:<ba-add>idx:0 (ifx:0, 34:29:12:43:c5:40), tid:7, ssn:4, winSize:64
I (11413) wifi station: {"status": false}
```

此时刷新当前页面可继续查询智能灯的状态，会显示之前设置的状态，如图 8-6 所示。

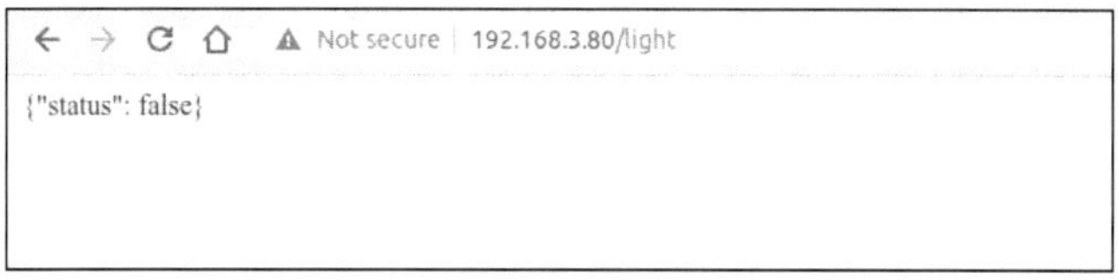

图 8-6　显示智能灯之前设置的状态

8.3.3 UDP 协议

8.3.1 节和 8.3.2 节分别介绍了 TCP 协议和 HTTP 协议，这两个协议的主要特点就是传输可靠。本节接下来介绍传输层的另一种协议，即 UDP 协议。与 TCP 协议相反，UDP 协议是一种不可靠的传输协议。常见的基于 UDP 协议的应用协议有 DNS、TFTP、SNMP 等。

1. UDP 协议介绍

用户数据报协议（UDP，User Datagram Protocol）是一个简单的面向数据报的通信协议，和 TCP 协议一样位于传输层。UDP 协议由 David P. Reed 在 1980 年设计且在 RFC 768 中被定义（摘录自维基百科）。UDP 是不可靠的传输协议，数据通过 UDP 协议发送出去后，底层不会负责保留数据来防止数据在传输过程中的丢失。UDP 协议本身不支持差错校正、队列管理和拥塞控制，但支持校验和。

UDP 是一种无连接的协议，在发送数据前无须像 TCP 协议那样建立连接，可直接将数据发送到对端。由于在传输数据时不需建立连接，因此也就不需要维护连接状态，包括收发状态等。

UDP 协议本身只负责传输，因此使用该协议的应用程序要做更多关于数据如何发送和处理的控制，例如，如何使对端的应用程序正确且有序地接收数据。

与 TCP 协议相比，UDP 协议不能保证数据安全可靠地传输，您可能会有疑问，那为什么还要使用 UDP 协议呢？UDP 协议的无连接特性，相比于 TCP 协议的网络和时间开销更少；UDP 协议的不可靠传输（主要是 UDP 协议在包丢弃后无法保证重传的特性）更适合流媒体、实时多人游戏和 IP 语音之类的应用，丢失几个包不会影响应用；反而如果使用 TCP 协议重传，则会大大增加网络的延时。

2. 使用 Socket 创建 UDP 服务器端

> 项目源码：通过 `book-esp32c3-iot-projects/test_case/udp_socket`，读者可查看函数 `esp_create_udp_server()` 的完整示例代码。

使用 Socket 创建 UDP 服务器端和 8.2.2 节介绍的创建组播组接收方类似，都是先创建 UDP 套接字，再配置绑定的端口、接收和发送数据。函数 `esp_create_udp_server()` 设置了 `SO_REUSEADDR` 选项，允许服务器端绑定当前已建立连接的地址。代码如下：

```
1.  esp_err_t esp_create_udp_server(void)
2.  {
3.      char rx_buffer[128];
4.      char addr_str[32];
5.      esp_err_t err = ESP_FAIL;
6.      struct sockaddr_in server_addr;
7.      //创建 UDP 套接字
```

```
8.      int sock = socket(AF_INET, SOCK_DGRAM, 0);
9.      if (sock < 0) {
10.         ESP_LOGE(TAG, "create socket error");
11.         return err;
12.     }
13.     ESP_LOGI(TAG, "create socket success, sock : %d", sock);
14.     //启用 SO_REUSEADDR 选项，允许服务器端绑定当前已建立连接的地址
15.     int opt = 1;
16.     int ret = setsockopt(sock, SOL_SOCKET, SO_REUSEADDR, &opt, sizeof(opt));
17.     if (ret < 0) {
18.         ESP_LOGE(TAG, "Failed to set SO_REUSEADDR. Error %d", errno);
19.         goto exit;
20.     }
21.     //服务器端绑定 IP 全 0、端口号 3333 的接口
22.     server_addr.sin_family = AF_INET;
23.     server_addr.sin_addr.s_addr = INADDR_ANY;
24.     server_addr.sin_port = htons(PORT);
25.     ret = bind(sock, (struct sockaddr *) &server_addr, sizeof(server_addr));
26.     if (ret < 0) {
27.         ESP_LOGE(TAG, "bind socket failed, socketfd : %d, errno : %d", sock, errno);
28.         goto exit;
29.     }
30.     ESP_LOGI(TAG, "bind socket success");
31.     while (1) {
32.         struct sockaddr_in source_addr;
33.         socklen_t addr_len = sizeof(source_addr);
34.         memset(rx_buffer, 0, sizeof(rx_buffer));
35.         int len = recvfrom(sock, rx_buffer, sizeof(rx_buffer) - 1, 0,
36.                         (struct sockaddr *)&source_addr, &addr_len);
37.         //接收错误
38.         if (len < 0) {
39.             ESP_LOGE(TAG, "recvfrom failed: errno %d", errno);
40.             break;
41.         } else {  //接收到数据
42.             if (source_addr.sin_family == PF_INET) {
43.                 inet_ntoa_r(((struct sockaddr_in *)&source_addr)->sin_addr,
44.                     addr_str, sizeof(addr_str) - 1);
45.             }
46.             //字符串以 NULL 结尾
47.             rx_buffer[len] = 0;
48.             ESP_LOGI(TAG, "Received %d bytes from %s:", len, addr_str);
49.             ESP_LOGI(TAG, "%s", rx_buffer);
50.         }
51.     }
52. exit:
53.     close(sock);
54.     return err;
```

```
55. }
```

3. 使用 Socket 创建 UDP 客户端

 项目源码：通过 `book-esp32c3-iot-projects/test_case/udp_socket`，读者可查看函数 `esp_create_udp_client()` 的完整示例代码。

函数 `esp_create_udp_client()` 可实现 UDP 客户端发送数据的功能，包括创建 UDP 套接字、配置目的地址和端口、调用套接字接口 `sendto()` 发送数据。代码如下：

```
1.  esp_err_t esp_create_udp_client(void)
2.  {
3.      esp_err_t err = ESP_FAIL;
4.      char *payload = "Open the light";
5.      struct sockaddr_in dest_addr;
6.      dest_addr.sin_addr.s_addr = inet_addr(HOST_IP);
7.      dest_addr.sin_family = AF_INET;
8.      dest_addr.sin_port = htons(PORT);
9.
10.     //创建 UDP 套接字
11.     int sock =  socket(AF_INET, SOCK_DGRAM, 0);
12.     if (sock < 0) {
13.         ESP_LOGE(TAG, "Unable to create socket: errno %d", errno);
14.         return err;
15.     }
16.
17.     //发送数据
18.     int ret = sendto(sock, payload, strlen(payload), 0,
19.                 (struct sockaddr *)&dest_ addr, sizeof(dest_addr));
20.     if (ret < 0) {
21.         ESP_LOGE(TAG, "Error occurred during sending: errno %d", errno);
22.         goto exit;
23.     }
24.     ESP_LOGI(TAG, "Message send successfully");
25.     err = ESP_OK;
26. exit:
27.     close(sock);
28.     return err;
29. }
```

UDP 客户端无须与服务器端建立连接，可以直接将数据发送到服务器端。由于 UDP 协议是不可靠的连接，所以发送的数据 "Open the light" 可能会存在丢包，导致对端无法收到。因此，在设计客户端与服务器端的代码时，需要在应用层代码加一些逻辑，确保数据没有丢失。例如，当客户端发送 "Open the light" 给服务器端，服务器端接收成功后返回 "Open the light OK"；如果客户端在 1 s 内收到该数据，则表明数据已正确地发送到了服务器端；如果客户端超过 1 s 没有收到，就需要再次发送数据 "Open the light"。

8.3.4　CoAP 协议

随着物联网技术的飞速发展，诞生了一系列满足物联网设备的协议。物联网设备大都是资源受限的，如 RAM、Flash、CPU、网络带宽等资源。对于物联网设备而言，如果要借助 TCP 协议和 HTTP 协议进行数据传输，往往需要更多的内存与网络带宽。如果能使用 UDP 协议进行数据传输，那么有没有一个类似 HTTP 的应用协议呢？答案是有的，CoAP 协议就是按照 HTTP 协议的 REST 架构设计的。

1．CoAP 协议介绍

受限制的应用协议（Constrained Application Protocol，CoAP）是一种在物联网设备中类似于 Web 应用的协议，在 RFC 7252 中被规范定义，可用于资源受限的物联网设备，使那些被称为节点的资源受限设备能够使用类似的协议与更广泛的互联网进行通信。CoAP 协议被设计用于同一受限网络（如低功耗、有损网络）上的设备之间、设备和互联网上的一般节点之间，以及由互联网连接的不同受限网络上的设备之间。

CoAP 协议是基于请求与响应模型的，类似于 HTTP 协议，这样可以弥补 UDP 协议不可靠传输的缺陷，保证数据不丢失乱序。服务器端的资源用 URL（如 `coap://[IP]/id/light_status`）来标识访问某个智能灯的状态）。客户端通过某个资源的 URL 来访问服务器端资源，通过 4 个请求方法（GET、PUT、POST 和 DELETE）完成对服务器端资源的操作。

CoAP 协议还具有以下特点：

- 客户端和服务器端都可以独立地向对方发送请求。
- 支持可靠的数据传输。
- 支持多播与广播，可以实现一对多的数据传输。
- 支持低功耗、非长连接的通信。
- 相比于 HTTP 协议，其包头更轻量。

2．使用 ESP-IDF 组件创建 CoAP 服务器端

下面的代码展示了如何使用 ESP-IDF 组件创建 CoAP 服务器端，该服务器端提供了 GET 和 PUT 操作，用于 CoAP 协议的资源获取与修改。CoAP 协议的操作一般都是固定的，读者只需要关心自己的资源 URI 路径以及所需要提供的操作。通过函数 `coap_resource_init()` 可以设置资源访问的 URI，通过函数 `coap_register_handler()` 可以注册资源 URI 对应的 GET 和 PUT 方法回调函数。

 项目源码：通过 `book-esp32c3-iot-projects/test_case/coap`，可查看函数 `coap_resource_init()` 和 `coap_register_handler()` 的完整示例代码。

```
1.  static char buf[100] = "{\"status\": true}";
2.
```

```
3.   //CoAP GET 方法回调函数
4.   static void esp_coap_get(coap_context_t *ctx, coap_resource_t *resource,
5.                       coap_session_t *session, coap_pdu_t *request,
6.                       coap_binary_t *token, coap_string_t *query,
7.                       coap_pdu_t *response)
8.   {
9.       coap_add_data_blocked_response(resource, session, request, response,
10.                                    token, COAP_MEDIATYPE_TEXT_PLAIN, 0,
11.                                    strlen(buf), (const u_char *)buf);
12.  }
13.
14.  //CoAP PUT 方法回调函数
15.  static void esp_coap_put(coap_context_t *ctx,
16.                       coap_resource_t *resource,
17.                       coap_session_t *session,
18.                       coap_pdu_t *request,
19.                       coap_binary_t *token,
20.                       coap_string_t *query,
21.                       coap_pdu_t *response)
22.  {
23.      size_t size;
24.      const unsigned char *data;
25.      coap_resource_notify_observers(resource, NULL);
26.
27.      //读取收到的 CoAP 协议数据
28.      (void)coap_get_data(request, &size, &data);
29.      if (size) {
30.          if (strncmp((char *)data, buf, size)) {
31.              memcpy(buf, data, size);
32.              buf[size] = 0;
33.              response->code = COAP_RESPONSE_CODE(204);
34.          } else {
35.              response->code = COAP_RESPONSE_CODE(500);
36.          }
37.      } else { //size 为 0 表示接收错误
38.          response->code = COAP_RESPONSE_CODE(500);
39.      }
40.  }
41.
42.  static void esp_create_coap_server(void)
43.  {
44.      coap_context_t *ctx = NULL;
45.      coap_address_t serv_addr;
46.      coap_resource_t *resource = NULL;
47.      while (1) {
48.          coap_endpoint_t *ep = NULL;
49.          unsigned wait_ms;
50.
51.          //创建 CoAP 服务器端套接字
```

```
52.        coap_address_init(&serv_addr);
53.        serv_addr.addr.sin6.sin6_family = AF_INET6;
54.        serv_addr.addr.sin6.sin6_port   = htons(COAP_DEFAULT_PORT);
55.
56.        //创建 CoAP ctx
57.        ctx = coap_new_context(NULL);
58.        if (!ctx) {
59.            ESP_LOGE(TAG, "coap_new_context() failed");
60.            continue;
61.        }
62.
63.        //设置 CoAP 协议节点
64.        ep = coap_new_endpoint(ctx, &serv_addr, COAP_PROTO_UDP);
65.        if (!ep) {
66.            ESP_LOGE(TAG, "udp: coap_new_endpoint() failed");
67.            goto clean_up;
68.        }
69.
70.        //设置 CoAP 协议资源 URI
71.        resource = coap_resource_init(coap_make_str_const("light"), 0);
72.        if (!resource) {
73.            ESP_LOGE(TAG, "coap_resource_init() failed");
74.            goto clean_up;
75.        }
76.
77.        //注册 CoAP 协议资源 URI 对应的 GET 和 PUT 方法回调函数
78.        coap_register_handler(resource, COAP_REQUEST_GET, esp_coap_get);
79.        coap_register_handler(resource, COAP_REQUEST_PUT, esp_coap_put);
80.
81.        //设置 CoAP GET 资源可见
82.        coap_resource_set_get_observable(resource, 1);
83.
84.        //添加资源至 CoAP ctx
85.        coap_add_resource(ctx, resource);
86.        wait_ms = COAP_RESOURCE_CHECK_TIME * 1000;
87.        while (1) {
88.            //等待接收 CoAP 协议数据
89.            int result = coap_run_once(ctx, wait_ms);
90.            if (result < 0) {
91.                break;
92.            } else if (result && (unsigned)result < wait_ms) {
93.                //递减等待的时间
94.                wait_ms -= result;
95.            } else {
96.                //重置等待时间
97.                wait_ms = COAP_RESOURCE_CHECK_TIME * 1000;
98.            }
99.        }
100.   }
101.clean_up:
102.   coap_free_context(ctx);
```

```
103.    coap_cleanup();
104.}
```

上述代码创建了一个 CoAP 服务器端，并且提供 GET 方法来查询智能灯的状态，提供 PUT 方法来设置智能灯的状态。用户可以使用 Chrome 浏览器安装 CoAP 来调试客户端 Copper 插件，模拟 CoAP 客户端。

打开 Chrome 插件 Copper，输入 URL `coap://[ip]/light`，按下 Enter 键连接服务器端。CoAP 插件连接如图 8-7 所示。

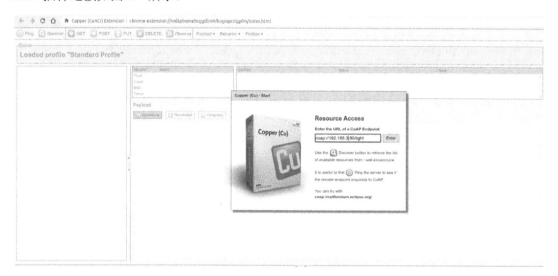

图 8-7　CoAP 插件连接

连接成功后，单击左上方的 "GET" 按钮获取状态，显示`{"status": true}`，CoAP 插件查询状态如图 8-8 所示。

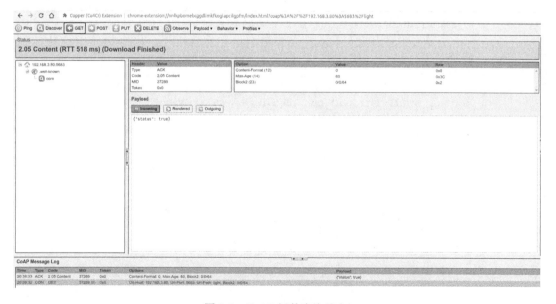

图 8-8　CoAP 插件查询状态

单击左上方的"PUT"按钮，将"Payload"→"Outgoing"中数据修改为 {"status": false}，表示将智能灯的状态设置为 false。CoAP 插件设置状态如图 8-9 所示。

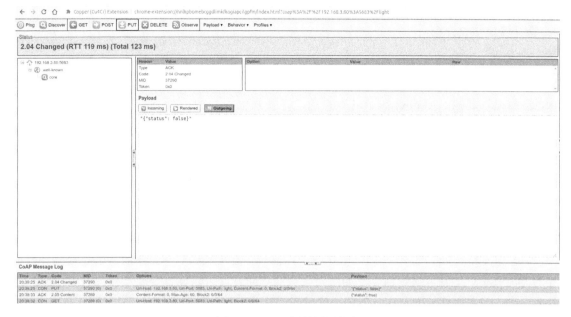

图 8-9　CoAP 插件设置状态

此时再单击左上方的"GET"按钮获取状态，显示 {"status": false}。CoAP 插件查询设置的状态如图 8-10 所示。

图 8-10　CoAP 插件查询设置的状态

8.3.5 蓝牙通信协议

1. 蓝牙通信协议介绍

第 7 章介绍了蓝牙的协议与架构，蓝牙协议定义了完成特定功能的消息格式和过程，如链路控制、安全服务、服务信息交换和数据传输。本节只介绍蓝牙协议规范的 ATT 属性协议。蓝牙的数据是以属性（Attribute）方式存在的，每条属性由 4 个元素组成。

（1）属性句柄（Attribute Handle）。正如使用内存地址查找内存中的内容一样，属性句柄也可以协助找到相应的属性。例如，第一个属性句柄是 0x0001，第二个属性句柄是 0x0002，以此类推，最大为 0xFFFF。

（2）属性类型（Attribute UUID）。每个数据有自己需要代表的意思，如智能灯可以有两个最基本的属性，一个是设置智能灯开关的属性，另一个是读取智能灯开关状态的属性。

（3）属性值（Attribute Value）。属性值是每个属性真正要承载的信息，其他 3 个元素都是为了让对方能够更好地获取属性值。例如，对于智能灯而言，可以设置智能灯开关的属性值为 1 代表开灯，设置属性值为 0 代表关灯；读取智能灯开关状态的属性值，1 代表打开状态，0 代表关闭状态。

（4）属性权限（Attribute Permissions）。每个属性对各自的属性值都有相应的访问限制，如有些属性是可读的、有些是可写的、有些是可读可写的。拥有数据的一方可以通过属性权限，控制本地数据的属性权限。例如，对于智能灯而言，可以将智能灯的开关属性权限设置为可写不可读，将读取智能灯开关状态的属性权限设置为只读不可写。

按照智能灯基本功能所列的蓝牙属性如表 8-2 所示。

表 8-2 按照智能灯基本功能所列的蓝牙属性

属 性 句 柄	属 性 类 型	属 性 值	属 性 权 限
0x0001	设置智能灯的开关	1/0	可写不可读
0x0002	读取智能灯开关的状态	1/0	可读不可写

通常将保存数据（即属性）的设备称为服务器端（Server），将获取其他设备数据的设备称为客户端（Client）。对于智能灯和智能手机而言，智能灯相当于服务器端，智能手机相当于客户端。下面是服务器端和客户端间的常用操作：

（1）客户端向服务器端发送数据。通过对服务器端的数据进行写操作（Write），可完成数据的发送。写操作分两种：一种是写入请求（Write Request）；另一种是写入命令（Write Command）。两者的主要区别是前者需要对方回复响应（Write Response），后者不需要对方回复响应。对于智能灯而言，智能手机发送开灯、关灯的命令就相当于写操作，而且这是一种写入请求，需要智能灯对写操作进行响应。这个响应不是简单的 ACK 响应，需要将开灯和关灯这个动作执行的结果返回给智能手机，告知智能手机此时的智能灯状态。

（2）服务器端向客户端发送数据。主要通过服务器端指示（Indication）或者通知（Notification）的形式，实现将服务器端的更新数据发给客户端。与写操作类似，指示和通知的主要区别是前者需要对方设备在收到数据指示后，进行回复（Confirmation）。对于智能灯而言，如果用户通过硬件开关按钮进行开灯和关灯后，需要主动将智能灯状态告知智能手机，此时就可以使用该模式。智能灯可以通过指示或者通知的形式告诉智能手机，智能手机显示智能灯的状态。

（3）客户端也可以主动通过读操作来读取服务器端的数据。主要是客户端通过读操作来获取服务器端相应属性的值。对于智能灯而言，类似于上述通过硬件操作改变智能灯的状态，智能手机如果想要获取正确的状态，则可以借助智能灯发送指示或者通知来告知智能手机，智能手机也可以通过读操作来获取智能灯的实时状态。

读者可以思考一下，智能灯以通知的方式将其状态告知智能手机和智能手机主动去读智能灯的状态，这两种方法哪种更好呢？使用后一种方法时，智能手机每次读取智能灯都是需要传输时间的，而前一种方法可能在智能手机刷新智能灯状态时就已经完成了，可以省去传输时间。尽管前一种方法的速度更快，但仍建议使用后一种方法，这是因为如果智能灯在发送通知的时候，如果智能手机没有连接智能灯，则智能灯就无法将其状态更新到智能手机。除非读者在智能手机连接到智能灯的时候，智能灯就把其当前状态告知智能手机了。

2. 使用 ESP-IDF 组件创建蓝牙服务器端

> **扩展阅读**：通过 `esp-idf/examples/provisioning/legacy/ble_prov`，可查看蓝牙部分的代码；通过 `esp-idf/examples/provisioning/legacy/custom_config`，可查看用户自定义配置部分的示例代码。

下面的示例使用 `protocomm` 组件实现了智能灯服务器端，用户自定义配置部分使用的是custom-proto 协议。如前所述，实现智能灯的开关控制和状态查询，需要定义两个属性。代码如下：

```
1.  static esp_err_t wifi_prov_config_set_light_handler(uint32_t session_id,
2.                                                       const uint8_t *inbuf,
3.                                                       ssize_t inlen,
4.                                                       uint8_t **outbuf,
5.                                                       ssize_t *outlen,
6.                                                       void *priv_data)
7.  {
8.      CustomConfigRequest *req;
9.      CustomConfigResponse resp;
10.     req = custom_config_request_unpack(NULL, inlen, inbuf);
11.     if (!req) {
12.         ESP_LOGE(TAG, "Unable to unpack config data");
13.         return ESP_ERR_INVALID_ARG;
14.     }
15.     custom_config_response_init(&resp);
```

```
16.      resp.status = CUSTOM_CONFIG_STATUS_ConfigFail;
17.      if (req->open_light) {//打开智能灯
18.          //根据具体状态拉高 GPIO 引脚电平
19.          ESP_LOGI(TAG, "Open the light");
20.      } else {
21.          //根据具体状态拉低 GPIO 引脚电平
22.          ESP_LOGI(TAG, "Close the light");
23.      }
24.
25.      //根据智能灯的实际执行结果设置回复状态以及智能灯的状态
26.      resp.status = CUSTOM_CONFIG_STATUS_ConfigSuccess;
27.      custom_config_request_free_unpacked(req, NULL);
28.      resp.light_status = 1;    //根据智能灯的实际状态回复
29.      *outlen = custom_config_response_get_packed_size(&resp);
30.      if (*outlen <= 0) {
31.          ESP_LOGE(TAG, "Invalid encoding for response");
32.          return ESP_FAIL;
33.      }
34.      *outbuf = (uint8_t *) malloc(*outlen);
35.      if (*outbuf == NULL) {
36.          ESP_LOGE(TAG, "System out of memory");
37.          return ESP_ERR_NO_MEM;
38.      }
39.
40.      custom_config_response_pack(&resp, *outbuf);
41.      return ESP_OK;
42. }
43.
44. static int wifi_prov_config_get_light_handler(uint32_t session_id,
45.                                               const uint8_t *inbuf,
46.                                               ssize_t inlen,
47.                                               uint8_t **outbuf,
48.                                               ssize_t *outlen,
49.                                               void *priv_data)
50. {
51.      CustomConfigResponse resp;
52.      custom_config_response_init(&resp);
53.      resp.status = CUSTOM_CONFIG_STATUS_ConfigSuccess;
54.      resp.light_status = 1;    //根据智能灯的实际状态回复
55.      *outlen = custom_config_response_get_packed_size(&resp);
56.      if (*outlen <= 0) {
57.          ESP_LOGE(TAG, "Invalid encoding for response");
58.          return ESP_FAIL;
59.      }
60.      *outbuf = (uint8_t *) malloc(*outlen);
61.      if (*outbuf == NULL) {
62.          ESP_LOGE(TAG, "System out of memory");
```

```
63.            return ESP_ERR_NO_MEM;
64.        }
65.        custom_config_response_pack(&resp, *outbuf);
66.        return ESP_OK;
67.  }
68.
69.  static esp_err_t app_prov_start_service(void)
70.  {
71.        //创建 protocomm
72.        g_prov->pc = protocomm_new();
73.        if (g_prov->pc == NULL) {
74.            ESP_LOGE(TAG, "Failed to create new protocomm instance");
75.            return ESP_FAIL;
76.        }
77.
78.        //属性值
79.        protocomm_ble_name_uuid_t nu_lookup_table[] = {
80.            {"prov-session", 0x0001},
81.            {"prov-config",  0x0002},
82.            {"proto-ver",    0x0003},
83.            {"set-light",    0x0004},    //设置智能灯的状态
84.            {"get-light",    0x0005},    //获取智能灯的状态
85.        };
86.
87.        //蓝牙配置
88.        protocomm_ble_config_t config = {
89.            .service_uuid = {
90.                /* LSB <---------------------------------------
91.                 * ---------------------------------------> MSB */
92.                0xb4, 0xdf, 0x5a, 0x1c, 0x3f, 0x6b, 0xf4, 0xbf,
93.                0xea, 0x4a, 0x82, 0x03, 0x04, 0x90, 0x1a, 0x02,
94.            },
95.            .nu_lookup_count=sizeof(nu_lookup_table)/sizeof(nu_lookup_table[0]),
96.            .nu_lookup = nu_lookup_table
97.        };
98.
99.        uint8_t eth_mac[6];
100.       esp_wifi_get_mac(WIFI_IF_STA, eth_mac);
101.       snprintf(config.device_name,
102.               sizeof(config.device_name),
103.               "%s%02X%02X%02X",
104.               ssid_prefix,
105.               eth_mac[3],
106.               eth_mac[4],
107.               eth_mac[5]);
108.
109.       //释放 BT 内存,因为只使用了 Bluetooth LE 协议栈
```

```
110.    esp_err_t err = esp_bt_controller_mem_release(ESP_BT_MODE_CLASSIC_BT);
111.    if (err) {
112.        ESP_LOGE(TAG, "bt_controller_mem_release failed %d", err);
113.        if (err != ESP_ERR_INVALID_STATE) {
114.            return err;
115.        }
116.    }
117.    //启动 protocomm Bluetooth LE 协议栈
118.    if (protocomm_ble_start(g_prov->pc, &config) != ESP_OK) {
119.        ESP_LOGE(TAG, "Failed to start BLE provisioning");
120.        return ESP_FAIL;
121.    }
122.    //为协议设置 protocomm 版本验证端点
123.    protocomm_set_version(g_prov->pc, "proto-ver", "V0.1");
124.    //为端点设置 protocomm 安全类型
125.    if (g_prov->security == 0) {
126.        protocomm_set_security(g_prov->pc, "prov-session",
127.                                &protocomm_security0, NULL);
128.    } else if (g_prov->security == 1) {
129.        protocomm_set_security(g_prov->pc, "prov-session",
130.                                &protocomm_security1, g_prov->pop);
131.    }
132.    //添加用于配置的端点以设置 Wi-Fi 配置
133.    if(protocomm_add_endpoint(g_prov->pc, "prov-config",
134.                                wifi_prov_config_data_handler,
135.                                (void *) &wifi_prov_handlers) != ESP_OK){
136.        ESP_LOGE(TAG, "Failed to set provisioning endpoint");
137.        protocomm_ble_stop(g_prov->pc);
138.        return ESP_FAIL;
139.    }
140.    //添加用于配置的端点以设置智能灯的状态
141.    if (protocomm_add_endpoint(g_prov->pc, "set-light",
142.                                wifi_prov_config_set_light_handler,
143.                                NULL) != ESP_OK) {
144.        ESP_LOGE(TAG, "Failed to set set-light endpoint");
145.        protocomm_ble_stop(g_prov->pc);
146.        return ESP_FAIL;
147.    }
148.    //添加用于配置的端点以获取智能灯状态
149.    if (protocomm_add_endpoint(g_prov->pc, "get-light",
150.                                wifi_prov_config_get_light_handler,
151.                                NULL) != ESP_OK) {
152.        ESP_LOGE(TAG, "Failed to set get-light endpoint");
153.        protocomm_ble_stop(g_prov->pc);
154.        return ESP_FAIL;
155.    }
156.    ESP_LOGI(TAG, "Provisioning started with BLE devname : '%s'",
```

```
157.            config.device_ name);
158.    return ESP_OK;
159.}
```

上述示例中提供了两个属性：`set-light` 和 `get-light`，对应的属性句柄分别是 0x0004 和 0x0005。当智能手机发送设置灯的命令后，会执行 `wifi_prov_config_set_light_handler()` 回调函数来处理开关动作，并且把智能灯的当前状态告知智能手机；当智能手机发送读取命令后，会执行 `wifi_prov_config_get_light_handler()` 回调函数来将智能灯的当前状态告知智能手机。读者可以使用智能手机的蓝牙调试助手扫描连接蓝牙设备，通过该蓝牙设备提供的服务，从而更直观地了解每个服务的作用。

上述示例是基于 `protocom` 组件实现蓝牙本地控制的，在数据结构上相对比较复杂。如果读者有一定的开发能力，可以尝试利用上述示例的思路实现本地控制。另外，对于初学者，本书提供了基于蓝牙的最基础的服务器端示例，读者可以参考 8.5.3 节的示例代码来理解使用蓝牙进行本地控制的流程。

8.3.6 数据通信协议总结

传输层的两个协议 UDP 和 TCP 都可以直接作为应用数据的通信协议。UDP 协议和 TCP 协议的区别如表 8-3 所示。

表 8-3 UDP 协议和 TCP 协议的区别

协议特性对比	TCP 协议	UDP 协议
可靠性	可靠传输，支持重传、流量控制和拥塞控制	不可靠传输，不支持重传、流量控制和拥塞控制
连接特性	面向连接，通过 3 次握手建立连接和 4 次握手断开连接，长连接	无连接，直接进行数据传输，短连接
连接对象	一对一连接	支持一对一单播，一对所有的广播和一对多的组播
包头开销	包头最小为 20 B	包头只有 8 B
传输速率	根据网络环境，在出现丢包时会重传，导致传输速率降低	快，不受网络环境影响，只负责将数据传输到网络
适用场景	适用于可靠传输的应用，如文件传输等	适用于实时传输应用，如 VoIP 电话、视频电话、流媒体等

对于本地控制的数据通信而言，单纯从传输层的角度来讲，可选择 TCP 协议，因为需要数据的准确性；在使用 UDP 协议时，智能手机 App 会发送开灯命令，可能该命令由于网络环境问题被丢弃了，ESP32-C3 可能就无法收到该命令；相比于 TCP 协议而言，就算数据包被丢弃了，智能手机 App 底层还会重新发送该命令。

但使用单纯的传输层协议发送数据有个缺陷，需要用户自行开发上层应用业务逻辑，所以本节又介绍了基于 TCP 和 UDP 协议的应用协议 HTTP 和 CoAP。

HTTP 和 CoAP 都是基于 REST 模型的网络传输协议，用于发送请求与响应请求，只是它们一个基于 TCP 协议，另一个基于 UDP 协议，并且各自继承了传输层协议的相关特性。HTTP 协议和 CoAP 协议的区别如表 8-4 所示。

表 8-4　HTTP 协议和 CoAP 协议的区别

协议特性对比	HTTP 协议	CoAP 协议
传输层	TCP 协议	UDP 协议
包头开销	可能含有大量消息头数据，开销大	包头采用二进制压缩，开销小
功耗	长连接，功耗高	短连接，功耗低
资源发现	不支持	支持
请求方式	一般由客户端主动触发，服务器端无法主动触发	虽然也有客户端与服务器端之分，但两者都可以主动触发
适用场景	适用于性能好、内存比较多的设备	适用于性能差、内存比较少的设备

相比较而言，CoAP 协议更适合一些资源少的物联网设备，如果设备资源多、性能好，HTTP 协议的功能比 CoAP 协议更加健全。

对比了 TCP/IP 协议族内的通信协议后，接下来比较该类协议与蓝牙协议，它们最直观的区别就是，蓝牙是点对点的协议，而 TCP/IP 协议是端对端的协议，中间可能会经过路由。因此，在速度响应方面，同样是 2.4 GHz 频道的无线传输技术，智能手机到 ESP32-C3 之间的数据通信上，蓝牙要快于 Wi-Fi。蓝牙的数据包大小会比使用 TCP/IP 协议栈的应用数据更小；蓝牙的功耗天然地比 Wi-Fi 功耗低。蓝牙协议支持资源发现，也不需要本地发现，因为蓝牙是点对点的连接，可以说蓝牙非常适合用于本地控制。但由于目前大部分物联网产品都要连云，所以 Wi-Fi 功能是必不可少的。很多物联网产品都可以只使用 Wi-Fi 或者只使用蓝牙进行配网，如果物联网产品不需要连云，则可以只使用蓝牙进行本地控制；如果物联网产品需要连云，则需要借助 Wi-Fi 连云和进行本地控制。

8.4　数据安全性的保证

众所周知，TCP 协议和 UDP 协议，及其之上的应用协议 HTTP 和 CoAP，都是明文传输数据的，这样就会导致数据在网络传输的过程中被窃取或者篡改。如果数据中含有密码、账号等敏感信息，则可能会造成不可挽回的损失，因此需要对这些明文传输的数据进行加密。对于使用蓝牙传输的数据，由于蓝牙协议属于点对点的协议，数据不会泄露到网络上，被窃取的概率也很小；另外，蓝牙协议本身也会对用户的数据进行加密。因此，本节主要讨论 TCP/IP 协议的数据加密。

加密是为了保证传输数据的机密性与完整性。常见的加密系统通常先对数据进行编码再传输。例如，在以前的战争中，发送的电报就是经过编码的，接收方和发送方都有一个相同的密码本，接收方用密码本上的数字或者字母来替换电报中的单词、语句。即使电报内容被第三方窃听了，第三方也无法在短时间破译出电报的真实内容。但是这种方式有个缺陷，就是电报的内容还是存在被破解的可能，只是时间的问题，而且为了防止电报被破解，接收方与发送方需要定期更换密码本，这时也有可能泄露密码本，导致电报内容被破解。

上述的电报例子就是常见的加密算法——对称加密的使用场景。在对称加密算法中，加密与解密采用的算法是一样的，它们的密钥也都是一样的。对称加密具有算法公开、计算量小、加密速度快、加密效率高等优点。但在数据传输前，发送方和接收方必须商定好密钥，而且为了保证数据不被破解，双方还必须定期更新密钥，这会使得密钥管理成为双方的负担。常用的对称加密算法有 AES、DES、RC4 等。对称加密的流程如图 8-11 所示。

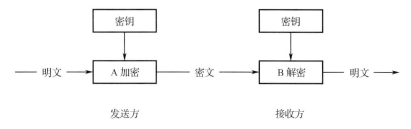

图 8-11　对称加密的流程

本节接下来介绍与对称加密相对的算法——非对称加密。非对称加密的双方都有一对公开密钥（Public Key，公钥）与私有密钥（Private Key，私钥），数据的加密使用公钥进行，数据的解密使用私钥进行。因为加密和解密使用的是两个不同的密钥，所以这种加密算法称为非对称加密。相比于对称加密，非对称加密更加安全。因为非对称加密比对称加密更复杂，所以在解密时会比对称加密慢，而且第三方很难直接破译数据。因为非对称加密算法的复杂度很高，并且用于解密的私钥是不会在网络中传播的，只有接收方才能获取到私钥，所以大大提高了数据的安全性。常见的非对称加密算法有 RSA、Diffie-Hellman、DSA 等。

非对称加密的优点是其安全性，用户 A 可以保留私钥，通过网络将公钥传输给用户 B，即使用户 C 获取了公钥，因为用户 C 没有用户 A 的私钥，用户 C 也是无法破解数据内容的。这样用户 A 和用户 B 就可以大胆地通过网络传输各自的公钥。记住一点，公钥是用于加密的，私钥是用于解密的。非对称加密的流程如图 8-12 所示。

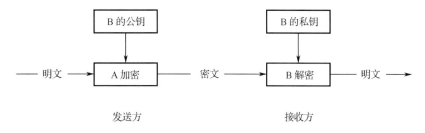

图 8-12　非对称加密的流程

非对称加密看起来似乎很安全，但是有没有想过这样一个问题：如果用户 C 将发往用户 A 和用户 B 的公钥全部替换为自己对应私钥的公钥呢？用户 A 是不知道这个公钥是不是用户 B 的，所以当用户 A 发送数据时，就会使用用户 C 的公钥进行加密，这时用户 C 就可以在窃取该密文数据后使用对应的私钥进行解密。因此，如何保证公钥的合法性是至关重要的。在现实中，通过 CA（Certificate Authority）可以保证公钥的合法性。CA 也是基于非对称加密算法来工作的，有了 CA，用户 B 会先把自己的公钥和一些其他信息交给 CA，CA 用自己的私钥加密这些数据，加密完的数据称为用户 B 的数字证书。用户 B 向用户 A 传输的公钥是 CA 加密之后的数字证书。用户 A 收到数字证书后，会通过 CA 发布的数字证书（包含了 CA 的公钥）来解密用户 B 的数字证书，从而获得用户 B 的公钥。

8.4.1 TLS 协议介绍

安全传输层（Transport Layer Security，TLS）是建立在 TCP 协议基础上的协议，服务于应用层，它的前身是安全套接字层（Secure Socket Layer，SSL）协议。通过 TLS 协议，可以将应用层的报文加密后交由 TCP 层传输。

1. TLS 的作用

TLS 协议主要解决了如下三个网络问题：

- 保证数据的机密性：所有的数据都采用加密传输，可防止数据被第三方窃取。
- 保证数据的完整性：所有的数据都采用校验机制，一旦被篡改，通信双方会立刻发现。
- 保证数据通信双方身份：通信双方可以采取证书认证，保证通信双方身份的合法性。

2. TLS 协议的工作方式

TLS 协议可以分为两部分：记录层，通过使用客户端和服务器端协商后的密钥进行数据加密传输；握手层，客户端和服务器端进行协商，确定一组用于数据传输加密的密钥串。TLS 协议模型如图 8-13 所示，其中的握手层包含 4 个子协议：握手协议（Handshake Protocol）、更改加密规范协议（Change Cipher Spec Protocol）、应用数据协议（Application Data Protocol）和警告协议（Alert Protocol）

图 8-13 TLS 协议模型

（1）记录层。记录层负责在传输层交换的所有底层数据，并且可以对数据进行加密。每一条 TLS 记录以一个短标头开始，标头包含了记录内容的类型（或子协议）、协议版本和长度。底层数据经过分段（或者合并）、压缩、添加消息认证码、加密后转为 TLS 记录的数据部分。TLS 记录报文如图 8-14 所示。

（2）握手层的主要作用如下：

① 握手协议。其职责是生成通信过程所需的共享密钥和进行身份认证。这部分使用无密码套件，为防止数据被窃听，通过公钥密码或 Diffie-Hellman 密钥交换技术进行通信。

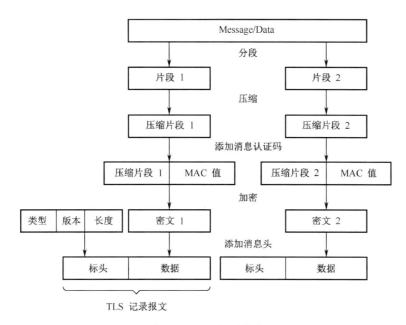

图 8-14 TLS 记录报文

② 更改加密规范协议。用于密码切换的同步，是在握手协议之后的协议。握手过程中使用的协议是"不加密"这一密码套件，握手协议完成后则使用协商好的密码套件。

③ 应用数据协议。通信双方真正用于数据传输的协议，传输过程通过握手层的应用数据协议和 TLS 记录协议来进行传输。

④ 警告协议。当发生错误时使用该协议通知对方，如握手过程中发生异常、消息认证码错误、数据无法解压缩等。

（3）TLS 加密所使用的算法如下：

① 散列函数 Hash。用于验证数据的完整性，常见的加密算法有 MD5、SHA 等。

② 对称加密算法。用于应用数据的加密，常见的加密算法有 AES、RC4、DES 等。

③ 非对称加密算法。用于身份认证和密钥协商，常见的加密算法有 RSA、DH 等。

（4）TLS 的基本工作方式是，客户端与服务器端采用非对称加密算法认证身份并且协商对称加密算法的密钥，然后使用对称加密数据和数据摘要进行数据通信。TLS 握手流程如图 8-15 所示。

① Client Hello。客户端发送支持的 TLS 协议的最高版本、自己支持的所有加密套件，用于将生成对话密钥的随机数等信息发送给服务器端。

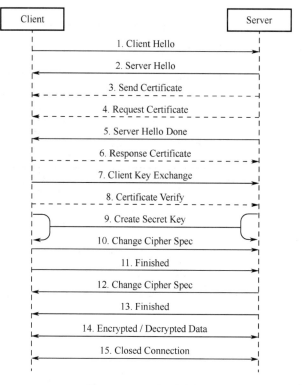

图 8-15 TLS 握手流程

② Server Hello。服务器端接收到客户端发送的 Client Hello 报文后,根据客户端发送的协议版本和加密套件,选择 TLS 协议版本以及一个加密套件后返回给客户端。

③(可选)Send Certificate。服务器端发送自己的服务器端证书给客户端,用于客户端校验服务器端的合法性。

④(可选)Request Certificate。在服务器端需要校验客户端的证书时,若选择双向验证,服务器端则会向客户端发送证书请求报文。

⑤ Server Hello Done。服务器端告知客户端,服务器端已经将所有的握手消息发送完毕,服务器端会等待客户端发送消息。

⑥(可选)Response Certificate。如果选择双向验证,客户端则会向服务器端发送客户端的证书,用于服务器端校验客户端的身份。

⑦ Client Key Exchange。客户端使用服务器端的公钥,对客户端公钥和密钥种子进行加密后,再发送给服务器端。

⑧(可选)Certificate Verify。如果选择双向验证,则客户端用本地私钥生成数字签名,并发送给服务器端,让其通过收到的客户端公钥进行身份验证。

⑨ Create Secret Key。通信双方基于密钥种子等信息生成通信密钥。

⑩ Change Cipher Spec。客户端通知服务器端已将通信方式切换到加密模式。

⑪ Finished。客户端做好加密通信的准备。

⑫ Change Cipher Spec。服务器端通知客户端已将通信方式切换到加密模式。

⑬ Finished。服务器端做好加密通信的准备。

⑭ Encrypted/Decrypted Data。双方使用客户端密钥，通过对称加密算法对通信内容进行加密/解密。

⑮ Closed Connection。通信结束后，任何一方发出断开 TLS 连接的消息。

3. 使用 ESP-IDF 创建 HTTP+TLS 服务器端

HTTPS 即 HTTP over SSL，通过 SSL 协议或 TLS 协议加密 HTTP 数据。相比于 HTTP 协议而言，HTTPS 协议可防止数据在传输过程中被窃取或改变，确保数据的完整性。8.3.2 节介绍了如何使用 ESP-IDF 创建 HTTP 服务器端，其实创建 HTTPS 服务器端与之类似，调用函数 `httpd_ssl_start()` 可启动 HTTP+TLS 服务，调用函数 `httpd_register_uri_handler()` 可注册相对应的回调函数。

 项目源码：通过 `book-esp32c3-iot-projects/test_case/https_server`，可以查看函数 `httpd_ssl_start()` 和 `httpd_register_uri_handler()` 的完整示例代码。

```
1.  static esperr_t root_get_handler(httpd_req_t *req)
2.  {
3.      httpd_resp_set_type(req, "text/html");
4.      httpd_resp_send(req, "<h1>Hello Secure World!</h1>", HTTPD_RESP_USE_STRLEN);
5.      return ESP_OK;
6.  }
7.
8.  static const httpd_uri_t root = {
9.      .uri       = "/",
10.     .method    = HTTP_GET,
11.     .handler   = root_get_handler
12. };
13.
14. esp_err_t esp_create_https_server(void)
15. {
16.     httpd_handle_t server = NULL;
17.     ESP_LOGI(TAG, "Starting server");
18.     httpd_ssl_config_t conf = HTTPD_SSL_CONFIG_DEFAULT();
19.     //配置服务器端所需要的 CA 证书和私钥
20.     extern const unsigned char cacert_pem_start[] asm("_binary_cacert_pem_ start");
21.     extern const unsigned char cacert_pem_end[] asm("_binary_cacert_pem_end");
```

8

```
22.    conf.cacert_pem = cacert_pem_start;
23.    conf.cacert_len = cacert_pem_end - cacert_pem_start;
24.    extern const unsigned char prvtkey_pem_start[] asm("_binary_prvtkey_pem_ start");
25.    extern const unsigned char prvtkey_pem_end[]  asm("_binary_prvtkey_pem_ end");
26.    conf.prvtkey_pem = prvtkey_pem_start;
27.    conf.prvtkey_len = prvtkey_pem_end - prvtkey_pem_start;
28.    //启动 HTTP+TLS 服务器端
29.    esp_err_t ret = httpd_ssl_start(&server, &conf);
30.    if (ESP_OK != ret) {
31.        ESP_LOGI(TAG, "Error starting server!");
32.        return ESP_FAIL;
33.    }
34.    //设置 URI 回调函数
35.    ESP_LOGI(TAG, "Registering URI handlers");
36.    httpd_register_uri_handler(server, &root);
37.    return ESP_OK;
38. }
```

上述代码提供了如何创建 HTTPS 服务器端的示例。在使用此代码之前，需要使用如下命令在 main 目录下手动创建一个 CA 证书和私钥。

```
$ openssl req -newkey rsa:2048 -nodes -keyout prvtkey.pem -x509 -days 3650 -out
cacert.pem -subj "/CN=ESP32 HTTPS server example"
```

然后修改 CMakeLists.txt 文件，将证书编译进代码。

```
1. idf_component_register(SRCS "station_example_main.c"
2.                     INCLUDE_DIRS "."
3.                     EMBED_TXTFILES "cacert.pem"
4.                     "prvtkey.pem")
```

另外读者还需要通过 idf.py menuconfig → Component config → ESP HTTPS server 配置 CONFIG_ESP_HTTPS_SERVER_ENABLE。

在 Chrome 浏览器中输入 https://[你的设备 IP]:443/，由于服务器端的 CA 证书不是由专业机构签发的，所以是不受信任的，会看到如图 8-16 所示的界面。

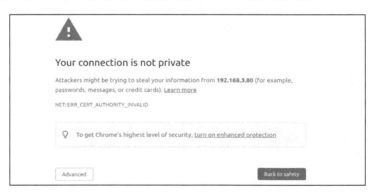

图 8-16　HTTPS 连接不受信任的界面

读者需要单击"Advanced"按钮来允许该非受信任的连接。HTTPS 连接成功的界面如图 8-17 所示。

图 8-17 HTTPS 连接成功的界面

如果出现"Header fields are too long for server to interpret",则表示需要通过 `idf.py menuconfig` → `Component config` → `HTTP Server` → `Max HTTP Request Header Length` 增大 `HTTPD_MAX_REQ_HDR_LEN`。HTTPS 连接失败的界面如图 8-18 所示。

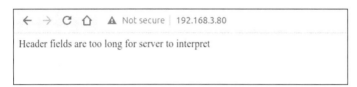

图 8-18 HTTPS 连接失败的界面

8.4.2 DTLS 协议介绍

数据包传输层安全性协议(Datagram Transport Layer Security,DTLS)是基于 UDP 协议的协议,服务于应用层。TLS 协议不能保证 UDP 协议传输的数据安全,因此 DTLS 协议在现有的 TLS 协议架构上进行了扩展,使之支持 UDP 协议,即成为 TLS 协议的一个支持数据包传输的版本。DTLS 1.0 基于 TLS 1.1、DTLS 1.2 基于 TLS 1.2。DTLS 协议的加密算法、证书、加密流程与 TLS 协议基本一致,本节就不做赘述了。

1. DTLS 协议与 TLS 协议的区别

DTLS 协议的工作原理和 TLS 协议基本一致,除了有以下几个差异:

(1)在握手阶段,DTLS 协议加入了 Cookie 机制。DTLS 协议在 1.0 版本就加入了 Cookie 机制,用于服务器端对客户端的校验,可避免 DoS 攻击。当客户端发送 Client Hello 给服务器端后,服务器端并不会直接回复 Server Hello 来进行握手流程,而是回复 Hello Verify Request 报文给客户端,并且该报文会携带 Cookie 值。当客户端收到该报文后,会将该 Cookie 值写入 Client Hello 报文中重新发送给服务器端,服务器端收到后校验本地的 Cookie 列表来决定是否需要进行握手。

(2)支持重传机制。由于 UDP 协议本身不像 TCP 协议那样支持重传,所以 DTLS 协议引入了重传机制。以上述 Client Hello 报文为例,当客户端发送了 Client Hello 后,客户端会启用一个定时器来接收服务器端回复的 Hello Verify Request 报文;如果服务器端在一定的时间内没有回复，客户端就会重新发一次 Client Hello 报文。同理，服务器端发送报文后，也会启用一个定时器来判断是否超时、是否需要重发。

（3）支持有序接收。UDP 协议是无序的，DTLS 协议在握手报文中增加了 message_seq 字段，用于接收方根据该字段顺序处理报文。接收方会像 TCP 协议那样提供一个接收缓冲区来接收乱序报文，并且根据 message_seq 字段顺序处理报文。

（4）支持报文大小限制。UDP 是面向报文的协议，TCP 是面向字节流的协议。TCP 协议支持报文的分片和重组，而 UDP 协议报文如果超过了 MTU（链路层的最大传输单元），就会在 IP 层被强制分片，接收方接收后根据 IP 报头进行报文重组。如果有一包丢失就会导致整个 UDP 报文无效。因此 DTLS 协议选择在 UDP 协议之上对握手消息做了分段，在握手报文中增加了 fragment_offset 字段和 fragment_length 字段，分别代表这段报文相对消息起始的偏移量和这段报文的长度。

2. 使用 ESP-IDF 创建 CoAP+DTLS 服务器端

下面的示例介绍了如何创建 CoAP+DTLS 服务器端，该示例其实和 8.3.4 节的 CoAP 示例一样，只是增加了两个用于支持 DTLS 协议的函数。函数 coap_context_set_psk() 用于设置 DTLS 协议中的 PSK 加密密钥，也可以使用证书的形式（PKI）进行 DTLS 协议握手。函数 coap_new_endpoint(ctx, &serv_addr, COAP_PROTO_DTLS) 表示该节点支持 DTLS 协议。完整的示例代码参考 book-esp32c3-iot-projects/test_case/coap。

> 项目源码：通过 book-esp32c3-iot-projects/test_case/coap，可查看 coap_context_set_psk() 函数的完整示例代码。通过 ESP-IDF 示例 examples/protocols/coap_server，可查看 PKI 的使用。

```
1.   static char psk_key[] = "esp32c3_key";
2.   static void esp_create_coaps_server(void)
3.   {
4.       coap_context_t *ctx = NULL;
5.       coap_address_t serv_addr;
6.       coap_resource_t *resource = NULL;
7.       while (1) {
8.           coap_endpoint_t *ep = NULL;
9.           unsigned wait_ms;
10.
11.          //创建 CoAP 服务器端套接字
12.          coap_address_init(&serv_addr);
13.          serv_addr.addr.sin6.sin6_family = AF_INET6;
14.          serv_addr.addr.sin6.sin6_port  = htons(COAP_DEFAULT_PORT);
15.
16.          //创建 CoAP ctx
17.          ctx = coap_new_context(NULL);
18.          if (!ctx) {
```

```
19.              ESP_LOGE(TAG, "coap_new_context() failed");
20.              continue;
21.          }
22.
23.          //添加 PSK 加密密钥
24.          coap_context_set_psk(ctx, "CoAP",
25.                              (const uint8_t *)psk_key,
26.                              sizeof(psk_key) - 1);
27.
28.          //设置 CoAP 节点
29.          ep = coap_new_endpoint(ctx, &serv_addr, COAP_PROTO_UDP);
30.          if (!ep) {
31.              ESP_LOGE(TAG, "udp: coap_new_endpoint() failed");
32.              goto clean_up;
33.          }
34.
35.          //添加 DTLS 的节点与端口
36.          if (coap_dtls_is_supported()) {
37.              serv_addr.addr.sin6.sin6_port = htons(COAPS_DEFAULT_PORT);
38.              ep = coap_new_endpoint(ctx, &serv_addr, COAP_PROTO_DTLS);
39.              if (!ep) {
40.                  ESP_LOGE(TAG, "dtls: coap_new_endpoint() failed");
41.                  goto clean_up;
42.              } else {
43.                  ESP_LOGI(TAG, "MbedTLS (D)TLS Server Mode not configured");
44.              }
45.          }
46.
47.          //设置 CoAP 资源 URI
48.          resource = coap_resource_init(coap_make_str_const("light"), 0);
49.          if (!resource) {
50.              ESP_LOGE(TAG, "coap_resource_init() failed");
51.              goto clean_up;
52.          }
53.
54.          //注册 CoAP 资源 URI 对应的 GET 和 PUT 方法回调函数
55.          coap_register_handler(resource, COAP_REQUEST_GET, esp_coap_get);
56.          coap_register_handler(resource, COAP_REQUEST_PUT, esp_coap_put);
57.
58.          //设置 CoAP GET 资源可见
59.          coap_resource_set_get_observable(resource, 1);
60.
61.          //添加资源至 CoAP ctx
62.          coap_add_resource(ctx, resource);
63.          wait_ms = COAP_RESOURCE_CHECK_TIME * 1000;
64.          while (1) {
65.              //等待接收 CoAP 数据
```

```
66.            int result = coap_run_once(ctx, wait_ms);
67.            if (result < 0) {
68.                break;
69.            } else if (result && (unsigned)result < wait_ms) {
70.                //递减等待的时间
71.                wait_ms -= result;
72.            } else {
73.                //重置等待时间
74.                wait_ms = COAP_RESOURCE_CHECK_TIME * 1000;
75.            }
76.        }
77.    }
78. clean_up:
79.    coap_free_context(ctx);
80.    coap_cleanup();
81. }
```

8.5　实战：基于 ESP-IDF 组件快速实现智能灯本地控制模块

ESP-IDF 中的本地控制（esp_local_ctrl）组件提供了通过 Wi-Fi+HTTPS 或 Bluetooth LE 控制含乐鑫芯片设备的功能，通过该组件可以访问应用程序定义的属性，这些属性通过一组可配置的处理程序进行读写。本节主要介绍基于 Wi-Fi 的本地控制模块，以智能灯为例，本地控制模块可进行以下配置：

- 本地设备发现 mDNS 协议功能的配置。
- 本地数据通信协议 HTTPS 服务器端与证书的配置。
- 智能灯的配置。

前文已介绍了基于 Bluetooth LE 对 ESP32-C3 进行控制，使用 Bluetooth LE 时不会涉及 TPC/IP 协议栈，也就不需要进行本地设备发现，蓝牙自带了资源发现功能。

8.5.1　创建基于 Wi-Fi 的本地控制服务器端

下面的示例代码实现了基于 Wi-Fi 的本地控制服务器端，该本地控制是基于 HTTP 协议进行数据通信的，使用 TLS 协议对数据进行加密。另外，该示例还添加了用于设备发现的 mDNS 模块。

 项目源码：通过 book-esp32c3-iot-projects/test_case/local_control，读者可查看完整的示例代码。

```
1.  #define PROPERTY_NAME_STATUS "status"
2.  static char light_status[64] = "{\"status\": true}";
3.
4.  //属性类型定义，配合脚本使用
```

```
5.  enum property_types {
6.      PROP_TYPE_TIMESTAMP = 0,
7.      PROP_TYPE_INT32,
8.      PROP_TYPE_BOOLEAN,
9.      PROP_TYPE_STRING,
10. };
11.
12. //获取属性值
13. esp_err_t get_property_values(size_t props_count,
14.                             const esp_local_ctrl_prop_t props[],
15.                             esp_local_ctrl_prop_val_t prop_values[],
16.                             void *usr_ctx)
17. {
18.     int i = 0;
19.     for (i = 0; i < props_count; i ++) {
20.         ESP_LOGI(TAG, "Reading property : %s", props[i].name);
21.         if (!strncmp(PROPERTY_NAME_STATUS,
22.                     props[i].name,
23.                     strlen(props[i].name))) {
24.             prop_values[i].size = strlen(light_status);
25.             prop_values[i].data = &light_status;//prop_values[i].data 只是指针,
26.                                                 //不能赋值
27.             break;
28.         }
29.     }
30.     if (i == props_count) {
31.         ESP_LOGE(TAG, "Not found property %s", props[i].name);
32.         return ESP_FAIL;
33.     }
34.     return ESP_OK;
35. }
36.
37. //设置属性值
38. esp_err_t set_property_values(size_t props_count,
39.                             const esp_local_ctrl_prop_t props[],
40.                             const esp_local_ctrl_prop_val_t prop_values[],
41.                             void *usr_ctx)
42. {
43.     int i = 0;
44.     for (i = 0; i < props_count; i ++) {
45.         ESP_LOGI(TAG, "Setting property : %s", props[i].name);
46.         if (!strncmp(PROPERTY_NAME_STATUS,
47.                     props[i].name,
48.                     strlen(props[i].name))) {
49.             memset(light_status, 0, sizeof(light_status));
50.             strncpy(light_status,
51.                     (const char *)prop_values[i].data,
```

```
52.                    prop_values[i].size);
53.            if (strstr(light_status, "true")) {
54.                app_driver_set_state(true);    //打开智能灯
55.            } else {
56.                app_driver_set_state(false);   //关闭智能灯
57.            }
58.            break;
59.        }
60.    }
61.    if (i == props_count) {
62.        ESP_LOGE(TAG, "Not found property %s", props[i].name);
63.        return ESP_FAIL;
64.    }
65.    return ESP_OK;
66. }
67. #define SERVICE_NAME "my_esp_ctrl_device"
68. void esp_local_ctrl_service_start(void)
69. {
70.    //初始化 HTTPS 服务器端配置
71.    httpd_ssl_config_t https_conf = HTTPD_SSL_CONFIG_DEFAULT();
72.    //加载服务器端证书
73.    extern const unsigned char cacert_pem_start[] asm("_binary_cacert_pem_ start");
74.    extern const unsigned char cacert_pem_end[]   asm("_binary_cacert_pem_end");
75.    https_conf.cacert_pem = cacert_pem_start;
76.    https_conf.cacert_len = cacert_pem_end - cacert_pem_start;
77.    //加载服务器端私钥
78.    extern const unsigned char prvtkey_pem_start[] asm("_binary_prvtkey_pem_ start");
79.    extern const unsigned char prvtkey_pem_end[]   asm("_binary_prvtkey_pem_ end");
80.    https_conf.prvtkey_pem = prvtkey_pem_start;
81.    https_conf.prvtkey_len = prvtkey_pem_end - prvtkey_pem_start;
82.    esp_local_ctrl_config_t config = {
83.        .transport = ESP_LOCAL_CTRL_TRANSPORT_HTTPD,
84.        .transport_config = {
85.            .httpd = &https_conf
86.        },
87.        .proto_sec = {
88.            .version = PROTOCOM_SEC0,
89.            .custom_handle = NULL,
90.            .pop = NULL,
91.        },
92.        .handlers = {
93.
94.            //用户自定义处理函数
95.            .get_prop_values = get_property_values,
96.            .set_prop_values = set_property_values,
```

```
97.             .usr_ctx            = NULL,
98.             .usr_ctx_free_fn = NULL
99.         },
100.
101.         //设置属性最大个数
102.         .max_properties = 10
103.     };
104.
105.     //初始化本地发现
106.     mdns_init();
107.     mdns_hostname_set(SERVICE_NAME);
108.
109.     //启动本地控制服务
110.     ESP_ERROR_CHECK(esp_local_ctrl_start(&config));
111.     ESP_LOGI(TAG, "esp_local_ctrl service started with name : %s", SERVICE_NAME);
112.     esp_local_ctrl_prop_t status = {
113.         .name        = PROPERTY_NAME_STATUS,
114.         .type        = PROP_TYPE_STRING,
115.         .size        = 0,
116.         .flags       = 0,
117.         .ctx         = NULL,
118.         .ctx_free_fn = NULL
119.     };
120.     //添加属性值
121.     ESP_ERROR_CHECK(esp_local_ctrl_add_property(&status));
122.}
```

上述示例代码实现了通过本地发现协议（mDNS 模块）发现域名为 my_esp_ctrl_device.
local 的设备，建立 HTTPS 的本地控制连接，客户端可以使用注册的端点进行属性值的设
置和查询。

读者可以使用以下选项在 ESP 本地控制中为传输设置安全性：

- PROTOCOM_SEC0：指定使用的端到端加密算法。
- PROTOCOM_SEC1：指定数据作为纯文本交换。
- PROTOCOM_SEC_CUSTOM：自定义安全要求。

每个属性必须具有唯一的名称（字符串）、类型（如 int、bool、string 类型）、标志（如只读、
可读可写）和大小。如果希望属性值具有可变长度（如属性值是一个字符串或字节流），则大
小应保持为 0。对于固定长度的属性值数据类型，如 int、float 等，将 size 字段设置为正确
的值，有助于 esp_local_ctrl 对通过写入请求接收到的参数执行内部检查。

读者可以根据 props[i].name 匹配对应的属性名来进行处理，并根据属性的 flag 和 type
进行进一步的校验，看这个属性是否满足对应的 flag 和 type。

默认端点如表 8-5 所示。

表 8-5　默认端点

端点名字（BLE + GATT Server）	URI（HTTPS Server + mDNS）	描　述
esp_local_ctrl/version	https://my_esp_ctrl_device.local/esp_local_ctrl/version	用于检索版本字符串的端点
esp_local_ctrl/control	https://my_esp_ctrl_device.local/esp_local_ctrl/control	用于发送/接收控制消息的端点

8.5.2　使用脚本验证本地控制功能

介绍完如何创建本地控制模块后，本节将介绍如何使用脚本工具进行验证。本节使用官方示例 esp_local_ctrl 里的脚本工具进行验证。

（1）创建客户端和服务器端进行 TLS 握手的证书。

① 生成一个 rootCA，将使用它来签署服务器端证书，并且客户端将在 SSL 握手期间使用它来验证服务器端的证书。需要设置一个密码来加密生成的 rootkey.pem。

```
$ openssl req -new -x509 -subj "/CN=root" -days 3650 -sha256 -out rootCA.pem -keyout
rootkey.pem
```

② 为服务器端生成一个证书签名请求，以及它的私钥 prvtkey.pem。

```
$ openssl req -newkey rsa:2048 -nodes -keyout prvtkey.pem -days 3650 -out server.csr
-subj "/CN=my_esp_ctrl_device.local"
```

③ 使用之前生成的 rootCA 来处理服务器端的证书签名请求，生成签名证书 cacert.pem。在此步骤中必须输入之前为加密 rootkey.pem 设置的密码。

```
$ openssl x509 -req -in server.csr -CA rootCA.pem -CAkey rootkey.pem -CAcreateserial
-out cacert.pem -days 500 -sha256
```

在生成的这些证书中，cacert.pem 和 prvtkey.pem 是编译进服务器端的，rootkey.pem 适用于客户端脚本进行服务器端校验。该证书的目录可以在脚本 esp_local_ctrl.py 里设置。

```
1.  def get_transport(sel_transport, service_name, check_hostname):
2.  ...
3.      example_path = os.environ['IDF_PATH'] + '/examples/protocols/esp_local_ctrl'
4.      cert_path = example_path + '/main/certs/rootCA.pem'
5.  ...
```

（2）使用如下命令进行脚本连接本地控制服务器端，sec_ver 为 0 表示服务器端设置了 PROTOCOM_SEC0。

```
$ python esp_local_ctrl.py --sec_ver 0
```

脚本会自动获取属性值，即：

```
Connecting to my_esp_ctrl_device.local
```

```
==== Starting Session ====
==== Session Established ====

==== Available Properties ====
S.N. Name               Type      Flags        Value
[1] status              STRING                 {"status": true}
```

（3）根据脚本提示，输入属性编号 1，设置属性值为{"status": false}。设置完成后，
脚本将自动进行查询，此时发现属性值已经更改完成。

```
Select properties to set (0 to re-read, 'q' to quit) : 1
Enter value to set for property (status) : {"status": false}
==== Available Properties ====
S.N. Name               Type      Flags        Value
[1] status              STRING                 {"status": false}
Select properties to set (0 to re-read, 'q' to quit) :
```

8.5.3　创建基于蓝牙的本地控制服务器端

下面的示例代码创建了基于蓝牙的本地控制服务器端，该服务器端可用来传输数据，读者可
以参考 gatt_server 示例。下面的示例实现了蓝牙服务器端的创建，读者可以编译烧录该
示例，使用智能手机的蓝牙调试助手扫描到一个名为 ESP32C3-LIGHT 的蓝牙设备，连接该
设备后，可获取该设备的蓝牙服务。

 　项目源码：通过 book-esp32c3-iot-projects/test_case/gatt_server，
　读者可以查看 gatt_server 示例完整的代码。

本示例提供了两个蓝牙服务：一个用于获取设备状态（UUID: FF01）；另一个用于设置设备
的状态（UUID: EE01）。本示例的蓝牙服务如图 8-19 所示。

在本示例中，读者可以通过 FF01 的服务读取智能灯的状态，通过 EE01 的服务开关智能灯。
相关示例的运行 Log 如下：

```
I (387) GATTS_DEMO: NVS Flash initialization
I (387) GATTS_DEMO: Application driver initialization
I (397) gpio: GPIO[9]| InputEn: 1| OutputEn: 0| OpenDrain: 0| Pullup: 1| Pulldown:
0| Intr:0
W (437) BTDM_INIT: esp_bt_controller_mem_release not implemented, return OK
I (437) BTDM_INIT: BT controller compile version [501d88d]
I (437) coexist: coexist rom version 9387209
I (437) phy_init: phy_version 500,985899c,Apr 19 2021,16:05:08
I (617) system_api: Base MAC address is not set
I (617) system_api: read default base MAC address from EFUSE
I (617) BTDM_INIT: Bluetooth MAC: 68:ab:bc:a7:d8:d5
I (637) GATTS_DEMO: REGISTER_APP_EVT, status 0, app_id 0
I (647) GATTS_DEMO: CREATE_SERVICE_EVT, status 0, service_handle 40
I (647) GATTS_DEMO: SERVICE_START_EVT, status 0, service_handle 40
I (647) GATTS_DEMO: ADD_CHAR_EVT, status 0, attr_handle 42, service_handle 40
```

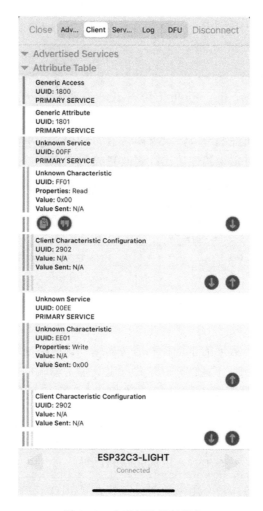

图 8-19 本示例的蓝牙服务

```
I (657) GATTS_DEMO: ADD_DESCR_EVT, status 0, attr_handle 43, service_handle 40
I (667) GATTS_DEMO: REGISTER_APP_EVT, status 0, app_id 1
I (677) GATTS_DEMO: CREATE_SERVICE_EVT, status 0, service_handle 44
I (677) GATTS_DEMO: SERVICE_START_EVT, status 0, service_handle 44
I (687) GATTS_DEMO: ADD_CHAR_EVT, status 0, attr_handle 46, service_handle 44
I (697) GATTS_DEMO: ADD_DESCR_EVT, status 0, attr_handle 47, service_handle 44
I (6687) GATTS_DEMO: ESP_GATTS_CONNECT_EVT, conn_id 0, remote 4a:13:d8:ca:b3:cf:
I (6687) GATTS_DEMO: CONNECT_EVT, conn_id 0, remote 4a:13:d8:ca:b3:cf:
I (6987) GATTS_DEMO: ESP_GATTS_MTU_EVT, MTU 500
I (6987) GATTS_DEMO: ESP_GATTS_MTU_EVT, MTU 500
I (7347) GATTS_DEMO: update connection params status = 0, min_int = 16, max_int
= 32,conn_int = 24,latency = 0, timeout = 400
I (15117) GATTS_DEMO: GATT_READ_EVT, conn_id 0, trans_id 3, handle 42
I (23037) GATTS_DEMO: GATT_WRITE_EVT, conn_id 0, trans_id 4, handle 46
I (23037) GATTS_DEMO: GATT_WRITE_EVT, value len 1, value :
I (23037) GATTS_DEMO: 00
I (23037) app_driver: Light OFF
```

```
I (30987) GATTS_DEMO: GATT_WRITE_EVT, conn_id 0, trans_id 5, handle 46
I (30987) GATTS_DEMO: GATT_WRITE_EVT, value len 1, value :
I (30987) GATTS_DEMO: 01
I (30987) app_driver: Light ON
```

8.6　本章总结

本章首先介绍了本地控制的框架模型、适用条件与应用场景，并与远程控制做了对比，方便读者根据自己的项目需求评估本地控制功能。本地发现是本地控制的关键技术，决定了智能手机能否搜索到局域网中的设备，从而获取该设备所具备的特性，便于后续控制该设备。本章从原理层的角度阐释了本地发现协议的工作方式，对比了广播和组播两种方式的特性。最常用的本地发现协议是 mDNS，读者可以选择该协议实现物联网工程的本地发现功能。如果读者使用蓝牙进行控制，则可以直接使用蓝牙协议里的资源发现技术。

本章接着介绍了本地控制中最关键的数据通信协议与对应的数据加密算法。基本的协议是 TCP 和 UDP，读者可以直接使用这两个协议作为本地控制的数据通信协议，但是一般不推荐这样做。因为 TCP 协议和 UDP 协议属于传输层协议，不带任何应用格式的数据，不像 HTTP 协议和 CoAP 协议已经基于传输协议封装了一层应用协议，便于用户使用。另外，传输层协议不支持直接使用 TLS 协议/DTLS 协议对数据进行加密，直接使用传输层协议无法保证传输数据的安全性。因此，建议读者使用 HTTP + TLS 或者 CoAP + DTLS 来进行本地控制的数据通信。

本章最后介绍了如何基于 ESP-IDF 中 esp_local_ctrl 组件实现完整的本地控制功能。该组件支持基于 Wi-Fi 和蓝牙的本地控制，数据通信协议支持 HTTPS 协议和蓝牙协议。如果读者想直接上手开发本地控制功能，可以直接使用 esp_local_ctrl 组件。另外，esp_local_ctrl 组件不支持局域网设备发现功能，需要读者自行通过 mDNS 模块来实现设备发现功能。esp_local_ctrl 组件在 ESP-IDF 中使用得非常广泛，读者可以在配网组件 wifi_provisioning 中找到配网和本地通信功能。

当然，本地控制的协议和实现方式是多样的，如果读者觉得 esp_local_ctrl 组件不满足自己的需求，可以按照 8.2 节、8.3 节和 8.4 节中的示例代码动手搭建一套本地控制框架。

## 第 9 章

设备的云端控制

通过第 8 章介绍的本地控制，相信读者对于如何设计适合自己物联网工程的本地控制功能有了一定的认识。一个完整的物联网工程，追求的就是万物互联的效果，所以只有本地控制功能是远远不够的。本地控制有一定的地域局限性，智能手机必须与被控设备在同一个局域网内。如果读者想在远程通过智能手机控制家里的物联网设备，就需要借助远程控制功能。

本章主要介绍如何基于 ESP32-C3 实现对设备的远程控制功能，目的是帮助读者了解什么是远程控制、远程控制的流程，以及远程控制使用的协议，并指导读者如何本地搭建 MQTT 服务器端来模拟云服务器、如何通过 ESP RainMaker 构建产品模型来实现具体产品的远程控制。

9.1　远程控制的介绍

什么是远程控制呢？顾名思义，远程控制是指控制设备（如智能手机、计算机等网络设备）通过广域网控制被控设备的行为。远程控制不受地域的限制，例如读者可以在公司通过智能手机控制家中的智能灯。远程控制的控制设备和被控设备一般都需要连接到云服务器，控制设备发送的控制命令交由云服务器转发至被控设备上。

第 8 章介绍了本地控制。其实，远程控制和本地控制很类似，本地控制是局域网内的数据通信，而远程控制是广域网的数据通信。本地控制内的服务器端可以是被控设备本身，也可以是局域网内的一台主机；用户的控制设备（如手机、计算机）必须和服务器端在同一个局域网内，这是一个受限条件。远程控制的服务器端一般都是云服务器（现在规模比较大的几家云服务器厂商有阿里云、亚马逊云、腾讯云等），被控设备和用户的控制设备都需要连接到云服务器上，数据的转发、存储交由云服务器处理。

远程控制的好处是控制灵活，可突破空间的限制。相比于本地控制，远程控制需要云服务和网络流量的支持，成本比本地控制高，而且远程控制的延时往往比本地控制高，数据的泄露风险更大。

结合 3.2 节介绍的 ESP RainMaker 实现原理和构成可以看出，在远程控制中，无论控制设备（智能手机）还是被控设备（如 ESP32-C3）都是直接与云服务器进行连接的，数据也是交由云服务器进行转发的，所以读者需要了解被控设备和控制设备是如何与云服务器进行通信的。

虽然远程控制需要云服务器的配合，成本也比本地控制高，但远程控制方便用户远程查看被控设备的运行状态，二者各有利弊。目前市面上大部分的物联网设备都可以接入各种云，如小米系、阿里系、京东系等产品都会接入自家的云平台，用户只需要下载对应的 App 进行配网绑定，就可以使用 App 来查看和控制物联网设备。

若用户的智能手机与被控设备在同一个局域网内，就可以使用本地控制；若用户的智能手机与被控设备不在同一个局域网内，就必须使用远程控制。本地控制也有自己的使用场景与优势，应当充分发挥本地控制与远程控制的优势，打造最适宜的物联网控制技术。

9.2　常见的云端数据通信协议

9.1 节介绍了什么是远程控制。从远程控制的拓扑结构来看，智能手机和被控设备不是直接连接的，智能手机和被控设备都连接到云服务器（云端），智能手机发送的数据和被控设备发送的数据都是通过云端进行转发的。那么，设备与云端连接的协议是什么？数据通信的协议是什么？只有弄清楚这些协议，读者才能对远程控制有一定的认识。

目前常见的设备与云端连接的协议有 MQTT 协议和 HTTP 协议。HTTP 协议在第 8 章已经介绍过了，本章主要介绍 MQTT 协议。

9.2.1　MQTT 协议介绍

MQTT（Message Queue Telemetry Transport）是一个基于客户端/服务器端（C/S）架构的发布/订阅模式的消息传输协议。该协议具有轻巧、开放、简单、规范和易于实现的特点，适合于资源受限设备，属于物联网的标准传输协议之一。MQTT 协议由 IBM 于 1999 年发布，目前MQTT 协议已经发展到 v5.x，ESP-IDF 支持 v3.1.1。MQTT v5.x 与 v3.x 的差异比较大，而且不是互相兼容的。目前市面上大部分云平台还是以 v3.x 为主，因此本章介绍的是 MQTT v3.x。

MQTT 协议运行在 TCP 协议之上，具有如下特点：

* 使用发布/订阅消息模式，提供了一对多的消息分发模式和应用之间的解耦。
* 消息传输时不需要知道负载内容。
* 提供三种等级的服务质量（QoS）来保证数据的传输。
* 传输消耗很小，可最大限度地减少网络流量。
* 支持遗嘱消息，在连接异常断开时，能通知到相关各方。

9.2.2　MQTT 协议原理

MQTT 协议是基于客户端与服务器端架构进行通信的。在 MQTT 协议中，有三个角色：发布者（Publisher）、代理服务器（Broker）和订阅者（Subscriber）。发布者和订阅者都属于客户端，并且客户端可以既是消息的发布者也可以是消息的订阅者；代理服务器是服务器端。MQTT 协议的架构如图 9-1 所示。

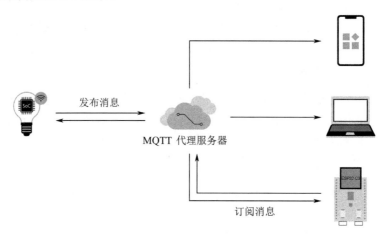

发布消息

MQTT 代理服务器

订阅消息

图 9-1　MQTT 协议的架构

（1）客户端。通常指使用 MQTT 程序的设备，可以是发布者和订阅者，一般可将智能手机和被控设备视为客户端。客户端总是通过网络连接到服务器端的，可以现实以下功能：

● 将应用消息发布给其他相关的客户端。
● 通过订阅以请求接收相关的应用消息。
● 通过取消订阅以移除接收应用消息的请求。
● 断开和服务器端的连接。

（2）服务器端。通常指代理服务器，作为发送消息的客户端和请求订阅的客户端之间的中介，一般可将云平台和云服务器视为服务器端。服务器端可以实现以下功能：

● 接收来自客户端的网络连接。
● 接收客户端发布的应用消息。
● 处理客户端的订阅和取消订阅请求。
● 将应用消息转发给符合条件的客户端。

（3）订阅（Subscribe）。订阅包含一个主题过滤器（Topic Filter）和一个最大的服务质量（QoS）等级。订阅与单个会话（Session）关联，会话可以包含多个订阅。会话的每个订阅都有一个不同的主题过滤器。

（4）主题（Topic）。主题是附加在应用消息上的一个标签，服务器端在已知该标签的情况下向订阅了该标签的客户端发送该应用消息的副本。

（5）主题过滤器（Topic Filter）。订阅中包含的一个表达式，用于表示相关的一个或多个主题。主题过滤器可以使用通配符，用于代替单个或多个字符。

（6）会话（Session）。客户端和服务器端之间的状态交互，一些会话的持续时长与网络连接一样。客户端和服务器端从建立连接到断开连接之间的状态交互称为会话。

（7）订阅与发布模式。订阅与发布模式是 MQTT 协议的灵魂，订阅者和发布者不需要关心对端的 IP 地址和端口号，也不需要直接与对端相连，它们甚至不知道对端是否存在。订阅者和发布者之间由代理服务器维系两者的消息交换，代理服务器过滤所有发布者发布的消息，然后分发给合适的订阅者。

发布者和订阅者都需要关心消息的主题。例如，智能手机想查看智能灯 A 的状态，此时智能手机可以作为订阅者向代理服务器订阅主题为 A/light_state 的订阅消息；智能灯设备 A 可以作为发布者，当智能灯的状态发生变化时，就会发布主题为 A/light_state 的状态消息给代理服务器；代理服务器过滤订阅了主题 A/light_state 的订阅者，将状态消息发布给智能手机，这样智能手机就能查询到智能灯 A 的状态。

9.2.3　MQTT 消息格式

在 MQTT 协议中，MQTT 控制报文由固定头（Fixed Header）、可变头（Variable Header）和消息体（Payload）三部分组成。

（1）固定头。存在于所有 MQTT 控制报文中。MQTT 控制报文固定头如图 9-2 所示。

Bit	7	6	5	4	3	2	1	0
第 1 个字节	控制报文的类型				用于指定控制报文类型的标志位			
第 2 个字节	剩余长度							

图 9-2　MQTT 控制报文固定头

MQTT 控制报文的类型占 4 bit，一共有 14 种类型，如表 9-1 所示。

表 9-1　MQTT 控制报文的类型

名　字	值	报文流动方向	描　述
Reserved	0	禁止	保留
CONNECT	1	客户端到服务器端	客户端请求连接服务器端
CONNACK	2	服务器端到客户端	连接报文确认
PUBLISH	3	两个方向都允许	发布消息
PUBACK	4	两个方向都允许	QoS 1 消息发布收到确认
PUBREC	5	两个方向都允许	发布收到（保证交付第一步）
PUBREL	6	两个方向都允许	发布释放（保证交付第二步）
PUBCOMP	7	两个方向都允许	QoS 2 消息发布完成（保证交互第三步）
SUBSCRIBE	8	客户端到服务器端	客户端订阅请求
SUBACK	9	服务器端到客户端	订阅请求报文确认
UNSUBSCRIBE	10	客户端到服务器端	客户端取消订阅请求
UNSUBACK	11	服务器端到客户端	取消订阅报文确认
PINGREQ	12	客户端到服务器端	心跳请求

续表

名 字	值	报文流动方向	描 述
PINGRESP	13	服务器端到客户端	心跳响应
DISCONNECT	14	客户端到服务器端	客户端断开连接

MQTT 消息质量有三个等级，即 QoS 0、QoS 1 和 QoS 2。

① QoS 0。最多分发一次。消息的传输完全依赖底层的 TCP/IP 网络，MQTT 协议里没有定义应答和重试，消息要么只会到达服务器端一次，要么根本没有到达。MQTT QoS 0 的流程如图 9-3 所示。

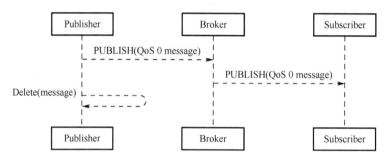

图 9-3 MQTT QoS 0 的流程

② QoS 1。至少分发一次。服务器的消息接收由 PUBACK 消息进行确认，如果通信链路或发送设备异常，或者在指定时间内没有收到确认消息，则发送端会重发这条报文，并且在 MQTT 控制报文固定头中设置重发标志位（DUP）。MQTT QoS 1 的流程如图 9-4 所示。

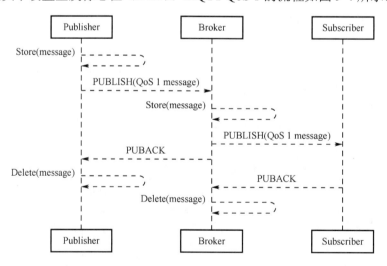

图 9-4 MQTT QoS 1 的流程

③ QoS 2。只分发一次。这是最高级别的服务质量等级，消息丢失和重复都是不可接受的，使用这个服务质量等级会有额外的开销。MQTT QoS2 的流程如图 9-5 所示。

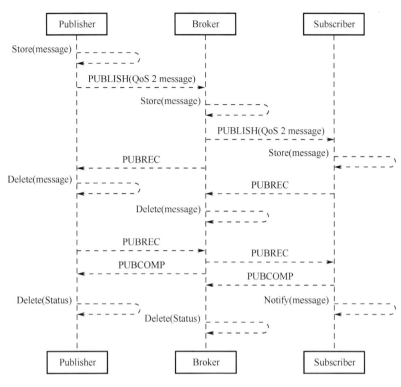

图 9-5 MQTT QoS 2 的流程

MQTT 控制报头固定头的 bit0~bit3 为标志位，依照控制报文类型有不同的含义。事实上，除了 PUBLISH 类型，其他控制报文类型的标志位均为系统保留，在不使用标志位的消息类型中，标志位被作为保留位。如果收到无效的标志，接收端就必须关闭网络连接。PUBLISH 报文头 Byte 1 中 bit0~bit3 组成如下：

① DUP（bit3）。重发标志位。如果 DUP 标志位被设置为 0，则表示这是客户端或服务器端第一次请求发送 PUBLISH 报文。如果 DUP 标志位被设置为 1，则表示这可能是一个早前报文请求的重发。对于 QoS0 的消息，DUP 标志位必须设置为 0。

② QoS（bit2~bit1）。发布消息的服务质量等级，保证消息传输的次数。QoS 值与 bit2~bit1 的关系如表 9-2 所示。

表 9-2　QoS 值与 bit2~bit1 的关系

QoS 值	bit2	bit1	描　　述
0	0	0	最多分发一次
1	0	1	至少分发一次
2	1	0	只分发一次
—	1	1	保留

③ RETAIN（bit0）。保留标志位。如果客户端发给服务器端的 PUBLISH 报文的保留（RETAIN）标志位被设置为 1，则服务器端必须存储这个报文和它的服务质量等级（QoS），以便它可以

被分发给未来与主题名匹配的订阅者。在建立一个新的订阅时，对于每个匹配的主题名，如果存在最近保留的消息，则该消息必须被发送给这个订阅者。RETAIN 标志位通常用于遗嘱消息，例如在设备异常离线后，代理服务器会将遗嘱消息告知给智能手机，智能手机就会显示设备离线的状态。

第 2 个及以后的字节表示剩余长度，表示当前控制报文剩余部分的字节数，包括可变报头和负载的数据。剩余长度字段使用一个可变长度的编码方案，对小于 128 的值使用单字节编码。更大的值按下面的方式处理：低 7 位有效位用于编码数据，最高有效位用于指示是否有更多的字节。因此每个字节可以编码 128 个数值和一个延续位。剩余长度字段最大为 4 B。剩余长度字节数如表 9-3 所示。

表 9-3　剩余长度字节数

字　节	最　小　值	最　大　值
1	0（0x00）	127（0x7F）
2	128（0x80、0x01）	16383（0xFF、0x7F）
3	16384（0x80、0x80、0x01）	2097151（0xFF、0xFF、0x7F）
4	2097152（0x80、0x80、0x80、0x01）	268435455（0xFF、0xFF、0xFF、0x7F）

（2）可变头。某些 MQTT 控制报文包含一个可变报头部分，它在固定报头和负载之间，可变报头的内容根据控制报文类型的不同而不同。可变报头的报文标识符（Packet Identifier）字段存在于多种类型的控制报文中，如 PUBLISH（QoS>0 时）、PUBACK、PUBREC、PUBREL、PUBCOMP、SUBSCRIBE、SUBACK、UNSUBSCIBE、UNSUBACK。

（3）有效载荷。消息体位于 MQTT 数据报的第三部分，包含 CONNECT、SUBSCRIBE、SUBACK、UNSUBSCRIBE 和 PUBLISH 五种类型的消息。

① CONNECT。消息体内容主要是客户端的 ClientID、订阅的 Topic、Message，以及用户名和密码。

② SUBSCRIBE。消息体内容是一系列要订阅的主题以及 QoS。

③ SUBACK。消息体内容是服务器对于 SUBSCRIBE 所申请的主题以及 QoS 进行确认和回复。

④ UNSUBSCRIBE。消息体内容是要取消订阅的主题。

⑤ PUBLISH。消息体内容是发布的应用消息，可以是零长度的。

9.2.4　协议对比

第 8 章介绍了 TCP、HTTP、UDP 和 CoAP 等协议，这些协议除了可用于本地控制，还能用于远程控制。

（1）MQTT 协议与 TCP 协议的对比。MQTT 协议是基于 TCP 协议的应用协议，两者都可以进行远程数据通信。对于套接字，TCP 协议需要用户自行开发上层的应用协议，自行开发的应用协议使用场景很有限，不适合当下物联网万物互联的大环境。而 MQTT 是一个标准的物联网轻量级协议，目前大部分的云服务器，如阿里云、亚马逊云都使用 MQTT 协议，有利于产品的对接。

（2）MQTT 协议与 HTTP 协议的对比。HTTP 协议和 MQTT 协议一样，采用的都是客户端/服务器端模型，都是基于 TCP 协议的应用协议。但 HTTP 协议报文开销比 MQTT 协议大很多，而且 HTTP 协议一般很难实现服务器向客户端主动推送数据，无法满足物联网远程控制的需求。如果设备只是单纯地上报数据，则可以使用 HTTP 协议。

（3）MQTT 协议与 CoAP 协议的对比。CoAP 协议与 HTTP 协议类似，模仿 HTTP 协议的 REST 模型，服务器端以 URI 方式创建资源，客户端可以通过 GET、PUT、POST、DELETE 方法访问这些资源，并且协议风格也和 HTTP 协议极为相似，它比 HTTP 协议需要更少的设备资源与网络开销，非常适合物联网协议，但 CoAP 协议不适合远程控制。如果智能手机发送控制命令进行远程控制，则 CoAP 协议可能需要 CoAP+Web+DataBase+App 的架构。使用 CoAP 协议时，控制命令必须经过 DataBase 才能转给设备，因为 CoAP 协议是无连接的，智能手机发送控制命令时，服务器会先将控制命令存储到 DataBase，设备会通过 GET 方法请求服务器端是否有控制命令，然后选择是否需要操作设备。而 MQTT 协议是面向连接的，服务器端会将智能手机发送的控制命令转发给每个订阅的设备，存储控制命令不是必需的，只需要 MQTT 客户端+MQTT 服务器+App 就能实现，在部署方面 MQTT 协议更具优势。

9.2.5　基于 Windows 或 Linux 搭建 MQTT Broker

常见的 MQTT Broker 有 Mosquitto、EMQTT 和 HiveMQ 等。HiveMQ 不是开源的，并且会收费，不适合用于本地验证。EMQTT 的功能比较强大，可用于大部分的云服务器，有免费版本与收费定制版本，具有在 Web 界面查看数据流量等功能。

本书主要介绍如何基于 Windows 或者 Linux 来使用 Mosquitto 搭建 MQTT Broker。Mosquitto 是一个开源（EPL/EDL 许可）的消息代理，实现了 MQTT 协议版本 5.0、3.1.1 和 3.1，属于轻量级的开源软件。Mosquitto 项目还提供了一个用于实现 MQTT 客户端的 C 语言库，以及非常流行的 `mosquitto_pub` 和 `mosquitto_sub` 命令行 MQTT 客户端，同时它还可用于 MQTT Broker。详细信息请参考 Mosquitto 的官网。

1. 基于 Linux 搭建 MQTT Broker

本节所有终端命令必须以用户身份运行，$为命令提示符。

（1）下载 mosquitto-2.0.12 （https://mosquitto.org/files/source/mosquitto-2.0.12.tar.gz）。

（2）解压 Mosquitto，命令如下：

```
$ tar -zxvf mosquitto-2.0.12.tar.gz
```

安装完成后可以使用命令 `mosquitto-help` 查看安装是否成功。

```
$ cd mosquitto-2.0.12/src
$ mosquitto --help
mosquitto version 2.0.12
mosquitto is an MQTT v5.0/v3.1.1/v3.1 broker.
    Usage: mosquitto [-c config_file] [-d] [-h] [-p port]
       -c : specify the broker config file.
       -d : put the broker into the background after starting.
       -h : display this help.
       -p : start the broker listening on the specified port.
         Not recommended in conjunction with the -c option.
       -v : verbose mode - enable all logging types. This overrides
         any logging options given in the config file.
       See https://mosquitto.org/ for more information.
```

（3）启动 MQTT Broker，在 MQTT 客户端进行调试。

① 启动 MQTT，命令如下：

```
$ mosquitto
```

② 使用 mosquitto_sub 订阅主题 topic，命令如下：

```
$ mosquitto_sub -t 'test/topic' -v
```

③ 先开启一个新的终端，再使用 mosquitto_pub 发送数据，命令如下：

```
$ mosquitto_pub -t 'test/topic' -m 'hello world'
```

④ 在原有的订阅主题为 topic 的终端中，查看接收到的数据，命令如下：

```
$ mosquitto_sub -t 'test/topic' -v
test/topic hello world
```

2. 基于 Windows 搭建 MQTT Broker

（1）根据计算机的位数选择下载 32 位或 64 位的 MQTT 安装包，双击进行安装。

（2）打开命令行窗口，进入安装 mosquitto 的目录，启动 Mosquitto Broker，命令如下：

```
cd C:\Program Files\mosquitto\
```

（3）使用 mosquitto_sub.exe 订阅主题 topic，命令如下：

```
C:\Program Files\mosquitto>mosquitto_sub.exe -t 'test/topic' -v
```

（4）使用 mosquitto_sub.exe 发送数据，命令如下：

```
C:\Program Files\mosquitto>mosquitto_pub.exe -t 'test/topic' -m 'hello_world'
```

9.2.6　基于 ESP-IDF 创建 MQTT 客户端

ESP-IDF 中用于实现 MQTT 客户端的组件是 ESP-MQTT，该组件具有如下功能特征：

- 支持 MQTT、MQTT+TLS、MQTT over WebSocket 和 MQTT over WebSocket+TLS。
- 可轻松配置连接 Broker 的 URI。
- 支持创建多个 MQTT 客户端。
- 支持订阅、发布、身份验证、遗嘱消息、保活机制和 QoS 消息。
- 支持 MQTT 3.1.1 和 MQTT 3.1。

下面的代码基于 IDF 创建了连接本地的 MQTT Broker。

 扩展阅读：通过目录 `esp-idf/examples/protocols/mqtt/tcp`，读者可查看完整的代码。

```
1.  //MQTT 消息处理函数
2.  static void mqtt_event_handler(void *handler_args, esp_event_base_t base,
3.                                 int32_t event_id, void *event_data)
4.  {
5.      esp_mqtt_event_handle_t event = event_data;
6.      esp_mqtt_client_handle_t client = event->client;
7.      int msg_id;
8.      switch ((esp_mqtt_event_id_t)event_id) {
9.          case MQTT_EVENT_CONNECTED:
10.         ESP_LOGI(TAG, "MQTT_EVENT_CONNECTED");
11.         //MQTT 订阅主题为/topic/test 的消息
12.         msg_id = esp_mqtt_client_subscribe(client, "/topic/test", 0);
13.         ESP_LOGI(TAG, "sent subscribe successful, msg_id=%d", msg_id);
14.         break;
15.         case MQTT_EVENT_DISCONNECTED:
16.         ESP_LOGI(TAG, "MQTT_EVENT_DISCONNECTED");
17.         break;
18.         case MQTT_EVENT_SUBSCRIBED:
19.         ESP_LOGI(TAG, "MQTT_EVENT_SUBSCRIBED, msg_id=%d", event->msg_id);
20.         break;
21.         case MQTT_EVENT_UNSUBSCRIBED:
22.         ESP_LOGI(TAG, "MQTT_EVENT_UNSUBSCRIBED, msg_id=%d", event->msg_id);
23.         break;
24.         case MQTT_EVENT_PUBLISHED:
25.         ESP_LOGI(TAG, "MQTT_EVENT_PUBLISHED, msg_id=%d", event->msg_id);
26.         break;
27.         case MQTT_EVENT_DATA:
28.         ESP_LOGI(TAG, "MQTT_EVENT_DATA");
29.         ESP_LOGI(TAG, "TOPIC=%.*s\r\n", event->topic_len, event->topic);
30.         ESP_LOGI(TAG, "DATA=%.*s\r\n", event->data_len, event->data);
31.         break;
32.         case MQTT_EVENT_ERROR:
33.         ESP_LOGI(TAG, "MQTT_EVENT_ERROR");
34.         break;
```

9

```
35.        default:
36.            ESP_LOGI(TAG, "Other event id:%d", event->event_id);
37.            break;
38.    }
39. }
40.
41. #define CONFIG_BROKER_URL "mqtt://192.168.3.4/"
42.
43. static void esp_mqtt_start(void)
44. {
45.    //配置MQTT URI
46.    esp_mqtt_client_config_t mqtt_cfg = {
47.        .uri = CONFIG_BROKER_URL,
48.    };
49.
50.    //初始化MQTT客户端
51.    esp_mqtt_client_handle_t client = esp_mqtt_client_init(&mqtt_cfg);
52.
53.    //注册事件处理函数
54.    esp_mqtt_client_register_event(client, ESP_EVENT_ANY_ID, mqtt_event_handler, NULL);
55.
56.    //启动MQTT客户端
57.    esp_mqtt_client_start(client);
58. }
```

设备端连接 MQTT Broker 并订阅主题 /topic/test，另外一个 MQTT 客户端发送主题 /topic/test 和消息 hello world。设备端的 Log 如下：

```
I (2598) wifi station: MQTT_EVENT_CONNECTED
I (2598) wifi station: sent subscribe successful, msg_id=25677
I (2648) wifi station: MQTT_EVENT_SUBSCRIBED, msg_id=25677
I (314258) wifi station: MQTT_EVENT_DATA
I (314258) wifi station: TOPIC=/topic/test
I (314258) wifi station: DATA=hello world
```

9.3 保证 MQTT 数据安全性

MQTT 协议的数据是以明文的形式传输的，如果不进行加密，则数据就可能被窃取。本书在 8.4.1 节介绍了 TLS 协议，该协议可以保证只有通信双方才能解密数据，保证数据的安全性与合法性。

同样，使用 MQTT 协议进行云端通信时，也可以借助 TLS 协议，TLS 协议可以参考 8.4.1 节，本节仅介绍 TLS 协议握手中的证书含义与作用，以及如何在本地生成证书并基于本地的 MQTT Broker 搭建双向认证的 TLS 环境。

9.3.1　证书的含义与作用

1．证书的介绍

证书也称为公钥证书（Public-Key Certificate，PKC），该证书中的用户名称、组织、邮箱等个人信息，以及该用户的公钥，由认证机构（Certification Authority 或 Certifying Authority，CA）进行数字签名。读者可以把证书看成个人的居民身份证，身份证号就好比公钥，只要看到居民身份证就知道代表的是哪个人。读者可将认证机构看成派出所，用于签发个人的居民身份证。通常，认证机构既可以是国际组织、政府组织或具有营利性质的企业，也可以是一般的个体。

2．证书生成过程

（1）用户 A 在本地使用非对称加密算法生成私钥-公钥对。

（2）用户 A 把在本地生成的公钥和证书信息文件交给认证机构进行数字签名，并生成证书。

（3）认证机构在本地生成私钥-公钥对，也就是下面示例中的 `ca.key`，认证机构使用自己的私钥对用户 A 的公钥进行数字签名并发布证书。

（4）用户 B 获取认证机构的公钥，认证机构的公钥是公开的，用户 B 使用该公钥对用户 A 证书中数字签名的合法性进行验证。如果验证成功，则说明用户 A 证书中的公钥是用户 A 的。

（5）如果用户 B 要向用户 A 发送数据，则只需要使用用户 A 证书中的公钥对数据进行加密后发送给用户 A，用户 A 使用自己的私钥进行解密。

至此，用户 A 证书的生成，以及用户 A 和 B 的数据通信流程就介绍完了。这只是 TLS 证书认证的单向认证，上述用户 A 好比服务器端，用户 B 好比客户端，这种情况就是客户端校验服务器端的证书。如果需要服务器端校验客户端的证书，按照上述流程生成用户 B 的证书即可。

3．证书的作用

从上述证书的生成过程读者可以明白，证书就是校验对端是否合法的一种手段。只有对端是合法的，才能保证用户交互的数据不会存在被泄露的风险。

4．证书规范

证书使用 X.509 格式，X.509 是一种非常通用的证书格式。所有的证书都符合 ITU-T X.509 国际标准。X.509 证书的结构是用 ASN1（Abstract Syntax Notation One）进行描述的数据结构，并使用 ASN1 语法进行编码。感兴趣的读者可以自行查阅相关资料，本节就不做更详细的叙述了。证书通常包含如下字段：

（1）版本号（Version Number）。规范的版本号，目前为版本 3，值为 0x2。

（2）序列号（Serial Number）。由 CA 维护，并为每一个证书分配唯一的序列号，用于证书的追踪和撤销，最大不能超过 20 B。

（3）签名算法（Signature Algorithm）。数字签名所使用的算法。

（4）有效期（Validity）。证书的有效期限，包括起止时间。

（5）主体（Subject）。证书拥有者的标识信息，可以理解为上述的个人信息。

（6）主体的公钥信息（Subject Public Key Info）。所保护的公钥相关的信息，包括公钥采用的算法（Public Key Algorithm）和主体公钥（Subject Unique Identifier）内容。

5. 证书格式

X.509 格式一般使用 PEM（Privacy Enhanced Mail）格式，证书文件的文件后缀名一般为 `.crt` 或 `.cer`，对应私钥文件的文件后缀名一般为 `.key`，证书请求文件的文件后缀名为 `.csr`。

PEM 格式是采用文本方式进行存储的，一般包括首尾标记和内容块，内容块采用 Base64 进行编码。

9.3.2　本地生成证书

OpenSSL 是一个开源的安全套接字层密码库，主要的功能有算法、密钥、证书封装管理，以及 SSL 协议。OpenSSL 由三部分构成：SSL 协议库、应用程序命令行工具和密码算法库。下面的示例基于 Linux 开源 OpenSSL 软件包生成了证书与密钥。

1. 生成证书所需的私钥

通过下面的命令可生成证书的私钥（2048 bit），用户可以从私钥中提取对应的公钥。

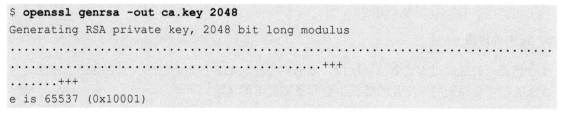

```
$ openssl genrsa -out ca.key 2048
Generating RSA private key, 2048 bit long modulus
........................................................................
..................................................+++
.......+++
e is 65537 (0x10001)
```

通过下面的命令可生成服务器端证书的私钥（2048 bit）。

```
$ openssl genrsa -out server.key 2048
Generating RSA private key, 2048 bit long modulus
.................+++
.....................+++
e is 65537 (0x10001)
```

通过下面的命令可生成客户端证书的私钥（2048 bit）。

```
$ openssl genrsa -out client.key 2048
Generating RSA private key, 2048 bit long modulus
.............................................+++
................................................+++
e is 65537 (0x10001)
```

RSA 算法的建议长度最少是 2048 bit，如果长度是 1024 bit，则 mbedtls 会以安全性过低拒绝 TLS 协商。

2. 生成证书所需的 CSR（证书请求文件）

下面的命令可生成 CA 证书所需的 CSR，读者按照提示输入即可，Organization Name 可随意输入（这是因为只是在本地使用 CSR）。

```
$ openssl req -out ca.csr -key ca.key -new
You are about to be asked to enter information that will be incorporated
into your certificate request.
What you are about to enter is what is called a Distinguished Name or a DN.
There are quite a few fields but you can leave some blank
For some fields there will be a default value,
If you enter '.', the field will be left blank.
-----
Country Name (2 letter code) [AU]:CN
State or Province Name (full name) [Some-State]:
Locality Name (eg, city) []:
Organization Name (eg, company) [Internet Widgits Pty Ltd]:IOT Certificate Test
Organizational Unit Name (eg, section) []:
Common Name (e.g. server FQDN or YOUR name) []:
Email Address []:

Please enter the following 'extra' attributes
to be sent with your certificate request
A challenge password []:
An optional company name []:
```

下面的命令可生成服务器端证书所需的 CSR。注意，需要在 Common Name 字段输入服务器本身的域名或者 IP 地址。

```
$ openssl req -out server.csr -key server.key -new
You are about to be asked to enter information that will be incorporated
into your certificate request.
What you are about to enter is what is called a Distinguished Name or a DN.
There are quite a few fields but you can leave some blank
For some fields there will be a default value,
If you enter '.', the field will be left blank.
-----
```

```
Country Name (2 letter code) [AU]:CN
State or Province Name (full name) [Some-State]:
Locality Name (eg, city) []:
Organization Name (eg, company) [Internet Widgits Pty Ltd]:MQTT Server
Organizational Unit Name (eg, section) []:
Common Name (e.g. server FQDN or YOUR name) []:192.168.3.4
Email Address []:

Please enter the following 'extra' attributes
to be sent with your certificate request
A challenge password []:
An optional company name []:
```

下面的命令可生成客户端证书所需的 CSR。注意，需要在 Common Name 字段输入客户端的 IP 地址。

```
$ openssl req -out client.csr -key client.key -new
You are about to be asked to enter information that will be incorporated
into your certificate request.
What you are about to enter is what is called a Distinguished Name or a DN.
There are quite a few fields but you can leave some blank
For some fields there will be a default value,
If you enter '.', the field will be left blank.
-----
Country Name (2 letter code) [AU]:CN
State or Province Name (full name) [Some-State]:
Locality Name (eg, city) []:
Organization Name (eg, company) [Internet Widgits Pty Ltd]:MQTT Client
Organizational Unit Name (eg, section) []:
Common Name (e.g. server FQDN or YOUR name) []:192.168.3.5
Email Address []:

Please enter the following 'extra' attributes
to be sent with your certificate request
A challenge password []:
An optional company name []:
```

3. 生成 CA 证书以及服务器端和客户端的证书

下面的命令可生成 CA 证书 ca.crt。

```
$ openssl x509 -req -in ca.csr -out ca.crt -sha256 -days 5000 -signkey ca.key
Signature ok
subject=/C=CN/ST=Some-State/O=IOT Certificate Test
Getting Private key
```

下面的命令可生成服务器端的证书 server.crt。

```
$ openssl x509 -req -in server.csr -out server.crt -sha256 -CAcreateserial -days
```

```
5000 -CA ca.crt -CAkey ca.key
Signature ok
subject=/C=CN/ST=Some-State/O=MQTT Server/CN=192.168.3.4
Getting CA Private Key
```

下面的命令可生成客户端证书 `client.crt`。

```
$ openssl x509 -req -in client.csr -out client.crt -sha256 -CAcreateserial -days
5000 -CA ca.crt -CAkey ca.key
Signature ok
subject=/C=CN/ST=Some-State/O=MQTT Client/CN=192.168.3.5
Getting CA Private Key
```

注意，不要使用 SHA1 算法，因为 `mbedtls` 会由于安全性过低而拒绝 TLS 协商。

9.3.3　配置 MQTT Broker

9.2.5 节介绍了如何基于 Windows 或 Linux 搭建 MQTT Broker，本节将介绍 Mosquitto+TLS 的使用方法。

首先修改配置文件 `mosquitto.conf`，该文件在 `mosquitto` 的根目录。在该文件中需要添加如下配置，配置 9.3.2 节生成的 CA 证书（`ca.crt`）的绝对路径，服务器端证书（`server.crt`）的绝对路径和服务器端证书的私钥（`server.key`）。命令如下：

```
$ port 8883
certfile {绝对路径}/server.crt
keyfile {绝对路径}/server.key
cafile {绝对路径}/ca.crt
require_certificate true
use_identity_as_username true
```

配置结束后需要重启 Mosquitto，并且加载配置文件 `mosquitto.conf`。下面以 Linux 平台为例介绍 Mosquitto 的重启，命令如下：

```
$ mosquitto -c mosquitto.conf -v
1635927859: mosquitto version 1.6.3 starting
1635927859: Config loaded from mosquitto.conf.
1635927859: Opening ipv4 listen socket on port 8883.
1635927859: Opening ipv6 listen socket on port 8883.
```

9.3.4　配置 MQTT 客户端

9.2.5 节介绍了如何基于 ESP-IDF 创建 MQTT 客户端，之前使用的是 MQTT+TCP，数据的安全性得不到保证，本节介绍如何使用 MQTT+TLS 创建客户端，代码如下：

```
1.  extern const uint8_t client_cert_pem_start[] asm("_binary_client_crt_start");
2.  extern const uint8_t client_cert_pem_end[] asm("_binary_client_crt_end");
3.  extern const uint8_t client_key_pem_start[] asm("_binary_client_key_start");
```

```
4.    extern const uint8_t client_key_pem_end[] asm("_binary_client_key_end");
5.    extern const uint8_t server_cert_pem_start[] asm("_binary_ca_crt_start");
6.    extern const uint8_t server_cert_pem_end[] asm("_binary_ca_crt_end");
7.
8.    #define CONFIG_BROKER_URL "mqtts://192.168.3.4/"
9.
10.   //配置 MQTT URI
11.   esp_mqtt_client_config_t mqtt_cfg = {
12.       .uri = CONFIG_BROKER_URL,
13.       .client_cert_pem = (const char *)client_cert_pem_start,
14.       .client_key_pem = (const char *)client_key_pem_start,
15.       .cert_pem = (const char *)server_cert_pem_start,
16.   };
```

读者需要加载客户端的证书（client.crt）、客户端私钥（client.key）和认证服务器端的 CA 证书（ca.crt），将原先 MQTT 连接修改为 mqtts，默认使用的端口号为 8883。除了通过代码加载证书，读者还需要修改 CMakeLists.txt 文件，在编译时将证书加载到固件中。代码如下：

```
1.    target_add_binary_data(${CMAKE_PROJECT_NAME}.elf "main/client.crt" TEXT)
2.    target_add_binary_data(${CMAKE_PROJECT_NAME}.elf "main/client.key" TEXT)
3.    target_add_binary_data(${CMAKE_PROJECT_NAME}.elf "main/ca.crt" TEXT)
```

编译烧录后，将设备连接到 Wi-Fi，可以看到客户端和服务器端都显示连接成功，并且客户端订阅了主题 /topic/test。服务器端的 Log 如下：

```
1635927859: mosquitto version 1.6.3 starting
1635927859: Config loaded from mosquitto.conf.
1635927859: Opening ipv4 listen socket on port 8883.
1635927859: Opening ipv6 listen socket on port 8883.
1635927867: New connection from 192.168.3.5 on port 8883.
1635927869: New client connected from 192.168.3.5 as ESP32_2465F1 (p2, c1, k120,
u'192.168.3.5').
1635927869: No will message specified.
1635927869: Sending CONNACK to ESP32_2465F1 (0, 0)
1635927869: Received SUBSCRIBE from ESP32_2465F1
1635927869:     /topic/test (QoS 0)
1635927869: ESP32_2465F1 0 /topic/test
1635927869: Sending SUBACK to ESP32_2465F1
```

现在使用 mosquitto_pub 向主题 /topic/test 发送数据 hello world，看设备是否可以接收到。命令如下：

```
$ mosquitto_pub -h 192.168.3.4 -p 8883 -t "/topic/test" -m 'hello world' --cafile
ca.crt --cert client.crt --key client.key
```

设备端的 Log 如下：

```
I (1600) esp_netif_handlers: sta ip: 192.168.3.5, mask: 255.255.255.0, gw: 192.168.3.1
I (1600) wifi station: got ip:192.168.3.5
```

```
I (1600) wifi station: connected to ap SSID:myssid password:12345678
I (1610) wifi station: Other event id:7
W (1630) wifi:<ba-add>idx:0 (ifx:0, 34:29:12:43:c5:40), tid:0, ssn:4, winSize:64
I (4110) wifi station: MQTT_EVENT_CONNECTED
I (4120) wifi station: sent subscribe successful, msg_id=42634
I (4140) wifi station: MQTT_EVENT_SUBSCRIBED, msg_id=42634
I (10290) wifi station: MQTT_EVENT_DATA
I (10290) wifi station: TOPIC=/topic/test
I (10290) wifi station: DATA=hello world
```

9.4 实战：通过 ESP RainMaker 实现智能照明工程的远程控制

通过前面章节的学习，相信读者已经对 Wi-Fi 配置、MQTT 协议有了初步的了解。本节将继续完成本书中的智能照明实战案例，利用 ESP RainMaker 来赋予智能灯远程控制功能、本地控制功能、远程升级功能、离线定时/倒计时功能，通过技能的形式对接 Alexa App 与 Google Home App，实现第三方应用的控制，并借助 Amazon Alexa 语音助手与 Google Assistant 语音助手实现对智能灯的语音控制。

基础的语音助手提供了对智能灯开关、亮度调节的支持，如果智能灯支持颜色、色温调节，则可以通过语音助手发送具体颜色值或色温值，读者也可以使用搭载这些语音助手的音箱（如 Echo、Nest）来发现和控制智能灯。

9.4.1 ESP RainMaker 的基本概念

在介绍 ESP RainMaker 功能之前本节先介绍几个基本概念，这些概念会在 ESP RainMaker 框架（后端、客户端）的各个方面使用。ESP RainMaker 框架如图 9-6 所示。

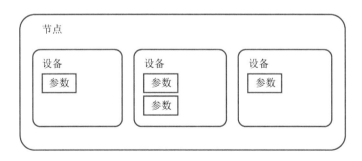

图 9-6 ESP RainMaker 框架

（1）节点（Node）。是指物理设备（如 ESP32-C3）在云端对应的设备模型，每个节点拥有唯一的标识符——节点 ID（Node ID），节点是 ESP RainMaker 框架中能够操作的最小单位，是整个产品物模型的载体。

（2）节点属性（Node Attribute）。节点属性用来更好地描述与定义节点的功能，ESP RainMaker 针对节点已经设置了默认的元数据，包括版本（fw_version）、型号（model）等，在创建节点时设置的名称与类型也将默认作为元数据的一部分，开发者也可以在元数据中添加自己的信息，以丰富节点的描述。

（3）设备（Device）。设备是用户可控制的逻辑实体，如开关、智能灯、温度传感器、风扇。与节点不同，设备是用户层面能够操作的最小单位。

（4）设备属性（Device Attribute）。与节点属性类似，设备属性用来更好地描述与定义设备的功能。

（5）服务（Service）。就 ESP RainMaker 框架而言，服务是一个与设备非常相似的实体。与设备的主要区别在于服务不需要用户可见的操作，如 OTA 升级，它拥有一些状态，这些状态不需要用户来操作与管理。

（6）参数（Parameter）。参数用来实现设备与服务的功能，如智能灯的电源状态、亮度、颜色，以及 OTA 升级过程中的状态更新。

ESP RainMaker 框架中的节点、设备、参数、服务等概念能够很好地描述产品的形态与功能。例如，在需要创建一个可以实现开关、亮度、颜色控制的智能灯并且还能完成定时开关时，使用节点与设备的概念创建智能灯，使用参数的概念创建开关、亮度、颜色，使用服务的概念启用定时功能。

9.4.2 节点与云后端通信协议

节点与云后端使用基于 TLS 协议的 MQTT 协议进行加密通信，通过 X.509 证书相互进行身份验证，节点连接使用的私钥是在节点上自动生成的。在第一次配网时，ESP32-C3 将通过协助 Claiming 获取证书，证书将保存在设备的 Flash 中。ESP32-C3 使用协助 Claiming 的流程如图 9-7 所示。

（1）ESP32-C3 生成 RSA2048 私钥，使用自身的 MAC 地址作为初始节点 ID，并向智能手机 App 发送相关消息。

（2）在第一次配网时，先由智能手机 App 与 Claiming 服务（Claiming Service）交互进行身份认证，身份认证成功后再由接收服务器下发节点 ID，并转发给 ESP32-C3。

（3）ESP32-C3 生成一个 CN 域为节点 ID 的 CSR，由智能手机 App 协助转发到 Claiming 服务。

（4）Claiming 服务验证后将颁发证书，并由智能手机 App 转发到 ESP32-C3。

节点 ID 不仅可以在申请证书时用于节点的标识，还可以用于用户的关联、MQTT 消息的过滤。例如，节点只能订阅带有特定前缀（node/<node_id>/*）的主题，同样也只能将消息发布到这些特定的主题。

ESP RainMaker 中默认定义了一些消息，包括配置消息、控制消息、状态消息、初始状态消息、映射消息、OTA 升级消息、警告消息，这些消息使用 JSON 封装，使用 MQTT 协议发送到云后端。

Assisted Claiming

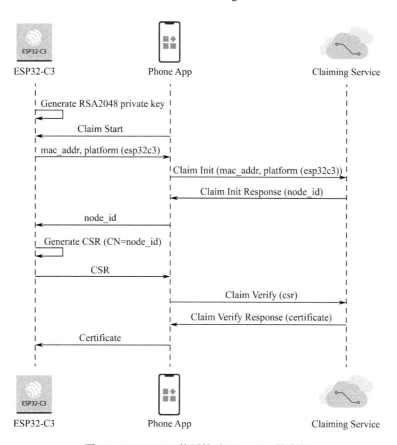

图 9-7　ESP32-C3 使用协助 Claiming 的流程

节点通过主题 node/<node_id>/config 发布配置消息,配置消息携带了节点及节点属性、设备及设备属性、服务、参数,例如:

```
1.   //截取了 led_light 中的一部分配置信息
2.   {
3.       "node_id": "xxxxxxxxxx",              //节点 ID
4.       "config_version": "2020-03-20",        //配置版本
5.       "info": {                              //节点信息
6.           "name": "ESP RainMaker Device",
7.           "fw_version": "1.0",
8.           "type": "Lightbulb",
9.           "model": "led_light"
10.      },
11.      "devices": [                           //节点中所包含的设备
12.          {
13.              "name": "Light",
14.              "type": "esp.device.lightbulb",
15.              "primary": "Power",
16.              "params": [                     //设备的参数信息
```

```
17.            {
18.                "name": "Name",
19.                "type": "esp.param.name",
20.                "data_type": "string",
21.                "properties": ["read", "write"]
22.            },
23.            {
24.                "name": "Power",
25.                "type": "esp.param.power",
26.                "data_type": "bool",
27.                "properties": ["read", "write"],
28.                "ui_type": "esp.ui.toggle"
29.            },
30.            ......
31.            ]
32.        }
33.        ],
34.        "services": [                              //节点中所包含的服务
35.        {
36.            "name": "OTA",
37.            "type": "esp.service.ota",
38.            "params": [
39.            {
40.                "name": "Status",
41.                "type": "esp.param.ota_status",
42.                "data_type": "string",
43.                "properties": ["read"]
44.            }
45.            ......
46.            ]
47.        }
48.    ]
49. }
```

智能手机 App 通过解析 node_id 可以获取产品唯一标识符，通过解析 devices 可以获取设备信息及个数，通过解析 services 可以获取服务。如果对 devices 的 params 设置了 ui_type，则 App 将显示对应的 UI（9.4.7 节将介绍标准参数、标准设备、标准 UI 的使用），params 的 properties 用于标识 App 的读写权限。

节点通过订阅主题 node/<node_id>/remote 来接收下行控制信息，用于 App、第三方应用对节点的控制，下行控制消息将携带需要更改设备的参数，例如：

```
1. {
2.     "Light": {
3.         "Power": false
4.     }
5. }
```

节点可以通过主题 node/<node_id>/params/local 主动上报状态消息,云后端将缓存消息中携带的参数,同时向启用了推送功能的客户端推送消息。

映射消息用于实现节点与用户的关联,当一个节点未与任何用户关联时,需要先将节点关联到一个用户,确保只有该用户才具有访问该节点的权限。请求关联操作发生在 Wi-Fi 配置阶段,设备将在配网时接收智能手机下发的用户 ID 与安全密钥,一旦节点连接到云后端,就会拼接智能手机下发的内容,并在附带自己的节点 ID 后发送到云后端,例如:

```
1.  {
2.      "node_id": "112233AABBCC",
3.      "user_id": "02e95749-8d9d-4b8e-972c-43325ad27c63",
4.      "secret_key": "9140ef1d-72be-48d5-a6a1-455a27d77dee"
5.  }
```

云后端收到这些消息后便会查找 App 是否发送了相同的安全密钥,一旦找到便将发送相同密钥的用户与设备进行关联。关联检查流程如图 9-8 所示。

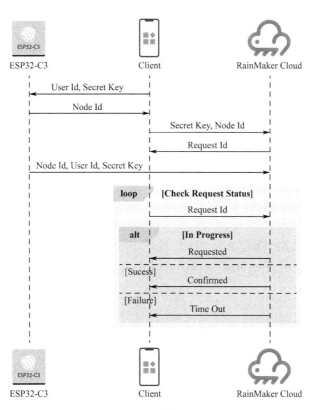

图 9-8　关联检查流程

OTA 升级消息用于实现节点的 OTA 升级,使用 3 个 MQTT 主题 node/<node_id>/otafetch、node/<node_id>/status、node/<node_id>/otaurl 分别实现 OTA 升级状态上报、OTA 升级固件下发、OTA 升级任务查询。代码如下:

```
1.  //OTA 升级固件下发
2.  {
3.      "url": "<ota_image_url>",
4.      "ota_job_id": "<ota_job_id>",
5.      "file_size": "<num_bytes>"
6.  }
7.
8.  //OTA 升级任务查询
9.  {
10.     "node_id": "<node_id>",
11.     "fw_version": "<fw_version>"
12. }
13.
14. //OTA 升级状态上报
15. {
16.     "ota_job_id": "<ota_job_id>",
17.     "status": "<in-progress/success/fail>",
18.     "additional_info": "<additional_info>"
19. }
```

节点可以通过主题 node/<node_id>/alert 发布警告消息，警告消息是一种带有推送性质的消息，用于通知、提醒用户。App 收到警告消息后将其推送至智能手机通知栏。云后端的数据都带有推送性质，使用该主题的数据被显式地标记为需要主动推送到智能手机系统的通知栏。例如：

```
1.  {
2.      "esp.alert.str": "alert"
3.  }
```

9.4.3 客户端与云后端通信方法

ESP RainMaker 提供的客户端有 App 与 CLI 工具两种，两者都是基于 RESTful API 实现的。本节只简单概述如何使用设备 SDK 提供的 CLI 工具完成客户端与云后端的通信。

CLI 工具位于 esp-rainmaker/cli 目录下，是 esp-rainmaker 仓库的子模块，基于 Python 实现。在使用 CLI 工具前需要先参考第 4 章节完成 ESP-IDF 环境的搭建，并导入 ESP-IDF 环境变量。通过下面几个命令可以验证 ESP-IDF、Python 环境是否已准备就绪。

```
# 打印 ESP-IDF 版本
$ idf.py --version
ESP-IDF v4.3.2

# 打印 Python 版本
$ python3 --version
Python 3.6.9
```

执行这些命令后，如果 Shell 有类似输出，则表示 ESP-IDF 环境已准备就绪。需要注意的是

CLI 工具依赖 Python 3.x，若 Python 版本为 2.x 则需要先进行升级。

在完成 ESP-IDF 环境准备后需要通过 pip 安装 CLI 工具的 Python 依赖。命令如下：

```
$ cd {your RainMaker path}/esp-rainmaker/cli
$ pip install -r requirements.txt
Collecting argparse
  Using cached argparse-1.4.0-py2.py3-none-any.whl (23 kB)
...
...
...
Installing collected packages: cryptography, argparse
  Attempting uninstall: cryptography
    Found existing installation: cryptography 2.9.2
    Uninstalling cryptography-2.9.2:
      Successfully uninstalled cryptography-2.9.2
Successfully installed argparse-1.4.0 cryptography-2.4.2
WARNING: You are using pip version 21.1.2; however, version 21.3.1 is available.
```

在完成环境准备后就可以通过 CLI 工具与云后端进行通信了，下面整理了 CLI 工具支持的所有命令，读者可以通过 `python3 rainmaker.py -h` 查看命令的使用方法，对于每一条命令也可以使用参数 `-h` 进一步查看帮助信息。CLI 工具支持的命令如表 9-4 所示。

表 9-4　CLI 工具支持的命令

命　　令	说　　明
signup	注册 ESP RainMaker 账户
login	登录 ESP RainMaker 账户
logout	注销当前登录的 ESP RainMaker 账户
forgotpassword	重置密码
getnodes	获取当前账户下的所有节点
getnodeconfig	获取节点的配置
getnodestatus	获取节点的在线/离线状态
setparams	向节点下发参数
getparams	获取节点在云端的最后一条参数
removenode	删除映射的节点
provision	对节点进行配网
getmqtthost	获取节点所连接的 MQTT 主机地址
claim	对节点进行主机 Claiming，获取 MQTT 证书
test	测试节点是否完成节点映射
otaupgrade	下发 OTA 升级信息
getuserinfo	获取登录用户的详细信息
sharing	分享节点

CLI 工具中的 Claim 命令为主机 Claiming，ESP32-C3 支持更加方便的自身 Claiming，主机 Claiming 在 ESP32-C3 上已不再使用。

读者需要先注册一个 ESP RainMaker 账户才可以使用除 signup 以外的命令，执行命令 signup 后读者将看到下面这些内容：

```
$ cd {your RainMaker path}/esp-rainmaker/cli
$ python3 rainmaker.py signup someone@example.com
Choose a password
Password :
Confirm Password :
Enter verification code sent on your Email.
Verification Code : 973854
Signup Successful
Please login to continue with ESP Rainmaker CLI
```

从邮箱中获取验证码如图 9-9 所示。

图 9-9　从邮箱中获取验证码

注册成功后需要使用 login 命令进行登录。如果直接使用 login 命令，Shell 将调用一个浏览器，使用浏览器登录 ESP RainMaker 如图 9-10 所示，需要在浏览器中输入账号密码。

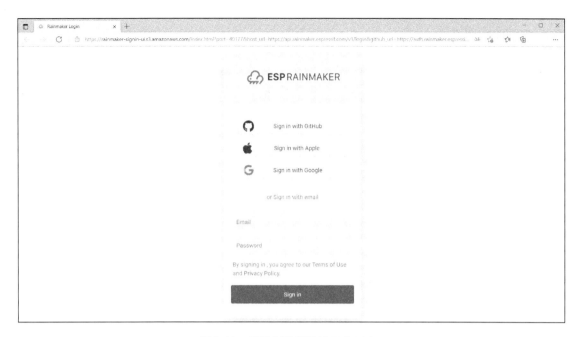

图 9-10　使用浏览器登录 RainMaker

调用 login 时使用 -email 参数将通过 Shell 输入密码：

```
$ python3 rainmaker.py login --email someone@example.com
Password:
Login Successful
```

9.4.4　用户体系

前文简单提到了节点关联的概念，节点关联的目的是确保每一个节点都被唯一的用户所控制。ESP RainMaker 有两类用户：管理员用户与终端用户。

（1）管理员用户。拥有给定节点 MQTT 证书的用户是该节点的管理员用户，使用 Claiming 服务获取到证书的用户将成为该节点的管理员用户。管理员用户可以通过 ESP RainMaker 管理后台查看节点信息、进行 OTA 升级，以及使用 ESP Insight 远程监察平台功能，但无法设置、获取节点参数和配置。

（2）终端用户。拥有给定节点控制权限的用户是该节点的终端用户。终端用户允许设置、获取节点参数和配置，但无法在 ESP RainMaker 管理后台上查看节点。终端用户又分为两类：

① 主要用户。最后一次完成节点映射的用户将成为该节点的主要用户。主要用户不仅可以访问节点配置、读写节点参数，还可以添加、删除、查看次要用户。

② 次要用户。通过主要用户分享获得节点访问权限的用户将成为该节点的次要用户。次要用户可以访问节点配置、读写节点参数，但不能添加、删除、查看其他次要用户。

9.4.5 基础服务介绍

ESP RainMaker 的服务是指集成特定功能、方便二次开发使用的实例，这些服务将丰富节点的功能。例如，定时/倒计时服务可为设备提供离线的定时/倒计时功能；系统管理服务可为设备提供远程重启与恢复出厂设置功能；时间与时区服务可为设备提供时区切换功能；OTA 升级服务可为设备提供远程更新功能；本地控制服务可为设备提供快速、稳定、安全的局域网通信。这些服务只需要进行简单的配置即可使用。

1．时间与时区服务

获取时间是物联网设备连接到互联网后最重要的一件事，特别是在设备使用日程表服务时。在 ESP Rainmaker 中有两个重要的概念：时间与时区。

时间通常使用 SNTP（简单网络时间协议）获取。RainMaker SDK 在 ESP-IDF 的 SNTP 组件上提供了一个抽象层，方便开发者完成时间的同步及检查。代码如下：

```
1.  /*初始化时间同步，该函数将在内部调用 SNTP 组件并通过 esp_rmaker_time_config_t 传输的
2.  sntp_server_name 设置 SNTP 服务器*/
3.  esp_err_t esp_rmaker_time_sync_init(esp_rmaker_time_config_t *config);
4.
5.  //检查时间是否同步，该函数将与标准时间 1546300800 进行对比,以检查时间同步是否完成
6.  bool esp_rmaker_time_check(void);
7.
8.  //等待时间同步
9.  esp_err_t esp_rmaker_time_wait_for_sync(uint32_t ticks_to_wait);
```

由于世界各国家与地区的经度不同，地方时也有所不同，因此有不同的时区。ESP-IDF 提供了使用 TZ 环境变量和 tz_set() 函数设置时区的方法。RainMaker SDK 在此之上提供了一个抽象层，并提供了多种设置时区的方法。例如：

（1）通过 C API 完成设置，代码如下：

```
1.  //使用时区字符串设置时区
2.  esp_err_t esp_rmaker_time_set_timezone(const char *tz);
3.
4.  //使用 POSIX 格式设置时区
5.  esp_err_t esp_rmaker_time_set_timezone_posix(const char *tz_posix);
```

（2）通过 menuconfig 选项修改 Default Timezone，即可完成时区的更改。在使用该方式时，需要对 ESP-IDF 工程结构有一定了解，读者可回顾本书的第 4 章。使用该方式的配置如下：

```
(Top) → Component config → ESP RainMaker Common
    Espressif IoT Development Framework Configuration
...
(Asia/Shanghai) Default Timezone
...
```

（3）通过时区服务，可以在客户端设置时区，设备端仅需调用下面的函数即可启用时区服务。

```
1.  esp_err_t esp_rmaker_timezone_service_ enable(void)
```

2. 定时/倒计时服务

定时/倒计时服务将提供周期性的设备参数修改操作。例如，用户需要设定每天 19 点开灯，23 点关灯，就可以使用该服务而不必手动开关灯。该服务独立运行在设备端，完成设定后便不再依靠网络，这意味着设备在离线时依旧能够正确执行所设定的操作。设备端提供了一个 API 来启用该服务，代码如下：

```
1.  esp_err_t esp_rmaker_schedule_enable(void);
```

3. OTA 升级服务

ESP RainMaker 提供 OTA 升级服务来完成固件的更新，ESP RainMaker SDK 提供了一个简单的 API 来启用 OTA 升级功能。OTA 升级有两种形式：

（1）使用参数 OTA 升级。这是开发者使用 OTA 升级功能升级固件的最简单的方法，仅需要将固件上传到任意安全的 Web 服务器并为节点提供 URL 即可开启 OTA 升级，可以从 ESP RainMaker 的 CLI 客户端触发该方法。CLI 工具中的 otaupgrade 命令用于完成使用参数 OTA 升级，代码如下：

```
1.  esp_rmaker_ota_config_t ota_config = {
2.     .server_cert = ESP_RMAKER_OTA_DEFAULT_SERVER_CERT,
3.  };
4.  esp_rmaker_ota_enable(&ota_config, OTA_USING_PARAMS);
```

（2）使用 MQTT 主题 OTA 升级。这是更高级的方法，可供管理员用户使用，需要先将固件上传至管理后台，然后在管理后台中创建任务开启 OTA 升级，设备将通过 MQTT 接收 OTA 升级 URL，并通过 MQTT 上报 OTA 升级进度。代码如下：

```
1.  esp_rmaker_ota_config_t ota_config = {
2.     .server_cert = ESP_RMAKER_OTA_DEFAULT_SERVER_CERT,
3.  };
4.  esp_rmaker_ota_enable(&ota_config, OTA_USING_TOPICS);
```

4. 本地控制服务

ESP RainMaker 不仅提供了节点远程连接能力，当节点与客户端处于同一个 Wi-Fi 网络时还可进行本地控制，这使得整个控制响应更快、更可靠。ESP-IDF 提供了一个名为 ESP Local Control 的组件，该组件使用基于 mDNS 的发现和基于 HTTP 的控制，现已集成在 ESP RainMaker SDK 中，本地控制不再使用云后端，因此即使没有联网也可以很好地工作。

本地控制本身不需要向节点配置消息中添加服务，ESP RainMaker 的本地控制将使用非对称加密算法对数据进行保护，通过本地控制服务向应用端传输 POP，智能手机 App 通过该 POP 完成加密。

```
# 启用本地控制
CONFIG_ESP_RMAKER_LOCAL_CTRL_ENABLE=y

# 启用本地控制加密
CONFIG_ESP_RMAKER_LOCAL_CTRL_SECURITY_1=y
```

5. 系统管理服务

ESP RainMaker 预置了一组系统服务，用于恢复工厂模式、远程重启，智能手机 App 可通过这些服务来擦除设备端的配网信息，并解除该用户与设备的映射。设备端提供了一个 API 来启用系统管理，代码如下：

```
1.  esp_err_t esp_rmaker_system_service_enable(esp_rmaker_system_serv_config_t *config)
```

9.4.6 智能灯示例

RainMaker SDK 构建在 ESP-IDF 之上，并提供简单的 API 来构建基于 ESP RainMaker 规范的应用程序。本节将分析智能灯示例并尝试运行一下，相关代码如下：

```
1.  esp_rmaker_device_t *light_device;
2.  //写回调函数用来处理从 ESP RainMaker 接收到的命令
3.  static esp_err_t write_cb(const esp_rmaker_device_t *device,
4.                  constesp_rmaker_param_t *param,
5.                  const esp_rmaker_param_val_t val,
6.                  void *priv_data,
7.                  esp_rmaker_write_ctx_t *ctx)
8.  {
9.      if (ctx) {
10.         ESP_LOGI(TAG,
11.                 "Received write request via : %s",
12.                 esp_rmaker_device_cb_src_to_str(ctx->src));
13.     }
14.     const char *device_name = esp_rmaker_device_get_name(device);
15.     const char *param_name = esp_rmaker_param_get_name(param);
16.     if (strcmp(param_name, ESP_RMAKER_DEF_POWER_NAME) == 0) {
17.         ESP_LOGI(TAG,
18.                 "Received value = %s for %s - %s",
19.                 val.val.b? "true" : "false",
20.                 device_name,
21.                 param_name);
22.         app_light_set_power(val.val.b);
23.     } else if (strcmp(param_name, ESP_RMAKER_DEF_BRIGHTNESS_NAME) == 0) {
24.         ESP_LOGI(TAG,
25.                 "Received value = %d for %s - %s",
26.                 val.val.i,
27.                 device_name,
28.                 param_name);
29.         app_light_set_brightness(val.val.i);
```

```
30.        } else if (strcmp(param_name, ESP_RMAKER_DEF_HUE_NAME) == 0) {
31.            ESP_LOGI(TAG,
32.                    "Received value = %d for %s - %s",
33.                    val.val.i,
34.                    device_name,
35.                    param_name);
36.            app_light_set_hue(val.val.i);
37.        } else if (strcmp(param_name, ESP_RMAKER_DEF_SATURATION_NAME) == 0) {
38.            ESP_LOGI(TAG,
39.                    "Received value = %d for %s - %s",
40.                    val.val.i,
41.                    device_name,
42.                    param_name);
43.            app_light_set_saturation(val.val.i);
44.        } else {
45.            //省略无须处理的参数
46.            return ESP_OK;
47.        }
48.        esp_rmaker_param_update_and_report(param, val);
49.        return ESP_OK;
50. }
51.
52. void app_main()
53. {
54.     //驱动层初始化
55.     app_driver_init();
56.
57.     //NVS 分区初始化
58.     esp_err_t err = nvs_flash_init();
59.     if (err == ESP_ERR_NVS_NO_FREE_PAGES || err ==
60.                 ESP_ERR_NVS_NEW_VERSION_FOUND) {
61.         ESP_ERROR_CHECK(nvs_flash_erase());
62.         err = nvs_flash_init();
63.     }
64.     ESP_ERROR_CHECK( err );
65.
66.     //Wi-Fi 初始化
67.     app_wifi_init();
68.
69.     //ESP RainMaker Agent 初始化
70.     esp_rmaker_config_t rainmaker_cfg = {
71.         .enable_time_sync = false,
72.     };
73.     esp_rmaker_node_t *node = esp_rmaker_node_init(&rainmaker_cfg,
74.                                                     "ESP RainMakerDevice",
75.                                                     "Lightbulb");
76.     if (!node) {
77.         ESP_LOGE(TAG, "Could not initialise node. Aborting!!!");
78.         vTaskDelay(5000/portTICK_PERIOD_MS);
```

```
79.          abort();
80.      }
81.
82.      //创建设备，添加相关参数
83.      light_device = esp_rmaker_lightbulb_device_create("Light",
84.                                                          NULL,
85.                                                          DEFAULT_POWER);
86.      esp_rmaker_device_add_cb(light_device, write_cb, NULL);
87.      esp_rmaker_device_add_param(light_device,
88.                              esp_rmaker_brightness_param_create(
89.                              ESP_RMAKER_DEF_BRIGHTNESS_NAME,
90.                              DEFAULT_BRIGHTNESS));
91.      esp_rmaker_device_add_param(light_device, esp_rmaker_hue_param_creat(
92.                              ESP_RMAKER_DEF_HUE_NAME,
93.                              DEFAULT_HUE));
94.      esp_rmaker_device_add_param(light_device,
95.                              esp_rmaker_saturation_param_create(
96.                              ESP_RMAKER_DEF_SATURATION_NAME,
97.                              DEFAULT_SATURATION));
98.      esp_rmaker_node_add_device(node, light_device);
99.
100.     //开启 OTA 升级
101.     esp_rmaker_ota_config_t ota_config = {
102.         .server_cert = ota_server_cert,
103.     };
104.     esp_rmaker_ota_enable(&ota_config, OTA_USING_PARAMS);
105.
106.     //启用时间与时区服务
107.     esp_rmaker_timezone_service_enable();
108.
109.     //启用定时/倒计时服务
110.     esp_rmaker_schedule_enable();
111.
112.     //启用 ESP Insight
113.     app_insights_enable();
114.
115.     //启用 ESP RainMaker Agent
116.     esp_rmaker_start();
117.
118.     //启用 Wi-Fi
119.     err = app_wifi_start(POP_TYPE_RANDOM);
120.     if (err != ESP_OK) {
121.         ESP_LOGE(TAG, "Could not start Wifi. Aborting!!!");
122.         vTaskDelay(5000/portTICK_PERIOD_MS);
123.         abort();
124.     }
125. }
```

在上述的智能灯示例中，首先对硬件驱动进行了初始化，通常会配置 GPIO、初始化外设。其次初始化了 NVS 分区，这是为读取 Flash 中的数据做准备。分区表如下：

```
1.  # Name,   Type, SubType, Offset,  Size, Flags
2.  # Note: Firmware partition offset needs to be 64K aligned, initial 36K (9 sectors)
3.  are reserved for bootloader and partition table
4.  sec_cert, 0x3F, ,0xd000,    0x3000, ,
5.  nvs,      data, nvs,    0x10000,  0x6000,
6.  otadata,  data, ota,      ,       0x2000
7.  phy_init, data, phy,      ,       0x1000,
8.  ota_0,    app,  ota_0,  0x20000,  1600K,
9.  ota_1,    app,  ota_1,    ,       1600K,
10. fctry,    data, nvs,    0x340000, 0x6000
```

从该示例工程的 partitions.csv 中可以看到存在两个 NVS 分区，Name 字段为 nvs 的 NVS 分区用于存储配网状态、本地定时/倒计时信息；Name 字段为 fctry 的 NVS 分区用于存储证书信息。

接着对 Wi-Fi 进行了初始化，这一步必须放在调用 esp_rmaker_node_init() 函数之前，当 fctry 分区不存在证书时将启用协助 Claiming，因为协助 Claiming 使用 MAC 地址作为初始节点 ID，MAC 地址在未初始化 Wi-Fi 时不可用。随后开始创建设备模型，并添加回调函数，所有的云下行数据都将通过此回调函数传输，启动 ESP RainMaker 核心任务。最后启用 Wi-Fi，在未配网时将自动启用配网程序。配网程序通过 ESP-IDF 中的 wifi_provisioning 组件实现，在 ESP RainMaker SDK 中调用 app_wifi_start() 函数即可。

通过 idf.py 编译 led_light 工程并下载，通过 idf.py monitor 打开监视器可以看到下面的 Log：

```
I (30) boot: ESP-IDF v4.3.2-dirty 2nd stage bootloader
...
...
...
I (488) cpu_start: Starting scheduler.
I (493) gpio: GPIO[9]| InputEn: 1| OutputEn: 0| OpenDrain: 0| Pullup: 1| Pulldown:
0| Intr:3
I (503) coexist: coexist rom version 9387209
I (503) pp: pp rom version: 9387209
I (503) net80211: net80211 rom version: 9387209
I (523) wifi:wifi driver task: 3fca4d8c, prio:23, stack:6656, core=0
I (523) system_api: Base MAC address is not set
I (523) system_api: read default base MAC address from EFUSE
...
...
...
I (623) esp_rmaker_work_queue: Work Queue created.
I (623) esp_claim: Initialising Assisted Claiming. This may take time.
W (633) esp_claim: Generating the private key. This may take time.
I (110533) esp_rmaker_node: Node ID ----- 7CDFA161BE38
I (21213) esp_rmaker_node: Node ID ----- 7CDFA1C21DA0
I (21213) esp_rmaker_ota: OTA state = 2
I (21213) esp_rmaker_ota_using_params: OTA enabled with Params
I (21223) esp_rmaker_time_service: Time service enabled
```

```
I (21223) esp_rmaker_time: Initializing SNTP. Using the SNTP server: pool.ntp.org
I (21233) app_insights: Enable CONFIG_ESP_INSIGHTS_ENABLED to get Insights.
I (21243) esp_rmaker_core: Starting RainMaker Work Queue task
I (21253) esp_rmaker_work_queue: RainMaker Work Queue task started.
I (21253) esp_claim: Waiting for assisted claim to finish.
...
...
...
```

```
I (21623) app_wifi: If QR code is not visible, copy paste the below URL in a browser.
https://rainmaker.espressif.com/qrcode.html?data={"ver":"v1","name":"PROV_8a20
e0","pop":"827e49ae","transport":"ble"}
I (21633) app_wifi: Provisioning Started. Name : PROV_8a20e0, POP : 827e49ae
```

使用 App 扫描二维码将自动开启协助 Claiming。启用协助 Claiming 的界面如图 9-11 所示，协助 Claiming 仅会在 fctry 分区不存在证书时启用。

图 9-11　启用协助 Claiming 的界面

```
...
...
I (444493) esp_claim: Assisted Claiming Started.
I (447603) esp_rmaker_core: New Node ID ----- nq8xT6p53BZHTm6k8AZqN
I (472813) esp_claim: Assisted Claiming was Successful.
```

获取到证书后将进入配网阶段，智能手机 App 将选择的 SSID 与密码发送到设备，设备将尝试连接路由器与云，如图 9-12 所示。

```
...
...
I (491113) esp_rmaker_user_mapping: Received request for node details
I (491113) esp_rmaker_user_mapping: Got user_id = 764865be-e49f-49d1-afa1-
696d6a7e3233, secret_key = a3c89473-514f-4aa4-a190-a9aa38e7a9d8
```

```
I (491123) esp_rmaker_user_mapping: Sending status SUCCESS
I (491753) app_wifi: Received Wi-Fi credentials
        SSID     : Xiaomi_32BD
        Password : 12345678
I (495173) wifi:new:<11,0>, old:<1,0>, ap:<255,255>, sta:<11,0>, prof:1
I (495753) wifi:state: init -> auth (b0)
I (495793) wifi:state: auth -> assoc (0)
I (495833) wifi:state: assoc -> run (10)
I (495973) wifi:connected with Xiaomi_32BD, aid = 2, channel 11, BW20, bssid =
88:c3:97:9e:32:be
I (495973) wifi:security: WPA2-PSK, phy: bgn, rssi: -25
I (495983) wifi:pm start, type: 1

I (495983) wifi:set rx beacon pti, rx_bcn_pti: 14, bcn_timeout: 14, mt_pti: 25000,
mt_time: 10000
I (496043) wifi:BcnInt:102400, DTIM:1
W (496573) wifi:<ba-add>idx:0 (ifx:0, 88:c3:97:9e:32:be), tid:0, ssn:2, winSize:64
I (497503) app_wifi: Connected with IP Address:192.168.31.65
I (497503) esp_netif_handlers: sta ip: 192.168.31.65, mask: 255.255.255.0, gw:
192.168.31.1
I (497503) wifi_prov_mgr: STA Got IP
I (497503) app_wifi: Provisioning successful
I (497513) esp_mqtt_glue: Initialising MQTT
I (500973) esp_mqtt_glue: MQTT Connected
```

设备在完成配置并成功连接云后将发送用户关联消息，App 也将持续检查关联状态，如图 9-13
所示。

图 9-12　设备尝试连接路由器与云

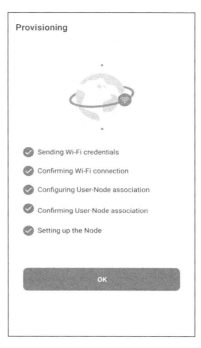

图 9-13　检查关联状态

```
I (45959) esp_rmaker_user_mapping: User Node association message published
successfully.
```
在完成用户映射后便可以通过 CLI 工具查看该节点。

9.4.7　RainMaker App 与第三方集成

9.4.6 节完成了设备配网、用户关联，准备好了一个可以通过 App 控制的智能灯，在 App 首页会自动加载智能灯图表与 UI 界面。前文提到了标准参数、标准设备、标准 UI 的概念，正因为 ESP RainMaker 定义了这些标准化的框架，App 才能正确处理每一个设备的参数及支持的服务，ESP RainMaker 定义的标准设备类型、参数类型同样适用于第三方平台。下面的表格整理了这些内容。

（1）标准 UI 设备类型如表 9-5 所示。

表 9-5　标准 UI 设备类型

Name	Type	Params	GVA	Alexa	Image
Switch	esp.device.switch	Name, Power*	SWITCH	SWITCH	
Lightbulb	esp.device.lightbulb	Name, Power*, Brightness, Color Temperature, Hue, Saturation, Intensity	LIGHT	LIGHT	
Light	esp.device.light	Name, Power*, Brightness, Color Temperature, Hue, Saturation, Intensity	LIGHT	LIGHT	—
Fan	esp.device.fan	Name, Power*, Speed, Direction	FAN	FAN	
Temperature Sensor	esp.device.temperature-sensor	Name, Temperature*	—	TEMPERATURE_SENSOR	
Outlet	esp.device.outlet	Name, Power	OUTLET	SMARTPLUG	
Plug	esp.device.plug	Name, Power	OUTLET	SMARTPLUG	—
Socket	esp.device.socket	Name, Power	OUTLET	SMARTPLUG	—
Lock	esp.device.lock	Name, Lock State	LOCK	SMARTLOCK	
Internal Blinds	esp.device.blinds-internal	Name	BLINDS	INTERIOR_BLIND	—
External Blinds	esp.device.blinds-externa	Name	BLINDS	EXTERIOR_BLIND	—
Garage Door	esp.device.garage-door	Name	GARAGE	GARAGE_DOOR	—

续表

Name	Type	Params	GVA	Alexa	Image
Garage Lock	esp.device.garage-door-lock	Name	GARAGE	SMARTLOCK	—
Speaker	esp.device.speaker	Name	SPEAKER	SPEAKER	—
Air Conditioner	esp.device.air-conditioner	Name	AC_UNIT	AIR_CONDITIONER	—
Thermostat	esp.device.thermostat	Name	THERMOSTAT	THERMOSTAT	
TV	esp.device.tv	Name	TV	TV	—
Washer	esp.device.washer	Name	WASHER	WASHER	—
Other	esp.device.other	—	—	OTHER	

（2）标准 UI 类型。对参数添加的标准 UI 类型将在 ESP RainMaker App 中显示特定的 UI。标准 UI 类型仅对 ESP RainMaker App 生效。标准 UI 类型如表 9-6 所示。

表 9-6　标准 UI 类型

Name	Type	Data Types	Requirements	Sample
Text (Default)	esp.ui.text	All	N/A	
Toggle Switch	esp.ui.toggle	bool	N/A	
Slider	esp.ui.slider	int, float	Bounds (min, max)	
Brightness Slider	esp.ui.slider	int	Param type = esp.param.brightness	
CCT Slider	esp.ui.slider	int	Param type = esp.param.cct	
Saturation Slider	esp.ui.slider	int	Param type = esp.param.saturation	
Hue Slider	esp.ui.hue-slider	int	Param type = esp.param.hue	
Hue Circle	esp.ui.hue-circle	int	Param type = esp.param.hue	

9

续表

Name	Type	Data Types	Requirements	Sample
Push button (Big)	esp.ui.push-btn-big	bool	N/A	
Dropdown	esp.ui.dropdown	int/string	Bounds (min/max) for Int Valid strs for String	
Trigger (Android only)	esp.ui.trigger	bool	N/A	
Hidden (Android only)	esp.ui.hidden	bool	N/A	Param will be hidden

（3）标准参数类型。标准参数类型将在 Alexa 与 Google Home App 中被映射为对应的名称及 UI。标准参数类型如表 9-7 所示。

表 9-7　标准参数类型

Name	Type	Data Type	UI Type	Properties	Min, Max, Step
Power	esp.param.power	bool	esp.ui.toggle	Read, Write	N/A
Brightness	esp.param.brightness	int	esp.ui.slider	Read, Write	0, 100, 1
CCT	esp.param.cct	int	esp.ui.slider	Read, Write	2700, 6500, 100
Hue	esp.param.hue	int	esp.ui.slider	Read, Write	0, 360, 1
Saturation	esp.param.saturation	int	esp.ui.slider	Read, Write	0, 100, 1
Intensity	esp.param.intensity	int	esp.ui.slider	Read, Write	0, 100, 1
Speed	esp.param.speed	int	esp.ui.slider	Read, Write	0, 5, 1
Direction	esp.param.direction	int	esp.ui.dropdown	Read, Write	0, 1, 1
Temperature	esp.param.temperature	float	N/A	Read	N/A
OTA URL	esp.param.ota_url	string	N/A	Write	N/A
OTA Status	esp.param.ota_status	string	N/A	Read	N/A
OTA Info	esp.param.ota_info	string	N/A	Read	N/A
Timezone	esp.param.tz	string	N/A	Read, Write	N/A
Timezone POSIX	esp.param.tz_posix	string	N/A	Read, Write	N/A
Schedules	esp.param.schedules	array	N/A	Read, Write, Persist	N/A
Reboot	esp.param.reboot	bool	N/A	Read, Write	N/A
Factory-Reset	esp.param.factory-reset	bool	N/A	Read, Write	N/A
Wi-Fi-Reset	esp.param.wifi-reset	bool	N/A	Read, Write	N/A
Toggle Controller	esp.param.toggle	bool	Any type applicable	Read, Write	N/A
Range Controller	esp.param.range	int/float	Any type applicable	Read, Write	App Specific
Mode Controller	esp.param.mode	string	esp.ui.dropdown	Read, Write	N/A

续表

Name	Type	Data Type	UI Type	Properties	Min, Max, Step
Setpoint Temperature	esp.param.setpoint-temperature	int/float	Any type applicable	Read/Write	N/A
Lock State	esp.param.lockstate	bool	Any type applicable	Read/Write	N/A
Blinds Position	esp.param.blinds-position	int	esp.ui.slider	Read/Write	0, 100, 1
Garage Position	esp.param.garage-position	int	esp.ui.slider	Read/Write	0, 100, 1
Light Mode	esp.param.light-mode	int	esp.ui.dropdown/esp.ui.hidden	Read/Write	0, 2, 1 0:invalid 1:HSV 2:CCT
AC Mode	esp.paran.ac-mode	string	esp.ui.dropdown	Read/Write	N/A

（4）标准服务类型。标准服务类型仅用于在 ESP RainMaker SDK 中快速创建服务。标准服务类型如表 9-8 所示。

表 9-8　标准服务类型

Name	Type	Params
OTA	esp.service.ota	OTA URL, OTA Status, OTA Info
Schedule	esp.service.schedules	Schedules
Time	esp.service.time	TZ, TZ-POSIX
System	esp.service.system	Reboot, Factory-Reset, Wi-Fi-Reset

读者可以在 Alexa App 中的技能页面，以及 Google Home App 中的与 Google 服务兼容页面同步 ESP RainMaker 设备。完成 ESP RainMaker 账户绑定后，就可以使用 Aleax App 与 Google Home App 进行控制，读者也可以使用语音进行控制。

图 9-14 所示为 Alexa App 界面展示的 ESP RainMaker 设备，可以用 "Alexa, please turn on the light" 等语音进行控制。

 扩展阅读：通过 `https://www.amazon.com/Espressif-Systems-ESP-RainMaker/dp/B0881W7RPV/` 可了解 Alexa Skill。

图 9-15 所示为 Google Home App 界面展示的 ESP RainMaker 设备，可以用 "Hey Google, please turn off the light" 等语音进行控制。

ESP RainMaker 在云后端构建了一个中间层，当使用标准参数类型与设备类型构建固件时，这些参数与设备将被中间层映射为 Alexa Skill 和 Google Assistant 可以理解的格式。因此，ESP RainMaker 中的设备类型（如智能灯、开关等）将被映射为 Alexa Skill 和 Google Assistant 中类似的设备类型，它们的参数（如开关、亮度、颜色等）也将被映射到相应的能力、特征。如果读者只设置了亮度参数，那么读者将获得可调节亮度的智能灯。如果读者还为智能灯设置了颜色及 CCT 参数，那么将在 Alexa App 和 Google Home App 中获得调节彩色、冷/暖光的能力。

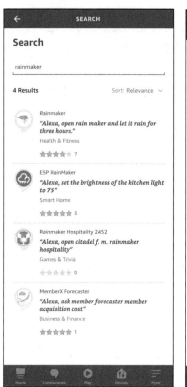
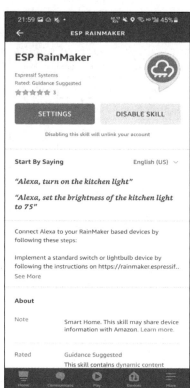

图 9-14　Alexa App 界面展示的 ESP RainMaker 设备

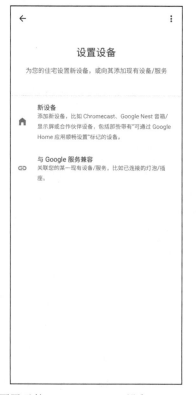

图 9-15　Google Home App 界面展示的 ESP RainMaker 设备

9.5　本章总结

本章介绍了远程控制以及远程控制中经常使用的 MQTT 协议。MQTT 协议是当前物联网设备连接云的主流协议，具有简单、轻便、稳定的特点，为低带宽和不稳定网络环境中的物联网设备提供可靠的网络服务。当前的主流云平台，如亚马逊云、阿里云、百度云、腾讯云等和本章节介绍的 ESP RainMaker 都使用 MQTT 协议进行云连接。本章还介绍了如何在本地搭建 MQTT Broker 来模拟云平台功能，以及如何生成服务器端和客户端证书来进行 TLS 协议握手，保障数据的安全性。

本章的实战部分以智能灯产品开发为例，利用 ESP RainMaker 平台完成了设备的远程控制。ESP RainMaker 平台同样使用 MQTT 协议，使用自身 Claiming 完成证书的获取，通过几组不同的 MQTT 主题实现了对设备的控制、用户的映射及设备状态的更新，内置的基础服务可完成定时/倒计时、OTA 升级功能的开发。利用 ESP RainMaker 已完成的云连接功能，可以快速赋予智能灯语音控制能力。

ESP RainMaker 能力不限于此，数据收集与分析、设备间联动，以及第三方场景触发都是本章未提及但又极其有趣的功能，借助这些云端功能，我们通过统计智能灯的在线/离线时间与频率来粗略地计算功耗、与不同硬件协同工作，这些功能都可以借助已开放的 RESTful API 来实现。第 10 章将介绍 RESTful API 的使用，并利用这些 API 开发智能手机 App。

9

第 10 章
第 章

智能手机 App 开发

第 9 章在进行设备云端控制时，采用的是 Wi-Fi 技术，通过 MQTT 协议和 TLS 协议进行通信，可确保数据的安全性与合法性。本章主要介绍如何开发智能手机 App，以实现智能灯的入网控制。入网控制是指在 Wi-Fi 和蓝牙等无线通信技术的基础上，将智能家居和控制系统连接起来，最终实现设备控制和数据传输，即使远隔千里也可以轻松地管理设备。

入网控制实际是建立在网络和数据的基础上的，通过智能手机以无线形式获取设备的详细信息。在日常生活中，借助无线网络向家电中内置的 Wi-Fi 模块发送命令可完成相应的控制，例如智能灯的开关、颜色调整、亮度调整，微波炉开关及温度调整等。

10.1 智能手机 App 开发技术介绍

前文通过智能手机 App，详细介绍了智能手机的入网控制。该 App 项目包含 iOS 版和 Android 版，是乐鑫科技提供的端到端解决方案，无须云配置即可远程控制和监控基于乐鑫芯片的物联网设备。

 项目源码：iOS 版的智能手机 App 源码位于目录 `book-esp32c3-iot-projects/` `phone_app/app_ios`；Android 版的智能手机 App 源码位于目录 `book-esp32c3-` `iot-projects/phone_app/app_android`。

如果读者没有 Android、iOS 应用的开发经验，也不用担心，本章将从新建 App 项目开始，详细说明如何开发一个智能手机 App。当读者对 Android、iOS 应用开发有一定的了解后，本章再进一步介绍开源项目的主要功能。

10.1.1 智能手机 App 开发概述

本章用于控制智能灯的智能手机 App 包括 iOS 和 Android 两个版本：iOS 版的 App 是在 Xcode 中开发完成的，由 Swift 程序设计语言来实现；Android 版的 App 是在 Android Studio 中开发完成的，由 Java 程序设计语言来实现。本章首先根据需求文档和接口文档制作原型图，然后实现界面设计及交互设计，最后根据原型图进行每个界面的设计与实现。本章的智能手机 App

通过 Git 来管理代码、获取更新版本、比较版本，以及提交修改。

实现智能手机 App 项目会涉及智能手机相机、本地网络、定位、蓝牙等相关权限，网络请求、设备配网 ESP Provision SDK、数据解析、弹框提示等第三方框架，以及设备列表、定时、用户中心、登录和注册等模块相关功能开发。

下面介绍智能手机 App 在 Android 和 iOS 中的项目结构和生命周期，有了初步的了解才能更加得心应手地开发智能手机 App。

10.1.2　Android 项目的结构

本节以 MyRainmaker App 项目为例介绍 Android 项目的结构，项目的根目录下有两个文件夹，分别是 app 和 Gradle Scripts。其中，app 文件夹中包含了开发智能手机 App 的所有代码和资源文件，Gradle Scripts 文件夹中包含了与 Gradle 编译相关的脚本。Android 项目的结构如图 10-1 所示。

图 10-1　Android 项目的结构

（1）app 文件夹。app 文件夹中包含了 manifests、java、res 三个文件夹，作用如下所述：

① manifests：App 模块的配置信息目录，包含名称、版本、SDK、权限等配置信息。

② java：主要包括源代码和测试代码。

③ res：资源目录，存储了所有的项目资源。

（2）Gradle Scripts 文件夹。Gradle Scripts 文件夹中包含了 build.gradle（两个同名文件）、gradle-wrapper.properties、proguard-rules.pro、gradle.properties、settings.gradle、local.properties，作用如下所述：

① build.gradle：App 模块的 Gradle 编译文件。

② gradle-wrapper.properties：配置 Gradle 版本信息。

③ proguard-rules.pro：App 模块的代码混淆配置文件。

④ gradle.properties：设置 Gradle 相关的全局属性。

⑤ settings.gradle：设置相关的 Gradle 脚本。

⑥ local.properties：配置 SDK/NDK 所在的路径。

10.1.3　iOS 项目的结构

本节以 MyRainmaker App 项目为例介绍 iOS 项目的结构，导航视图中包含了存放源码的 MyRainmaker 文件夹、存放单元测试代码的 MyRainmakerTests 文件夹、存放 UI 测试代码的 MyRainmakerUITests 文件夹。iOS 项目的结构如图 10-2 所示。

图 10-2　iOS 项目的结构

（1）MyRainmaker 文件夹。该文件夹包含了 AppDelegate、SceneDelegate、View Controller、Main、Assets、LaunchScreen、Info，作用如下所述：

① AppDelegate：整个 App 模块的入口文件，里面存放了应用程序委托类。

② SceneDelegate：Xcode 11 新增类，为 AppDelegate 分担场景（Scene）类。

③ ViewController：主控制器类，控制显示视图和处理视图触摸事件等。

④ Main：主界面故事板，包含了应用中的视图控制器场景，同时描述了多个视图控制器之间的导航连接关系。

⑤ Assets：存放图片资源的文件，图片尽量都存放在该文件中。

⑥ LaunchScreen：设置 App 启动界面。

⑦ Info：配置 App 权限，如蓝牙、定位、相机等权限。

（2）测试文件。MyRainmakerTests 类、MyRainmakerUITests 类、MyRainmakerUITests
LaunchTests 类都属于测试类，在项目开发中不常用，了解即可。

10.1.4　Android Activity 的生命周期

Android 有四大基本组件，分别是 Activity、Service（服务）、ContentProvider（内容提供者）、
BroadcastReceiver（广播接收器）。Activity 作为四大组件之一，使用频率非常高，几乎所有的
界面交互都是在 Activity 中进行的。详细了解 Activity，在开发中是很有帮助的，下面我们就
来看看 Activity 的生命周期。Activity 的生命周期如图 10-3 所示。

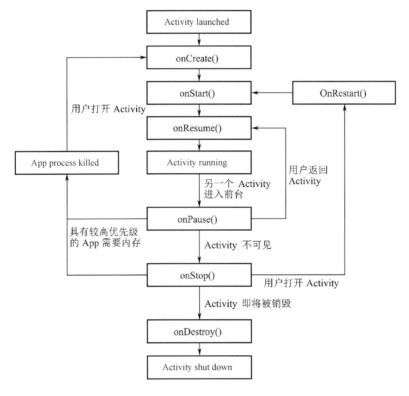

图 10-3　Activity 的生命周期

每种方法对应的情景如下：

（1）onCreate()。该方法表示 Activity 正在创建，是 Activity 生命周期的第一个方法，可以
在该方法中进行一些初始化工作。

（2）onStart()。该方法表示 Activity 正在启动，此时的 Activity 已处于可见状态。

（3）onRestart()。该方法表示 Activity 正在重启，当 Activity 从不可见变为可见时需要调

用该方法。例如，当用户按下 Home 键切换到桌面或打开一个新的 Activity 时，当前的 Activity 会被暂停；当再次返回当前的 Activity 界面时，onRestart()方法就会被调用。

（4）onResume()。该方法表示 Activity 已经创建完成界面，用户可在界面上操作交互。

（5）onPause()。该方法表示 Activity 正在暂停，一般情况下 onStop()紧接着就会被调用。如果用户快速回到当前的 Activity，则会调用 onResume()。

（6）onStop()。该方法表示 Activity 即将停止，并且界面不可见，仅在后台运行。

（7）onDestroy()。该方法表示 Activity 即将被销毁，是 Activity 生命周期最后一个执行的方法，在这里面可以做一些回收和释放资源的工作。

10.1.5　iOS ViewController 的生命周期

ViewController 的生命周期是指它控制的视图（View）的生命周期。当视图的状态发生变化时，ViewController 会自动调用一系列方法来响应变化。ViewController 的生命周期如图 10-4 所示。

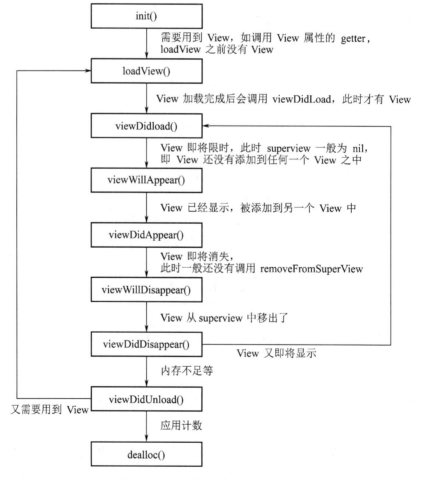

图 10-4　ViewController 的生命周期

每种方法对应的情景如下：

（1）init()。该方法表示初始化相关数据，而且这些数据都是比较关键的数据。

（2）loadView()。该方法表示初始化视图，该方法不应被直接调用，是由系统自动调用的。

（3）viewDidLoad()。该方法表示视图加载完成，但还没在屏幕上显示出来。重写这个方法，可以对 View 做一些其他的初始化工作，如移除一些视图、修改约束、加载数据等。

（4）viewWillAppear()。该方法表示视图即将显示在屏幕上。在该方法中，可以改变当前屏幕方向或状态栏的风格等。

（5）viewDidApper()。该方法表示视图已经显示在屏幕上。在该方法中，可以对视图做一些关于展示效果方面的修改。

（6）viewWillDisappear()。该方法表示视图即将消失、被覆盖或被隐藏。

（7）viewDidDisappear()。该方法表示视图已经消失、被覆盖或被隐藏。

10.2　新建智能手机 App 项目

10.1 节对 Android 和 iOS 项目的开发进行了简单的介绍，接下来本节将介绍如何创建一个新的 App 项目。因为 App 的配网功能涉及智能手机的蓝牙模块，所以无法使用模拟器进行开发，请准备好真机进行 App 的开发和调试。

在新建智能手机 App 项目前，需要先下载对应的开发工具，IDE 工具已经集成了开发所需的所有环境，因此不必担心环境变量设置等各种繁杂工作。

10.2.1　Android 开发的准备

Android 开发对计算机的要求是安装 Linux、Mac 或 Windows 等系统，要求开发版本是 Android 6.0 及以上版本，开发工具为 Android Studio，开发语言为 Java、Kotlin。

我们建议使用 Kotlin 开发 Android 应用。Kotlin 是一种面向 JVM 的语言，除了完全兼容 Java，还提供了更多灵活的语法和强大的功能。Google 早在 2017 年就宣布在 Android 上对 Kotlin 提供最佳支持。如果读者有 Java 开发的基础，则可以很容易上手 Kotlin 开发。

10.2.2　新建 Android 项目

新建 Android 项目的步骤如下：

（1）在计算机中下载并安装开发工具后，打开 Android Studio，其界面如图 10-5 所示，单击"New Project"按钮。

图 10-5　Android Studio 界面

（2）选择"Empty Activity"，单击"Next"按钮，可弹出如图 10-6 所示的"New Project"对话框。在该对话框中输入项目名称 Name（如本节的 MyRainmaker）和 Package name，选择项目路径 Save location，选择开发语言 Language（这里选择 Kotlin），选择最低支持的 SDK 版本 Minimum SDK（请选择 Android 6.0 或者更新的版本），单击"Finish"按钮即可构建一个新项目。

第一次构建项目会自动下载所需的依赖库，因此可能会花一些时间，请耐心等待。

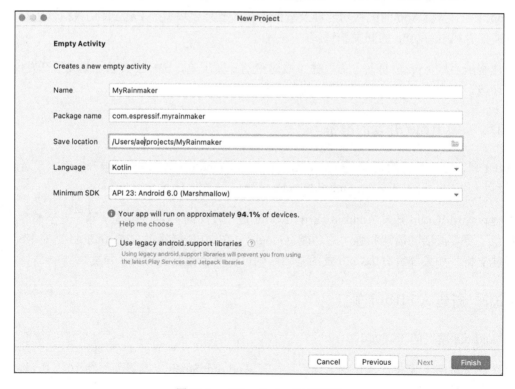

图 10-6　"New Project" 对话框

10.2.3　添加 MyRainmaker 项目所需的依赖

（1）在 settings.gradle（Project Settings）中添加仓库源，代码如下：

```
1.   repositories {
2.       ...
3.       maven { url 'https://jitpack.io' }
4.   }
```

（2）在 build.gradle（Module: MyRainmaker.app）中添加依赖，代码如下：

```
1.   dependencies {
2.       implementation 'org.greenrobot:eventbus:3.2.0'
3.       implementation 'com.github.espressif:esp-idf-provisioning-android:lib-2.0.11'
4.       implementation 'com.github.espressifApp:rainmaker-proto-java:1.0.0'
5.       implementation 'com.google.protobuf:protobuf-javalite:3.14.0'
6.       implementation 'com.google.crypto.tink:tink-android:1.6.1'
7.   }
```

单击 Sync Now 或者右上角的"🐾"按钮（Sync）可下载依赖库文件，如图 10-7 所示。

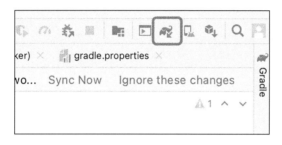

图 10-7　下载依赖文件

10.2.4　Android 权限申请

在 AndroidManifest.xml 文件内加入需要的权限，代码如下：

```
1.   //位置权限
2.   <uses-permission android:name="android.permission.ACCESS_FINE_LOCATION" />
3.   //蓝牙权限
4.   <uses-permission android:name="android.permission.BLUETOOTH" />
5.   <uses-permission android:name="android.permission.BLUETOOTH_ADMIN" />
6.   //网络权限
7.   <uses-permission android:name="android.permission.INTERNET" />
```

其中位置权限除了需要静态注册，还需要在 Activity 中动态申请，代码如下：

```
1.   registerForActivityResult(ActivityResultContracts.RequestPermission())
2.   { granted ->
3.       //结果回调
```

```
4.      if (granted) {
5.          //用户同意授予权限
6.      } else {
7.          //用户拒绝授予权限
8.      }
9.  }.launch(android.Manifest.permission.ACCESS_FINE_LOCATION)
```

将以上代码添加到 Activity 的 onCreate()方法中，在每次启动 App 时，App 就会尝试申请位置权限。

10.2.5　iOS 开发的准备

iOS 开发对计算机的要求是安装 macOS 10.12 及以上版本、iOS 11.0 及以上版本，开发工具为 Xcode（Xcode 可在 Mac 计算机中的 App Store 下载），开发语言为 Swift、Objective-C，推荐使用 Swift 开发 iOS 应用。相较于 Objective-C，Swift 具有快速、现代、安全、互动等优点。Swift 取消了 Objective-C 的指针和其他不安全访问的使用，舍弃了 Objective-C Smalltalk 风格的语法，全面改为句点表示法。本章中所有相关的示例代码均采用 Swift 编写。

10.2.6　新建 iOS 项目

新建 iOS 项目的步骤如下：

（1）在计算机中下载并安装开发工具后，打开 Xcode，单击 "Create a new Xcode project"，选择 "iOS" → "App"，如图 10-8 所示，单击 "Next" 按钮可在弹出的对话框中输入项目信息。

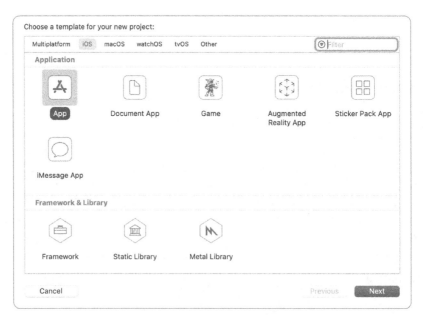

图 10-8　选择 "iOS" → "App"

（2）输入项目名称 Product Name（本章示例为 MyRainmaker），选择 Team，输入项目 Organization Identifier，选择 Interface、Life Cycle 和 Language（请选择 Swift），如图 10-9 所示，单击"Next"按钮后在弹出的界面中设置项目路径，接着单击"Create"按钮即可创建一个新项目。

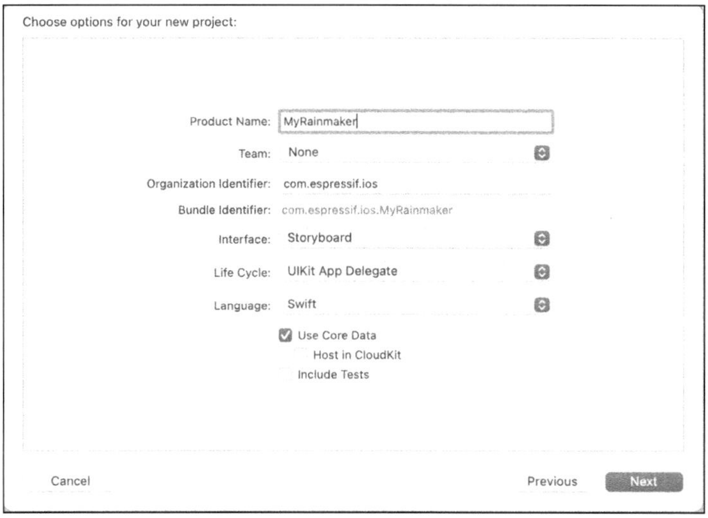

图 10-9　设置项目信息

10.2.7　添加 MyRainmaker 所需的依赖

打开命令终端，进入项目文件夹，执行命令生成 Podfile，命令如下：

```
% touch Podfile
```

打开 Podfile，添加依赖：

```
1.   # Uncomment the next line to define a global platform for your project
2.   platform :ios, '12.0'
3.
4.   target 'ESPRainMaker' do
5.     # Comment the next line if you're not using Swift and don't want to
6.       use dynamic frameworks
7.   use_frameworks!
8.
9.     # Pods for ESPRainMaker
10.
11.     pod 'MBProgressHUD', '~> 1.1.0'
12.     pod 'Alamofire', '~> 5.0.0'
13.     pod 'Toast-Swift'
14.     pod 'ReachabilitySwift'
15.     pod 'JWTDecode', '~> 2.4'
16.     pod 'M13Checkbox'
17.     pod 'ESPProvision'
```

```
18.     pod 'DropDown'
19.     pod 'FlexColorPicker'
20.
21. end
22.
23. post_install do |installer|
24.     .pods_project.targets.each do |target|
25.         target.build_configurations.each do |config|
26.             config.build_settings['IPHONEOS_DEPLOYMENT_TARGET'] = '12.0'
27.         end
28.     end
29. end
```

执行命令下载依赖文件：

```
% pod install
```

下载完成后，打开项目文件夹，双击 MyRainmaker.xcworkspace 可以打开项目，如图 10-10
所示。

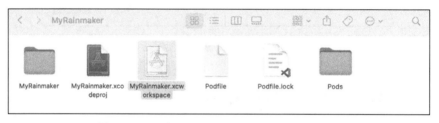

图 10-10　双击 MyRainmaker.xcworkspace

当前项目的结构如图 10-11 所示。

图 10-11　当前项目的结构

10.2.8　iOS 权限的申请

需要在项目 MyRainmaker 文件夹下的 info.plist 文件中添加下面的权限。

（1）项目需要用到蓝牙功能，将 key NSBluetoothAlways Usage Description 添加到 info.plist 中。

（2）蓝牙功能权限需要添加两个，将 key NSBluetooth Peripheral UsageDescription 添加到 info.plist 中。

（3）扫描二维码需要开通相机权限，将 key NSCamera Usage Description 添加到 info.plist 中。

（4）采用 iOS 13 及以上版本操作系统的设备在访问 SSID 时需要获取位置权限，将 key NSLocationWhenInUseUsage Description 添加到 info.plist 中。

（5）采用 iOS 14 及以上操作系统的设备在进行本地网络通信时需要获取本地网络权限，将 key NSLocalNetworkUsageDescription 添加到 info.plist 中。

10.3　App 功能需求分析

前面认识了 App 新项目的创建，以及项目结构和生命周期。为了方便读者更直观地了解 App 项目中的功能开发，本书提供了智能手机 App 项目源码，读者可以将 Android/iOS 源码导入 Android Studio/Xcode 中，编译运行项目后，学习下面的内容会更轻松。

智能手机 App 项目的主要功能是将基于乐鑫芯片、模组开发的产品配置到指定的路由器下，通过智能手机 App 发送命令控制相关产品，其中包括智能灯、传感器等产品。另外，利用定时模块的定时功能可以设置设备在指定时间的一些状态，例如在下班途中通过智能手机 App 远程操控家中的热水器开关，这样到家之后就可以有热水。

10.3.1　项目功能需求分析

在进行项目开发前，应当先了解整个项目需要实现的功能模块和具体功能。本章的智能手机 App 项目主要包括用户登录注册、设备配网、设备控制等模块。下面对整个项目的功能需求进行分析。项目需求分析如图 10-12 所示。

10.3.2　用户登录注册需求分析

用户登录注册功能是在一个界面中实现的，通过两个按钮切换不同场景。用户登录注册模块的主要难点是第三方账号的接入，其次是实现注册、登录、验证码获取等连接功能的网络请求以及数据解析。用户登录注册需求分析如图 10-13 所示。

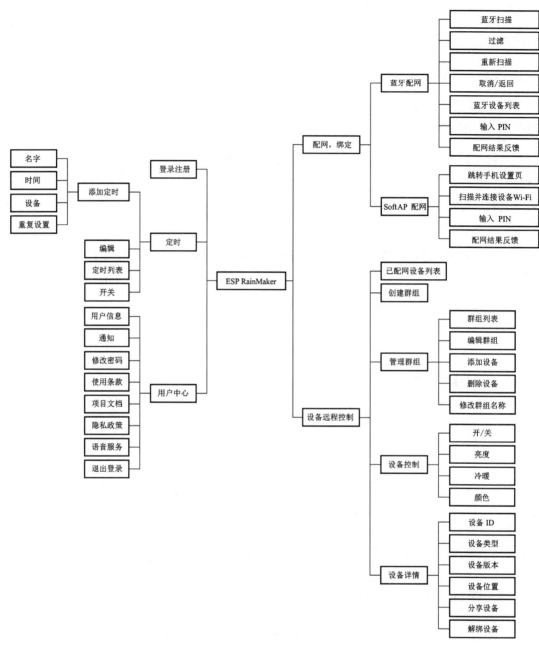

图 10-12 项目需求分析

（1）在使用 GitHub、Apple、Google 等第三方账号登录时，先通过智能手机浏览器打开网页，然后获取账号的唯一标识。

（2）忘记密码和获取验证码是通过对应云端接口实现网络请求的。

（3）密码输入时默认采用密文方式显示，可以通过单击开关（眼睛图标）显示明文，方便确认密码。

（4）邮箱输入会通过邮箱正则来判断输入的邮箱是否有效。

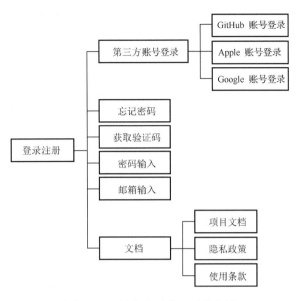

图 10-13　用户登录注册需求分析

（5）文档部分是整个项目涉及的相关文档，可在 App 中的多个地方查看。

10.3.3　设备配网和绑定需求分析

将设备配置到网络中有两种方式：一种方式是蓝牙配网，App 通过蓝牙与设备连接通信，告诉设备待连接网络的相关信息并入网；另一种方式 SoftAP 配网，这种方式是设备自己启动一个 Wi-Fi 热点，智能手机通过连接设备的 Wi-Fi 热点进行通信。配网完成后输入 PIN 并通过云端完成设备的绑定。设备配网和绑定需求分析如图 10-14 所示。

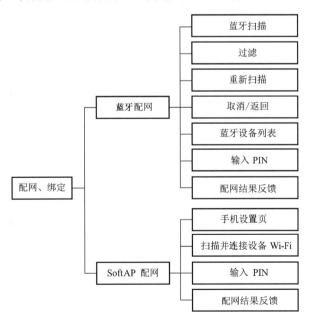

图 10-14　设备配网和绑定需求分析

（1）蓝牙配网需要实现蓝牙扫描、连接、订阅、发包等功能。

（2）SoftAP 配网需要跳转到系统设置界面，连接设备的 Wi-Fi 热点后在 App 中获取当前连接的 Wi-Fi 热点信息。

（3）通过两种方式配网后的绑定功能是相同的，这一部分的功能实现可以复用。

10.3.4 远程控制需求分析

在实现设备配网和绑定后，不仅可以通过智能手机 App 控制已配网的设备，还可以在异地控制指定的设备并获取设备的状态。除此之外，还可以同时控制多个设备，创建群组来管理多个设备。远程控制需求分析如图 10-15 所示。

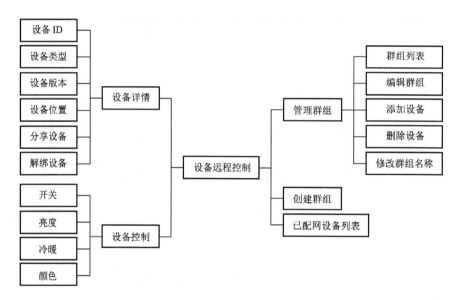

图 10-15　设备远程控制需求分析

（1）智能手机 App 会以列表的形式将已配网的设备显示在界面上，并且可以进行简单的开关操作。

（2）单击指定设备会进入该设备的控制界面，根据设备类型的不同弹出不同的控制界面，如开关、亮度、冷暖、颜色等控制界面。

（3）设备详情界面会显示该设备的 ID、类型、版本、位置等信息，并可进行设备分析、设备解绑等操作。

（4）通过创建群组，可以统一控制和管理多个设备。

10.3.5 定时需求分析

定时功能相对比较简单，该功能和我们日常使用的闹钟非常相似，主要包括添加定时、定时列表、编辑定时、开关定时等功能。定时需求分析如图 10-16 所示。定时的详细信息包含名字、日期、时间、重复设置等信息。

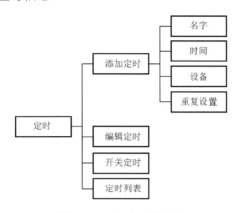

图 10-16　定时需求分析

10.3.6　用户中心需求分析

用户中心模块主要有用户信息、通知、修改密码、使用条款、项目文档、隐私政策、语音服务、退出登录等功能。其中修改密码和退出登录功能需要通过网络调用云端接口来完成。用户中心需求分析如图 10-17 所示。

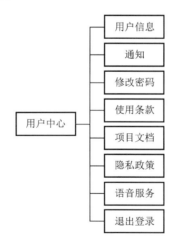

图 10-17　用户中心需求分析

完成了项目功能的需求分析后，接下来介绍项目功能的开发。

10.4　用户登录注册功能的开发

通过 10.3 节对项目功能需求的分析，读者可以大致了解项目需要开发的模块和功能，以及开发所需的框架和第三方库。本节通过代码来实现所有模块和功能，在创建 Android 和 iOS 新工程（项目）并配置需要用到的相关权限的基础上，还要了解每个界面需要设计的类，了解类与类之间的关联，以便通过代码实现更好的操作。对每个界面需要实现的功能进行代码的编辑封装，以便代码复用和整体模块化。

10.4.1　RainMaker 项目接口说明

RainMaker 云端接口支持两种类型的 API：Unauthenticated 和 Authenticated。经过身份验证的 API 在 Swagger 文件中进行了标记，并在它们前面带有"锁定"标志；未经身份验证的 API，无须在 HTTP 标头中提供任何身份验证令牌，当用户登录成功时，它会在响应中收到 access_token。对于 Authenticated，access_token 需要在 Authorization HTTP 标头中作为身份验证令牌被传递。

> **扩展阅读**：通过 https://swaggerapis.rainmaker.espressif.com，可查看 RainMaker 云端接口文档。

智能手机与 RainMaker 云端进行通信时，采用的基础协议为 HTTPS（HyperText Transfer Protocol Secure）。HTTPS 可对服务器端进行身份认证，保护交换资料的隐私与完整。RainMaker 云端接收的 HTTPS 正文格式为 JSON。

10.4.2　智能手机如何发起通信请求

Android 系统和 iOS 系统原生就对 HTTPS 和 JSON 提供了很好的支持。

（1）Android 系统使用 JSONObject 和 JSONArray 对 JSON 的对象与数组进行了组装及解析，使用 HttpURLConnection 可以发起 HTTPS 请求。

（2）iOS 系统使用 NSJSONSerialization 对 JSON 数据进行组装和解析，使用 URLSession 可以发起 HTTPS 请求。

当然您也可以使用第三方 HTTPS 和 JSON 库。

10.4.3　账号注册

首先我们需要注册一个新账号，用于后续与设备的绑定，以及远程控制。项目中的账号是通过邮箱注册的，注册界面有两个按钮，分别是"SIGN IN"（登录）按钮和"SIGN UP"（注册）按钮，用于切换不同场景。注册界面还要三个输入框，分别用于输入邮箱、密码和确认密码。两个密码输入框都有明文和密文开关，确保用户密码输入正确。密码至少包含一个大写字母和数字。在单击"SIGN UP"按钮之前必须阅读并同意隐私政策和使用条款。智能手机 App 会向邮箱发送一个验证码，输入正确的验证码后才能完成注册。注册界面如图 10-18 所示。

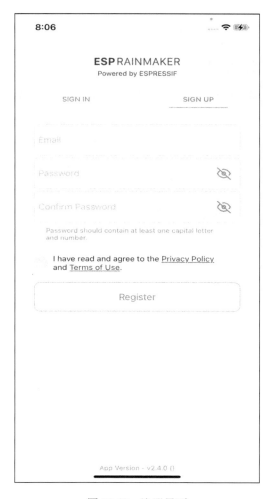

图 10-18 注册界面

RainMaker 云端接口地址为 `https://swaggerapis.rainmaker.espressif.com/#/User/usercreation`，账号注册接口如图 10-19 所示。

图 10-19 账号注册接口

账号注册功能的实现如下：

（1）创建新账号。账号注册接口的详情如下，其中 `user_name` 是账号注册使用的邮箱，`password` 是密码。

```
1.  POST /v1/user
2.  Content-Type: application/json
3.
4.  {
5.     "user_name": "username@domain.com",
```

```
6.      "password": "password"
7.  }
```

基于 Android 创建新账号的方法如下：

```
1.  @POST
2.  Call<ResponseBody> createUser(@Url String url, @Body JsonObject body);
```

 项目源码：通过 book-esp32c3-iot-projects/phone_app/app_android/
app/src/main/java/com/espressif/cloudapi/ApiInterface.java，
读者可以查看基于 Android 创建新账号的方法源码。

基于 iOS 创建新账号的方法如下：

```
1.  func createNewUser(name: String, password: String) {
2.      apiWorker.callAPI(endPoint: .createNewUser(url: self.url, name: name,
3.          password: password), encoding: JSONEncoding.default) { data, error in
4.          self.apiParser.parseResponse(data, withError: error) { umError in
5.              self.presenter?.verifyUser(withName: name, andPassword:
6.
7.  }
```

 项目源码：读者通过 book-esp32c3-iot-projects/phone_app/app_ios/
ESPRainMaker/ESPRainMaker/UserManagement/Interactors/ESPCre
ateUserService.swift，可查看基于 iOS 创建新账号的方法源码。

（2）用户收到验证码后进行验证。下面的内容是接口详情，其中 user_name 是注册账号时
使用的邮箱，verification_code 是验证码。

```
POST /v1/user
Content-Type: application/json

{
   "user_name": "username@domain.com",
   "verification_code": "verification_code"
}
```

基于 Android 使用验证码进行验证的方法如下：

```
1.  @POST
2.  Call<ResponseBody> confirmUser(@Url String url, @Body JsonObject body);
```

 项目源码：通过 book-esp32c3-iot-projects/phone_app/app_android/
app/src/main/ java/com/espressif/cloudapi/ApiInterface.java，
读者可以查看基于 Android 使用验证码进行验证的方法源码。

基于 iOS 使用验证码进行验证的方法如下：

```
1.  func confirmUser(name: String, verificationCode: String) {
2.      apiWorker.callAPI(endPoint: .confirmUser(url: self.url, name: name,
```

```
3.                            verificationCode: verificationCode),
4.                         encoding: JSONEncoding.default) { data, error in
5.         self.apiParser.parseResponse(data, withError: error) { umError in
6.            self.presenter?.userVerified(withError: umError)
7.         }
8.      }
9.  }
```

> **项目源码**：读者通过 `book-esp32c3-iot-projects/phone_app/app_ios/ESPRainMaker/ESPRainMaker/UserManagement/Interactors/ESPCreateUserService.swift`，可查看基于 iOS 使用验证码进行验证的方法源码。

10.4.4　账号登录

拥有新账号后，就可以通过调用账号登录接口，获取认证用的 token 以及用户的基本信息。本章的智能手机 App 项目支持 GitHub、Apple、Google 等第三方账号登录，只要有这三个平台的账号，无须在智能手机 App 中注册，就可以直接登录。如果读者已经完成了账号的注册，则输入邮箱和密码也可以登录智能手机 App。如果忘记了密码，则可以单击"Sign in"按钮下方的"Forgot password？"（忘记密码）按钮来重新设置密码。在账号登录界面的最下方分别是项目相关文档、隐私协议、使用条款和当前 App 版本号。账号登录界面如图 10-20 所示。

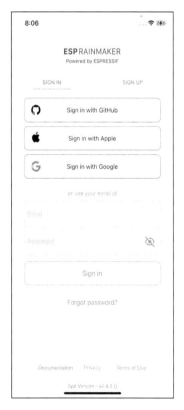

图 10-20　账号登录界面

账号登录功能的实现如下：

（1）请求 access token。接口地址为 https://swaggerapis.rainmaker.espressif. com/#/User/login，账号登录接口如图 10-21 所示。

POST /{version}/login Handle login or extend session request from the user

图 10-21　账号登录接口

```
POST /v1/login
Content-Type: application/json

{
   "user_name": "username@domain.com",
   "password": "password"
}
```

账号登录请求的服务器端返回数据如下：

```
{
   "status": "success",
   "description": "Login successful",
   "idtoken": "idtoken",
   "accesstoken": "accesstoken",
   "refreshtoken": "refreshtoken"
}
```

其中，status 是状态参数，可以知道该请求是否成功；description 是本次请求的详细描述；accesstoken 是后续需要用户权限的接口，都需要将此 token 添加到 HTTP 请求 Header 里，格式为 Authorization:$accesstoken；idtoken 和 refreshtoken 暂时没有使用，这里不做过多解释。

基于 Android 请求 access token 的方法如下：

```
1.   @POST
2.   Call<ResponseBody> login(@Url String url, @Body JsonObject body);
```

> 项目源码：通过 book-esp32c3-iot-projects/phone_app/app_android/
> app/src/main/java/com/espressif/cloudapi/ApiInterface.java，
> 读者可以查看基于 Android 请求 access token 的方法源码。

基于 iOS 请求 access token 的方法如下：

```
1.   func loginUser(name: String, password: String) {
2.     apiWorker.callAPI(endPoint: .loginUser(url: self.url,
3.                  name: name, password: password),
4.                  encoding: JSONEncoding.default) { data, error in
5.       self.apiParser.parseExtendSessionResponse(data,
6.                                error: error) { _, umError in
```

```
7.           self.presenter?.loginCompleted(withError: umError)
8.       }
9.    }
10. }
```

> **项目源码**：读者通过 book-esp32c3-iot-projects/phone_app/app_ios/
> ESPRainMaker/ESPRainMaker/UserManagement/Interactors/ESPLo
> ginService.swift，可查看基于 iOS 请求 access token 的方法源码。

（2）获取用户信息。接口地址为 https://swaggerapis.rainmaker.espressif.com/#/
User/getUser，获取用户信息接口如图 10-22 所示。

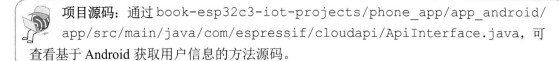

GET　/{version}/user　Fetches the details of current user

图 10-22　获取用户信息接口

```
GET /v1/user
Authorization: $accesstoken
```

获取用户信息请求的服务器端返回数据如下：

```
{
    "user_id": "string",
    "user_name": "string",
    "super_admin": true,
    "picture_url": "string",
    "name": "string",
    "mfa": true,
    "phone_number": "<+Mobile Number with country code>"
}
```

其中，user_id 是用户唯一标识，将在后续配网过程中用到；user_name 是用户名字；
super_admin 表示是否超级用户，true 表示超级用户；picture_url 是用户头像；
phone_number 是手机号码；name 和 mfa 在项目中没有使用，这里不做过多解释。
基于 Android 获取用户信息的方法如下：

```
1.  @GET
2.  Call<ResponseBody> fetchUserDetails(@Url String url);
```

> **项目源码**：通过 book-esp32c3-iot-projects/phone_app/app_android/
> app/src/main/java/com/espressif/cloudapi/ApiInterface.java，可
> 查看基于 Android 获取用户信息的方法源码。

基于 iOS 获取用户信息的方法如下：

```
1.  func fetchUserDetails() {
2.    sessionWorker.checkUserSession { accessToken, error in
3.      if let token = accessToken, token.count > 0 {
```

```
4.                self.apiWorker.callAPI(endPoint: .fetchUserDetails(url: self.url,
5.                            accessToken: token), encoding:
6.                            JSONEncoding.default) { data, error in
7.                self.apiParser.parseUserDetailsResponse(data,
8.                            withError: error) { umError in
9.                    self.presenter?.userDetailsFetched(error: umError)
10.                    return
11.                }
12.            }
13.        } else {
14.            self.presenter?.userDetailsFetched(error: error)
15.        }
16.    }
17. }
```

 项目源码：读者通过 `book-esp32c3-iot-projects/phone_app/app_ios/` `ESPRainMaker/ESPRainMaker/UserManagement/Interactors/` `ESPUserService.swift`，可查看基于 iOS 获取用户信息的方法源码。

10.5　设备配网功能的开发

在 10.4 节中，通过账号登录接口和获取用户信息接口，读者可获得 RainMaker 账号的 `access token` 和 `user_id`，接下来需要找到设备，让设备连上路由器，并在云端激活该设备。`idf-provisioning` 是在 ESP-IDF provisioning 的基础上封装而成的，适合作为 App 的配网库。

 扩展阅读：通过 `https://bookc3.espressif.com/provisioning`，读者可以了解具体的配网方式。

智能手机和设备端在配网过程中的数据交互流程如图 10-23 所示，本书 7.3.4 节中的蓝牙配网也有提到。

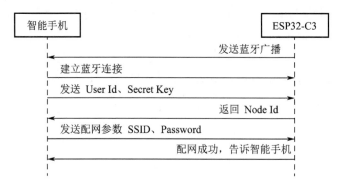

图 10-23　智能手机和设备端在配网过程中的数据交互流程

10.5.1 扫描设备

进入智能手机 App 首页，通过右上角的按钮可进入设备扫描界面，该界面提供了二维码扫描功能，可辅助用户快速发现设备。读者也可以不使用二维码扫描功能，通过 BLE 或者 SoftAP 也可以发现设备。设备扫描界面如图 10-24 所示。

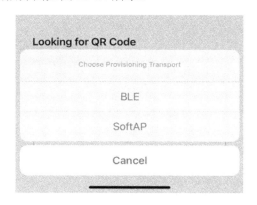

图 10-24 设备扫描界面

下面以蓝牙配网为例，介绍将设备配置到网络的流程。

1. 基于 Android 扫描设备

需要 Android 9.0 及以上系统，Bluetooth LE 扫描需要开启 GPS 功能，否则将无法扫到任何 Bluetooth LE 信号。代码如下：

 项目源码：通过 book-esp32c3-iot-projects/phone_app/app_android/ app/src/main/java/com/espressif/ui/activites/BLEProvision Landing.java，可查看基于 Android 扫描设备的方法源码。

```
1.  private void startScan() {
2.      //此处省略
3.      if (ActivityCompat.checkSelfPermission(this,
4.                          Manifest.permission.ACCESS_ FINE_LOCATION) ==
5.                          PackageManager.PERMISSION_GRANTED) {
6.          provisionManager.searchBleEspDevices(deviceNamePrefix, bleScanListener);
7.          updateProgressAndScanBtn();
8.      } else {
9.          //此处省略
10.     }
11. }
12.
13. private BleScanListener bleScanListener = new BleScanListener() {
14.     @Override
15.     public void scanStartFailed() {
```

10

```
16.          Toast.makeText(BLEProvisionLanding.this,
17.                  "Please turn on Bluetooth to connect BLE device",
18.                  Toast.LENGTH_SHORT).show();
19.      }
20.
21.      @Override
22.      public void onPeripheralFound(BluetoothDevice device, ScanResult scanResult) {
23.          //此处省略
24.      }
25.
26.      @Override
27.      public void scanCompleted() {
28.          //此处省略
29.      }
30.
31.      @Override
32.      public void onFailure(Exception e) {
33.          //此处省略
34.      }
35. };
```

2. 基于 iOS 扫描设备

下面代码中的 prefix 为设备名字过滤条件，如果设备名字有自己的特有标识，则可根据特有标识进行过滤。iOS 代码中多了一个参数 transport，可以选择 ble 或者 softap，表示两种不同的配网方式。

 项目源码：通过 book-esp32c3-iot-projects/phone_app/app_ios/ ESPRainMaker/ESPRainMaker/Interface/Provision/BLE/BLELandin gViewController.swift，可查看基于 iOS 扫描设备的方法源码。

```
1.  ESPProvisionManager.shared.searchESPDevices(devicePrefix: "prefix", transport:
2.              .ble, security:Configuration.shared.espProvSetting.securityMode)
3.              { bleDevices, _ in
4.      //此处省略
5.  }
```

10.5.2　连接设备

1. 基于 Android 连接设备

项目源码：通过 book-esp32c3-iot-projects/phone_app/app_android/ app/src/main/java/com/espressif/ui/activites/BLEProvision Landing.java，读者可以查看基于 Android 连接设备的方法源码。

```
1.   override fun onCreate(savedInstanceState: Bundle?) {
2.       super.onCreate(savedInstanceState)
3.       //此处省略
4.       EventBus.getDefault().register(this)
5.   }
6.
7.   @Override
8.   protected void onDestroy() {
9.       EventBus.getDefault().unregister(this);
10.      super.onDestroy();
11.  }
12.
13.  @Subscribe(threadMode = ThreadMode.MAIN)
14.  public void onEvent(DeviceConnectionEvent event) {
15.      handler.removeCallbacks(disconnectDeviceTask);
16.      switch (event.getEventType()) {
17.          case ESPConstants.EVENT_DEVICE_CONNECTED:
18.          //此处省略
19.          break;
20.
21.          case ESPConstants.EVENT_DEVICE_DISCONNECTED:
22.          //此处省略
23.          break;
24.
25.          case ESPConstants.EVENT_DEVICE_CONNECTION_FAILED:
26.          //此处省略
27.          break;
28.      }
29.  }
```

Android BLE 连接的状态更新使用 EventBus 库进行通知，因此需要在 Activity 中注册回调函数。上述代码首先在扫描到设备后创建设备实例，然后调用连接接口即可让智能手机 App 向设备发起连接请求。代码如下：

```
1.   public void deviceClick(int deviceClickedPosition) {
2.       stopScan();
3.       isConnecting = true;
4.       isDeviceConnected = false;
5.       btnScan.setVisibility(View.GONE);
6.       rvBleDevices.setVisibility(View.GONE);
7.       progressBar.setVisibility(View.VISIBLE);
8.       this.position = deviceClickedPosition;
9.       BleDevice bleDevice = deviceList.get(deviceClickedPosition);
10.      String uuid = bluetoothDevices.get(bleDevice.getBluetoothDevice());
11.
12.      if (ActivityCompat.checkSelfPermission(BLEProvisionLanding.this,
13.                      Manifest.permission.ACCESS_FINE_LOCATION) ==
```

```
14.                        PackageManager.PERMISSION_GRANTED) {
15.       boolean isSec1 = true;
16.       if(AppConstants.SECURITY_0.equalsIgnoreCase(BuildConfig.SECURITY)) {
17.          isSec1 = false;
18.       }
19.       if (isSec1) {
20.          provisionManager.createESPDevice(ESPConstants.TransportType.
21.                TRANSPORT_BLE, ESPConstants.SecurityType.SECURITY_1);
22.       } else {
23.          provisionManager.createESPDevice(ESPConstants.TransportType.
24.                TRANSPORT_BLE, ESPConstants.SecurityType.SECURITY_0);
25.       }provisionManager.getEspDevice().connectBLEDevice(bleDevice.
26.                                          getBluetoothDevice(), uuid);
27.       handler.postDelayed(disconnectDeviceTask, DEVICE_CONNECT_TIMEOUT);
28.    } else {
29.       Log.e(TAG, "Not able to connect device as Location permission is not granted.");
30.    }
31. }
```

> 项目源码：通过 book-esp32c3-iot-projects/phone_app/app_android/
> app/src/main/java/com/espressif/ui/activites/BLEProvisionLand
> ing.java，可查看智能手机 App 发起连接请求的源码。

2. 基于 iOS 连接设备

iOS 的连接回调函数使用代理模式，因此可以直接调用扫描返回的实例连接接口，并将状态代理作为参数传入 bleConnectionStatusHandler。代码如下：

> 项目源码：Pods 文件夹是导入的第三方库，只有项目在本地编译安装后，才会生
> 成文件。读者可以通过 book-esp32c3-iot-projects/phone_app/pods/
> espprovision/ESPDevice.swift，来查看基于 iOS 连接设备的方法源码。

```
1.  open func connect(delegate: ESPDeviceConnectionDelegate? = nil,
2.                 completionHandler: @escaping (ESPSessionStatus) -> Void) {
3.     ESPLog.log("Connecting ESPDevice...")
4.     self.delegate = delegate
5.     switch transport {
6.       case .ble:
7.          ESPLog.log("Start connecting ble device.")
8.          bleConnectionStatusHandler = completionHandler
9.          if espBleTransport == nil {
10.            espBleTransport = ESPBleTransport(scanTimeout: 0,
11.                                        deviceNamePrefix: "")
12.         }
13.         espBleTransport.connect(peripheral: peripheral,
14.                          withOptions:
15.                          nil,
```

```
16.                         delegate: self)
17.      case .softap:
18.          ESPLog.log("Start connecting SoftAp device.")
19.          if espSoftApTransport == nil {
20.             espSoftApTransport = ESPSoftAPTransport(baseUrl:
21.                                           ESPUtility.baseUrl)
22.          }
23.          self.connectToSoftApUsingCredentials(ssid: name,
24.                            completionHandler: completionHandler)
25.      }
26. }
```

10.5.3　生成私钥

私钥（Secret Key）用于后续用户和设备绑定时进行认证，由智能手机 App 随机生成即可。基于 Android 生成私钥的代码如下：

```
1.  final String secretKey = UUID.randomUUID().toString();
```

基于 iOS 生成私钥的代码如下：

```
1.  let secretKey = UUID().uuidString
```

10.5.4　获取设备的节点 ID

获取设备的节点 ID，每个设备都有自己唯一的标识，在设备配网成功之后，可调用设备绑定网络请求，云服务器通过节点 ID 对设备进行绑定，保证下一步的远程控制可以操作。

1. 基于 Android 获取设备节点 ID

 项目源码： 通过 book-esp32c3-iot-projects/phone_app/app_android/ app/src/main/java/com/espressif/ui/activites/ProvisionActivi ty.java，读者可以查看基于 Android 获取节点 ID 的源码。

生成请求数据的代码如下：

```
1.  EspRmakerUserMapping.CmdSetUserMapping deviceSecretRequest =
2.  EspRmakerUser Mapping.CmdSetUserMapping.newBuilder()
3.                      .setUserID(ApiManager.userId)
4.                      .setSecretKey(secretKey)
5.                      .build();
6.  EspRmakerUserMapping.RMakerConfigMsgType msgType =EspRmakerUserMapping.
7.                      RMakerConfigMsgType.TypeCmdSetUserMapping;
8.  EspRmakerUserMapping.RMakerConfigPayload payload = EspRmakerUserMapping.
9.                      RMakerConfigPayload.newBuilder()
10.                     .setMsg(msgType)
11.                     .setCmdSetUserMapping(deviceSecretRequest)
12.                     .build();
```

发起请求的代码如下：

```
1.  private void associateDevice() {
2.      provisionManager.getEspDevice().sendDataToCustomEndPoint(AppConstants.
3.       HANDLER_RM_USER_MAPPING, payload.toByteArray(), new ResponseListener() {
4.          @Override
5.          public void onSuccess(byte[] returnData) {
6.              processDetails(returnData, secretKey);
7.          }
8.          @Override
9.          public void onFailure(Exception e) {
10.             //此处省略
11.         }
12.     });
13. }
```

解析设备回复的代码如下：

```
1.  private void processDetails(byte[] responseData, String secretKey) {
2.
3.      try {
4.          EspRmakerUserMapping.RMakerConfigPayload payload = EspRmakerUserMapping.
5.                          RMakerConfigPayload.parseFrom(responseData);
6.          EspRmakerUserMapping.RespSetUserMapping response = payload.
7.                          getRespSetUserMapping();
8.
9.          if (response.getStatus() == EspRmakerUserMapping.RMakerConfigStatus.
10.                         Success) {
11.             //获得节点 ID 成功，下一步进行设备配网
12.             receivedNodeId = response.getNodeId();
13.         }
14.     } catch (InvalidProtocolBufferException e) {
15.         //此处省略
16.     }
17. }
```

2. 基于 iOS 获取设备节点 ID

项目源码：通过 `book-esp32c3-iot-projects/phone_app/app_ios/`
`ESPRainMaker/ESPRainMaker/AWSCognito/DeviceAssociation.swift`，
可查看基于 iOS 获取节点 ID 的源码。

```
1.  private func createAssociationConfigRequest() throws -> Data? {
2.      var configRequest = Rainmaker_CmdSetUserMapping()
3.      configRequest.secretKey = secretKey
4.      configRequest.userID = User.shared.userInfo.userID
5.      var payload = Rainmaker_RMakerConfigPayload()
```

```
6.        payload.msg = Rainmaker_RMakerConfigMsgType.typeCmdSetUserMapping
7.        payload.cmdSetUserMapping = configRequest
8.        return try payload.serializedData()
9.    }
```

发起请求的代码如下：

```
1.  func associateDeviceWithUser() {
2.    do {
3.        let payloadData = try createAssociationConfigRequest()
4.        if let data = payloadData {
5.            device.sendData(path: Constants.associationPath, data: data)
6.                                          { response, error in
7.                guard error == nil, response != nil else {
8.                    self.delegate?.deviceAssociationFinishedWith(success:
9.                                    false, nodeID: nil,
10.                                   error: AssociationError.runtimeError
11.                                   (error!.localizedDescription))
12.                   return
13.                }
14.                self.processResponse(responseData: response!)
15.            }
16.        } else {
17.            delegate?.deviceAssociationFinishedWith(success: false, nodeID:
18.                            nil, error: AssociationError.runtimeError
19.                        ("Unable to fetch request payload."))
20.        }
21.    } catch {
22.        delegate?.deviceAssociationFinishedWith(success: false, nodeID: nil,
23.                        error: AssociationError.runtimeError
24.                    ("Unable to fetch request payload."))
25.    }
26. }
```

解析设备回复的代码如下：

```
1.  func processResponse(responseData: Data) {
2.    do {
3.        let response = try Rainmaker_RMakerConfigPayload(serializedData:
4.                                          response Data)
4.        if response.respSetUserMapping.status == .success {
5.            //获得节点 ID 成功，下一步进行设备配网
6.            delegate?.deviceAssociationFinishedWith(success: true, nodeID:
4.                        response. respSetUserMapping.nodeID, error: nil)
7.        } else {
8.            delegate?.deviceAssociationFinishedWith(success: false, nodeID:
4.                        nil, error: AssociationError.runtimeError
4.                    ("User node mapping failed."))
```

```
9.          }
10.     } catch {
11.         delegate?.deviceAssociationFinishedWith(success: false, nodeID: nil,
4.                     error: AssociationError.runtimeError
4.                     (error.localizedDescription))
12.     }
13. }
```

10.5.5　设备配网

当智能手机 App 与设备建立连接后，就可以通过蓝牙通信实现相关协议，完成配网并在云端激活设备。整个配网流程大致会经过 5 个步骤：发送 Wi-Fi 凭证 → 确认已连接到 Wi-Fi → 配置设备连接 → 确认设备已连接 → 对设备进行初步设置。设备配网的界面如图 10-25 所示。

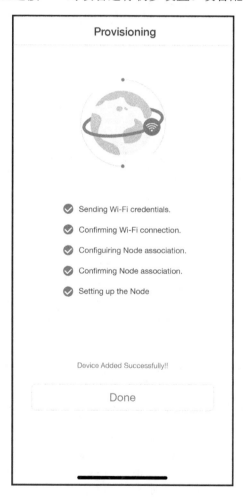

图 10-25　设备配网界面

Android 和 iOS 开发代码如下：

1．基于 Android 的配网

 项目源码：通过 book-esp32c3-iot-projects/phone_app/app_ios/
ESPRainMaker/ESPRainMaker/Interface/Provision/SuccessViewCo
ntroller.swift，读者可以查看基于 Android 配网的源码。

```
1.   private void provision() {
2.
3.       provisionManager.getEspDevice().provision(ssidValue, passphraseValue,
4.                                      new ProvisionListener() {
5.          @Override
6.          public void createSessionFailed(Exception e) {}
7.          @Override
8.          public void wifiConfigSent() {}
9.          @Override
10.         public void wifiConfigFailed(Exception e) {}
11.         @Override
12.         public void wifiConfigApplied() {}
13.         @Override
14.         public void wifiConfigApplyFailed(Exception e) {}
15.         @Override
16.         public void provisioningFailedFromDevice(final ESPConstants.
17.                          Provision FailureReason failureReason) {}
18.         @Override
19.         public void deviceProvisioningSuccess() {
20.             //配网成功
21.         }
22.         @Override
23.         public void onProvisioningFailed(Exception e) {}
24.     });
25. }
```

2．基于 iOS 的配网

 项目源码：通过 book-esp32c3-iot-projects/phone_app/app_ios/
esprainmaker/interface/provision/SuccessViewController.swift，
读者可以查看基于 iOS 配网的源码。

```
1.   espDevice.provision(ssid: ssid, passPhrase: passphrase) { status in
2.       switch status {
3.       case .success:
4.       //配网成功
5.       case let .failure(error):
6.          switch error {
7.              case .configurationError:
```

```
8.              case .sessionError:
9.              case .wifiStatusDisconnected:
10.             default:
11.         }
12.     case .configApplied:
13.     }
14. }
```

完成设备的配网后，就可以开始开发智能手机 App 对设备的控制功能了。

10.6　设备控制功能的开发

10.5 节已经完成了设备的配网与激活，本节在云端绑定账号和设备，完成设备的控制功能。

10.6.1　云端绑定账号与设备

绑定账号与设备的接口地址为 https://swaggerapis.rainmaker.espressif.com/#
/User%20Node%20Association/addRemoveUserNodeMapping，如图 10-26 所示。

图 10-26　绑定账号与设备的接口

使用 10.5.3 节生成的私钥以及获得的设备 ID（node_id）、operation 标识，将设备绑定账号。接口数据示例如下：

```
PUT /v1/user/nodes/mapping
Content-Type: application/json
Authorization: $accesstoken

{
    "node_id": "$node_id",
    "secret_key": "$secretKey",
    "operation": "add"
}
```

1. 基于 Android 绑定账号和设备

> 项目源码：通过 book-esp32c3-iot-projects/phone_app/app_android/
> app/src/main/java/com/espressif/cloudapi/ApiManager.java，可
> 查看基于 Android 绑定账号和设备的源码。

```
1.  public void addNode(final String nodeId,
2.                  String secretKey,
3.                  final ApiResponseListener listener) {
```

```
4.        DeviceOperationRequest req = new DeviceOperationRequest();
5.        req.setNodeId(nodeId);
6.        req.setSecretKey(secretKey);
7.        req.setOperation(AppConstants.KEY_OPERATION_ADD);
8.
9.        apiInterface.addNode(AppConstants.URL_USER_NODE_MAPPING, accessToken,
10.                       req). enqueue(new Callback<ResponseBody>() {
11.
12.          @Override
13.          public void onResponse(Call<ResponseBody> call,
14.                             Response<ResponseBody> response) {
15.             //此处省略
16.          }
17.          @Override
18.          public void onFailure(Call<ResponseBody> call, Throwable t) {
19.          }
20.        });
21. }
```

2. 基于 iOS 绑定账号和设备

> 📥 **项目源码**：读者通过 book-esp32c3-iot-projects/phone_app/app_ios/
> ESPRainMaker/ESPRainMaker/Interface/Provision/SuccessViewCo
> ntroller.swift，可查看基于 iOS 绑定账号和设备的源码。

```
1.  @objc func sendRequestToAddDevice() {
2.     let parameters = ["user_id": User.shared.userInfo.userID,
3.                    "node_id":
4.                    User. shared.currentAssociationInfo!.nodeID,
5.                    "secret_key":User.shared.currentAssociationInfo!.uuid,
6.                    "operation": "add"]
7.     NetworkManager.shared.addDeviceToUser(parameter: parameters as!
8.                            [String: String]) { requestID, error in
9.         if error != nil, self.count > 0 {
10.            self.count = self.count - 1
11.            DispatchQueue.main.asyncAfter(deadline: .now()) {
12.                self.perform(#selector(self.sendRequestToAddDevice),
13.                          with:nil,
14.                          afterDelay: 5.0)
15.            }
16.        } else {
17.            if let requestid = requestID {
18.                self.step3Indicator.stopAnimating()
19.                self.step3Image.image = UIImage(named: "checkbox_checked")
20.                self.step3Image.isHidden = false
21.                self.step4ConfirmNodeAssociation(requestID: requestid)
```

10

```
22.            } else {
23.                self.step3FailedWithMessage(message: error?.description ??
24.                    "Unrecognized error. Please check your internet.")
25.            }
26.        }
27.    }
28. }
```

完成账号和设备的绑定后，就可以发起远程通信请求了。

10.6.2　获取用户的所有设备

在获取账号所有绑定的设备后，可在智能手机 App 的界面以列表的形式显示被绑定的设备。在该界面上方多个选项，所有的设备都会默认在"All Devices"区域，如果要将设备分到不同的区域，可以单击右侧的"⋮"按钮，之后会出现管理群组和创建群组的选项。如果列表中的设备是灰色的，则表示该设备未上电不在线；如果是亮的，则表示设备在线可用。每个设备卡片中都有设备类型的 Logo、设备名字、离线时间等信息，以及开关操作。获取所有被绑定设备的界面如图 10-27 所示。

图 10-27　获取所有被绑定设备的界面

获取所有设备数据的接口地址为 https://swaggerapis.rainmaker.espressif.com/ #/User%20Node%20Association/getUserNodeMappingRequestStatus，如图 10-28 所示。

图 10-28　获取所有设备数据的接口

```
GET /v1/user/nodes?node_details=true
Authorization: $accesstoken
```

获取所有设备网络请求的服务器端返回数据如下：

```
{
    "nodes": "[ nodeid1, ... ]",
    "node_details": [
    {
        "id": "nodeid1",
        "role": "primary",
        "status": {
            "connectivity": {
                "connected": true,
                "timestamp": 1584698464101
            }
        },
        "config": {
            "node_id": "nodeid1",
            "config_version": "config_version",
            "devices": [
            {}
            ],
            "info": {
                "fw_version": "fw_version",
                "name": "node_name",
                "type": "node_type"
            }
        },
        "params": {
            "Light": {
                "brightness": 0,
                "output": true
            },
            "Switch": {
                "output": true
            }
        }
    }
    ],
    "next_id": "nodeid1",
    "total": 5
}
```

在上述的返回数据中，nodes 以数组形式返回所有设备的 ID；node_details 表示当前获取的设备所有详细信息，包含 id（唯一标识）、role（角色）、status（连接状态）、config（配置）、params（设备属性）等信息；当返回的数据太多需要分页时，total 表示当前返回设备数量。

1. 基于 Android 获取设备信息

项目源码： 通过 book-esp32c3-iot-projects/phone_app/app_android/app/src/main/java/com/espressif/cloudapi/ApiManager.java，可以查看基于 Android 获取设备信息的源码。

```
1.   private void getNodesFromCloud(final String startId,
2.                                 final ApiResponseListener listener) {
3.
4.       Log.d(TAG, "Get Nodes from cloud with start id : " + startId);
5.       apiInterface.getNodes(AppConstants.URL_USER_NODES_DETAILS,
6.                            accessToken,
7.                            startId).enqueue(new Callback<ResponseBody>() {
8.           @Override
9.           public void onResponse(Call<ResponseBody> call,
10.                                Response<ResponseBody> response) {
11.              //此处省略
12.          }
13.          @Override
14.          public void onFailure(Call<ResponseBody> call, Throwable t) {
15.              t.printStackTrace();
16.              listener.onNetworkFailure(new Exception(t));
17.          }
18.      });
19.  }
```

2. 基于 iOS 获取设备信息

项目源码： 通过 book-esp32c3-iot-projects/phone_app/app_ios/ESPRainMaker/ESPRainMaker/AWSCognito/ESPAPIManager.swift，读者可以查看基于 iOS 获取设备信息的源码。

```
1.   func getNodes(partialList: [Node]? = nil, nextNodeID: String? = nil, completionHandler:
2.                    @escaping ([Node]?, ESPNetworkError?) -> Void) {
3.       let sessionWorker = ESPExtendUserSessionWorker()
4.       sessionWorker.checkUserSession() { accessToken, error in
5.           if let token = accessToken {
6.               let headers: HTTPHeaders = ["Content-Type": "application/json",
7.                                           "Authorization": token]
8.               var url = Constants.getNodes + "?node_details=true&num_records=10"
9.               if nextNodeID != nil {
10.                  url += "&start_id=" + nextNodeID!
```

```
11.          }
12.          self.session.request(url, method: .get,
13.                               parameters: nil,
14.                               encoding: JSONEncoding.default,
15.                               headers: headers).responseJSON { response in
16.          //此处省略
17.          }
18.      } else {
19.          if self.validatedRefreshToken(error: error) {
20.              completionHandler(nil, .emptyToken)
21.          }
22.      }
23.    }
24. }
```

10.6.3　获取设备当前状态

单击设备列表中的指定设备可跳转至设备控制界面，设备控制界面会根据不同的设备类型显示不同的内容。本节以灯泡类型的设备控制界面为例进行介绍，该类设备控制界面中包含灯的名字、开关状态、亮度、颜色、冷暖等信息，这些信息在图 10-27 所示的设备列表中就已经获取到了。灯泡类型的设备控制界面如图 10-29 所示。

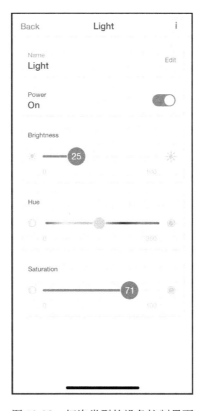

图 10-29　灯泡类型的设备控制界面

相同设备可能会由不同的用户操作，如果想让智能手机 App 中的设备时刻保持最新状态，就要定时刷新并获取设备当前状态。

获取指定设备当前状态的接口地址为 https://swaggerapis.rainmaker.espressif.com/#/Node%20Parameter%20Operations/getnodestate，如图 10-30 所示。

| GET | /{version}/user/nodes/params Get the Node parameter |

图 10-30　获取设备当前状态的接口

```
GET /v1/user/nodes/params?node_id=string
Authorization: $accesstoken
```

获取指定设备当前状态网络请求的服务器端返回数据如下：

```
{
    "Light": {
        "brightness": 0,
        "output": true
    },
    "Switch": {
        "output": true
    }
}
```

在上述的返回数据中，Light 表示设备的当前亮度，brightness 为亮度值；Switch 表示设备当前的开关状态。

1. 基于 Android 获取设备当前状态

项目源码：通过 book-esp32c3-iot-projects/phone_app/app_android/app/src/ main/java/com/espressif/cloudapi/ApiManager.java，可查看基于 Android 获取设备当前状态的源码。

```
1.   public void getParamsValues(final String nodeId, final ApiResponseListener
2.   listener) {
3.     apiInterface.getParamValue(AppConstants.URL_USER_NODES_PARAMS,
4.             accessToken, nodeId).enqueue(new Callback<ResponseBody>() {
5.       @Override
6.       public void onResponse(Call<ResponseBody> call,
7.                             Response<ResponseBody> response) {
8.           //此处省略
9.       }
10.      @Override
11.      public void onFailure(Call<ResponseBody> call, Throwable t) {
12.          t.printStackTrace();
13.          listener.onNetworkFailure(new Exception(t));
```

```
14.         }
15.     });
16. }
```

2. 基于 iOS 获取设备当前状态

> 项目源码：通过 `book-esp32c3-iot-projects/phone_app/app_ios/ESPRainMaker/ESPRainMaker/AWSCognito/ESPAPIManager.swift`，可以查看基于 iOS 获取设备当前状态的源码。

```swift
1.  func getDeviceParams(device: Device, completionHandler:
2.                      @escaping (ESPNetworkError?) -> Void) {
3.
4.      ESPExtendUserSessionWorker().checkUserSession(){accessToken, error in
5.          if let token = accessToken {
6.              let headers: HTTPHeaders = ["Content-Type": "application/json",
7.                                          "Authorization": token]
8.              let url = Constants.setParam + "?node_id=" +
9.                                      (device.node?.node_id ?? "")
10.             self.session.request(url, method: .get, parameters: nil,
11.                                 encoding: JSONEncoding.default, headers:
12.                                 headers).responseJSON { response in
13.                 //此处省略
14.             }
15.         } else {
16.             if self.validatedRefreshToken(error: error) {
17.                 completionHandler(.emptyToken)
18.             }
19.         }
20.     }
21. }
```

10.6.4 修改设备状态

设备名称、开关、亮度、颜色、冷暖都是可以修改的，本节以修改设备亮度和开关为例讲解修改设备状态的方法。

修改设备状态的接口地址为 `https://swaggerapis.rainmaker.espressif.com/#/Node%20Parameter%20Operations/updatenodestate`，如图 10-31 所示。

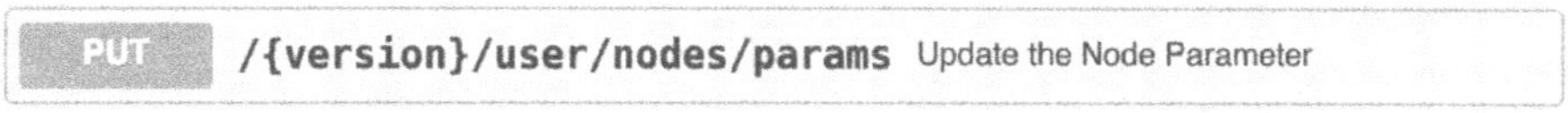

PUT `/{version}/user/nodes/params` Update the Node Parameter

图 10-31 修改设备状态的接口

```
1.  PUT /v1/user/nodes/params
2.  Authorization: $accesstoken
```

```
3.
4.  [
5.      {
6.          "node_id": "string",
7.          "payload": {
8.              "Light": {
9.                  "brightness": 100,
10.                 "output": true
11.             },
12.             "Switch": {
13.                 "output": true
14.             }
15.         }
16.     }
17. ]
```

在上述代码中，node_id 表示设备唯一标识；Light 表示设备当前亮度，brightness 为
亮度值；Switch 表示设备当前开关状态。

1. 基于 Android 修改设备状态

 项目源码：通过 book-esp32c3-iot-projects/phone_app/app_android/
app/src/main/java/com/espressif/cloudapi/ApiManager.java，可查看
基于 Android 修改设备状态的源码。

```
1.  public void updateParamValue(final String nodeId,
2.                               JsonObject body,
3.                               final ApiResponseListener listener) {
4.
5.      apiInterface.updateParamValue(AppConstants.URL_USER_NODES_PARAMS,
6.                               accessToken,
7.                               nodeId,
8.                               body).enqueue(new Callback<ResponseBody>(){
9.          @Override
10.         public void onResponse(Call<ResponseBody> call,
11.                             Response<ResponseBody> response) {
12.             //此处省略
13.         }
14.
15.         @Override
16.         public void onFailure(Call<ResponseBody> call, Throwable t) {
17.             t.printStackTrace();
18.             listener.onNetworkFailure(new Exception(t));
19.         }
20.     });
21. }
```

2. 基于 iOS 修改设备状态

 项目源码：通过 `book-esp32c3-iot-projects/phone_app/app_ios/`
`ESPRainMaker/ESPRainMaker/AWSCognito/ESPAPIManager.swift`，可
查看基于 iOS 修改设备状态的源码。

```
1.  func setDeviceParam(nodeID: String?, parameter: [String: Any],
2.                      completionHandler: ((ESPCloudResponseStatus) ->
3.                      Void)? = nil) {
4.      NotificationCenter.default.post(Notification(name: Notification.Name
5.                          (Constants.paramUpdateNotification)))
6.      if let nodeid = nodeID {
7.          ESPExtendUserSessionWorker().checkUserSession(){accessToken, error in
8.              if let token = accessToken {
9.                  let url = Constants.setParam + "?nodeid=" + nodeid
10.                 let headers: HTTPHeaders = ["Content-Type":
11.                                     "application/json",
12.                                     "Authorization": token]
13.                 self.session.request(url, method: .put,
14.                                 parameters:
15.                                 parameter,
16.                                 encoding: ESPCustomJsonEncoder.default,
17.                                 headers: headers).responseJSON {response in
18.                      //此处省略
19.                 }
20.             } else {
21.                 let _ = self.validatedRefreshToken(error: error)
22.             }
23.         }
24.     }
25. }
```

通过上面的代码就可以修改指定设备的状态了。到此已经实现在 RainMaker 上的账号注册、账号登录、设备扫描、设备连接、设备配网、设备绑定和远程控制等功能。

10.7　定时功能和用户中心功能的开发

在实现了核心功能模块后，还需根据功能需求中的描述，开发定时模块和用户中心模块，这两个模块对完整的智能手机 App 而言，通常是必不可少的。下面来介绍一下这两个模块的功能开发。

10.7.1　实现定时功能

定时界面的主要功能有定时列表、添加定时、编辑定时等。定时列表中展示了定时名称、日期、

时间、周一到周日的重复日等信息，另外还有定时开关操作。定时界面如图 10-32 所示。

图 10-32　定时界面

定时的相关数据都保存在智能手机 App 的本地数据库，相关数据的增删改查都是在本地数据库进行的，相关代码实现如下。

1. 基于 Android 实现定时功能

> 项目源码：通过 `book-esp32c3-iot-projects/phone_app/app_android/app/src/main/java/com/espressif/ui/activites/AddScheduleActivity.java`，可以查看基于 Android 实现定时功能的源码。

保存定时数据的代码如下，其中的 KEY_OPERATION 是对定时的相关操作，KEY_ID 是定时的唯一标识，KEY_NAME 是定时的名字，KEY_DAYS 是定时对应的日期，KEY_MINUTES 是定时对应的时间，KEY_TRIGGERS 是定时需要重复的日期（周一到周五）。

```
1.   private void saveSchedule() {
2.       JsonObject scheduleJson = new JsonObject();
3.       scheduleJson.addProperty(AppConstants.KEY_OPERATION, "");
4.
5.       //Schedule JSON
6.       scheduleJson.addProperty(AppConstants.KEY_ID, "");
7.       scheduleJson.addProperty(AppConstants.KEY_NAME, "");
8.
```

```
9.      JsonObject jsonTrigger = new JsonObject();
10.     jsonTrigger.addProperty(AppConstants.KEY_DAYS, "");
11.     jsonTrigger.addProperty(AppConstants.KEY_MINUTES, "");
12.
13.     JsonArray triggerArr = new JsonArray();
14.     triggerArr.add(jsonTrigger);
15.     scheduleJson.add(AppConstants.KEY_TRIGGERS, triggerArr);
16.
17.     prepareJson();
18.     //此处省略
19. }
```

更新定时数据的代码如下：

```
1.  @SuppressLint("CheckResult")
2.  Public void updateSchedules(final HashMap<String, JsonObject> map,
3.                          final ApiResponseListener listener) {
4.      //此处省略
5.  }
```

 项目源码：通过 book-esp32c3-iot-projects/phone_app/app_ios/ ESPRainMaker/ESPRainMaker/Storage/ESPLocalStorageSchedules. swift，可查看更新定时相关数据的源码。

2. 基于 iOS 实现定时功能

 项目源码：读者通过 book-esp32c3-iot-projects/phone_app/app_ios/ esprainmaker/storage/ESPLocalStorageSchedules.swift，可查看基于 iOS 实现定时功能的源码。

保存定时数据的代码如下，其中的 KEY_OPERATION 是对定时的相关操作，KEY_ID 是定时的唯一标识，KEY_NAME 是定时的名字，KEY_DAYS 是定时对应的日期，KEY_MINUTES 是定时对应的时间，KEY_TRIGGERS 是定时需要重复的日期（周一到周五）。

```
1.  func saveSchedules(schedules: [String: ESPSchedule]) {
2.      do {
3.          let encoded = try JSONEncoder().encode(schedules)
4.          saveDataInUserDefault(data: encoded,
5.                          key: ESPLocalStorageKeys.scheduleDetails)
6.      } catch {
7.          print(error)
8.      }
9.  }
```

更新定时数据的代码如下：

```
1.  func fetchSchedules() -> [String: ESPSchedule] {
2.      var scheduleList: [String: ESPSchedule] = [:]
3.      do {
4.          if let scheduleData = getDataFromSharedUserDefault(key:
5.                          ESPLocalStorageKeys.scheduleDetails) {
6.              scheduleList = try JSONDecoder().decode([String:
7.                          ESPSchedule].self, from: scheduleData)
8.          }
9.          return scheduleList
10.     } catch {
11.         print(error)
12.         return scheduleList
13.     }
14. }
```

10.7.2　实现用户中心功能

用户中心模块的主要功能有用户信息、通知、修改密码、隐私政策、使用条款、项目文档、语音服务、退出登录等。用户中心界面如图 10-33 所示。

图 10-33　用户中心界面

修改密码和退出登录功能需要通过网络请求来调用云端接口，这里以修改密码为例介绍具体的实现过程。修改密码接口如图 10-34 所示。

图 10-34　修改密码接口

```
1.  PUT /v1/password
2.  Authorization: $accesstoken
3.  {
4.      "password": "password",
5.      "newpassword": "newpassowrd"
6.  }
```

在上述代码中，password 表示旧密码，用于协助云端修改新密码；newpassword 表示新密码，修改成功后账号登录就要使用新密码，旧密码失效。

修改密码网络请求的服务器端返回数据如下：

```
1.  {
2.      "status": "success",
3.      "description": "Success description"
4.  }
```

在上述代码中，status 表示修改状态；description 表示修改请求相关描述。

1. 基于 Android 修改密码

> 项目源码：通过 book-esp32c3-iot-projects/phone_app/app_android/app/src/main/java/com/espressif/cloudapi/ApiManager.java，可以查看基于 Android 修改密码的源码。

```
1.  Public void changePassword(String oldPassword, String newPassword,
2.                          final ApiResponseListener listener) {
3.
4.      JsonObject body = new JsonObject();
5.      body.addProperty(AppConstants.KEY_PASSWORD, oldPassword);
6.      body.addProperty(AppConstants.KEY_NEW_PASSWORD, newPassword);
7.
8.      apiInterface.changePassword(AppConstants.URL_CHANGE_PASSWORD,
9.                          accessToken,
10.                         body).enqueue(new Callback<ResponseBody>() {
11.
12.         @Override
13.         public void onResponse(Call<ResponseBody> call,
14.                         Response<ResponseBody> response) {
15.         //此处省略
16.         }
17.
18.         @Override
```

10

```
19.        public void onFailure(Call<ResponseBody> call, Throwable t) {
20.            t.printStackTrace();
21.            listener.onNetworkFailure(new RuntimeException("Failed to
22.                                change password"));
23.        }
24.    });
25. }
```

2. 基于 iOS 修改密码

 项目源码: 读者通过 book-esp32c3-iot-projects/phone_app/app_ios/ ESPRainMaker/ESPRainMaker/UserManagement/Interactors/ESPCh angePasswordService.swift, 可查看基于 iOS 修改密码的源码。

```
1. func changePassword(oldPassword: String, newPassword: String) {
2.    sessionWorker.checkUserSession() { accessToken, sessionError in
3.        if let token = accessToken {
4.            self.apiWorker.callAPI(endPoint: .changePassword(url: self.url,
5.                            old: oldPassword, new: newPassword,
6.                            accessToken: token), encoding:
7.                            JSONEncoding. default) { data, error in
8.                self.apiParser.parseResponse(data, withError:
9.                                    error) { umError in
10.                    self.presenter?.passwordChanged(withError: umError)
11.                }
12.            }
13.        } else {
14.            if !self.apiParser.isRefreshTokenValid(serverError:sessionError) {
15.                if let error = sessionError {
16.                    self.noRefreshSignOutUser(error: error)
17.                }
18.            } else {
19.                self.presenter?.passwordChanged(withError: sessionError)
20.            }
21.        }
22.    }
23. }
```

10.7.3 更多云端接口

除前面章节详细介绍的接口外，RainMaker 还有其他接口，本节将简要介绍这些接口。

1. 将设备分享给其他用户

将设备分享给其他用户的接口地址是 https://swaggerapis.rainmaker.espressif.

com/#/User%20Node%20Association/addUserNodeSharingRequests，如图 10-35
所示。

图 10-35　将设备分享给其他用户的接口

2．判断设备是否在线

判断设备是否在线的接口地址是 https://swaggerapis.rainmaker.espressif.com/#/
User%20Node%20Association/getNodeStatus，如图 10-36 所示。

图 10-36　判断设备是否在线的接口

3．创建设备群组

创建设备群组的接口地址是 https://swaggerapis.rainmaker.espressif.com/#/
Device%20grouping/usercreatedevicegroup，如图 10-37 所示。

图 10-37　创建设备群组的接口

4．将设备添加到群组

将设备添加到群组的接口地址是 https://swaggerapis.rainmaker.espressif.com/#/
Device%20grouping/userupdatedevicegroup，如图 10-38 所示。

图 10-38　将设备添加到群组的接口

5．删除设备群组

删除设备群组的接口地址是 https://swaggerapis.rainmaker.espressif.com/#/
Device%20grouping/userdeletedevicegroup，如图 10-39 所示。

图 10-39　删除设备群组的接口

当然，RainMaker 能做的远不止于此，感兴趣的读者可以查看接口文档，您会发现更多有趣
的功能。

10.8 本章总结

本章主要介绍了智能手机 App 的开发。首先通过对智能手机 App 开发技术和新建智能手机 App 的介绍，使读者对整个开发流程有初步了解。然后通过需求分析，将智能手机 App 分为四个模块，即用户登录注册、设备配网、设备控制、定时和用户中心。最后通过智能手机 App 源码，对整个 App 项目的开发流程进行详细的介绍，实现了通过智能手机 App 对设备进行配网和控制等功能。

第11章

固件更新与版本管理

物联网设备固件的更新往往是通过 OTA（Over-the-Air）升级实现的。通过 OTA 升级可以安全可靠地修复固件漏洞、推送新功能、优化产品体验，这些都将有助于更好地服务终端客户。目前，OTA 升级已经成为产品量产的标配功能。

将不同功能的固件标记为不同的版本是实现固件管理的可靠、有效手段。一个规范的版本标记方法有助于版本管理，便于排查问题，方便后期追溯，可以更加高效地通过 OTA 升级完成固件更新。

ESP-IDF 提供了 OTA 升级示例，以及多种用于版本管理的固件标记方法，本章将讲述这些内容，并借助 ESP RainMaker 实现智能灯的远程 OTA 升级。

11.1　固件更新

OTA 升级机制允许设备在正常运行时接收新固件，并将新固件写入当前未运行的应用程序分区，在校验固件有效后，切换至新固件运行。OTA 升级的基本步骤如图 11-1 所示。

图 11-1　OTA 升级的基本步骤

从图 11-1 可以看出，OTA 升级的基本步骤如下：

（1）云服务器向设备推送 OTA 升级信息。

（2）设备对云服务器身份进行验证，从受信任的云服务器下载固件。

（3）根据下载固件中的版本信息，设备决定是否进行升级。如果决定升级，则请求固件，并将固件写入 Flash 后对其进行校验，校验成功后切换至新的固件运行。

从上面的基本步骤可以看出，OTA 升级的过程就是固件获取、写入、校验、切换的过程。在进一步了解 OTA 升级的原理之前，本节先对分区表、固件启动流程进行介绍。

11.1.1　分区表概述

ESP-IDF 的分区表是指在用户层面将 Flash 不同位置、范围划分为特定功能的描述文件。本书以 ESP-IDF 的 advanced_https_ota(esp-idf/examples/system/ota/ advanced_https_ota) 为例（简称 OTA 升级示例）。在该示例中默认使用了 ESP-IDF 中 partition_table 组件下的 partitions_two_ota.csv(esp-idf/components/ partition_table/ partitions_two_ota.csv) 文件，以下是 partitions_two_ota.csv 分区表的概要。

```
1.  # Name,   Type, SubType, Offset,   Size, Flags
2.  # Note: if you have increased the bootloader size, make sure to update the offsets
to avoid overlap
3.  nvs,        data, nvs,      ,        0x4000,
4.  otadata,    data, ota,      ,        0x2000,
5.  phy_init,   data, phy,      ,        0x1000,
6.  factory,    app,  factory,  ,        1M,
7.  ota_0,      app,  ota_0,    ,        1M,
8.  ota_1,      app,  ota_1,    ,        1M,
```

从上面的概要可以看到，分区表每个条目都是由 Name、Type、SubType、Offset、Size、Flags 构成的。

（1）Name 字段用于标识名称，不应超过 16 B。

（2）Type 字段既可以指定为 app 或者 data，也可以直接使用 0～254（或对应的十六进制数 0x00～0xFE），主要用于标记存储的内容是应用固件还是数据。

（3）SubType 字段的长度为 8 bit，具体标记内容与 Type 字段有关。

① 当 Type 定义为 app 时，SubType 字段可以指定为 factory(0x00)、ota_0(0x10)、…、ota_15(0x1F) 或 test(0x20)。

② 当 Type 定义为 data 时，SubType 字段可以指定为 ota(0x00)、phy(0x01)、nvs(0x02)、nvs_keys(0x04) 或者他组件特定的子类型。

（4）Offset 与 Size 字段用于划分一个特定的区域。

（5）Flags 字段用于标记是否加密。

该示例分区表中的 Offset 未填写任何数值，但依旧是有效的分区表，这是因为分区表首个条目的位置是确定的，所以可以通过前一个条目的 Size 字段计算出后续条目的地址。如果分区表划分的每个条目地址不是连续的，此时就需要通过 Offset 来标记每个条目的起始地址。为了方便理解，本书将该示例分区表转化为图片，如图 11-2 所示。

从图 11-2 可以看出，分区表首个条目的起始地址为 0x9000，即 partitions_two_ota.csv 中

Name 为 nvs 条目的 Offset 字段是 0x9000，该条目的大小为 0x4000，根据之前介绍的计算规则，下一个条目的 Offset 为 0x9000 + 0x4000 = 0xd000。依次计算，最后一个 ota_1 条目的 Offset 为 0x210000。

partitions_two_ota.csv 分区表划分了 6 个区域：3 个数据分区 nvs、otadata、phy_init 分别用于存储 NVS 数据、OTA 升级数据、PHY 初始化数据；3 个应用分区分别存储了 3 个不同的应用固件。从 OTA 升级的基本步骤可知，要进行 OTA 升级，至少需要包括两个 OTA 升级应用分区 [Type (app), SubType (ota_0/ota_1)] 和一个 OTA 升级数据分区 [Type (data), SubType (ota)]，同时也可包含一个可选的应用分区——出厂应用分区 [Type (app), SubType (factory)]。

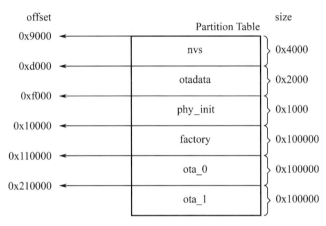

图 11-2　分区表示意图

（1）OTA 升级数据分区用于存储当前所选的 OTA 升级应用分区的信息，第一次 OTA 升级后，OTA 升级数据分区将被更新，指定下一次启动哪个 OTA 升级应用分区。OTA 升级数据分区的大小需要设定为 0x2000，用于防止写入时电源故障引发问题。两个扇区单独擦除、写入匹配数据，若存在不一致，则用计数器字段将判定哪个扇区为最新数据。

（2）应用分区用于存储固件，出厂应用分区是默认的应用分区，如果不存在 OTA 升级数据分区或 OTA 升级数据分区无效，则优先使用出厂应用分区的固件（如果存在），其次使用 OTA 升级数据分区的固件。OTA 升级永远都不会更新出厂应用分区中的内容。

11.1.2　固件启动流程

11.1.1 节介绍了分区表的首个条目起始地址为 0x9000，为什么不是 0x0 这个地址呢？又为什么是 0x9000 呢？要回答这个问题，我们首先看看图 11-3。图 11-3 所示为一片 4 MB Flash 存储的具体内容。

从图 11-3 中可以看到，Flash 被分为了 8 个区域，0x00 地址存放了 Bootloader（启动加载程序），0x8000 存放了分区表，后面 6 个读者就很熟悉了，从 0x9000 开始便是分区表所划分的区域。现在我们可以回答第一个问题了，因为 0x0 地址存放了 Bootloader 程序（并非所有芯片 Flash 的 0x0 地址都存放着 Bootloader。ESP32 系列芯片的 Bootloader 存放在 0x1000 地址处），它用于加载并引导应用分区。在乐鑫科技的芯片程序设计中，Bootloader 被称为二级引导程序，其主要作用为增加 Flash 分区的灵活性，并且方便实现 Flash 加密、安全引导和 OTA 升级等功能。二级引导程序默认从 Flash 的 0x8000 偏移地址处加载分区表，分区表的大小为 0x1000，二级引导程序会从分区表中寻找出厂应用分区和 OTA 升级数据分区，并通过查询 OTA 升级数据分区来确定引导哪个分区，现在第 2 个问题也找到了答案。

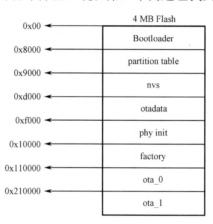

图 11-3　4 MB Flash 存储的具体内容

ESP32-C3 从上电到运行 app_main() 函数的过程可以分为如下 3 个步骤：

（1）由一级引导程序进行引导。一级引导程序被固化在了 ESP32-C3 内部的 ROM 中，芯片复位后，CPU 会立即开始运行，判断启动模式并执行相关操作，从 Flash 的 0x0 偏移地址处将二级引导程序加载到 RAM 中。

（2）由二级引导程序进行引导。二级引导程序将首先从 Flash 中加载分区表，然后查询 OTA 升级数据分区，并选择某个应用分区的固件进行加载。当处理完所有数据后，二级引导程序将校验固件的完整性，并从二进制固件文件的头部寻找入口地址，跳转到该地址处运行。应用分区的固件拥有一些状态，这些状态会影响固件的启动。这些状态保存在 OTA 升级数据分区，在 ESP-IDF 中由一组枚举变量（esp_ota_img_states_t）定义。

① 新固件：由 ESP_OTA_IMG_NEW 定义，标记固件是否为第一次被 Bootloader 加载。在引导加载程序中，此状态更改为 ESP_OTA_IMG_PENDING_VERIFY。

② 待校验的固件：由 ESP_OTA_IMG_PENDING_VERIFY 定义，标记固件是否被启用。如果第二次启动时仍然为此状态，则它将被更改为 ESP_OTA_IMG_ABORTED。

③ 有效固件：由 ESP_OTA_IMG_VALID 定义，标记固件能够正常运行。一旦被标识为该状态，此固件能够无限制启动。

④ 无效固件：由 ESP_OTA_IMG_INVALID 定义，标记固件无法正常运行。一旦被标识为该状态，此固件将无法再次被启动。

⑤ 异常固件：由 ESP_OTA_IMG_ABORTED 定义，标记固件存在异常。一旦被标识为该状态，此固件将无法再次被启动。

⑥ 不明确的固件：由 ESP_OTA_IMG_UNDEFINED 定义，若标记固件状态为不明确，则该固件能够无限制启动。

（3）应用程序启动阶段。二级引导程序跳转后便是应用固件的启动阶段，该阶段包含了从应用程序开始执行到 app_main() 函数创建运行前的所有过程。可分为三个部分：

① 硬件和基本端口的初始化。

② 软件服务和 FreeRTOS 系统的初始化。

③ 运行主任务并调用 app_main() 函数。

11.1.3　OTA 升级原理概述

物联网设备进行 OTA 升级的第一步是获取新固件。获取新固件的方式有很多，使用 Wi-Fi 获取是其中较为简单、方便的一种方式。物联网设备可以通过 Wi-Fi 连接到路由器，进而连接到 OTA 升级服务器，通过一些应用层协议（如 HTTP、FTP）下载固件。本书将介绍一种通过 HTTPS 下载固件的方式，这里我们以 advanced_https_ota（esp-idf/examples/system/ota/advanced_https_ota）为示例，该示例使用 esp_https_ota 组件完成 OTA 升级，该组件使用的下载协议为 HTTPS。下面的代码来自 advanced_https_ota_example.c（esp-idf/examples/system/ota/advanced_https_ota/main/advanced_https_ota_example.c），为了方便讲述本书省略一部分内容。代码如下：

```
1.  static esp_err_t _http_client_init_cb(esp_http_client_handle_t http_client)
2.  {
3.      esp_err_t err = ESP_OK;
4.      //设置 HTTPS 自定义头部
5.      //err = esp_http_client_set_header(http_client, "Custom-Header", "Value");
6.      return err;
7.  }
8.
9.  void advanced_ota_example_task(void *pvParameter)
10. {
11.     ESP_LOGI(TAG, "Starting Advanced OTA example");
12.
13.     //1.配置 HTTPS 连接，并对 esp_https_ota 参数进行设置
14.     esp_err_t ota_finish_err = ESP_OK;
15.     esp_http_client_config_t config = {
16.         .url = CONFIG_EXAMPLE_FIRMWARE_UPGRADE_URL,
17.         .cert_pem = (char *)server_cert_pem_start,
18.         .timeout_ms = CONFIG_EXAMPLE_OTA_RECV_TIMEOUT,
19.         .keep_alive_enable = true,
```

11

```
20.    };
21.    ......
22.    esp_https_ota_config_t ota_config = {
23.        .http_config = &config,
24.        .http_client_init_cb = _http_client_init_cb,//注册esp_http_client
25.                                                    //初始化后调用的回调函数
26.    };
27.
28.    //2.通过esp_https_ota_begin()开启OTA升级，此函数将返回HTTP/HTTPS连接结果
29.    esp_https_ota_handle_t https_ota_handle = NULL;
30.    esp_err_t err = esp_https_ota_begin(&ota_config, &https_ota_handle);
31.    if (err != ESP_OK) {
32.        ESP_LOGE(TAG, "ESP HTTPS OTA Begin failed");
33.        vTaskDelete(NULL);
34.    }
35.
36.    //3.在连接成功的情况下，可通过esp_https_ota_get_img_desc获取新固件的信息，
37.    //这些信息可用于校验工作
38.    esp_app_desc_t app_desc;
39.    err = esp_https_ota_get_img_desc(https_ota_handle, &app_desc);
40.    if (err != ESP_OK) {
41.        ESP_LOGE(TAG, "esp_https_ota_read_img_desc failed");
42.        goto ota_end;
43.    }
44.    err = validate_image_header(&app_desc);
45.    if (err != ESP_OK) {
46.        ESP_LOGE(TAG, "image header verification failed");
47.        goto ota_end;
48.    }
49.
50.    //4.通过循环调用esp_https_ota_perform()函数来接收固件并写入，当HTTPS不处于
51.    //接收状态时就跳出循环
52.    while (1) {
53.        err = esp_https_ota_perform(https_ota_handle);
54.        if (err != ESP_ERR_HTTPS_OTA_IN_PROGRESS) {
55.            break;
56.        }
57.        /.
58.        ...
59.    }
60.
61.    //5.校验固件完整性，调用esp_https_ota_finish或esp_https_ota_abort
62.    //释放HTTP/HTTPS连接。如果esp_https_ota_finish成功执行，则将更新OTA
63.    //升级数据分区，下次启动将切换至新固件
64.    if (esp_https_ota_is_complete_data_received(https_ota_handle) != true) {
65.        //未完整接收OTA升级固件，用户可以自定义处理
```

```
66.        ESP_LOGE(TAG, "Complete data was not received.");
67.    } else {
68.        ota_finish_err = esp_https_ota_finish(https_ota_handle);
69.        if ((err == ESP_OK) && (ota_finish_err == ESP_OK)) {
70.            ESP_LOGI(TAG, "ESP_HTTPS_OTA upgrade successful.Rebooting ...");
71.            vTaskDelay(1000 / portTICK_PERIOD_MS);
72.            esp_restart();
73.        } else {
74.            if (ota_finish_err == ESP_ERR_OTA_VALIDATE_FAILED) {
75.                ESP_LOGE(TAG, "Image validation failed, image is corrupted");
76.            }
77.            ESP_LOGE(TAG, "ESP_HTTPS_OTA upgrade failed 0x%x",
78.                    ota_finish_err);
79.            vTaskDelete(NULL);
80.        }
81.    }
82.
83. ota_end:
84.    esp_https_ota_abort(https_ota_handle);
85.    ESP_LOGE(TAG, "ESP_HTTPS_OTA upgrade failed");
86.    vTaskDelete(NULL);
87. }
```

（1）固件获取。上述代码使用 HTTPS 协议完成了固件的下载，ESP-IDF 对 HTTPS 操作进行了封装。读者仅需配置 esp_http_client_config_t 结构体即可，在该结构体中可以传递证书并启用 TLS 协议来保护传输的数据安全。在完成 HTTPS 连接参数配置后，需要将填写的配置传递给 esp_https_ota_config_t 结构体，该结构体提供了一个回调函数，方便读者设置 HTTPS 请求头部信息（Request Header）。头部信息一般用于向服务器端声明 HTTPS Body 的长度、数据格式等。在完成配置后就可以调用 esp_https_ota_begin() 函数进行连接了，该函数将根据 HTTPS 返回的状态码（HTTPS Status Code）判断结果。当完成 HTTPS 连接后，后续就可以循环调用 esp_https_ota_perform() 函数请求固件。

（2）固件写入。esp_https_ota_perform() 函数将不断向服务器端发送请求信息，并将每一次服务器端返回的数据写入设备的 Flash 中，写入过程是在该函数内部通过调用 esp_ota_write() 函数实现的。

（3）固件校验。考虑到接收设备的资源有限、网络环境不一定理想等情况，有时往往需要多次发送 HTTPS 请求才能完整地下载固件，ESP-IDF 提供了 esp_https_ota_is_complete_data_received() 函数，该函数可通过计算固件的大小来判断是否完整接收了固件。一旦完整接收了固件，就调用 esp_https_ota_finish() 函数结束 HTTPS 连接，释放所占用的资源。仅仅通过对比固件大小是否一致来判断固件是否有效是不完善的，我们还需要校验固件的 SHA-256 值来确保下载的固件与原固件是完全一致的，调用函数 esp_https_ota_finish() 可自动完成校验工作。如果启用了安全启动，则此时也会进行相关检查，详情可阅读 13.4.2 节。

（4）固件切换。esp_https_ota_finish() 函数不仅会释放 HTTPS 资源和校验固件，还会在校验成功后自动改写 OTA 升级数据分区，并同时将本次下载固件的状态更新为不明确固件（ESP_OTA_IMG_UNDEFINED）。在一切准备工作结束后，调用 esp_restart() 函数再此启动的固件就是新固件。此处的不明确固件是指在 Bootloader 未开启回滚时，固件可以无限制启动。

11.2 固件版本管理

将不同功能的固件标记为不同版本是方便后期维护的一个重要手段。ESP-IDF 提供了一些标记字段，可用于标记版本信息，这些字段与回滚/防回滚功能搭配使用可满足大部分版本管控的需求。

11.2.1 固件标记

可供读者进行编辑的字段有 4 个，分别为 secure_version（安全版本号）、project_version（工程版本号）、project_name（工程名称）与 App version（应用版本）；不可编辑的字段有 2 个，分别是 idf_ver（ESP-IDF 版本）与 Compile time and date（编译时间与日期）。

（1）secure_version。安全版本号，用于设定芯片的安全版本，安全版本号存储在 eFuse 中，最多能标记 16 个版本。启用方式如下：

```
(Top) → Bootloader config
...
...
[*] Enable app rollback support
[*]    Enable app anti-rollback support
(0)        eFuse secure version of app (NEW)
(16)       Size of the eFuse secure version field (NEW)
...
...
```

（2）project_version。工程版本号，用于设定工程的版本。启用方式如下：

```
(Top) → Application manager
...
...
[*] Get the project version from Kconfig
(1)    Project version
...
...
```

（3）project_name。工程名称，在工程目录下的 CMakeLists.txt 文件中进行设置，以 advanced_https_ota 工程为例，启用方式如下：

```
1.  ...
2.  ...
3.  include($ENV{IDF_PATH}/tools/cmake/project.cmake)
4.  project(advanced_https_ota)
5.  ...
6.  ...
```

project(X) 为标记的工程名称。

（4）Compile time and date（编译时间和日期）与 idf_ver（ESP-IDF 版本）将在编译时自动赋值，读者从 Log 中可看到下述如下内容：

```
...
...
I (304) cpu_start: Compile time:    Mar 14 2022 18:44:58
I (316) cpu_start: ESP-IDF:         v4.3.2
...
...
```

安全版本号与工程版本号都可以用于标记固件版本信息，但它们的侧重点与实现方式不同。安全版本号写入芯片的 eFuse 中，一旦写入便不可被更改，该芯片之后只允许写入更高版本号的固件，这种特性可以安全有效地管控重要的更新。重要的更新一般与安全相关，所以称为安全版本号。工程版本号跟随固件存放在 Flash 中，可以在每次编译时随意更改，设备更新时不主动检查该信息，使用方式完全由开发者决定。在实际的开发应用中，因为安全版本号有使用次数限制，一般将提升安全版本号定义为包含了重要功能更新、修复了安全漏洞，将提升工程版本号作为业务层面功能更新使用。

11.2.2　回滚与防回滚功能

应用程序回滚的主要目的是确保设备在更新后一旦发生异常能够及时回退到上一个版本，不影响设备的正常使用。在启用回滚功能时，当校验固件完成后此固件将被标记为新固件（ESP_OTA_IMG_NEW），在重启时 Bootloader 将选择该固件并将其重新标记为待校验（ESP_OTA_IMG_PENDING_VERIFY），在运行 app_main() 函数时可能出现以下两种情况：

（1）应用程序运行正常。开发者自测确定功能一切正常，由开发者调用 esp_ota_mark_app_valid_cancel_rollback() 函数将正在运行的固件状态标记为有效固件（ESP_OTA_IMG_VALID），该固件随后便可无限制启动。

（2）应用程序出现严重错误。因为异常导致自动二次重启，这种情况 Bootloader 会直接将该固件标记为异常固件（ESP_OTA_IMG_ABORTED）并回滚到上一版本。开发者自测确定功能存在异常，由开发者调用 esp_ota_mark_app_invalid_rollback_and_reboot() 函数将正在运行的版本标记为无效固件（ESP_OTA_IMG_INVALID）并自动重启回滚到上一版本，该固件随后便无法再启动。

安全版本号的另一个作用是防止固件回滚到更低的安全版本号。在 Bootloader 选择可启动的应用程序时，会额外检查安全版本号，只有固件的安全版本号等于或高于芯片 eFuse 中存储的安全版本号，此固件才会被选择，新的安全版本号将在固件状态被标记为有效固件（ESP_OTA_IMG_VALID）后被更新。

回滚与防回滚功能都可以通过 menuconfig 启动，启用方式如下：

```
(Top) → Bootloader config
...
...
[*] Enable app rollback support
[*]     Enable app anti-rollback support
(0)         eFuse secure version of app (NEW)
(16)        Size of the eFuse secure version field (NEW)
...
...
```

11.3 实战：OTA 升级使用示例

11.3.1 利用本地主机完成固件更新

在 ESP-IDF 示例中，OTA 升级的流程如图 11-4 所示。

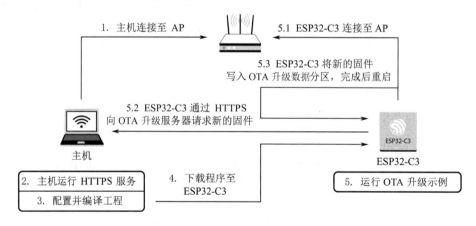

图 11-4 OTA 升级的流程

（1）启用 OTA 升级服务器。在运行 OTA 升级示例之前需要先创建 HTTPS 服务，并申请证书。通过执行 openssl req -x509 -newkey rsa:2048 -keyout ca_key.pem -out ca_cert.pem -days 365 -nodes 可自签证书。Log 如下：

```
Generating a RSA private key
.+++++
....................+++++
writing new private key to 'ca_key.pem'
-----
```

```
You are about to be asked to enter information that will be incorporated
into your certificate request.
What you are about to enter is what is called a Distinguished Name or a DN.
There are quite a few fields but you can leave some blank
For some fields there will be a default value,
If you enter '.', the field will be left blank.
-----
...
...
```

（2）开启 HTTPS 服务。通过执行 openssl s_server -WWW -key ca_key.pem -cert ca_cert.pem -port 8070 将在本机开启一个端口为 8070 的 HTTPS 服务。Log 如下：

```
...
Using default temp DH parameters
ACCEPT
...
...
```

在建立 HTTPS 连接后，将有如下 Log：

```
139783954665920:error:14094416:SSL       routines:ssl3_read_bytes:sslv3       alert
certificate unknown:../ssl/record/rec_layer_s3.c:1528:SSL alert number 46
FILE:advanced_https_ota.bin
...
...
```

（3）使用 esp_https_ota 组件完成 OTA 升级。在进行 OTA 升级测试之前我们先了解一下如何编写一个 OTA 升级程序，下面示例代码来源于 esp-idf/examples/system/ota/advanced_https_ota/main/advanced_https_ota_example.c。代码如下：

```
1.  void app_main(void)
2.  {
3.      //初始化 NVS
4.      esp_err_t err = nvs_flash_init();
5.      if (err == ESP_ERR_NVS_NO_FREE_PAGES || err ==
6.                              ESP_ERR_NVS_NEW_VERSION_FOUND) {
7.          ESP_ERROR_CHECK(nvs_flash_erase());
8.          err = nvs_flash_init();
9.      }
10.     ESP_ERROR_CHECK( err );
11.
12.     ESP_ERROR_CHECK(esp_netif_init());
13.     ESP_ERROR_CHECK(esp_event_loop_create_default());
14.
15.     //初始化连接部分
16.     ESP_ERROR_CHECK(example_connect());
17.
18.     //固件校验
```

11

```
19.     const esp_partition_t *running = esp_ota_get_running_partition();
20.     esp_ota_img_states_t ota_state;
21.     if (esp_ota_get_state_partition(running, &ota_state) == ESP_OK) {
22.         if (ota_state == ESP_OTA_IMG_PENDING_VERIFY) {
23.             if (esp_ota_mark_app_valid_cancel_rollback() == ESP_OK) {
24.                 ESP_LOGI(TAG, "App is valid, rollback cancelled successfully");
25.             } else {
26.                 ESP_LOGE(TAG, "Failed to cancel rollback");
27.             }
28.         }
29.     }
30.
31. #if CONFIG_EXAMPLE_CONNECT_WIFI
32.     //设置 PS 模式
33.     esp_wifi_set_ps(WIFI_PS_NONE);
34. #endif
35.     //创建 OTA 升级任务
36.     xTaskCreate(&advanced_ota_example_task, "advanced_ota_example_task",
37.             1024 * 8, NULL, 5, NULL);
38. }
```

上述代码的流程如下：

① 通过 nvs_flash_init() 函数初始化 NVS，这通常是编写 ESP32-C3 应用程序的第一步。

② 初始化 netif 层并连接到 Wi-Fi，通过 example_connect() 函数连接 Wi-Fi，该函数是在 protocol_examples_common 组件中实现的，是一个通用的函数，读者可以替换为自己的 Wi-Fi 连接函数。

③ 如果开启了回滚功能，则需要对固件状态进行设置。

④（可选）通过 esp_wifi_set_ps() 函数将 PS 模式设置为 WIFI_PS_NONE，可关闭省电模式，并获得最大的数据吞吐量。

⑤ 创建一个 OTA 升级任务，在此 OTA 升级任务中完成固件接收操作。advanced_ota_example_task 的流程请参考 11.1.3 节。

读者在对上述示例有一定的了解后，就可以进行 OTA 升级测试了。请读者依次执行并完成下述操作：

（1）设置编译芯片为 ESP32-C3。命令如下：

```
$ idf.py set-target esp32c3
```

（2）设置 Wi-Fi 信息。执行 idf.py menuconfig，修改 Wi-Fi 的 SSID 与密码。启用方式如下：

```
(Top) → Example Connection Configuration
    Espressif IoT Development Framework Configuration
```

```
[*] connect using WiFi interface
(Xiaomi_32BD) WiFi SSID
(12345678) WiFi Password
[ ] connect using Ethernet interface
[*] Obtain IPv6 address
    Preferred IPv6 Type (Local Link Address)  --->
```

（3）设置 OTA 升级信息。在 Firmware Upgrade URL 填写升级连接，并选择跳过证书 CN 域检查与版本检查。

```
(https://192.168.31.177:8070/advanced_https_ota.bin) Firmware Upgrade URL
[*] Skip server certificate CN fieldcheck
[*] Skip firmware version check
(5000) OTA Receive Timeout
```

（4）构建固件。执行 idf.py build 可构建固件。在构建固件后请将 build 目录下的 advanced_https_ota.bin 提取到 HTTPS 服务器的目录下，即执行 openssl s_server 操作的目录。

（5）下载固件。执行 idf.py flash monitor 下载固件并打开监视器。

在所有操作完成后，ESP32-C3 上电后将连接所设置的 Wi-Fi，并从所设置的 URL 下载固件后重启。

11.3.2　利用 ESP RainMaker 完成固件更新

通过云平台完成更新是更为普遍的方案，本节将借助 ESP RainMaker 从云端向设备推送升级消息。ESP RainMaker 同样使用的是 esp_https_ota 组件，ESP RainMaker SDK 中整合了 OTA 升级部分的代码，通过调用 esp_rmaker_ota_enable() 函数即可启用 OTA 升级。需要注意的是，ESP RainMaker 提供了两种 OTA 升级方式，此处需要选择通过主题形式接收 OTA 升级消息。订阅与 OTA 升级相关的主题后，可以通过这些主题接收 MQTT 消息并解析出固件的 URL，同时通过这些主题推送当前更新的进度及最终状态。ESP RainMaker OTA 升级功能的代码位于 esp-rainmaker/components/esp_rainmaker/src/ota 目录下，该目录下与固件下载相关的代码位于源文件 esp_rmaker_ota.c 中，下述代码也来源于此处。

```
1.   //ESP RainMaker OTA 升级状态
2.   char *esp_rmaker_ota_status_to_string(ota_status_t status)
3.   {
4.       switch (status) {
5.           case OTA_STATUS_IN_PROGRESS:
6.           return "in-progress";
7.           case OTA_STATUS_SUCCESS:
8.           return "success";
9.           case OTA_STATUS_FAILED:
10.          return "failed";
```

11

```
11.        case OTA_STATUS_DELAYED:
12.        return "delayed";
13.        default:
14.        return "invalid";
15.    }
16.    return "invalid";
17. }
18.
19. esp_err_t esp_rmaker_ota_report_status(esp_rmaker_ota_handle_t ota_handle,
20.                                        ota_status_t status,
21.                                        char *additional_info)
22. {
23.    ......
24.    if (ota->type == OTA_USING_PARAMS) {
25.        err = esp_rmaker_ota_report_status_using_params(ota_handle, status,
26.                                        additional_info);
27.    } else if (ota->type == OTA_USING_TOPICS) {
28.        err = esp_rmaker_ota_report_status_using_topics(ota_handle, status,
29.                                        additional_info);
30.    }
31.    ......
32. }
```

ESP RainMaker 中 OTA 升级状态有 4 种，分别为固件获取中(OTA_STATUS_IN_PROGRESS)、升级成功（OTA_STATUS_SUCCESS）、升级失败（OTA_STATUS_FAILED）、延后处理（OTA_STATUS_DELAYED）。在固件获取中，对应正在执行固件下载的状态，当调用 esp_https_ota_begin() 函数时应向云平台上报此状态，云平台也将更新对应的图标；升级成功与升级失败对应固件下载、校验的结果；延后处理则表示设备当前不方便处理该请求，随后可通过 esp_rmaker_ota_report_status() 函数完成 OTA 升级状态的更新。

```
1.  //固件信息校验
2.  static esp_err_t validate_image_header(esp_rmaker_ota_handle_t ota_handle,
3.                                        esp_app_desc_t *new_app_info)
4.  {
5.      if (new_app_info == NULL) {
6.          return ESP_ERR_INVALID_ARG;
7.      }
8.
9.      //获取固件状态
10.     const esp_partition_t *running = esp_ota_get_running_partition();
11.     esp_app_desc_t running_app_info;
12.     if (esp_ota_get_partition_description(running, &running_app_info) ==
13.                                        ESP_OK) {
14.         ESP_LOGD(TAG, "Running firmware version: %s",running_app_info.version);
15.     }
16.
```

```
17.     //验证工程版本号
18. #ifndef CONFIG_ESP_RMAKER_SKIP_VERSION_CHECK
19.     if (memcmp(new_app_info->version, running_app_info.version,
20.                 sizeof(new_app_info->version)) == 0){
21.         ESP_LOGW(TAG, "Current running version is same as the new.
22.                 We will not continue the update.");
23.         esp_rmaker_ota_report_status(ota_handle, OTA_STATUS_FAILED,
24.                                     "Same version received");
25.         return ESP_FAIL;
26.     }
27. #endif
28.
29.     //验证工程名称
30. #ifndef CONFIG_ESP_RMAKER_SKIP_PROJECT_NAME_CHECK
31.     if (memcmp(new_app_info->project_name, running_app_info.project_name,
32.                         sizeof(new_app_info->project_name)) != 0){
33.         ESP_LOGW(TAG, "OTA Image built for Project: %s. Expected: %s",
34.                 new_app_info->project_name, running_app_info.project_name);
35.         esp_rmaker_ota_report_status(ota_handle, OTA_STATUS_FAILED,
36.                                     "Project Name mismatch");
37.         return ESP_FAIL;
38.     }
39. #endif
40.
41.     return ESP_OK;
42. }
```

ESP RainMaker 通过验证工程版本号与工程名称来进行固件的管理，当新/旧固件工程版本号不一致且工程名称相同时才允许继续下载固件。通常来看，工程版本号一般进行递增处理，这更有利于版本管控，通过对比工程名称可以防止意外推送其他产品固件的事故发生。

```
1.  static esp_err_t esp_rmaker_ota_default_cb(esp_rmaker_ota_handle_t ota_handle,
2.                                      esp_rmaker_ota_data_t *ota_data)
3.  {
4.      ......
5.      //OTA http参数配置
6.      esp_err_t ota_finish_err = ESP_OK;
7.      esp_http_client_config_t config = {
8.          .url = ota_data->url,
9.          .cert_pem = ota_data->server_cert,
10.         .timeout_ms = 5000,
11.         .buffer_size = DEF_HTTP_RX_BUFFER_SIZE,
12.         .buffer_size_tx = buffer_size_tx
13.     };
14. #ifdef CONFIG_ESP_RMAKER_SKIP_COMMON_NAME_CHECK
15.     config.skip_cert_common_name_check = true;
16. #endif
```

11

```
17.      ......
18.      //上报更新状态
19.      esp_rmaker_ota_report_status(ota_handle, OTA_STATUS_IN_PROGRESS,
20.                                   "Starting OTA Upgrade");
21.
22.      ...
23.      ...
24.      //进行 HTTPS 连接准备下载固件
25.      esp_err_t err = esp_https_ota_begin(&ota_config, &https_ota_handle);
26.      if (err != ESP_OK) {
27.         ESP_LOGE(TAG, "ESP HTTPS OTA Begin failed");
28.         esp_rmaker_ota_report_status(ota_handle, OTA_STATUS_FAILED,
29.                                      "ESP HTTPS OTA Begin failed");
30.         return ESP_FAIL;
31.      }
32.      ......
33.      //获取固件信息进行校验
34.      esp_app_desc_t app_desc;
35.      err = esp_https_ota_get_img_desc(https_ota_handle, &app_desc);
36.      if (err != ESP_OK) {
37.         ESP_LOGE(TAG, "esp_https_ota_read_img_desc failed");
38.         esp_rmaker_ota_report_status(ota_handle, OTA_STATUS_FAILED,
39.                                      "Failed to read image decription");
40.         goto ota_end;
41.      }
42.      err = validate_image_header(ota_handle, &app_desc);
43.      if (err != ESP_OK) {
44.         ESP_LOGE(TAG, "image header verification failed");
45.         goto ota_end;
46.      }
47.
48.      esp_rmaker_ota_report_status(ota_handle, OTA_STATUS_IN_PROGRESS,
49.                                   "Downloading Firmware Image");
50.      int count = 0;
51.
52.      //循环下载固件
53.      while (1) {
54.         err = esp_https_ota_perform(https_ota_handle);
55.         if (err != ESP_ERR_HTTPS_OTA_IN_PROGRESS) {
56.            break;
57.         }
58.      ......
59.      }
60.
61.      //下载完成后释放 HTTPS 资源并开始验证
62.      ota_finish_err = esp_https_ota_finish(https_ota_handle);
63.      if ((err == ESP_OK) && (ota_finish_err == ESP_OK)) {
```

```
64.          //验证成功后上报成功状态到云
65.          ESP_LOGI(TAG, "OTA upgrade successful. Rebooting in %d seconds...",
66.                   OTA_REBOOT_TIMER_SEC);
67.          esp_rmaker_ota_report_status(ota_handle, OTA_STATUS_SUCCESS,
68.                                       "OTA Upgrade finished successfully");
69.          esp_rmaker_reboot(OTA_REBOOT_TIMER_SEC);
70.          return ESP_OK;
71.      }
72.      ......
73. }
```

esp_rmaker_ota_default_cb() 函数是 ESP RainMaker 中默认的 OTA 升级回调函数，一旦接收到来自云端的 OTA 升级消息便会调用该函数。该函数流程与 11.1.3 节介绍的 OTA 升级示例函数流程相似，这里不在赘述。不同点在于，esp_rmaker_ota_default_cb() 函数中增加了 OTA 升级状态的上报，这将及时向云平台更新当前设备的 OTA 升级进度。

```
1.  esp_err_t esp_rmaker_ota_enable(esp_rmaker_ota_config_t *ota_config,
2.                             esp_rmaker_ota_type_t type)
3.  {
4.      //获取分区信息，并通过回调函数校验固件的有效性
5.      const esp_partition_t *running = esp_ota_get_running_partition();
6.      esp_ota_img_states_t ota_state;
7.      if (esp_ota_get_state_partition(running, &ota_state) == ESP_OK) {
8.          if (ota_state == ESP_OTA_IMG_PENDING_VERIFY) {
9.              ESP_LOGI(TAG, "First Boot after an OTA");
10.             //Run diagnostic function
11.             bool diagnostic_is_ok = true;
12.             if (ota_config->ota_diag) {
13.                 diagnostic_is_ok = ota_config->ota_diag();
14.             }
15.             if (diagnostic_is_ok) {
16.                 ESP_LOGI(TAG, "Diagnostics completed successfully!
17.                         Continuing execution ...");
18.                 esp_ota_mark_app_valid_cancel_rollback();
19.             } else {
20.                 ESP_LOGE(TAG, "Diagnostics failed! Start rollback to the
21.                         previous version ...");
22.                 esp_ota_mark_app_invalid_rollback_and_reboot();
23.             }
24.         }
25.     }
26.
27.     //OTA 升级任务回调函数
28.     if (ota_config->ota_cb) {
29.         ota->ota_cb = ota_config->ota_cb;
30.     } else {
31.         ota->ota_cb = esp_rmaker_ota_default_cb;
```

```
32.     }
33.     ......
34.     return err;
35. }
```

ESP RainMaker OTA 升级部分对回滚功能的自测部分做了封装，开发者可以通过 esp_rmaker_ota_config_t 结构体传入一个自测函数，该自测函数的返回值是布尔类型的。在调用 esp_rmaker_ota_enable() 函数开启 OTA 升级时，一旦发现当前固件的状态为待校验固件（ESP_OTA_IMG_PENDING_VERIFY），便会通过函数指针调用开发者传入的自测函数，通过自测函数的返回值设定当前固件的状态。esp_rmaker_ota_config_t 结构体中的 server_cert 指向服务器端的证书，ESP RainMaker 使用 AWS S3 桶存储服务，读者可以直接通过宏 ESP_RMAKER_OTA_DEFAULT_SERVER_CERT 传入证书，在 OTA 升级时用于进行校验，防止 DNS 欺骗。读者可以在 ESP RainMaker 的管理后台 https://dashboard.rainmaker.espressif.com/ 上传新固件。新固件的工程版本必须和待升级固件的版本不同，在 ESP RainMaker 中修改方法有两种：

（1）通过 11.2.1 节介绍的工程版本号进行修改。

（2）通过修改 CMakeLists.txt 文件，在其中加入 set(PROJECT_VER "1.0") 即可，读者可参考示例填写。

在完成新固件编译后，就可以上传新固件了，如图 11-5 所示。

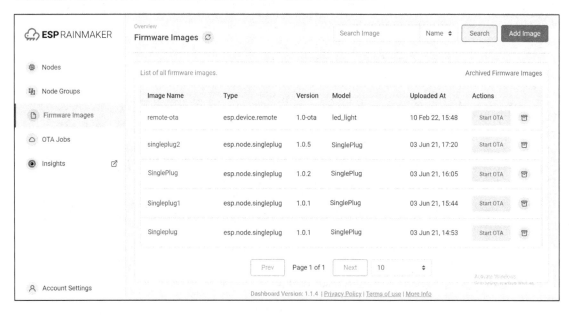

图 11-5　上传新固件

完成固件上传后便可以启动 OTA 升级任务，如图 11-6 所示。启动 OTA 升级任务的步骤如下：

（1）在 OTA 升级固件列表中选择用于 OTA 升级的固件。

图 11-6　启动 OTA 升级任务

（2）单击该固件的"Start OTA"按钮。

（3）填写 OTA 升级任务的一些信息，并选择要升级的节点。当选择强制推送选项时，在线的节点可以立即收到 OTA 升级消息；否则，节点将根据定义的 OTA 升级策略（启动期间检查、定期检查等）获取用于 OTA 升级的 URL，这可能会造成延迟。

OTA 升级作业监控界面（见图 11-7）能够实时反馈 OTA 升级的状态，包括读者能够在该界面中查看的信息及实现的功能。

图 11-7　OTA 升级作业监控界面

（1）启动 OTA 升级后，如果成功，则可以在任务的详细信息中查看 OTA 升级任务的状态，这些状态由设备上报。

（2）OTA 升级作业监控界面将提供整体情况，可查看各个节点的状态。

（3）可以中途取消 OTA 升级任务，但已经获得 URL 的节点将继续升级。

11.4 本章总结

本章主要介绍了 OTA 升级的原理及流程。首先介绍了 OTA 升级的基本流程及实现方法。然后介绍了分区表的功能，以及与 OTA 升级有关字段，在实际量产中还需要根据情况启用回滚与防回滚功能，以便进一步提高设备的稳定性和可靠性。最后，读者根据本书提供实战案例，既可以通过本地主机完成固件的更新，也可以通过 ESP RainMaker 从云端向设备推送升级消息。

优化与量产篇

04

一个成熟的产品在上市前，必然需要经过严格的测试，并通过合规性认证，如能耗认证、安全性认证等；同时，在上市前还需要考虑设备安全问题，防止设备固件被恶意篡改并运行未经授权的非法程序；另外，还需要考虑产品量产如何实施、产品上市后如何远程进行故障诊断。本篇主要介绍电源管理、低功耗优化、设备安全、量产固件烧录、量产测试，以及ESP Insights的用法等内容，助力产品的快速上线与维护。

12 /

电源管理和低功耗优化

13 /

增强设备的安全功能

14 /

量产的固件烧录和测试

15 /

ESP Insights 远程监察平台

## 第 12 章

电源管理和低功耗优化

随着物联网产品的广泛应用，人们在日常生活中可以看到越来越多的物联网产品，如智能手表、智能插座、智能灯泡、智能音箱等。在这些各种各样的物联网产品中，一些物联网设备，由于使用电池供电或者能耗认证要求等原因，不得不考虑降低物联网设备的功耗。例如，在美国加利福尼亚州的能耗认证 CEC Tile 20 规范中，要求智能灯泡的设备待机功耗不能高于 0.2 W。智能手表在使用电池供电的同时也希望有更长的工作时间。在这类的物联网产品的开发过程中，开发者就需要在产品开发时将功耗作为重要的考虑因素，要尽最大可能利用芯片的特性并结合应用逻辑来降低产品的整体功耗。这需要开发者十分了解所用芯片的功耗特性，并能在实际的物联网工程中熟练使用相关的芯片。这就要求在开发过程中，在通信协议方面，必须使用功耗更低的无线通信技术，如 Bluetooth LE；在电路实现方面，则必须采用低功耗设计。

在低功耗场景中，平均电流往往决定了电池供电设备的使用寿命，以及能否通过能耗认证。而平均电流取决于不同级别低功耗模式的电流、运行状态下的工作电流、进入或退出低功耗模式的时间和 CPU 处理能力等方面。ESP32-C3 在低功耗场景中也有对应的芯片级支持。ESP32-C3 采用了先进的电源管理技术，并能在不同的功耗模式之间进行切换，同时还提供了智能化的低功耗外设，以减少 CPU 唤醒次数，从而进一步降低整体功耗。

12.1 ESP32-C3 电源管理

ESP-IDF 中集成了电源管理功能，该功能允许系统根据应用程序的需求，调整外围总线（APB）频率、CPU 频率，并配置芯片自动进入 Light-sleep 模式。芯片在空闲时可自动进入 Light-sleep 模式，能够尽可能地减少应用程序运行的功耗。ESP32-C3 的各种低功耗模式将在 12.2 节中详细讨论。此外，启用电源管理功能将会增加中断延迟，中断延迟的增加与多个因素有关，如 CPU 频率、是否需要进行频率切换等。

应用程序具有获取/释放电源管理锁以控制电源管理运行的能力。当应用程序获取电源管理锁时，电源管理算法操作会受到限制。当电源管理锁被释放时，这些限制就被移除了。电源管理锁具有获取/释放计数器，如果电源管理锁已被多次获取，则需要释放相同的次数，以消除相关限制。

ESP32-C3 支持如表 12-1 所示的三种电源管理锁。

表 12-1　电源管理锁

电源管理锁	描　述
ESP_PM_CPU_FREQ_MAX	请求 CPU 频率为 esp_pm_configure() 函数中设置的最大值。对于 ESP32-C3，该值可以设置为 40 MHz、80 MHz 或 160 MHz
ESP_PM_APB_FREQ_MAX	请求 APB 频率保持最大频率。对于 ESP32-C3，最大频率是 80 MHz
ESP_PM_NO_LIGHT_SLEEP	禁止自动切换到 Light-sleep 模式

应用程序可以通过获取或释放电源管理锁的方式，以适应不需要电源管理的场景。例如，对于从 APB 获得时钟的外设，其驱动可以要求在使用该外设时，将 APB 频率设置为 80 MHz；操作系统可以要求 CPU 在有任务准备开始时以最高频率运行；一些外设可能需要中断才能启用，因此其驱动程序也会要求禁用 Light-sleep 模式。

因为请求较高的 APB 频率或 CPU 频率，以及禁用 Light-sleep 模式会增加功耗，所以在实际应用中，应当将使用电源管理锁的时间降到最小。

12.1.1　动态调频

当启用电源管理功能后，外围总线（APB）频率和 CPU 频率可能会在运行过程中发生改变，这被称为动态调频（Dynamic Frequency Scaling，DFS）。启用电源管理后，动态调频也随之启用，APB 频率可在一个 RTOS 滴答周期内被多次更改。有些外设在正常运行时不受 APB 频率变化的影响，但有些外设可能会出现问题。例如，Timer Group 外设定时器会继续计数，但定时器计数的速度将随 APB 频率的变化而变化。所以在开发中，读者应该了解哪些外设会受到动态调频的影响，哪些外设不会受到动态调频的影响。随着 ESP-IDF 开发的不断完善，一些外设驱动程序也不会受到动态调频的影响。

下面的外设在使用特定的时钟源时不会受到动态调频的影响：

（1）UART。如果使用 REF_TICK 作为时钟源，则 UART 不会受到动态调频的影响；使用其他时钟源时，将会受到动态调频的影响。

（2）LEDC。如果使用 REF_TICK 作为时钟源，则 LEDC 不会受到动态调频的影响；使用其他时钟源时，将会受到动态调频的影响。

（3）RMT。如果使用 REF_TICK 或者 XTAL 作为时钟源，则 RMT 不会受到动态调频的影响。

目前以下外设驱动程序不会受到动态调频的影响，外设驱动程序会在数据传输期间使用 ESP_PM_APB_FREQ_MAX 电源管理锁，并在数据传输完成后释放该电源管理锁，无须应用程序单独获取电源管理锁。

（1）SPI 主机。

（2）I2C。

（3）I2S（如果使用 APLL 时钟，则 I2S 会获取 ESP_PM_NO_LIGHT_SLEEP 电源管理锁）。

（4）SPI 从机。从调用 spi_slave_initialize() 函数到调用 spi_slave_free() 函数期间不会受到动态调频的影响。

（5）Wi-Fi。从调用 esp_wifi_start() 函数到调用 esp_wifi_stop() 函数期间不会受到动态调频的影响。如果启用了 Wi-Fi 的 Modem-sleep 模式，则芯片在射频模块关闭时将释放 ESP_PM_APB_FREQ_ MAX 电源管理锁。

（6）TWAI。从调用 twai_driver_install() 函数到调用 twai_driver_uninstall() 函数期间不会受到动态调频的影响。

（7）Bluetooth。从调用 esp_bt_controller_enable() 函数到调用 esp_bt_controller_disable() 函数期间不会受到动态调频的影响。如果启用了 Bluetooth 的 Modem-sleep 模式，则芯片在射频模块关闭时将释放 ESP_PM_APB_FREQ_MAX 电源管理锁，但依然占用 ESP_PM_NO_LIGHT_SLEEP 电源管理锁，除非 CONFIG_BTDM_CTRL_LOW_POWER_CLOCK 选择的是 32 kHz 的外部晶体振荡器。

以下外设驱动程序会受到动态调频的影响，因此需要在应用程序中添加代码完成获取或释放电源管理锁的操作

（1）PCNT。

（2）Sigma-delta。

（3）Timer Group。

12.1.2 电源管理配置

通常自动进入 Light-sleep 模式会与 Modem-sleep 模式、电源管理功能共同使用，详细配置会在 12.2.2 节的自动进入 Light-sleep 模式的电源管理配置说明中介绍。

12.2 ESP32-C3 低功耗模式

在低功耗方面，ESP32-C3 采用了高效、灵活的功耗管理技术，可以在功耗控制、唤醒延迟和不同唤醒源之间实现最佳平衡。ESP32-C3 的主处理器支持 4 种功耗模式，既可以满足物联网应用的不同场景需求，已成功地运用到了智能照明等不同的物联网项目，也能通过严格的功耗认证测试。针对这些功耗模式，ESP32-C3 提供了多种低功耗解决方案，读者可以结合具体需求选择功耗模式并进行配置。4 种功耗模式如下：

（1）Active 模式。CPU 和芯片射频处于工作状态，芯片可以接收、发射和侦听信号。

（2）Modem-sleep 模式。CPU 可运行，系统时钟频率可配置，Wi-Fi 及 Bluetooth LE 的基带和射频被关闭，但 Wi-Fi 或 Bluetooth LE 可保持连接。

（3）Light-sleep 模式。CPU 暂停运行，Wi-Fi 及 Bluetooth LE 的基带和射频被关闭，RTC 存储器和 RTC 外设可以工作，MAC、主机、RTC 定时器或外部中断都可以唤醒芯片。在自动进入 Light-sleep 模式下，Wi-Fi 或 Bluetooth LE 可保持连接。

（4）Deep-sleep 模式。CPU 和大部分外设都会掉电，Wi-Fi 及 Bluetooth LE 的基带和射频被关闭，只有 RTC 存储器和 RTC 外设可以工作。

在默认情况下，ESP32-C3 在复位后将进入 Active 模式。在 Active 模式下，ESP32-C3 所有的部件都正常工作。当不需要 CPU 一直工作时，如等待外部活动唤醒，系统可以进入多种低功耗模式。读者可根据具体功耗、唤醒延迟和可用唤醒源需求，选择不同的功耗模式。除了 Active 模式，其他三种功耗模式都属于低功耗模式。表 12-2 中列出了这三种低功耗模式的区别。

表 12-2　三种低功耗模式的区别

部件	Modem-sleep	Light-sleep		Deep-sleep
		自动	强制	
Wi-Fi 连接、Bluetooth LE 连接	保持	保持	断开	断开
GPIO	保持	保持		保持
Wi-Fi	关闭	关闭		关闭
系统时钟	开启	关闭		关闭
RTC	开启	开启		开启
CPU	开启	暂停		关闭

12.2.1　Modem-sleep 模式

目前 ESP32-C3 的 Modem-sleep 仅工作在 Wi-Fi Station 连接和 Bluetooth LE 连接情况下，在 Wi-Fi Station 连接路由器和 Bluetooth LE 建立连接后，Modem-sleep 模式生效。在该模式生效后，ESP32-C3 会周期性地在 Active 模式和 Modem-sleep 模式之间进行切换。在 Modem-sleep 模式下，Wi-Fi 和 Bluetooth LE 的基带受时钟门限控制或被关闭。射频模块被关闭后，系统可以自动被唤醒，没有唤醒延迟，且无须配置唤醒源。从 Modem-sleep 模式唤醒后，ESP32-C3 的射频模块便开始工作，从 Modem-sleep 模式切换为 Active 模式，功耗也会随之升高。

ESP32-C3 通过 Wi-Fi 的 DTIM Beacon 机制与路由器保持连接。在 Modem-sleep 模式下，ESP32-C3 会在两次 DTIM Beacon 的间隔时间内关闭射频模块，达到省电效果，在下次 DTIM Beacon 到来前自动唤醒射频模块。睡眠时间由路由器的 DTIM Beacon 时间和 ESP32-C3 的 listen_interval 参数共同决定。在 Modem-sleep 模式下，ESP32-C3 通过路由器与 Wi-Fi 保持连接，并通过路由器接收来自智能手机或者服务器端的交互信息。

DTIM（Delivery Traffic Indication Message）通常可以表示使用路由器时的数据发送频率，一般情况下，路由器的 DTIM Beacon 间隔时间为 100～1000 ms。

ESP32-C3 通过 Bluetooth LE 的 Connection Event 与对端保持连接，在 Modem-sleep 模式下，ESP32-C3 会在两次 Connection Event 的间隔时间内关闭射频模块，达到省电效果，在下次 Connection Event 到来前被自动唤醒，睡眠时间由 Bluetooth LE 的连接参数决定。

Modem-sleep 一般用于 CPU 持续处于工作状态并需要保持 Wi-Fi 或 Bluetooth LE 连接的低功耗应用场景。例如，在使用 ESP32-C3 本地语音唤醒功能时，CPU 需要持续采集和处理音频数据。

1. Wi-Fi 的 Modem-sleep 模式

在开发中，通过 esp_wifi_set_ps() 函数可以配置 Wi-Fi 的 Modem-sleep 模式，该函数的参数 type 的可选值如下：

（1）WIFI_PS_NONE。不使用 Modem-sleep 模式。

（2）WIFI_PS_MIN_MODEM。ESP32-C3 接收 Beacon 的间隔时间与路由器 DTIM Beacon 的间隔时间相同，即 1 个路由器间隔时间。

（3）WIFI_PS_MAX_MODEM。ESP32-C3 接收 Beacon 的间隔时间可通过程序进行配置，由间隔周期 wifi_sta_config_t 结构体中的 listen_interval 决定，单位为路由器 DTIM Beacon 的间隔时间，默认值为 3（即 3 个路由器 Beacon 的间隔时间）。代码如下：

```
1.  typedef enum {
2.     WIFI_PS_NONE,        /*< No power save*/
3.     WIFI_PS_MIN_MODEM,   /*< Minimum modem power saving. In this mode,
4.             station wakes up to receive beacon every DTIM period*/
5.     WIFI_PS_MAX_MODEM,   /*< Maximum modem power saving. In this mode,
6.                    interval to receive beacons is determined by the
7.                    listen_interval parameter in wifi_sta_config_t*/
8.  } wifi_ps_type_t;
9.
10. esp_err_t esp_wifi_set_ps(wifi_ps_type_t type);
```

当参数 type 为 WIFI_PS_MAX_MODEM 时，可通过如下的方法配置 ESP32-C3 接收 Beacon 的间隔时间 listen_interval：

```
1.  #define LISTEN_INTERVAL 3
2.  wifi_config_t wifi_config = {
3.     .sta = {
4.         .ssid = "SSID",
5.         .password = "Password",
6.         .listen_interval = LISTEN_INTERVAL,
7.     },
```

```
8.   };
9.   ESP_ERROR_CHECK(esp_wifi_set_mode(WIFI_MODE_STA));
10.  ESP_ERROR_CHECK(esp_wifi_set_config(ESP_IF_WIFI_STA, &wifi_config));
11.  ESP_ERROR_CHECK(esp_wifi_start());
12.
13.  ESP_ERROR_CHECK(esp_wifi_set_ps(WIFI_PS_MAX_MODEM));
```

2. Bluetooth LE 的 Modem-sleep 模式

Bluetooth LE 的 Modem-sleep 模式需要运行 `idf.py menuconfig` 命令打开 Espressif IoT Development Framework Configuration 工具（之后简称配置工具），在 `Component config →` `Bluetooth → Bluetooth controller(ESP32C3 Bluetooth Low Energy) → MODEM SLEEP` `Options` 下使用 `Bluetooth modem sleep`；`Bluetooth Modem sleep Mode 1` 和 `Bluetooth low power clock` 使用默认配置即可。ESP32-C3 Bluetooth LE 的 Modem-sleep 模式如图 12-1 所示。

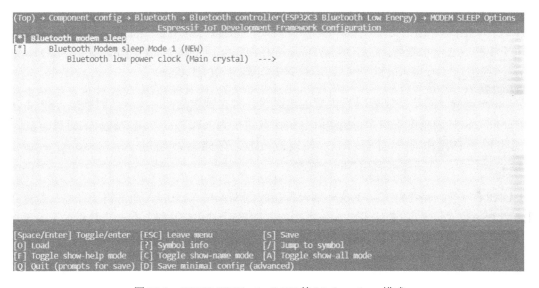

图 12-1　ESP32-C3 Bluetooth LE 的 Modem-sleep 模式

12.2.2　Light-sleep 模式

Light-sleep 的工作方式与 Modem-sleep 相似，不同的是，在 Light-sleep 模式下，ESP32-C3 除了会关闭射频模块，数字外设和大部分的 RAM 会受到时钟门限的限制，并且 CPU 会暂停运行，比 Modem-sleep 模式的功耗更低。ESP32-C3 从 Light-sleep 模式唤醒后，其外设和 CPU 会恢复运行，它们的内部状态会被保留。Light-sleep 模式唤醒延迟低于 1 ms。有两种方式可以令 ESP32-C3 进入 Light-sleep 模式：

（1）手动进入 Light-sleep。通过调用 API 手动进入 Light-sleep 模式。手动进入 Light-sleep 模式后，需要配置 Wi-Fi 唤醒源才能通过路由器接收来自智能手机或者服务器端的交互信息。

（2）自动进入 Light-sleep。配置为自动进入 Light-sleep 模式后，设备会在 CPU 和射频模块处于空闲的状态下自动进入 Light-sleep 模式，并能被自动唤醒，通过路由器接收来自智能手机或者服务器端的交互信息。

1. Light-sleep 唤醒源模式

针对手动进入 Light-sleep 模式需要配置唤醒源的情况，ESP32-C3 可以使用定时器、GPIO、UART、Wi-Fi 或 Bluetooth LE 等将其从 Light-sleep 模式唤醒。ESP32-C3 支持同时配置一个或多个唤醒源，在这种情况下，当任何一个唤醒源被触发时，ESP32-C3 都将被唤醒。在开发时，用户既可以使用 esp_sleep_enable_*_wakeup() 函数来配置唤醒源，也可以使用 esp_sleep_disable_wakeup_source() 函数来禁用某个唤醒源。在进入 Light-sleep 模式之前，可以随时配置唤醒源。在被唤醒后，可以通过 esp_sleep_get_wakeup_cause() 函数来检查是哪个唤醒源被触发了。Light-sleep 的唤醒方式如下：

（1）GPIO 唤醒。在 Light-sleep 模式下，可以由外部唤醒源通过 GPIO 来唤醒 ESP32-C3。通过外部的唤醒源，使用 gpio_wakeup_enable() 函数可以单独地将每个 GPIO 引脚配置为高电平唤醒或低电平唤醒。GPIO 唤醒可用于任何类型的 GPIO（RTC IO 或数字 IO）。通过 esp_sleep_enable_gpio_wakeup() 函数可启用 GPIO 唤醒。

（2）Timer 唤醒。RTC 控制器具有内置的定时器，可在预定义的时间到达时唤醒 ESP32-C3。定时时间以微秒为精度来指定，但实际分辨率取决于为 RTCSLOW_CLK 选择的时钟源。Timer 唤醒不需要在睡眠期间打开 RTC 外设或 RTC 存储器，通过 esp_sleep_enable_timer_wakeup() 函数可启用 Timer 唤醒。

（3）UART 唤醒。当 ESP32-C3 从外部设备接收到 UART 输入时，通常需要在输入数据可用时唤醒 ESP32-C3。UART 外设包含一项功能，即当看到 RX 引脚上有一定数量的上升沿时，可以将 ESP32-C3 从 Light-sleep 模式唤醒。使用 uart_set_wakeup_threshold() 函数可以设置上升沿的数量。请注意，在唤醒 ESP32-C3 后，UART 不会接收触发唤醒的字符（及其前面的任何字符），这意味着外部设备通常需要在发送数据之前向 ESP32-C3 发送额外的字符以唤醒 ESP32-C3。使用 esp_sleep_enable_uart_wakeup() 函数可以启用 UART 唤醒。

（4）Wi-Fi 唤醒。当 ESP32-C3 需要保持 Wi-Fi 连接时，可以启用 Wi-Fi 唤醒源。在 AP 的每次 DTIM Beacon 到达之前会唤醒 ESP32-C3，并打开其射频模块，从而保持 Wi-Fi 连接。使用 esp_sleep_enable_wifi_wakeup() 函数可启用 Wi-Fi 唤醒。

2. 手动进入 Light-sleep 模式

通过手动进入 Light-sleep 模式，在应用逻辑需要休眠时可以调用相应的接口使 ESP32-C3 进入 Light-sleep 模式。进入 Light-sleep 模式后，ESP32-C3 将关闭射频模块并暂停 CPU 运行。从 Light-sleep 模式唤醒后，ESP32-C3 会在调用 Light-sleep 接口的位置继续执行原来的程序。手动进入 Light-sleep 模式后，可以通过启用 Wi-Fi 唤醒源而保持 ESP32-C3 与路由器的连接，并通过路由器接收来自智能手机或者服务器端的交互信息，如果没有启用 Wi-Fi 唤醒源，则可能会接收不到网络中的数据包或者断开 Wi-Fi 连接, Bluetooth LE 唤醒源与其类似。

注意: ①在调用手动进入 Light-sleep 模式的接口后, ESP32-C3 并不会立即进入 Light-sleep 模式, 而是等到系统空闲后才会进入; ②在已启用 Wi-Fi 唤醒源的情况下, 只有手动进入 Light-sleep 模式, 才能保持 ESP32-C3 与路由器的连接, 并接收网络中发送的数据。

3. 手动进入 Light-sleep 模式的配置说明

在配置唤醒源后, 可通过调用 esp_light_sleep_start()函数手动进入 Light-sleep 模式。代码如下:

```
1.  #define BUTTON_WAKEUP_LEVEL_DEFAULT 0
2.  #define BUTTON_GPIO_NUM_DEFAULT      9
3.
4.  /*Configure the button GPIO as input, enable wakeup*/
5.  const int button_gpio_num = BUTTON_GPIO_NUM_DEFAULT;
6.  const int wakeup_level    = BUTTON_WAKEUP_LEVEL_DEFAULT;
7.  gpio_config_t config = {
8.          .pin_bit_mask = BIT64(button_gpio_num),
9.          .mode          = GPIO_MODE_INPUT
10. };
11. ESP_ERROR_CHECK(gpio_config(&config));
12. gpio_wakeup_enable(button_gpio_num, wakeup_level == 0 ?
13.                  GPIO_INTR_LOW_LEVEL : GPIO_INTR_HIGH_LEVEL);
14.
15. /*Wake up in 2 seconds, or when button is pressed*/
16. esp_sleep_enable_timer_wakeup(2000000);
17. esp_sleep_enable_gpio_wakeup();
18.
19. /*Enter sleep mode*/
20. esp_light_sleep_start();
21. /*Execution continues here after wakeup*/
```

在没有配置唤醒源的情况下也可以进入 Light-sleep 模式, 在这种情况下, ESP32-C3 将一直处于 Light-sleep 模式, 直到外部复位为止。

4. 自动进入 Light-sleep 模式

自动进入 Light-sleep 模式的工作原理是: 在完成自动进入 Light-sleep 模式的配置后, ESP32-C3 会在空闲且不需要射频模块工作时自动进入 Light-sleep 模式, 无须调用手动进入 Light-sleep 的接口, 并能在需要工作 (如 Wi-Fi 和 Bluetooth LE 保持连接或者接收数据) 时自动被唤醒, 不需要单独配置唤醒源。在配置为自动进入 Light-sleep 模式后, ESP32-C3 可以保持与路由器的连接, 并通过路由器接收来自智能手机或者服务器端的交互信息, 对用户体验没有影响。Bluetooth LE 连接类似与路由器连接。通常自动进入 Light-sleep 模式会与 Modem-sleep 模式以及电源管理功能共同使用。在不需要使用 ESP32-C3 射频模块时, 进入 Modem-sleep 模式, 如果此时 ESP32-C3 处于空闲状态, 则会进入 Light-sleep 模式, 以便进一步降低功耗。ESP32-C3

12

的 Modem-sleep 模式如图 12-2 所示。

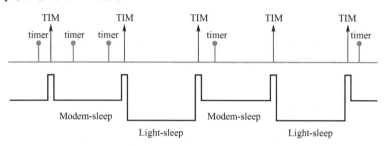

图 12-2　ESP32-C3 的 Modem-sleep 模式

自动进入 Light-sleep 模式可用于需要 ESP32-C3 与路由器保持连接，并实时响应路由器发送的数据的场景。在未接收到收据时，CPU 可以处于空闲状态。例如，在 Wi-Fi 智能开关的应用中，CPU 在大部分时间都是空闲的，直到收到控制命令，CPU 才进行开关操作。

5．自动进入 Light-sleep 模式的电源管理配置说明

通过 esp_pm_configure() 函数可以配置电源管理功能，当参数 light_sleep_enable 为 true 时将启用自动进入 Light-sleep 模式的功能。在启用自动进入 Light-sleep 模式的功能时，需要配置 CONFIG_FREERTOS_USE_TICKLESS_IDLE 和 CONFIG_PM_ENABLE 选项。

配置 CONFIG_PM_ENABLE 时需要运行 idf.py menuconfig 命令打开配置工具，在 Component config→Power Management 下配置 Support for power management 即可。ESP32-C3 电源管理功能的配置如图 12-3 所示。

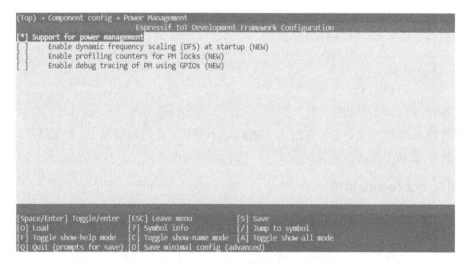

图 12-3　ESP32-C3 电源管理功能配置

应用程序可以通过调用 esp_pm_configure() 函数启用动态调频（DFS）功能和自动进入 Light-sleep 模式。在使用 ESP32-C3 时，该函数对应的参数为 esp_pm_config_esp32c3_t，该参数是个结构体，定义了动态调频的相关设置和自动进入 Light-sleep 模式的控制。在上述

的结构体中，需要初始化下面三个成员变量（字段）：

（1）max_freq_mhz。CPU 的最大频率（MHz），即获取 ESP_PM_CPU_FREQ_MAX 电源管理锁后所使用的频率。该字段通常设置为 CONFIG_ESP32C3_DEFAULT_CPU_FREQ_MHZ。

（2）min_freq_mhz。CPU 的最小频率（MHz），即获取 ESP_PM_APB_FREQ_MAX 电源管理锁后所使用的频率。该字段可设置为晶振（XTAL）的频率，或者 XTAL 频率除以整数。注意，10 MHz 是生成 1 MHz 的 REF_TICK 默认时钟所需的最小频率。

（3）light_sleep_enable。在没有获取任何电源管理锁时，该字段决定 ESP32-C3 是否需要自动进入 Light-sleep 状态。该字段可设置为 true 或 false。

自动进入 Light-sleep 模式是基于 FreeRTOS Tickless Idle 功能实现的，如果在 menuconfig 中没有启用 CONFIG_FREERTOS_USE_TICKLESS_IDLE 选项，则在自动进入 Light-sleep 模式时，esp_pm_configure() 函数将返回 ESP_ERR_NOT_SUPPORTED 错误。ESP32-C3 的 FreeRTOS Tickless Idle 功能配置如图 12-4 所示。

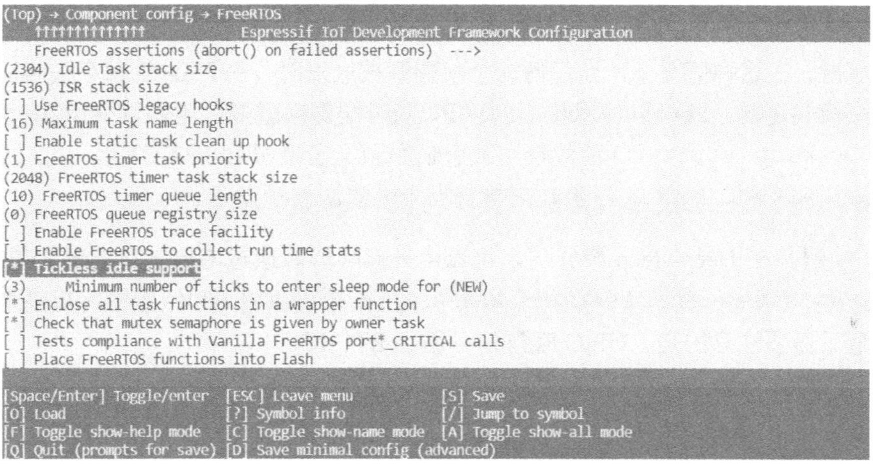

图 12-4　ESP32-C3 的 FreeRTOS Tickless Idle 功能配置

```
1.  #if CONFIG_PM_ENABLE
2.      //Configure dynamic frequency scaling:
3.      //automatic light sleep is enabled if tickless idle support is enabled.
4.      esp_pm_config_ESP32-C3_t pm_config = {
5.          .max_freq_mhz = 160, //Maximum CPU frequency
6.          .min_freq_mhz = 10,  //Minimum CPU frequency
7.  #if CONFIG_FREERTOS_USE_TICKLESS_IDLE
8.          .light_sleep_enable = true
9.  #endif
10.     };
11.     ESP_ERROR_CHECK( esp_pm_configure(&pm_config) );
12. #endif //CONFIG_PM_ENABLE
```

12.2.3　Deep-sleep 模式

相对于 Light-sleep 模式, ESP32-C3 无法自动进入 Deep-sleep 模式, 调用 `esp_deep_sleep_start()` 函数可进入 Deep-sleep 模式。在 Deep-sleep 模式下, ESP32-C3 会断开与 Wi-Fi 和 Bluetooth LE 的连接, 同时会关闭 CPU、大部分 RAM 和所有由 APB_CLK 提供时钟的数字外设, 仍然可以工作的有 RTC 时钟控制器、RTC 外设、RTC 快速内存。从 Deep-sleep 模式唤醒后, CPU 将复位重启。

Deep-sleep 可以用于低功耗的传感器应用, 或者大部分时间都不需要进行数据传输的情况。设备可以每隔一段时间从 Deep-sleep 模式醒来测量并上传数据, 之后继续进入 Deep-sleep 模式。也可以将多个数据存储于 RTC Memory (RTC Memory 在 Deep-sleep 模式下仍然可以保存数据), 然后一次发送出去。

1. Deep-sleep 模式的唤醒源

针对 Deep-sleep 模式, ESP32-C3 可以使用 GPIO 唤醒源和定时器唤醒源, 支持同时配置一个或两个唤醒源。在这种情况下, 当任何一个唤醒源被触发时, ESP32-C3 都会被唤醒。在进入 Deep-sleep 模式之前, 既可以使用相应的 API 随时配置唤醒源, 也可以使用 `esp_sleep_disable_wakeup_source()` 函数禁用某个唤醒源。在唤醒 ESP32-C3 后, 可以通过 `esp_sleep_get_wakeup_cause()` 函数来检查哪个唤醒源被触发了。

(1) GPIO 唤醒。在 Deep-sleep 模式下, 可以由外部唤醒源通过 GPIO 来唤醒 ESP32-C3。通过 `esp_deep_sleep_enable_gpio_wakeup()` 函数可以将 GPIO 配置为启高电平唤醒或低电平唤醒。需要注意的是, GPIO 唤醒仅可用于 RTC IO。

(2) Timer 唤醒。RTC 控制器有内置的定时器, 可在预定义的时间到达时唤醒 ESP32-C3。定时时间以微秒为精度来指定, 但实际分辨率取决于为 `RTC_SLOW_CLK` 选择的时钟源。在启用 Timer 唤醒时, 不需要在 ESP32-C3 睡眠期间打开 RTC 外设或 RTC 存储器, 通过 `esp_sleep_enable_timer_wakeup()` 函数可启用 Timer 唤醒。

2. Deep-sleep 模式的配置说明

配置唤醒源后, 可调用 `esp_deep_sleep_start()` 函数进入 Deep-sleep 模式。在没有配置唤醒源的情况下也可以进入 Deep-sleep 模式, 在这种情况下, ESP32-C3 将无限期地处于 Deep-sleep 模式, 直到外部复位为止。

下述代码展示了如何配置 Deep-sleep 模式, 其中启用了 GPIO 唤醒、Timer 唤醒, 在 Deep-sleep 模式下将 GPIO4 引脚配置为高电平时唤醒, 以及进入 Deep-sleep 模式 20 s 后进行 Timer 唤醒。考虑到 GPIO4 引脚是在高电平时唤醒 ESP32-C3 的, 所以在硬件上或者软件配置上需要添加下拉操作, 避免误唤醒情况的发生。

```
1.  #define DEFAULT_WAKEUP_PIN    4
2.  #define DEFAULT_WAKEUP_LEVEL  ESP_GPIO_WAKEUP_GPIO_HIGH
3.
4.  const gpio_config_t config = {
5.      .pin_bit_mask = BIT(DEFAULT_WAKEUP_PIN),
6.      .mode         = GPIO_MODE_INPUT,
7.  };
8.  ESP_ERROR_CHECK(gpio_config(&config));
9.  ESP_ERROR_CHECK(esp_deep_sleep_enable_gpio_wakeup(BIT(DEFAULT_WAKEUP_PIN),
10.                 DEFAULT_WAKEUP_LEVEL));
11. ESP_LOGI("TAG", "Enabling GPIO wakeup on pins GPIO%d\n",
12.         DEFAULT_WAKEUP_PIN);
13.
14. const int wakeup_time_sec = 20;
15. ESP_LOGI("TAG", "Enabling timer wakeup, %ds\n", wakeup_time_sec);
16. esp_sleep_enable_timer_wakeup(wakeup_time_sec * 1000000);
17.
18. /*Enter deep sleep*/
19. esp_deep_sleep_start();
```

12.2.4　不同功耗模式下的功耗

本节的功耗数据是基于 3.3 V 电源、25 ℃环境温度，在 RF 接口处完成的测试结果。所有功耗数据均是在 RF 100%工作时测得的。

RF 功耗如表 12-3 所示。

表 12-3　RF 功耗

工作模式		描　述	峰　值/mA
Active（射频工作）	TX	IEEE 802.11b，1 Mbit/s,@21 dBm	335
		IEEE 802.11g，54 Mbit/s,@19 dBm	285
		IEEE 802.11n，HT20，MCS7,@18.5 dBm	276
		IEEE 802.11n，HT40，MCS7,@18.5 dBm	278
	RX	IEEE 802.11b/g/n，HT20	84
		IEEE 802.11n，HT20	87

不同功耗模式下的功耗如表 12-4 所示。

表 12-4　不同功耗模式下的功耗

功耗模式	描　述		典型值	单　位
Modem-sleep[1,2]	CPU 处于工作状态[3]	160 MHz	20	mA
		80 MHz	15	mA
Light-sleep	—		130	μA
Deep-sleep	RTC 定时器+RTC 存储器		5	μA
Power off	CHP_PU 引脚拉低，芯片处于关闭状态		1	μA

注：[1] 在测量 Modem-sloop 模式的功耗时，CPU 处于工作状态，Cache 处于空闲状态；[2] 在开启 Wi-Fi 的场景中，芯片会在 Active 模式和 Modem-sleep 模式之间进行切换，功耗也会在两种模式间变化；[3] 在 Modem-sleep 模式下，CPU 频率会自动变化，频率取决于 CPU 负载和使用的外设。

12.3　电源管理和低功耗调试

在产品中使用电源管理和低功耗模式后，若通过实际测量，发现在一些时间段里面，功耗始终很高，则可以排查以下几种可能（包括但不限于下面的几种可能）：

（1）Wi-Fi 正在接收数据或者 Bluetooth LE 正在接收数据。

（2）应用程序长时间获取电源管理锁，未释放电源管理锁。

（3）应用程序中存在阻塞现象，并且不是使用操作系统 API 所导致的阻塞现象。

（4）应用程序中有周期非常小的定时器或者非常频繁地触发中断。

当遇到长时间高功耗的情况时，需要分析是什么原因导致的，并针对其进行优化。具体的调试方式可以采用日志调试和 GPIO 调试，针对 Wi-Fi 和 Bluetooth LE，还可以通过抓取空中包进行分析调试。调试过程可能会反复进行，最终满足实际产品要求。

下面将介绍在低功耗优化调试中常用的日志调试和 GPIO 调试两种方式，在进行调试时通常还会结合实时功耗数据进行分析。

12.3.1　日志调试

通过日志调试，需要在 menuconfig 中配置 CONFIG_PM_PROFILING，之后将跟踪每个电源管理锁的保留时间，esp_pm_dump_locks(FILE* stream) 函数将打印这些信息。通过日志调试，可以分析哪些电源管理锁阻止芯片进入低功耗状态，并可查看芯片在每种功耗模式中花费的时间。完成调试后，读者需要在 menuconfig 中关闭 CONFIG_PM_PROFILING。

配置 CONFIG_PM_PROFILING 需要运行 idf.py menuconfig 命令打开配置工具，在 Component config → Power Management 下配置 Enable profiling counters for PM locks 即可。ESP32-C3 的低功耗日志调试配置如图 12-5 所示。

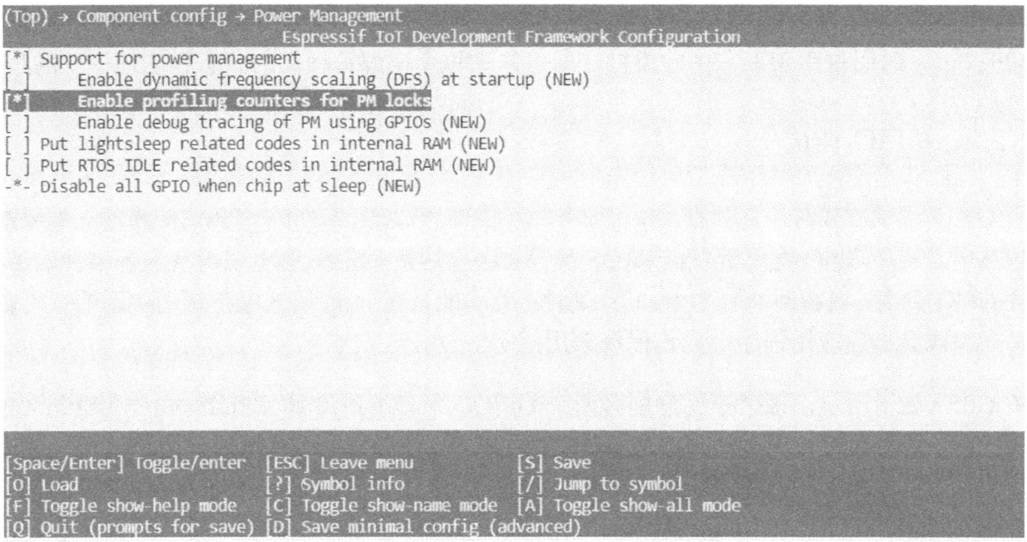

```
(Top) → Component config → Power Management
                    Espressif IoT Development Framework Configuration
[*] Support for power management
[ ]     Enable dynamic frequency scaling (DFS) at startup (NEW)
[*]     Enable profiling counters for PM locks
[ ]     Enable debug tracing of PM using GPIOs (NEW)
[ ] Put lightsleep related codes in internal RAM (NEW)
[ ] Put RTOS IDLE related codes in internal RAM (NEW)
-*- Disable all GPIO when chip at sleep (NEW)




[Space/Enter] Toggle/enter   [ESC] Leave menu          [S] Save
[O] Load                     [?] Symbol info           [/] Jump to symbol
[F] Toggle show-help mode    [C] Toggle show-name mode  [A] Toggle show-all mode
[Q] Quit (prompts for save)  [D] Save minimal config (advanced)
```

图 12-5　ESP32-C3 的低功耗日志调试配置

在应用程序进行自动进入 Light-sleep 模式调试时，需要周期性地调用 esp_pm_dump_locks (FILE* stream)函数来打印调试信息，用于分析导致功耗升高的原因。下面提供了部分日志调试的信息：

```
Time: 11879660
Lock stats:
name            type            arg  cnt   times    time      percentage
wifi            APB_FREQ_MAX    0    0     107      1826662   16%
bt              APB_FREQ_MAX    0    1     126      5367607   46%
rtos0           CPU_FREQ_MAX    0    1     8185     809685    7%
Mode stats:
name     HZ      time       percentage
SLEEP    40M     4252037    35%
APB_MIN  40M     0          0%
APB_MAX  80M     6303881    53%
CPU_MAX  160M    823595     6%
```

esp_pm_dump_locks(FILE* stream)函数会打印两种类型的调试信息，在 Lock stats 中列举了应用程序使用的所有电源管理锁的实时状态。每一行中的内容分别是：名称(name)、电源管理锁类型（type）、参数（arg）、当前获取该电源管理锁的次数（cnt）、获取该电源管理锁总次数（times）、获取该电源管理锁的总时间（time）、获取该电源管理锁的时间占比（percentage）。在 Mode stats 中列举了应用程序中不同的模式的实时状态。每一行中的内容分别是：模式名称（name）、时钟频率（HZ）、该模式下的总时间（time）、该模式的时间占比（percentage）。

通过上面的描述读者可以看出，上述日志中类型为 APB_FREQ_MAX 的 wifi 电源管理锁被获取的总时间为 1826662 μs，总共获取了 107 次，当前没有获取，时间占比为 16%；类型为 CPU_FREQ_MAX 的 rtos0 电源管理锁被获取的总时间为 809685 μs，总共获取了 8185 次，当前获

12

取一次，时间占比为 7%；在 Sleep 模式下，时钟频率为 40 MHz，处于该模式下的总时间为 4252037 μs，时间占比 35%。由此类推，即可知道每个电源管理锁的状态和功耗模式的状态。

12.3.2 GPIO 调试

采用 GPIO 调试方式时，需要在 menuconfig 中配置 CONFIG_PM_TRACE 选项。如果配置了该选项，某些 GPIO 将用于发送 RTOS 滴答、频率切换、进入/退出空闲状态等事件的信号。有关 GPIO 列表，请参阅 pm_trace.c 文件。此功能旨在分析/调试电源管理实现的行为时使用，在完成调试后应用程序中应该保持禁用状态。

相关 GPIO 如下所示，每个事件分别有两个 GPIO，对应 CPU0 和 CPU1。由于 ESP32-C3 是单核芯片，所以在进行调试时只关注第一列的 GPIO。在开发时，也可以通过修改源码的方式修改所使用的 GPIO。在进行调试前，将相应的 GPIO 连接到逻辑分析仪或示波器等仪器。

```
1.  /*GPIOs to use for tracing of esp_pm events.
2.   * Two entries in the array for each type, one for each CPU.
3.   * Feel free to change when debugging.
4.   */
5.  static const int DRAM_ATTR s_trace_io[] = {
6.  #ifndef CONFIG_IDF_TARGET_ESP32C3
7.      BIT(4),  BIT(5),          //ESP_PM_TRACE_IDLE
8.      BIT(16), BIT(17),         //ESP_PM_TRACE_TICK
9.      BIT(18), BIT(18),         //ESP_PM_TRACE_FREQ_SWITCH
10.     BIT(19), BIT(19),         //ESP_PM_TRACE_CCOMPARE_UPDATE
11.     BIT(25), BIT(26),         //ESP_PM_TRACE_ISR_HOOK
12.     BIT(27), BIT(27),         //ESP_PM_TRACE_SLEEP
13. #else
14.     BIT(2),  BIT(3),          //ESP_PM_TRACE_IDLE
15.     BIT(4),  BIT(5),          //ESP_PM_TRACE_TICK
16.     BIT(6),  BIT(6),          //ESP_PM_TRACE_FREQ_SWITCH
17.     BIT(7),  BIT(7),          //ESP_PM_TRACE_CCOMPARE_UPDATE
18.     BIT(8),  BIT(9),          //ESP_PM_TRACE_ISR_HOOK
19.     BIT(18), BIT(18),         //ESP_PM_TRACE_SLEEP
20. #endif
21. };
```

配置 CONFIG_PM_PROFILING 需要运行 idf.py menuconfig 命令打开配置工具，在 Component config → Power Management 下配置 Enable debug tracing of PM using GPIOs 即可。ESP32-C3 的低功耗 GPIO 调试配置如图 12-6 所示。

在完成上述操作后，就可以开始调试了。通过观察不同的 GPIO 状态，可以了解当前 CPU 所处的状态和相应的功耗模式，从而可以进一步了解哪些模式消耗的功耗多，还可以判断是否能进行功耗优化。ESP32-C3 的低功耗 GPIO 调试波形如图 12-7 所示，图中上半部分的波形为 ESP32-C3 实时功耗波形，下半部分的波形为 ESP_PM_TRACE_SLEEP 事件对应的 GPIO 波形

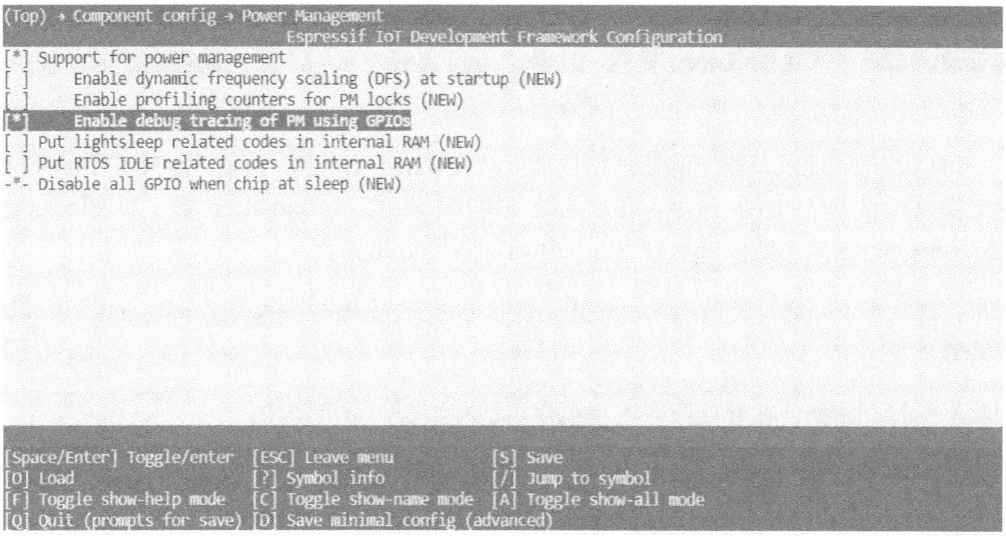

(Top) → Component config → Power Management
Espressif IoT Development Framework Configuration
[*] Support for power management
[ ] Enable dynamic frequency scaling (DFS) at startup (NEW)
[ ] Enable profiling counters for PM locks (NEW)
[*] Enable debug tracing of PM using GPIOs
[ ] Put lightsleep related codes in internal RAM (NEW)
[ ] Put RTOS IDLE related codes in internal RAM (NEW)
-*- Disable all GPIO when chip at sleep (NEW)
[Space/Enter] Toggle/enter
[ESC] Leave menu
[S] Save
[O] Load
[?] Symbol info
[/] Jump to symbol
[F] Toggle show-help mode
[C] Toggle show-name mode
[A] Toggle show-all mode
[Q] Quit (prompts for save)
[D] Save minimal config (advanced)

图 12-6　ESP32-C3 的低功耗 GPIO 调试配置

28.3
28.4
28.5
28.6
28.7
28.8
28.9
29
current(mA)
input 0

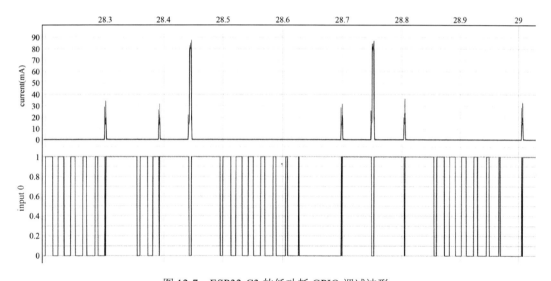

图 12-7　ESP32-C3 的低功耗 GPIO 调试波形

12.4　实战：在智能照明工程中添加电源管理

在了解 ESP32-C3 电源管理和低功耗模式后，就可以在开发实际的物联网项目时选择合适的电源管理方案进行低功耗优化。本节将继续围绕本书的智能照明工程，介绍如何运用 ESP32-C3 的电源管理方案和低功耗模式进行低功耗优化。

在智能照明工程中，为了使智能照明产品通过低功耗认证，同时节约能源，需要尽可能降低芯片在运行时的功耗。结合 12.1 节和 12.2 节的内容，考虑在 Deep-sleep 模式下，LEDC 无法正常工作，并且 Wi-Fi 和 Bluetooth LE 连接无法保持，从而无法接收用户的控制命令。所以在该智能照明产品中通常结合使用 Wi-Fi Modem-sleep 模式、Bluetooth LE Modem-sleep 模式、电源管理、自动进入 Light-sleep 模式，这种组合可将智能照明产品功耗降至最低。使用这种组合后：

（1）在开灯状态下，通过获取电源管理锁保证 LED PWM 工作正常，同时 Wi-Fi 和 Bluetooth LE 保持连接以接收用户的控制命令，并且通过使用 Wi-Fi 的 Modem-sleep 模式和 Bluetooth LE 的 Modem-sleep 模式，能降低射频电路工作时间以降低功耗。

（2）在关灯状态下，通过释放电源管理锁，能让 CPU 在空闲时进入 Light-sleep 模式，以便进一步降低功耗。

下面将进一步介绍如何在智能照明工程中使用这种组合，分为两步：

第一步：配置电源管理功能、启用自动进入 Light-sleep 模式、打开 Wi-Fi 的 Modem-sleep 模式和 Bluetooth LE 的 Modem-sleep 模式。

第二步：在应用程序中完成电源管理锁的相关操作，使 LED 调光驱动正常工作。

读者可以通过 book-esp32c3-iot-projects/device_firmware/6_project_optimize，了解如何在之前的开发基础上进行低功耗优化。

12.4.1 配置电源管理功能

（1）启用电源管理（Power Management）功能和自动进入 Light-sleep 模式。在启用电源管理功能时，首先需要在 menuconfig 中配置相应的选项；其次要在应用程序中调用 esp_pm_configure()函数，使用 ESP32-C3 时对应的参数是 esp_pm_config_esp32c3_t。读者可参考 12.2.2 节中的自动进入 Light-sleep 模式的电源管理配置说明进行配置。

（2）配置 Wi-Fi & Bluetooth modem sleep。配置 Wi-Fi & Bluetooth modem sleep 的步骤如下：

第一步，配置 Bluetooth modem sleep，只需要在 menuconfig 中配置这个选项。ESP32-C3 的 Bluetooth modem sleep 配置如图 12-8 所示。

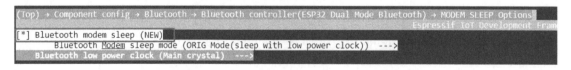

图 12-8 ESP32-C3 的 Bluetooth modem sleep 配置

第二步，配置 Wi-Fi 的 Modem-sleep 模式，需要在初始化 Wi-Fi 后，调用 esp_wifi_set_ps(wifi_ps_type_t type)函数完成 Modem-sleep 模式的配置。在本书介绍的智能照明工程中的用法如下：

```
1.   #define LISTEN_INTERVAL 3
2.   wifi_config_t wifi_config = {
3.       .sta = {
4.           .ssid = "SSID",
5.           .password = "Password",
6.           .listen_interval = LISTEN_INTERVAL,
7.       },
8.   };
9.   ESP_ERROR_CHECK(esp_wifi_set_mode(WIFI_MODE_STA));
10.  ESP_ERROR_CHECK(esp_wifi_set_config(ESP_IF_WIFI_STA, &wifi_config));
11.  ESP_ERROR_CHECK(esp_wifi_start());
12.
13.  ESP_ERROR_CHECK(esp_wifi_set_ps(WIFI_PS_MAX_MODEM));
```

12.4.2　使用电源管理锁

从 12.1.1 节可知，当 LEDC 使用除 REF_TICK 之外的时钟源时，是受动态调频影响的，应用程序需要添加代码完成获取/释放电源管理锁的操作，LEDC 才能正常工作。因此，在应用中需要使用电源管理锁来保证在 LEDC 工作时，APB 时钟不发生变化。具体用法为：在初始化 LED 驱动程序时，初始化 ESP_PM_APB_FREQ_MAX 类型的电源管理锁；当 LED 开始工作时（开灯），获取该电源管理锁；在 LED 停止工作时（关灯），释放该电源管理锁。在本书介绍的智能照明工程中的用法如下：

```
1.   static esp_pm_lock_handle_t s_pm_apb_lock   = NULL;
2.
3.   if (s_pm_apb_lock == NULL) {
4.       if (esp_pm_lock_create(ESP_PM_APB_FREQ_MAX, 0, "l_apb",
5.                              &s_pm_apb_lock) != ESP_OK) {
6.           ESP_LOGE(TAG, "esp pm lock create failed");
7.       }
8.   }
9.
10.  while (1) {
11.      ESP_ERROR_CHECK(esp_pm_lock_acquire(s_pm_apb_lock));
12.      ESP_LOGI(TAG, "light turn on");
13.      for (ch = 0; ch < LEDC_TEST_CH_NUM; ch++) {
14.          ledc_set_duty(ledc_channel[ch].speed_mode,
15.                        ledc_channel[ch].channel, LEDC_TEST_DUTY);
16.          ledc_update_duty(ledc_channel[ch].speed_mode,
17.                           ledc_channel[ch].channel);
18.      }
19.      vTaskDelay(pdMS_TO_TICKS(5 * 1000));
20.
21.      ESP_LOGI(TAG, "light turn off");
22.      for (ch = 0; ch < LEDC_TEST_CH_NUM; ch++) {
23.          ledc_set_duty(ledc_channel[ch].speed_mode,
```

12

```
24.                         ledc_channel[ch].channel, 0);
25.         ledc_update_duty(ledc_channel[ch].speed_mode,
26.                         ledc_channel[ch].channel);
27.     }
28.     ESP_ERROR_CHECK(esp_pm_lock_release(s_pm_apb_lock));
29.     vTaskDelay(pdMS_TO_TICKS(5 * 1000));
30. }
```

12.4.3 验证功耗表现

在完成电源管理和低功耗优化配置后，可以测试实际的功耗表现，了解其是否满足功耗要求。根据认证要求，实际测试的对象既可以是整个照明灯具，也可以是无线模组。当测试无线模组时，可以使用直流电源作为无线模组的电源，在两者之间串接功率分析仪，用于功耗数据的收集、分析。本书所用的功率分析仪是 Joulescope: Precision DC Energy Analyzer。在与功耗相关的认证要求中，针对智能照明设备，通常需要测量关灯状态、Wi-Fi 保持连接状态时的平均电流。

本书介绍的智能照明工程在添加电源管理功能后，ESP32-C3 模组的平均电流为 2.24 mA，具体测试结果如图 12-9 所示，图中仅展示了较短时间的功耗表现，读者实际测试平均电流的结果可能与此不同。

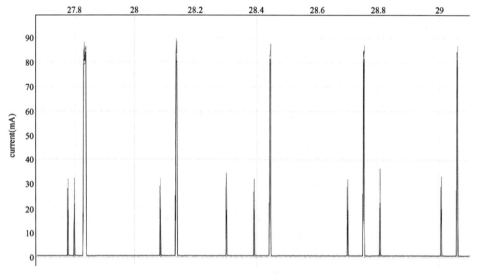

图 12-9　ESP32-C3 模组的平均电流

12.5　本章总结

本章介绍了 ESP32-C3 支持的电源管理和 Modem-sleep、Light-sleep、Deep-sleep 等模式，以及它们的功能和用法。除此之外，本章还介绍了如何进行低功耗调试。本章最后以智能照明工程为例，介绍如何使用电源管理功能和低功耗模式，并测量实际的功耗。

## 第 13 章

增强设备的安全功能

数据的安全保护是一个广泛且不断发展的研究课题，本章的内容仅对数据的安全保护做初步的探讨，使读者对"安全"这个话题有个基本的认识。13.1 节将讨论物联网设备数据安全面临的威胁，以及数据安全保护的基本框架。13.2 节将介绍用于检查物联网设备固件数据完整性的方案。13.3 节将介绍用于实现物联网设备数据机密性保护的 Flash 加密方案和 NVS 加密方案。13.4 节将介绍用于实现物联网设备固件数据合法性保护的 Secure Boot 方案。13.5 节将研究同时使用 Flash 加密方案、Secure Boot 方案的方法和效果，并概述如何在量产时使用这些方案。

13.1 物联网设备数据安全概述

前面的章节介绍了如何保证数据传输过程中的安全性，使用 HTTPS 协议可以保证数据在传输过程中的安全性。尽管使用安全的通信协议可以保证数据在传输过程中的安全性，但数据在到达设备端后仍面临着诸多威胁。

我们希望设备上的数据是安全的，但安全的确切含义是什么呢？正如我们将看到的那样，安全性是丰富多彩的东西，也就是说安全性有很多方面。毫无疑问，安全性应该至少包含以下几个方面。

（1）机密性。仅指定的开发人员能够理解数据的真实内容。在智能照明系统中，设备连接路由器的 Wi-Fi 密码、用户登录信息和设备 ID 等数据需要实现机密性保护，避免数据被轻易地获取、查看。

（2）完整性。数据在传输、存储过程中可能被恶意篡改或者因意外产生误码，因此设备要能对使用的数据内容是否完整进行检查。在智能照明系统中，设备在进行 OTA 升级时获取的新固件和存储的网络证书等数据，在加载使用前，需要检测数据是否完整，避免加载使用已经出错或者被篡改的数据。

（3）合法性。接收数据的设备应该能够鉴别发送数据的设备，并仅使用合法数据发送方发送的数据。在智能照明系统中，设备接收的控制命令和服务器端发送的新固件等数据应该仅来自指定的设备。试想，如果卧室的灯能够被任意的一个智能手机控制，那就可能会打扰到您周末的美梦。

设备上的哪些数据是必须重点保护的呢？

（1）固件数据。固件是设备端运行的二进制可执行文件，负责协调系统内部资源以及内/外部的信息交互，其安全性如同 PC 上操作系统的安全性一样重要，一旦其安全性受到威胁，设备端的正常功能将受到严重的挑战，因此固件数据是必须重点保护的对象。在基于 ESP32-C3 的智能照明设备上，固件通常指存储在 Flash 上的 Bootloader 固件和 app 固件。

（2）设备端要使用的关键数据，如设备连接云端的密钥、用户登录设备的密钥等。

13.1.1 为什么要保护物联网设备数据的安全

物联网设备数据在传输、存储过程中可能面临诸多安全威胁。图 13-1 描述了一种云端与设备端进行数据交互的场景，即云端将数据发送到设备端，设备端获取数据并将数据存储在设备端的 Flash 上。为了保护设备端的数据安全，即在满足机密性、完整性和合法性的情况下，设备端得到正确且可使用的数据，通常会使用加密的 HTTPS 协议来传输数据。但是，想要破坏数据安全性的"坏家伙们"仍然可能潜在地执行下列行为：

（1）破坏数据的机密性，如使用 Flash 读取工具 esptool.py 读取 Flash 上的数据，查看设备 ID 和 Wi-Fi 密码。

（2）破坏数据的完整性，如擦除设备 Flash 上的用户登录数据、篡改设备上网证书或者植入收集用户信息的程序。这种通过在原始数据中插入一段有害数据的攻击方式，称为代码注入攻击。

（3）破坏数据的合法性，如伪造发送数据的云端服务器，将非法数据发送到设备端，或者窃听设备端某次登录时的信息，然后通过向设备端重新发送登录信息，非法登录并控制设备端。这种通过重新"播放"窃取的数据来破坏数据合法性的攻击方式称为重放攻击。

设备端与云端交互数据时可能面临的安全风险如图 13-1 所示。

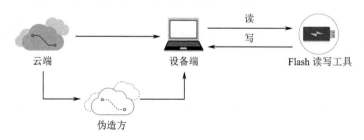

图 13-1　设备端与云端交互数据时可能面临的安全风险

正如我们将看到的那样，除非采取适当的措施，否则设备端的数据安全将无法得到保障。在实际的环境中，真实存在的威胁远远不止如此，因为物联网设备经常要和其他设备进行通信，并且一些设备工作在无人值守的环境中，容易被"坏家伙们"直接获取并采用分析仪器分析数据、篡改数据，使得设备端的数据安全需求更加迫切。

13.1.2　保护物联网设备数据安全的基本要求

保护物联网设备数据安全需要从数据存储、数据传输两个方面进行讨论，它们分别对数据的完整性、机密性、合法性保护提出了需求。数据安全的基本组成部分如图 13-2 所示。

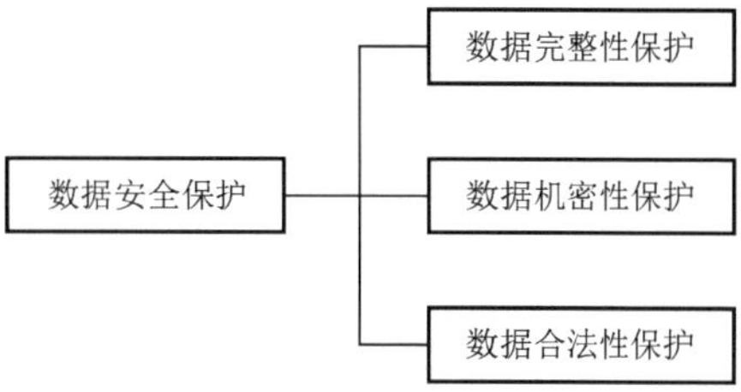

数据传输对安全性的要求主要体现在以下三个方面：

- 数据完整性：数据在传输过程中未被篡改或者产生误码。
- 数据机密性：传输的数据是加密后的数据，攻击者无法监听到数据的真实内容。
- 数据合法性：正在通信的对端设备是一个可信的目标设备。

图 13-2　数据安全的基本组成部分

数据存储时对安全性的要求主要体现在以下三个方面：

- 数据完整性：数据在存储过程中未被篡改或者损坏。
- 数据机密性：存储的数据被读取后，攻击者无法破解数据的真实内容。
- 数据合法性：正在使用的数据是经过鉴权认证的数据。

当然，数据存储和数据传输这两个方面的保护并不是绝对独立的，它们相互补充，共同构成了物联网设备数据安全这个统一的框架。在建立了上述框架、明确了一些概念和物联网设备数据安全的需求后，本章将分步骤地学习如何实现物联网设备数据的保护。

13.2　数据完整性保护

13.2.1　完整性校验方法简介

对一段数据进行完整性校验，通常会用到一个称为校验和（也称为摘要、指纹、Hash 值、散列值）的数据。校验和是由相应的完整性校验算法生成的具有固定长度的校验数据，该校验数据基本代表了该数据块的唯一性，就如同一个人的指纹或者身份证号可以唯一地代表这个人一样。完整性校验算法如图 13-3 所示。

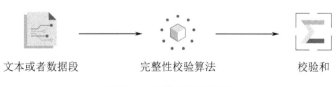

文本或者数据段　　　　完整性校验算法　　　　校验和

图 13-3　完整性校验算法

完整性校验算法具有下列性质：

（1）抗碰撞性。抗碰撞性是指在算法规定的数据长度内，找不到（或很难找到）任意两个不同的数据段 x 和 y，使得由该算法生成的校验和完全相同。碰撞是指随着数据的增多，出现部分数据丢失或者损坏，但最终能计算出来正确的校验和的情况。

（2）原始数据不可计算性。在已知校验和而未知原始数据段的情况下，很难通过校验和反向推算出原始数据。

若对完整性校验算法输入不同的数据，并得到相同的校验和，则称该现象为发生了一次碰撞。常用的完整性校验算法有 CRC、MD5、SHA1 和 SHA256 等，它们得到的校验和长度不一样，产生碰撞的概率也不同。例如，CRC32 的校验和长度为 32 B，在理论上能保证 512 MB 范围内的数据不发生碰撞，但超出这个范围的数据发生碰撞的概率将增大。

对数据块执行完整性校验的常用方法是为待校验的数据块附加校验和。完整性校验的基本原理如图 13-4 所示，在数据块的后面追加校验和，在接收到该数据块后或者使用数据前，重新计算该段数据的校验和，对比附加在数据块后面的校验和，若计算得到的校验和等于附加的校验和则认为数据是完整的，否则认为数据被篡改过或发生了误码。

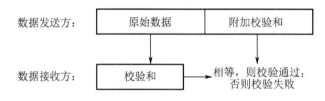

图 13-4　完整性校验的基本原理

13.2.2　固件数据的完整性校验

本节以 OTA 升级过程中固件数据的完整性校验为例，介绍固件数据的完整性校验是如何设计的。固件更新时在数据传输、数据应用前执行的完整性校验如图 13-5 所示。

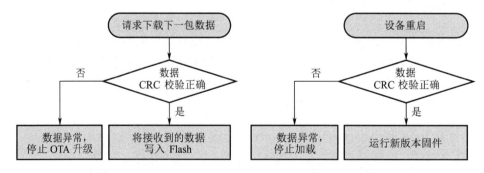

图 13-5　固件更新时在数据传输、数据应用前执行完整性校验

在执行 OTA 升级过程中，若使用 HTTPS 协议传输数据，则发送方会在发送数据前生成数据的 CRC 校验和，接收方将重新计算接收到的数据的 CRC 校验和，执行类似图 13-4 中的校验

过程。值得注意的是，当使用 HTTPS 协议传输数据时，完全不必关心 CRC 校验过程，HTTPS 协议会在内部自动进行 CRC 校验。

此外，当设备使用存储在 Flash 上的固件数据时，也会校验固件的完整性。在每次重启设备加载 app 固件数据时，都会通过固件数据附带的 CRC 校验和做完整性检查，以确保即将运行的 app 固件数据是未损坏的。该过程是自动发生的，无须手动实现。

然而，仅仅对数据的完整性进行检查，对实现数据安全的保护是远远不够的。因为这些完整性校验算法的原理和实现通常都是开源的，那些别有用心的攻击者同样可以使用相同的 CRC 校验算法，对一个自定义的固件附加 CRC 校验和，并烧录到设备的 Flash 中，从而通过设备的 CRC 校验，被正常地运行。为了避免这种情况，还需要对数据的来源进行鉴别，这就涉及数据的合法性保护方案——Secure Boot 方案，本书将在 13.4.2 节中详细介绍该方案。

13.2.3　示例

Linux 系统中集成了一些用于计算校验和的工具，如 sha256sum 和 md5sum，我们可以使用这些工具来计算指定文件的校验和，并比较在修改文件内容前后生成的校验和的变化。在终端通过 md5sum 命令计算 hello.c 文件修改前后的校验和，命令如下：

```
$ md5sum hello.c
87cb921a75d4211a57ba747275e8bbe6 //原始 hello.c 文件的 MD5 校验和
$ md5sum hello.c
79c3416910f9ea0d65a72cb720368416 //向 hello.c 文件中添加一行打印语句后的 MD5 校验和
```

可见，即便原始文件仅仅修改一句代码，其最终得到的 MD5 校验和也将发生较大的变化。

13.3　数据机密性保护

13.3.1　数据加密简介

数据加密的目的是让入侵者无法知道数据的真实含义，同时保证数据的使用者可以正确地解析数据。现在假设要对 Flash 上的数据进行加密，以防止别人读取并查看 Flash 上的数据。图 13-6 说明了一些重要的术语，存储在 Flash 上的原始数据称为明文数据，使用加密算法生成的加密数据称为密文，加密数据对任何入侵者来说都是不可理解的。加密算法使用到了一个密钥 Key，它是一串数字或字符。在图 13-6 所示的示例中，加密算法的加密规则是将原字符串中的每个字符替换为加 1 后的字符，即原字符对应的 ASCII 码加 1 后得到的字符。加密算法使用的密钥是一个整型数字 1。解密的过程与加密的过程相反，对加密数据的每个字符都替换为减 1 后的字符，就可以恢复出明文数据了。

所有的数据加密算法都涉及用一组数据替换另一组数据的思想，图 13-6 使用了最简单的单码替换加密算法。实际使用的加密算法要比这种简单的加密算法复杂得多，但它们的基本思想都是一样的。

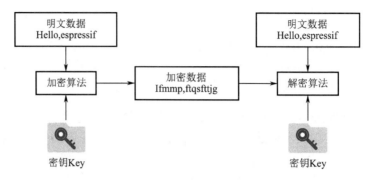

图 13-6 数据加密的基本原理

数据加密算法通常可以分为两类：对称加密算法和非对称加密算法。

（1）对称加密算法。顾名思义，对称加密算法在加密和解密的过程中使用的密钥是相同的，常用的对称加密算法有 DES、3DES 和 AES 等。图 13-6 所示的加密过程就是对称加密的基本过程，加密和解密使用的密钥是相同的，即整型数字 1。

（2）非对称加密算法。在非对称加密算法中，需要使用两个不同的密钥，即公钥和私钥，它们是具有特定关联关系的一对字符串，其中公钥加密的内容，只有与之配对的私钥才能解密；如果是私钥加密的内容，则只有与之配对的公钥才能解密。

进行对称加密的一个前提条件是加密者和解密者必须就共享密钥达成一致，即必须提前知道密钥的内容。但是，在某些情况下，加密者和解密者可能从未见过面，也不会通过网络以外的任何途径进行数据交互。此时，加密者和解密者还能在没有预先商定密钥的条件下进行加或解密吗？非对称加密算法可以满足这种场景的需求。

图 13-7 为组合使用非对称加密和对称加密传输加密数据的基本过程，其中非对称加密用于传输对称加密要使用的密钥，通信双方获取到对称加密的密钥 Key 后，使用相对节省资源的对称加密算法保护通信数据的机密性。

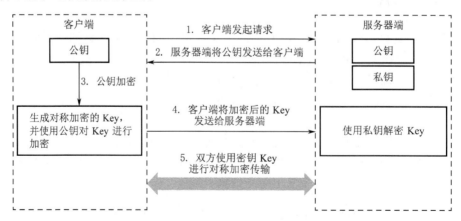

图 13-7 组合使用非对称加密和对称加密传输加密数据的基本过程

常用的非对称加密算法是 RSA 算法，但本书并不详细地介绍加密算法的内容，在掌握了上述数据加密的基础知识后，就可以开启下一段的新旅程了。

13.3.2　Flash 加密方案概述

Flash 加密方案用于增强数据安全中的数据机密性保护。启用 Flash 加密功能后，物理读取 Flash 上的数据后是无法识别其原始内容的。如前所述，数据机密性保护需要从数据传输、数据存储两个方面进行考虑。Flash 加密方案可用于保护存储在设备 Flash 上的数据机密性，数据传输时的机密性保护需要其他方案，如使用支持加密的传输协议（HTTPS）来实现。

1.　与 Flash 加密方案相关的存储区域

与 Flash 加密方案相关的存储介质主要有 eFuse 和 Flash 两种，二者都可用于存储数据，但是具有不同的性质与用途。eFuse 和 Flash 的主要存储内容与特性如表 13-1 所示。

表 13-1　eFuse 和 Flash 的主要存储内容与特性

存储介质	主要存储内容	特　性
Flash	Bootloader.bin、app.bin、nvs 数据和分区表等数据	允许反复擦除和读写
eFuse	芯片版本和 MAC 等系统参数，以及与一些系统功能相关的密钥和控制位	具有不可逆的写入特性，即每位只能从 0 写为 1，且一旦写为 1 后将无法重置为 0。特别地，一些 eFuse 中的区域在开启读保护后，这些区域的数据仅能通过设备自身的硬件模块访问

采用 Flash 加密方案加密的数据存储在 Flash 上，包括 Bootloader 固件、app 固件、分区表，以及其他在分区表中标记 encrypted 的分区数据。

以下述分区表为例，启用 Flash 加密方案后，加密分区包括 Bootloader 分区、factory 分区、storage 分区和 nvs_key 分区。其中用于存储固件的分区，如 Bootloader 分区和 factory 分区是默认加密的，因此不必对其添加 encrypted 标记。

```
1.  # Name,   Type, SubType, Offset,  Size, Flags
2.  nvs,        data, nvs,      , 0x6000,
3.  # Extra partition to demonstrate reading/writing of encrypted flash
4.  storage,   data, 0xff,     , 0x1000, encrypted
5.  factory,    app, factory,  , 1M,
6.  # nvs_key partition contains the key that encrypts the NVS partition named nvs.
7.  The nvs_key partition needs to be encrypted.
8.  nvs_key,   data, nvs_keys, , 0x1000, encrypted,
```

Flash 加密方案用于加密存储在 Flash 上的数据，但该方案的实现还用到了 eFuse 存储介质。ESP32-C3 的 eFuse 中与 Flash 加密功能相关的数据区域如表 13-2 所示。

表 13-2　ESP32-C3 的 eFuse 中与 Flash 加密功能相关的数据区域

eFuse 中的数据区域名称	描　　述	长度/bit
BLOCK_KEY*N*	用于存储 Flash 加/解密的密钥，其中 *N* 的取值范围为[0，4]	256
DIS_DOWNLOAD_MANUAL_ENCRYPT	设置后，在下载引导模式下禁用 Flash 加密下载的功能	1
SPI_BOOT_CRYPT_CNT	启用/关闭 Flash 加密的功能，值是 1 的位有奇数个时启用 Flash 加密功能	3

我们可以使用 espeFuse.py 查看 ESP32-C3 当前的 eFuse 状态，如使用下述命令，将看到 eFuse 中一些区域的当前值。

```
$ espefuse.py --port PORT summary   //使用当前设备的 port 口替换示例中的 PORT
```

输出 Log 如下，其中 FLASH_CRYPT_CNT 为 0，代表当前未启用 Flash 加密方案。

```
espefuse.py v2.6-beta1
Connecting........_____.
EFUSE_NAME              Description = [Meaningful Value] [Readable/Writeable] (Hex
Value)
--------------------------------------------------------------------------------
Security fuses:
FLASH_CRYPT_CNT         Flash encryption mode counter        = 0 R/W (0x0)
FLASH_CRYPT_CONFIG      Flash encryption config (key tweak bits) = 0 R/W (0x0)
CONSOLE_DEBUG_DISABLE   Disable ROM BASIC interpreter fallback   = 1 R/W (0x1)

Identity fuses:
MAC                     MAC Address
 = 30:ae:a4:c3:86:94 (CRC 99 OK) R/W
...
```

2．Flash 加密方案使用的加密算法

Flash 加密方案使用的对称加密算法是 AES-XTS，该算法是一种可调整分组的加密算法。在进行加密时，该算法分块地加密明文数据，并依据明文数据的偏移地址动态地调整密钥进行加密。AES-XTS-128 分组加密的基本原理如图 13-8 所示，其中 64 B 的明文数据被划分为 4 块，加密每块数据使用的密钥（key1～key4）均是由 base_key 派生的密钥，将每块加密的数据块组合，就可得到 64 B 的加密数据。

AES-XTS 这种先动态调整加密密钥，再进行加密的方法带来的好处是：

（1）相同的数据块加密后得到的密文是不同的，这使得加密后的数据更不容易被分析破解得到明文数据，因此增加了数据的机密性。

（2）不同数据块可以独立进行加密和解密，即使一块加密数据被损坏，也不会影响其他块数据解密，数据块之间的加/解密是相对独立的。

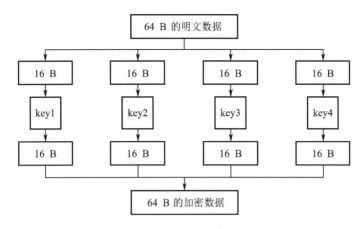

图 13-8   AES-XTS-128 分组加密的基本原理

13.3.3   存储 Flash 加密方案的密钥

Flash 加密方案的密钥最终保存在 eFuse 的 BLOCK_KEY 区域中，将密钥导入 eFuse 的方式有以下两种：

（1）手动方式。使用 espsecure.py 脚本工具手动生成密钥，并将密钥导入 eFuse 中，这种方式只能在第一次启用 Flash 加密方案前使用。

（2）自动方式。在 menuconfig 中启用 Flash 加密方案后，设备端将在首次启动时，在 Bootloader 中自动生成密钥，并自动将密钥保存在 eFuse 中。

使用手动方式导入密钥时，需要预先生成 Flash 加密方案的密钥。运行下述命令可生成密钥：

```
$ espsecure.py generate_flash_encryption_key my_flash_encryption_key.bin
```

运行下述命令可手动地将密钥导入 eFuse：

```
$ espefuse.py --port PORT burn_key BLOCK my_flash_encryption_key.bin XTS_AES_128_KEY
```

注意：由于 eFuse 具有不可逆的写入特性，所以手动将密钥导入 eFuse 的操作只能进行一次。

通过 menuconfig → Security features → Enable flash encryption on boot 选项可使用 Flash 加密方案。若在编译时使用了 Flash 加密方案，并且没有预先通过手动方式导入密钥，则在烧录固件后，设备将启用 Flash 加密方案，然后自动地生成密钥，并将密钥导入 eFuse 中。

手动方式和自动方式的主要区别是：在使用手动方式时，用户可以知道密钥的内容，可以先使用脚本工具手动加密数据，再将加密数据烧录到设备上；在使用自动方式时，若在 eFuse 中开启了对 BLOCK_KEY 的读保护（默认是开启的），由于密钥在设备内产生，并且直接存储在 eFuse 内的密钥是读保护的，则外界的所有开发人员都无法获取密钥的内容，更不能手动加/解密数据。

13

在手动方式下，可以通过下面的命令来加密 app 固件，并将加密后的 app 固件烧录到设备中运行。

```
$ espsecure.py encrypt_flash_data --aes_xts --keyfile /path/to/key.bin --address
0x10000 --output my-app-ciphertext.bin build/my-app
```

值得一提的是，在输入 espsecure.py encrypt_flash_data 命令加密数据时，必须指定要加密的数据块在分区表中的存储地址。在上面的示例中，要加密的数据是 my-app，其地址为 0x10000。正如 13.3.2 节提到的内容，Flash 加密方案使用的加密算法是一种可调分组的加密算法 AES-XTS，该算法的加密过程与数据所在的位置有关。如果不指明位置或者指定的位置是错误的，则在烧录加密后的固件后，设备将会出错。此外，在知道密钥的情况下，脚本工具 espsecure.py 也可以解密加密后的数据，运行命令 espsecure.py-h 可获取该脚本工具的帮助信息。

在量产时推荐使用自动方式导入密钥，因为这样可以方便地为每个设备配置不同的密钥，并且密钥从不在设备之外的场所被使用，这样将最大程度地提高设备的安全性。

13.3.4 Flash 加密的工作模式

Flash 加密共有两种工作模式：

（1）开发模式。顾名思义，开发模式是可以在开发阶段使用的工作模式。在开发阶段经常需要编写不同的明文固件，以及测试 Flash 加密过程。这就要求能够根据需求不断地将新固件烧录到设备端。在开发模式下，可以选择关闭已经启用的 Flash 加密，并且可以通过命令重新烧录新固件，13.3.7 节将介绍具体的操作方法。

（2）量产模式。量产模式是在设备量产时推荐使用的工作模式。在设备量产时，出于安全考虑，串口不应有权限访问 Flash 内容，因此在启用该模式后，将默认禁用串口访问 Flash 的功能。此外，在该模式下，启用 Flash 加密后，不可以关闭 Flash 加密功能，并且不可以通过串口来更新固件，只能通过 OTA 升级的方式来更新固件。

通过 menuconfig → security features → Enable flash encryption on boot → Enable usage mode 选项可以选择 Flash 加密的工作模式，图 13-9 所示为将 Flash 加密的工作模式配置为开发模式。

```
[ ] Require signed app images
[ ] Enable hardware Secure Boot in bootloader (READ DOCS FIRST)
[*] Enable flash encryption on boot (READ DOCS FIRST)
      Enable usage mode (Development (NOT SECURE))  --->
    Potentially insecure options  --->
[*] Check Flash Encryption enabled on app startup (NEW)
    UART ROM download mode (UART ROM download mode (Enabled (not recommended)))  --->
```

图 13-9　将 Flash 加密的工作模式配置为开发模式

注意：在开发模式下，通过 espefuse.py --port PORT burn_efuse SPI_BOOT_CRYPT_CNT 命令可关闭已经启用的 Flash 加密方案；在关闭 Flash 加密方案后，请在 menuconfig 中取消

选中启用 Flash 加密方案的选项,然后使用 `idf.py flash` 命令重新烧录新固件。此外,关闭 Flash 加密方案的次数受到 eFuse 中 `SPI_BOOT_CRYPT_CNT` 标志位长度的限制,若该标志位的中包含奇数个 1,则表示启用 Flash 加密方案;若包含偶数个 1,则表示关闭 Flash 加密方案,因此在该标志位的长度为 3 bit 时,启用 Flash 加密方案后最多允许关闭 1 次。

 扩展阅读:通过 `https://docs.espressif.com/projects/esptool/en/latest/esp32/espsecure/index.html`,可以了解 `espefuse.py` 的详细用法。

在使用 Flash 加密方案后,Bootloader 的体积可能会增大,可以通过下述两种方法进行调整:

(1) 通过 menucofig → `Partition Table` → `Offset of partition table` 调整分区表在 Flash 中的偏移地址,如将默认的偏移地址 0x8000 增大到 0xa000,则存储 Bootloader 的 Flash 空间将增大 8 KB。

注意,在调整 Bootloader 的分区地址后,请检查分区表存储的区域划分是否需要更新。

(2) 通过 menuconfig → `Bootloader log verbosity` 更改 Bootloader 编译时的 Log 级别。将默认的 Log 级别 Info 改为 Warning,可将减少固件中的 Log 数量,从而缩小 Bootloader 固件的大小。

13.3.5 Flash 加密的一般工作流程

将首次启用 Flash 加密方案的明文固件烧录到设备端,并启动设备端后,设备端将自动启用 Flash 加密方案。设备端首次自动启用 Flash 加密方案的基本工作流程是:

(1) Bootloader 读取 eFuse 中 `SPI_BOOT_CRYPT_CNT` 区域的值,若未启用 Flash 加密方案则启用 Flash 加密方案。默认情况下,该区域的值为 0,代表还未启用 Flash 加密。

(2) Bootloader 检测存储 Flash 加密方案密钥的 eFuse 区域 `BLOCK_KEY` 中是否已经存储密钥,若未预先烧录密钥(参考 13.3.3 节),则自动生成密钥并写入 `BLOCK_KEY`,然后开启该区域的读/写保护,软件将无法读/写密钥。

(3) 通过 Flash 加密方案来加密 Flash 中需要加密的数据,包括 Bootloader、app 和其他在分区表中标记 `encrypted` 的分区数据。

(4) Bootloader 将 eFuse 中的 `SPI_BOOT_CRYPT_CNT` 区域的值设置为 1,表示已经启用了 Flash 加密方案。

(5) 若 Flash 加密的工作模式为开发模式,则 eFuse 中的 `SPI_BOOT_CRYPT_CNT` 和 `DIS_DOWNLOAD_MANUAL_ENCRYPT` 区域将不被写保护,从而允许关闭 Flash 加密方案,并重新烧录加密固件。

(6) 若 Flash 加密的工作模式为量产模式,则 eFuse 中的 `SPI_BOOT_CRYPT_CNT` 和 `DIS_DOWNLOAD_MANUAL_ENCRYPT` 区域将被写保护,从而永久使用 Flash 加密方案并禁止重新烧录固件。

13

（7）设备端在自动重启后会加载并运行加密后的 Bootloader 固件和 app 固件。

注意：启用 Flash 加密方案后，eFuse 的一些标志位将默认被置位，从而关闭一些系统功能，如 JTAG。继续保留这些系统功能可能会带来安全风险，在测试阶段，如果需要保留这些标志位，请参考 ESP-IDF 编程指南中与 Flash 加密相关的说明。

启用 Flash 加密方案后，设备端在加载运行加密的 Bootloader 固件和 app 固件时，先自动通过硬件模块解密对应的数据，再将解密后的数据加载到设备端的 iRAM 和 Cache 中运行。此外，启用 Flash 加密方案后，一些 API 在读/写 Flash 上加密分区的数据时将自动加/解密数据。自动解密数据的 API 主要包括 esp_partition_read()、esp_flash_read_encrypted()、bootloader_flash_read()；自动加密数据的 API 主要包括 esp_partition_write()、esp_flash_write_encrypted()、bootloader_flash_write()。

特别地，启用 Flash 加密方案后，在执行 OTA 升级时，设备端接收的是明文数据，在将接收到的明文数据写入 Flash 时，将调用上述的 esp_partition_write() 函数自动加密数据，以适应 Flash 加密方案的特性。

注意：设备量产后，通过 OTA 升级功能可以远程更新 app 固件，但无法更新 Bootloader 固件，因此启用 Flash 加密方案后，请注意 Bootloader 的相关配置，如 Log 级别的配置。

13.3.6　NVS 加密方案简介

Flash 加密方案并不直接保护存储在 NVS 分区的数据，存储在 NVS 分区的数据需要 NVS 加密方案来保护其机密性。我们可以通过 menuconfig → Component config → NVS → Enable NVS encryption 选项启用 NVS 加密，或者在代码中调用 nvs_flash_secure_init() 函数启用它。

NVS 加密方案的基本原理：在分区表中定义一块不少于 4 KB 的、子类型为 nvs_key 的分区，在启用 NVS 加密方案后，将使用 nvs_key 分区的密钥加密 NVS 分区的数据。一种支持 NVS 加密的典型分区表如下所示：

```
1.  # Name,      Type, SubType, Offset, Size, Flags
2.  nvs,         data, nvs,     , 0x6000,
3.  phy_init,    data, phy,     , 0x1000,
4.  factory,     app,  factory, , 1M,
5.  nvs_key,     data, nvs_keys, , 0x1000, encrypted,
```

NVS 加密方案与 Flash 加密方案有很多类似的地方，例如：

（1）NVS 加密方案使用的加密算法是对称加密算法 AES-XTS。如前所述，对称加密算法要求其密钥是保密的，这样才能保证加密后的数据不被分析破解。NVS 加密方案的密钥不能是明文的，因此该方案经常与 Flash 加密方案结合使用，其中 Flash 加密方案负责保护 nvs_key 的密钥机密性，NVS 加密方案使用 nvs_key 保护 NVS 分区的数据机密性。

（2）存储 NVS 加密方案密钥的方式有两种：一种是手动方式，即手动生成一个密钥，并将密钥写入指定的分区；另一种是自动方式，即在首次启用 NVS 加密方案，且对应的 nvs_key 分区内容为空时，设备内部先自动调用 nvs_flash_generate_keys() 函数生成密钥，再将密钥写入 nvs_key 分区，并使用该密钥完成 NVS 加/解密。

采用手动方式存储 NVS 加密方案密钥的步骤如下：

首先，生成一个包含密钥的文件，命令如下：

```
$ espsecure.py generate_flash_encryption_key my_nvs_encryption_key.bin
```

然后，编译并烧录分区表，命令如下：

```
$ idf.py -p (PORT) partition_table-flash
```

最后，将密钥烧录到指定的分区，命令如下：

```
$ parttool.py -p (PORT) --partition-table-offset "nvs_key partition offset"
write_partition --partition-name="name of nvs_key partition" --input "nvs_key
partition"
```

（3）启用 NVS 加密方案后，以 nvs_get 或 nvs_set 开头的 API，在读/写 NVS 分区的数据时将自动完成数据的加/解密。

注意：启用 Flash 加密方案后，推荐启用 NVS 加密方案（默认启用），这是因为 Wi-Fi 驱动程序在默认的 NVS 分区中存储了一些重要数据（如 SSID 和密码）。NVS 加密方案可在多个不同的 NVS 分区中使用不同的 nvs_key，在初始化对应的 NVS 分区时，只需要指定使用的 nvs_key 即可。

> 扩展阅读：通过 https://bookc3.espressif.com/nvs，读者可了解 NVS 加密方案的更多内容。

13.3.7　Flash 加密方案和 NVS 加密方案的示例

ESP-IDF 的 examples/security/flash_encryption 提供了 Flash 加密方案和 NVS 加密方案的示例。通过运行该示例，可以观察 Flash 加密和 NVS 加密后的 Log 信息。

如前所述，若 Flash 加密的工作模式为开发模式，则可以重复烧录固件。我们尝试使用下面的三条命令将固件数据烧录到启用了 Flash 加密方案（开发模式）的设备上。

命令 1：

```
$ idf.py -p PORT flash monitor
```

命令 2：

```
$ idf.py -p PORT encrypted-flash monitor
```

命令 3：

```
$ idf.py -p PORT encrypted-app-flash monitor
```

上述三条命令执行的情况和结果分别是：当使用命令 1 进行烧录时，Flash 上最终存储的是明文数据，从而出现无法加载的错误；使用命令 2 将仅烧录加密的 Bootloader 固件、app 固件和分区表，设备可以正常加载运行；使用命令 3 将仅烧录加密的 app 固件，若 Bootloader 是加密的，则设备可以正常加载运行。

上述三条命令内部实际调用了 `esptool.py`，它们分别对应的 `esptool.py` 命令参数为：

```
$ esptool.py --chip esp32c3 -p /dev/ttyUSB0 -b 460800 --before=default_reset
--after= no_reset write_flash --flash_mode dio --flash_freq 40m --flash_size 2MB
0x1000 bootloader/bootloader 0x20000 flash_encryption.bin 0xa000 partition_table/
partition-table.bin

$ esptool.py --chip esp32c3 -p /dev/ttyUSB0 -b 460800 --before=default_reset
--after= no_reset write_flash --flash_mode dio --flash_freq 40m --flash_size 2MB
--encrypt 0x1000 bootloader/bootloader 0x20000 flash_encryption.bin 0xa000
partition_table/ partition-table.bin

$ esptool.py --chip esp32c3 -p /dev/ttyUSB0 -b 460800 --before=default_reset
--after= no_reset write_flash --flash_mode dio --flash_freq 40m --flash_size 2MB
--encrypt 0x20000 flash_encryption.bin
```

通过对比 `esptool.py` 对应的选项和参数，我们不难得出结论：使用 `esptool.py` 进行烧录时，添加选项 `--encrypt` 后，将在烧录时启用 Flash 自动加密的功能，将加密后的数据写入 Flash 中。

启用 Flash 加密方案后，常见的几种错误如下：

（1）启用 Flash 加密方案后，若烧录的是明文 Bootloader 数据，则在启动设备后，可能出现如下的 Log：

```
rst:0x3 (SW_RESET),boot:0x13 (SPI_FAST_FLASH_BOOT)
invalid header: 0xb414f76b
invalid header: 0xb414f76b
invalid header: 0xb414f76b
invalid header: 0xb414f76b
invalid header: 0xb414f76b
invalid header: 0xb414f76b
invalid header: 0xb414f76b
```

（2）启用 Flash 加密方案后，若烧录的是明文分区表，则在启动设备后，可能出现如下 Log：

```
rst:0x3 (SW_RESET),boot:0x13 (SPI_FAST_FLASH_BOOT)
configsip: 0, SPIWP:0xee
clk_drv:0x00,q_drv:0x00,d_drv:0x00,cs0_drv:0x00,hd_drv:0x00,wp_drv:0x00
mode:DIO, clock div:2
load:0x3fff0018,len:4
load:0x3fff001c,len:10464
```

```
ho 0 tail 12 room 4
load:0x40078000,len:19168
load:0x40080400,len:6664
entry 0x40080764
I (60) boot: ESP-IDF v4.0-dev-763-g2c55fae6c-dirty 2nd stage bootloader
I (60) boot: compile time 19:15:54
I (62) boot: Enabling RNG early entropy source...
I (67) boot: SPI Speed      : 40MHz
I (72) boot: SPI Mode       : DIO
I (76) boot: SPI Flash Size : 4MB
E (80) flash_parts: partition 0 invalid magic number 0x94f6
E (86) boot: Failed to verify partition table
E (91) boot: load partition table error!
```

（3）启用 Flash 加密方案后，若烧录的是明文 app 固件，则在启动设备后，可能出现如下 Log：

```
rst:0x3 (SW_RESET),boot:0x13 (SPI_FAST_FLASH_BOOT)
configsip: 0, SPIWP:0xee
clk_drv:0x00,q_drv:0x00,d_drv:0x00,cs0_drv:0x00,hd_drv:0x00,wp_drv:0x00
mode:DIO, clock div:2
load:0x3fff0018,len:4
load:0x3fff001c,len:8452
load:0x40078000,len:13616
load:0x40080400,len:6664
entry 0x40080764
I (56) boot: ESP-IDF v4.0-dev-850-gc4447462d-dirty 2nd stage bootloader
I (56) boot: compile time 15:37:14
I (58) boot: Enabling RNG early entropy source...
I (64) boot: SPI Speed      : 40MHz
I (68) boot: SPI Mode       : DIO
I (72) boot: SPI Flash Size : 4MB
I (76) boot: Partition Table:
I (79) boot: ## Label            Usage          Type ST Offset   Length
I (87) boot:  0 nvs             Wi-Fi data       01 02 0000a000 00006000
I (94) boot:  1 phy_init        RF data          01 01 00010000 00001000
I (102) boot:  2 factory        factory app      00 00 00020000 00100000
I (109) boot: End of partition table
E (113) esp_image: image at 0x20000 has invalid magic byte
W (120) esp_image: image at 0x20000 has invalid SPI mode 108
W (126) esp_image: image at 0x20000 has invalid SPI size 11
E (132) boot: Factory app partition is not bootable
E (138) boot: No bootable app partitions in the partition table
```

13

13.4 数据合法性保护

13.4.1 数字签名简介

您可能曾经在入学申请、法律文件和信用卡收据上签名，这份签名证明您同意这些文件的内容。在数据安全领域，设备端需要识别出一段数据的发送方或者数据内容的制作者，以表明这些数据是未被伪造的、已经授权合法的和可以被安全使用的。数字签名是实现数据合法性检查的一种技术方案。

数字签名需要考虑两个方面：签名的不可伪造性，即只有合法的数据发送方可以对数据进行签名，其他的签名是无效的；签名的可验证性，即数据的使用者必须可以验证签名的有效性。

常用的数字签名算法有 RSA 算法和 DSA 算法。数字签名验证的基本流程是：

（1）数据发送方生成私钥，通过私钥生成公钥，得到一个私钥-公钥对。注意只有私钥能生成与其匹配的公钥。

（2）将公钥保存到数据使用方的存储系统中。

（3）数据发送方使用私钥对数据进行签名，并将签名后的数据及签名发送给数据使用方。

（4）数据使用方在接收到数据后，使用步骤（2）存储的公钥校验步骤（3）发送的签名，若签名正确，则认为此次数据来源于合法的数据发送方；否则就认为数据是未经授权的数据，不予采用。

使用数字签名验证数据合法性的基本原理如图 13-10 所示。

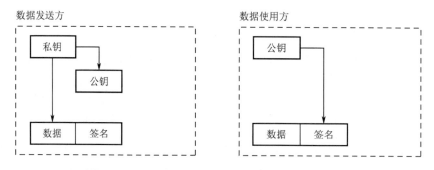

图 13-10 使用数字签名验证数据合法性的基本原理

通过这种"私钥颁发公钥，然后私钥签名，公钥验证签名"的机制，就可以认证数据的来源是否合法。但是，您可能注意到了这个方案能有效发挥作用的前提条件是：

（1）数据发送方的私钥不能被泄露。私钥一旦对外公布，攻击者就可以使用公开的私钥对非法数据进行签名，并把非法数据交付给数据使用方，这种验证机制就会失效。

（2）数据使用方的公钥不能随意被移除。假如有攻击者在自己的系统上生成了一个私钥-公钥对，并将数据使用方的公钥替换为自己的公钥，则攻击者就可以使用自己的私钥对非法数据进行签名，然后将非法数据发送给数据使用方，数据使用方可能使用已被替换的公钥验证攻击者发送的数据，从而认为数据是合法的。

在下面的介绍中我们可以看到 Secure Boot 方案是如何针对上面的问题进行设计的，带着问题开启下一节的旅程吧！

13.4.2　Secure Boot 方案概述

Secure Boot 方案用于实现固件（包括 Bootloader 固件、app 固件）数据的合法性保护，它使用 RSA 数字签名算法，在加载运行新固件数据前，对固件数据附加的签名进行校验，从而验证待加载运行固件的数据是否合法。启用 Secure Boot 方案后，设备端将仅加载运行指定私钥签名授权的固件。

Secure Boot 的中文释义为"安全引导"或"安全启动"，因此，在介绍 Secure Boot 方案的实现原理前，我们来简单复习下 ESP32-C3 的启动引导流程，如图 13-11 所示。

图 13-11　ESP32-C3 启动引导流程

设备端上电后，系统首先运行 ROM Boot，然后从 ROM Boot 跳转到 Bootloader，最后在 Bootloader 运行结束后跳转到 app 固件。其中，ROM Boot 是固化在片内 ROM 中的一段可执行程序，它不可被更改。因此，Secure Boot 方案需要保护的数据是可能发生改变的 Bootloader 固件和 app 固件。更改固件数据的方式有两种：一种是物理烧录，即通过烧录工具，将新的 Bootloader 固件和 app 固件烧录到设备端的 Flash 中；另一种 OTA 升级，这种方式仅能更新 app 固件，不能更新 Bootloader 固件。

那么，如何保证无论从哪种途径发送到设备端上的固件数据都是合法的呢？带着疑问，我们将在 13.4.3 节和 13.4.4 节分别介绍 Secure Boot 的两种工作模式，即软 Secure Boot 和硬 Secure Boot。

注意：Secure Boot 方案有两个版本，即 v1 和 v2，ESP32-C3 仅支持 v2，因此这里介绍的内容主要适用于 Secure Boot v2。

13.4.3　软 Secure Boot 介绍

Software Secure Boot 即软件 Secure Boot，简称软 Secure Boot，是一种无硬件（主要是 eFuse）参与校验的 Secure Boot 方案。

在启用软 Secure Boot 方案前，需要生成 RSA 签名私钥，运行下述命令可生成私钥：

```
$ espsecure.py generate_signing_key --version 2 secure_boot_signing_key.pem
```

生成的私钥数据将保存在 secure_boot_signing_key.pem 文件内。

启用软 Secure Boot 方案的方法很简单，在 menuconfig 中，选择 Require signed app images 选项，然后编译烧录固件即可。ESP32-C3 使用软 Secure Boot 的方法如图 13-12 所示。

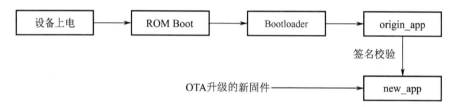

图 13-12 ESP32-C3 使用软 Secure Boot 的方法

启用软 Secure Boot 方案后，在编译固件时，将在生成的 app 固件（下述称为 origin_app）中包含公钥，该公钥将用于验证 OTA 升级发送的新固件 new_app 的合法性。如图 13-13 所示，当执行 OTA 升级时，接收完固件，调用 esp_ota_end() 或者 esp_ota_set_boot_partition() 函数时，其内部将自动使用 origin_app 中的公钥校验 new_app 中附带的数字签名。

```
设备上电 → ROM Boot → Bootloader → origin_app
                                        │ 签名校验
                                        ↓
OTA升级的新固件 ──────────────────→ new_app
```

图 13-13 软 Secure Boot 校验 OTA 升级时新发送的 app 固件

启用软 Secure Boot 方案后，通过 OTA 升级方式发送到设备端的 app 固件必须使用私钥进行签名，有两种方式可以用于签名：

（1）如图 13-12 所示，配置选项 Sign binaries during build，并指明私钥文件的目录位置，在编译时即可自动对 app 固件进行签名。

（2）使用下面的命令可对 app 固件进行签名：

```
$ espsecure.py sign_data --version 2 --keyfile PRIVATE_SIGNING_KEY BINARY_FILE
```

上述命令将直接修改当前文件，并在当前文件中添加校验信息，使用 --output 选项可以指定添加签名后的文件名称。使用命令对固件进行签名的方法允许将签名的私钥存储在远程服务器上，而不是存储在编译固件的主机上，因此对于设备量产后实现批量签名更加方便。

启用软 Secure Boot 方案后，对 app 固件的签名将附加在 app 固件后面的签名块中，签名块中包含了对固件的签名和验证签名需要的其他数据。对于 ESP32-C3，在使用软 Secure Boot 时，仅第一个签名块有效；在使用硬 Secure Boot 时最多允许附加三个签名块，每个签名块都可以使用不同的私钥对其进行签名，只要其中一个签名有效则校验通过。ESP32-C3 签名后的 app 固件数据格式如图 13-14 所示。

图 13-14　ESP32-C3 签名后的 app 固件数据格式

在软 Secure Boot 方案中，用于验证签名的公钥被编译在当前运行的 app 固件中，完全不需要
用户管理它，设备端将自动管理公钥。如果想要查看公钥的具体内容，可以使用下述命令手
动地导出私钥生成的公钥：

```
$ espsecure.py extract_public_key --version 2 --keyfile secure_boot_signing_
  key.pem pub_key.pem
```

其中，`secure_boot_signing_key.pem` 为私钥，`pub_key.pem` 为私钥生成的公钥。

从软 Secure Boot 方案的实现原理不难看出，软 Secure Boot 方案通过 `origin_app` 校验 OTA
升级发送的 `new_app`，从而确保 `new_app` 的合法性。但是攻击者可能通过物理烧录的方式
将未经签名授权的 Bootloader 固件和 `origin_app` 固件烧录到设备端，软 Secure Boot 方案
无法应对这种物理攻击。因此，在确保设备端在不会受到物理攻击的场景中可以使用软 Secure
Boot 方案。接下来，让我们探讨硬 Secure Boot 方案是如何应对物理攻击的。

13.4.4　硬 Secure Boot 介绍

Hardware Secure Boot 即硬件 Secure Boot，简称硬 Secure Boot，是一种添加了硬件校验的 Secure
Boot 方案。

硬 Secure Boot 方案中使用 eFuse 中存储的数据来校验固件数据的合法性，其中涉及的 eFuse
区域如表 13-3 所示。

表 13-3　硬 Secure Boot 方案在校验固件数据合法性时涉及的 eFuse 区域

eFuse 中区域的名称	描　　述	长度/bit
SECURE_BOOT_EN	设置后，将永久地使用硬 Secure Boot 方案	1
KEY_PURPOSE_X	其中 X 为自然数，如 KEY_PURPOSE_1 用于标识 BLOCK_KEY1 存储的内容	4
BLOCK_KEYX	若对应的 KEY_PURPOSE_X 标识为 SECURE_BOOT_DIGEST1，则该区域用于存储硬 Secure Boot 方案公钥的 SHA256 摘要	256

硬 Secure Boot 方案包含了 13.4.3 节中所述的软 Secure Boot 方案的所有功能，在软 Secure Boot
方案的基础上，硬 Secure Boot 方案可提供更多的校验，包括对烧录的 Bootloader 固件和
`origin_app` 固件的签名校验。13.4.3 节介绍的生成私钥-公钥对的方法、对 app 固件签名的
方法和 app 固件签名的格式同样适用于硬 Secure Boot 方案，这里不再重复介绍。

启用硬 Secure Boot 方案后，除了需要对 app 固件进行签名，还需要对使用的 Bootloader 固件
进行签名，其签名的方法和格式与 app 固件签名的方法和格式一致。但是，启用硬 Secure Boot

13

方案后，若要对 Bootloader 固件重新编译并签名，则需要单独运行命令 idf.py bootloader，并运行命令 idf.py -p PORT bootloader-flash 烧录 Bootloader 固件，运行命令 idf.py flash 将仅烧录签名后的 app 固件和分区表，不再自动烧录 Bootloader 固件。

我们可以按照下述步骤使用硬 Secure Boot 方案：

（1）配置编译选项。在 menuconfig → Security features 菜单中，选择 Enable hardware Secure Boot 选项。

（2）如果需要在编译时对固件进行签名，则需要指定签名的私钥。如图 13-15，在 menuconfig → Security features 菜单中，通过选项 Secure Boot private key 可以指定签名需要的私钥文件。若还未生成私钥，请参考 13.4.3 中生成私钥的方法导出私钥。此外，我们也可以参考 13.4.3 中介绍的内容，通过命令 espsecure.py 对固件进行签名。

（3）先运行命令 idf.py bootloader 编译 Bootloader 固件，再运行命令 idf.py -p PORT bootloader-flash 烧录 Bootloader 固件。

（4）运行命令 idf.py flash monitor 烧录 app 固件和分区表。

（5）设备启动后将运行上述编译的 Bootloader 固件，自动地将 eFuse 中的 SECURE_BOOT_EN 标志位置位，永久使用硬 Secure Boot 方案，并将 Bootloader 固件签名块中附带的公钥的摘要写入 eFuse 的 BLOCK_KEY。编译时使用硬 Secure Boot 方案的方法如图 13-15 所示。

```
        App Signing Scheme (RSA) --->
[*] Enable hardware Secure Boot in bootloader (READ DOCS FIRST)
        Select secure boot version (Enable Secure Boot version 2)  --->
[*] Sign binaries during build
(secure_boot_signing_key.pem) Secure boot private signing key
[*] Allow potentially insecure options
[ ] Enable flash encryption on boot (READ DOCS FIRST)
        Potentially insecure options --->
```

图 13-15　编译时使用硬 Secure Boot 方案的方法

注意：①使用硬 Secure Boot 方案后，请务必保存好签名的私钥文件，否则可能导致无法将更改后的 Bootloader 固件和 app 固件数据发送到设备端；②使用硬 Secure Boot 方案后，Bootloader 固件的体积将增大，因此可能需要调整分区表或者减小 Bootloader 固件的大小，请参考 13.3.4 中的描述进行调整；③如果在 Bootloader 固件中添加了较多的内容，在使用硬 Secure Boot 方案后，Bootloader 固件最大不能大于 0x10000。

 扩展阅读：通过 https://bookc3.espressif.com/bootloader，读者可了解 Bootloader 固件更多的内容。

提示：硬 Secure Boot 方案在 eFuse 中保存的是公钥的 SHA256 摘要，而不是公钥本身。因为公钥本身的数据很多，eFuse 的存储空间是受限的。

使用硬 Secure Boot 方案后，设备端在后续更新 Bootloader 固件或者 app 固件时将按照下述步骤执行校验。

（1）公钥校验。设备端上电后，ROM Boot 检测 eFuse，若使用了硬 Secure Boot 方案，则读取 Bootloader 固件中的公钥，对比该公钥摘要与存储在 eFuse 中的公钥摘要是否相等。若不相等则代表公钥已被篡改或损坏，引导终止；否则，认为 Bootloader 固件中的公钥是正确的，可继续向下执行。

（2）验证 Bootloader 根据的签名。ROM Boot 使用公钥校验 Bootloader 固件的签名，若校验失败则引导终止；否则继续向下执行。

（3）验证待加载 origin_app 的签名。Bootloader 固件使用公钥验证 origin_app 的签名，若校验失败则引导终止。

（4）当设备执行端 OTA 升级时，将执行与软 Secure Boot 方案相同的过程，由 origin_app 验证 new_app 的签名。

硬 Secure Boot 方案签名校验的基本流程如图 13-16 所示。

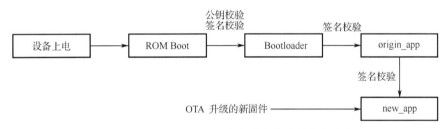

图 13-16　硬 Secure Boot 方案签名校验的基本流程

注意：详细的签名校验过程除校验签名信息外，还会校验固件的摘要等信息。

硬 Secure Boot 方案从 ROM Boot 开始签名校验，分层次地校验 Bootloader 固件、origin_app 固件和 new_app 固件的签名，从而创建了 ROM boot → bootloader → origin_app → new_app 的完整可信链。通过上述硬 Secure Boot 方案进行签名校验的基本流程，不难看出软 Secure Boot 方案与硬 Secure Boot 方案的区别，如表 13-4 所示。

表 13-4　软 Secure Boot 方案和硬 Secure Boot 方案的区别

对 比 项	软 Secure Boot 方案	硬 Secure Boot 方案
是否使用 eFuse	不使用 eFuse	使用 eFuse
建立的信任链范围	只能建立 origin_app → new_app	可以建立 ROM boot → ootloader → origin_app → new_app 的完整可信链
是否可更换私钥-公钥对	可以更换私钥-公钥对，因为重新烧录 app 固件即可启用新的私钥-公钥对	公钥的摘要已经固化在 eFuse 中，不能更换私钥-公钥对
是否可以被关闭	可以通过重新烧录未启用软 Secure Boot 方案的 app.bin 来关闭软 Secure Boot 方案	启用后将烧录 eFuse 中 SECURE_BOOT_EN 标志，硬 Secure Boot 方案不可以被关闭

硬 Secure Boot 方案在从 ROM Boot 到执行 origin_app 的过程中，增加了一些校验步骤，因此在 Bootloader 固件代码中需要执行的步骤更多，设备启动时间将变长，并且 Bootloader 固件大小将略微增加。在设备端需要快速启动，或者 Bootloader 固件需要足够小的应用场景，

13

可以尝试使用软 Secure Boot 方案。

使用硬 Secure Boot 方案后，设备端的使用将有一些限制，主要包括：

① 设备端只能运行经过签名的 Bootloader 固件和 app 固件，因此烧录更改后的 Bootloader 固件和 app 固件，或者通过 OTA 升级更新 app 固件均需要使用对应的私钥进行签名。

② 为了加强系统的安全性，默认情况下在使用硬 Secure Boot 方案后将关闭 JTAG 调试功能、禁止 eFuse 读保护并注销掉 eFuse 中未使用的签名槽。在测试开发阶段，如果需要保留这些功能，则可通过 menuconfig → Security features → Potentially insecure options 菜单保留这些功能。在量产时，应当默认关闭这些功能，增强设备的安全性。

③ 启用硬 Secure Boot 方案后，设备端的 UART 下载固件的功能将发生变化，其具体影响取决于 menuconfig → security features → UART ROM download mode 选项的值。UART ROM download mode 选项的值有三种，如表 13-5 所示。

表 13-5　UART ROM download mode 选项的的值

UART ROM download mode 的选项	描　述
Enabed	保留通过串口读/写 Flash 的功能
Switch to Secure mode	仅保留串口读/写 Flash 的基本功能，高级的功能（如下载加密的固件）将被禁止
Permanently disabled	关闭通过串口读/写 Flash 的功能

我们在这里介绍了硬 Secure Boot 方案基本原理和常见的使用方法，硬 Secure Boot 方案还有很多高级的用法，如使用多个签名或者注销失效的公钥。

 扩展阅读：通过 `https://bookc3.espressif.com/secure-boot-v2`，读者可查看更多关于 Secure Boot v2 方案的使用指南。

13.4.5　示例

Secure Boot 方案的功能已经集成在 ESP-IDF 中，读者只需要理解它的实现原理，结合需求在 menuconfig 中配置合适的选项启用 Secure Boot 方案即可。相比于软 Secure Boot 方案，硬 Secure Boot 方案提供了更完整的固件合法性校验，因此应该在设备出厂时使用硬 Secure Boot 方案来增强设备的安全性。本节将介绍启用硬 Secure Boot 方案的一些示例，读者可以仿照示例进行测试。此外，当向使用硬 Secure Boot 方案的设备端发送新固件出错时，也可以参照下面的 Log 进行分析，排查出错的原因。

按照 13.4.4 中所述的步骤启用硬 Secure Boot 方案后，设备端在首次上电后将出现首次启用硬 Secure Boot 方案的 Log：

```
I (10251) secure_boot_v2: Secure boot V2 is not enabled yet and eFsue digest keys
are not set
I (10256) secure_boot_v2: Verifying with RSA-PSS...
I (10254) secure_boot_v2: Signature verified successfully!
I (10272) boot: boot: Loaded app from partition at offset 0X120000
I (10274) secure_boot_v2: Enabling secure boot V2...
```

使用 Secure Boot 方案后的设备端再次上电的 Log 如下：

```
ESP-ROM:esp32c3-api1-20210207
Build:Feb  7 2021
rst:0x1 (POWERON),boot:0xC(SPI_FAST_FLASH_BOOT)
SPIWP:0xee
mode:DIO, clock div:1
Valid Secure Boot key blocks: 0
Secure Boot verification succeeded
load:0x3fcd6268,len:0x2ebc
load:0x403ce000,len:0x928
load:0x403d0000,len:0x4ce4
entry 0x403ce000
I (71) boot: ESP-IDF v4.3.2-2741-g7c0fa3fc70 2nd stage bootloader
```

向使用硬 Secure Boot 方案的设备端烧录未签名的 Bootloader 固件，设备端在启动后将打印提示出错的 Log，并终止引导。

```
ESP-ROM:esp32c3-api1-20210207
Build:Feb  7 2021
rst:0x1 (POWERON),boot:0xC(SPI_FAST_FLASH_BOOT)
SPIWP:0xee
mode:DIO, clock div:1
Valid secure boot key blocks: 0
No signature block magic byte found at signature sector (found 0xcd not 0xe7). Image
not V2 signed?
secure boot verification failed
ets_main.c 333
```

向使用硬 Secure Boot 的设备端烧录未经签名的 app 固件，设备端在启动后将打印提示出错的 Log，并终止引导。

```
I (310) esp_image: Verifying image signature...
I (312) secure_boot_v2: Verifying with RSA-PSS...
No signature block magic byte found at signature sector (found 0x41 not 0xe7). Image
not V2 signed?
E (326) secure_boot_v2: Secure Boot V2 verification failed.
E (332) esp_image: Secure boot signature verification failed
I (339) esp_image: Calculating simple hash to check for corruption...
W (418) esp_image: image valid, signature bad
```

通过 OTA 升级向使用硬 Secure Boot 方案的设备端发送未经签名的 app 固件，将结束数据传输，提示签名校验失败，并停止加载下载的固件。

```
I (4487) simple_ota_example: Starting OTA example
I (5657) esp_https_ota: Starting OTA...
I (5657) esp_https_ota: Writing to partition subtype 16 at offset 0x120000
I (26557) esp_image: segment 0: paddr=00120020 vaddr=3c0a0020 size=1b488h (111752) map
I (26567) esp_image: segment 1: paddr=0013b4b0 vaddr=3fc8d800 size=02b10h ( 11024)
I (26567) esp_image: segment 2: paddr=0013dfc8 vaddr=40380000 size=02050h ( 8272)
I (26577) esp_image: segment 3: paddr=00140020 vaddr=42000020 size=9d9ech (645612) map
I (26667) esp_image: segment 4: paddr=001dda14 vaddr=40382050 size=0b60ch ( 46604)
I (26667) esp_image: segment 5: paddr=001e9028 vaddr=50000000 size=00010h ( 16)
I (26667) esp_image: Verifying image signature...
I (26677) secure_boot_v2: Take trusted digest key(s) from eFuse block(s)
E (26687) esp_image: Secure boot signature verification failed
I (26687) esp_image: Calculating simple hash to check for corruption...
W (26757) esp_image: image valid, signature bad
E (26767) simple_ota_example: Firmware upgrade failed
```

13.5 实战：在量产中批量使用安全功能

13.5.1 Flash 加密方案与 Secure Boot 方案的关系

Flash 加密方案主要用于保护存储在设备端 Flash 上的数据机密性，Secure Boot 方案主要用于保护设备端使用的固件数据合法性。在量产中同时使用量产模式的 Flash 加密方案和硬 Secure Boot 方案将最大程度地提高设备的安全性能。如图 13-17 所示，我们可以在编译固件时同时使用 Flash 加密方案和 Secure Boot 方案。

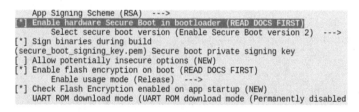

图 13-17 在编译固件是通过 menuconfig 同时启用 Flash 加密方案和 Secure Boot 方案

此外，在使用 Flash 加密方案和 Secure Boot 方案时，应该注意以下几点，以增强设备的安全性能：

（1）为不同的设备端配置不同的 Flash 加密的密钥。

（2）通过 menuconfig → Security features，将 UART ROM download mode 切换为 Secure mode 或者 disabled mode，将 UART 下载模式切换为安全模式或者关闭下载模式。

（3）保护签名的私钥存储在私密的位置，既不能丢失私钥，也不能泄露私钥的内容，并且仅在安全的主机上进行签名。若导出了 Flash 加密方案的密钥，则同样地将保护 Flash 加密方案的密钥存储在私密的位置。

13.5.2 使用量产工具批量使用 Flash 加密方案与 Secure Boot 方案

在 Linux 开发环境中，有一些脚本工具，如 esptool.py、espsecure.py，可用于配置安全功能的一些参数或者烧录固件数据。详细阅读这些脚本工具的使用说明有助于我们更加灵活地使用安全功能。

在 Windows 环境下，通过 Flash 下载工具（下载链接为 https://www.espressif.com/zh-hans/support/download/other-tools）可以方便地批量烧录固件数据，并使用 Secure Boot 方案和 Flash 加密方案。在 Flash 下载工具的目录中打开 configure/esp32c3/security，可以在该文件内配置 Secure Boot 方案和 Flash 加密方案的相关选项。量产工具的安全功能配置文件如图 13-18 所示。

图 13-18　量产工具的安全功能配置文件

注意：若首次打开该目录时无 security 文件，则可以关闭软件后再次打开，此时就可以看到该文件了。

security 文件中安全功能相关参数的默认配置如下：

```
1.   [SECURE BOOT]
2.  secure_boot_en = False        //是否使用 Secure Boot 方案
3.
4.   [FLASH ENCRYPTION]
5.  flash_encryption_en = False//是否使用 Flash 加密方案
6.  reserved_burn_times = 0       //开发模式下，是否预留 Flash 加密
7.                                //控制位 SPI_BOOT_CRYPT_CNT 的烧录次数
8.
9.   [ENCRYPTION KEYS SAVE]
10. keys_save_enable = False      //配置 Flash 加密方案的密钥文件是否存放在本地
11. encrypt_keys_enable = False//是否对保存在本地的密钥文件加密
12. encrypt_keys_aeskey_path = //存储路径
13.
14.   [DISABLE FUNC]
15. jtag_disable = False
16. dl_encrypt_disable = False
17. dl_decrypt_disable = False
18. dl_cache_disable = False
```

13

更多的说明请参考 Flash 下载工具的使用说明手册。

注意：在量产时需要设备端使用 Flash 加密方案和 Secure Boot 方案，请使用标准且稳定的供电电源，否则可能破坏设备端，导致不可逆的损坏。

13.5.3　在智能照明系统中使用 Flash 加密方案与 Secure Boot 方案

与其他章节不同，Flash 加密方案和 Secure Boot 方案几乎是"开箱即用"的，几乎不需要添加任何代码，只需要在 menuconfig 菜单里选择对应的选项就可以开启对应的功能。在智能照明系统中，我们建议同时使用 Flash 加密方案、NVS 加密方案和硬 Secure Boot 方案，从而最大程度地增强设备的安全性。

13.6　本章总结

本章首先介绍了物联网设备数据安全的两个重要应用方面：数据存储、数据传输。这两个方面分别对数据的完整性、机密性和合法性提出了需求。然后，本章分别介绍了实现数据完整性保护、机密性保护和合法性保护的相关概念和方案原理，它们包括：

（1）使用完整性校验算法，在加载固件数据或执行 OTA 升级时检查固件数据完整性。

（2）使用 Flash 加密方案和 NVS 加密方案，保护存储在 Flash 上的数据机密性，避免关键数据被查看。此外，加密后的固件数据需要密钥解密才能被设备端正常地加载运行，因此启用 Flash 加密方案后，即便别人读取了 Flash 中的数据，也无法将这些数据复制到另一个设备端上运行，从而可保护软件开发人员的知识产权不被窃取使用。

（3）使用 Secure Boot 方案来校验固件数据的合法性，确保设备端运行的程序来源于经过了认证的发送方。

最后，本章简述了在量产工具中使用 Flash 加密方案和 Secure Boot 方案的方法。

## 第 14 章

量产的固件烧录和测试

在前期开发工作完成后，就可以进行试产验证测试及量产了。试产验证测试的主要内容如下：

（1）EVT（Engineering Verification Test）。针对首版 PCBA（Printed Circuit Board Assembly）进行基本的硬件功能测试和射频指标测试。具体的测试项目包括：基本硬件功能、射频指标、射频干扰、功耗等。EVT 可能涉及问题的修复及再验证，整个流程会重复多次。

（2）DVT（Design Verification Test）。包括高低温测试、静电冲击、跌落测试等，主要关注整机产品的各项指标是否正常。

（3）产品认证。在完成以上各项验证后，即可基本确认产品硬件，可准备样机用于国家或联盟的各项认证，如 SRRC、FCC、CE 等。

试产结束后，即可进入量产阶段。量产涉及的环节比较多，如备料、贴片、烧录、测试、包装等。本章主要介绍和乐鑫产品密切相关的固件烧录及产品测试环节。

14.1 量产固件烧录

量产固件主要包含两部分内容：应用固件及数据区。本节重点介绍如何定义及烧录数据区和应用固件这两个环节。

14.1.1 定义数据区

为了识别市场上销售的智能产品，并与用户建立绑定关系，通常需要在每个智能产品中存储一些唯一性信息，这些信息在每个产品中都是不同的。例如，为了使智能产品能够有效地连接到厂商的云平台，需要为每个智能产品生成唯一的认证信息（如设备证书、ID、密码等），这些认证信息会存储在每个智能产品中。在进行连接和认证时，服务器端会用到这些认证信息。在开发过程中，我们可以很方便地将这些认证信息存储在智能产品中，如定义常量并存储在固件中、将这些认证信息写入 Flash。但在量产时，这些方式就会变得非常笨拙、低效。因此，在实际产品中需要更方便地烧录数据区的方案。在硬件与驱动开发篇中，6.4.1 节介绍了 NVS 库，在量产时可以考虑使用 NVS 库来存储智能产品的唯一的量产数据，也可以存储任何与应用程序相关的用户数据。在使用智能产品的过程中，通常需要修改和读取用户数据，并会在恢复出厂设置时擦除用户数据。而唯一的量产数据仅可进行读取操作。考虑到这一特性，需要将量产数据和用户数据分别存储在不同的命名空间中，如 mass_prod（针对量产数据）和 user_data（针对用户数据）。这样在恢复出厂设置时，可以直接对用户数据进行擦除操作，以清空用户数据。除此之外，还可以将量产数据和用户数据分别存储在不同的分区。例如，在量产数据命名空间保存产品证书，在用户数据命名空间保存 Wi-Fi 的 SSID。保存数据的示例代码如下：

```
1.  nvs_handle_t mass_prod_handle = NULL;
2.  nvs_handle_t user_data_handle = NULL;
3.  //Initialize NVS Flash Storage
4.  nvs_flash_init_partition(partition_label);
5.
6.  //Open non-volatile storage with mass_prod namespace
7.  nvs_open("mass_prod", NVS_READONLY, &mass_prod_handle);
8.
9.  //Open non-volatile storage with user_data namespace
10. nvs_open("user_data", NVS_READWRITE, &user_data_handle);
11.
12. uint8_t *product_cert = malloc(2048);
13. //read operation in mass_prod namespace
14. nvs_get_blob(mass_prod_handle, "product_cert", &product_cert);
15.
16. char ssid[36] = {0};
17. //read operation in user_data namespace
18. nvs_get_str(user_data_handle, "ssid", &ssid);
19. //write operation in user_data namespace
20. nvs_set_str(user_data_handle, "ssid", &ssid);
21.
22. //Erase user_date namespace when reset to factory
23. nvs_erase_all(user_data_handle);
```

我们已经知道了如何存储量产数据，但在将这些量产数据烧录到设备之前，还需要将其转换成规定的格式。生成量产数据的基本步骤如图 14-1 所示。

图 14-1　生成量产数据的基本步骤

第一步，编写 CSV 文件来存储键-值对信息，将量产时需要将存储到设备中的数据写入 CSV 文件。在量产时生成此 CSV 文件对应的 NVS 分区二进制文件并写入设备。每生产一台设备，就将一个唯一的 NVS 分区二进制文件写入该设备。例如：

```
1.  key,           type,       encoding,   value
2.  mass_prod,     namespace,  ,
3.  ProductID,     data,       string,     12345
4.  DeviceSecret,  data,       string,     123456789012345678901234556789012
5.  DeviceName,    data,       string,     123456789012
```

第二步，使用 esp-idf/components/nvs_flash/nvs_partition_generator/nvs_partition_gen.py 在开发主机上生成 NVS 分区二进制文件，命令如下：

```
$ python $IDF_PATH/components/nvs_flash/nvs_partition_generator/nvs_partition_
gen.py --input mass_prod.csv --output mass_prod.bin --size NVS_PARTITION_SIZE
```

注意：需要替换上述命令中的 NVS_PARTITION_SIZE 参数，实际值为分区表中对应 NVS 分区的大小。执行上述命令后，得到的 mass_prod.bin 文件就是量产数据二进制文件，可以使用以下命令将此量产数据二进制文件写入设备的 Flash 中。

```
$ python $IDF_PATH/components/esptool_py/esptool/esptool.py --port $ESPPORT
write_flash NVS_PARTITION_ADDRESS mass_prod.bin
```

注意：需要替换上述命令中的 NVS_PARTITION_ADDRESS 参数，实际值为分区表中对应 NVS 分区的地址。

14.1.2　固件烧录

在产品量产时，需要烧录到设备中的二进制文件有：经过严格测试的量产设备固件和量产数据二进制文件。在烧录时需要保证每个设备烧录唯一的量产数据二进制文件，而每个设备的设备固件通常都是相同的。为了实现这个目的，可以通过编写脚本程序读取每个设备的 MAC 地址来生成唯一的量产数据二进制文件，并和设备固件一同写入设备；同时还可以建立设备 MAC 地址和量产数据的对应表，便于查询、调试和追溯。

当使用乐鑫提供的模组时，乐鑫可以提供模块预配置服务，在模组工厂生产过程中对 ESP32-C3 系列模组进行安全配置，包括每个设备唯一的量产数据。产品制造商在购买模组后，可直接将其贴片到产品硬件电路上，无须再进行二次烧录。乐鑫科技还提供了 Flash 下载工具——Flash Download Tool，其中的工厂模式可用于同时烧录多个设备的场景。Flash 下载工具的具体使用说明可以查看相关文档。

Flash 下载工具的工厂模式界面如图 14-2 所示。工厂模式使用的是相对路径，默认从工具目录的 bin 下加载待烧录固件，只要将待烧录固件复制到工具目录的 bin 下，就可以在计算机间复制，不会出现路径问题。

14

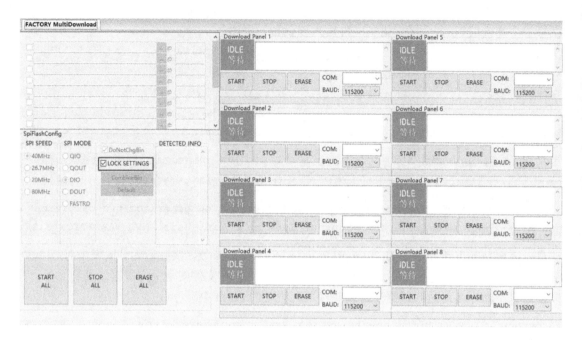

图 14-2　Flash 下载工具的工厂模式界面

14.2　量产测试

量产测试的目的是为了保证产品的功能及性能达标，因此需要在生产阶段对每件产品的功能及性能进行全检。根据产品特性不同，实施的产品测试方案也略有差异。对于射频通信类产品，需要保证射频性能指标正常、产品各个组件的功能正常。常见的测试项目有射频指标的测试、功耗测试、各个外设的功能测试。

无线产品的常用测试项目有电磁兼容（EMC）测试、射频（RF）性能测试、安规测试、安全测试、SAR（Specific Absorption Rate）测试等，其中 RF 性能测试是其中的一个重要测试项目，也是测试量比较大的一个测试项目。RF 性能测试的目的是验证产品的 RF 性能是否达到预期的设计要求、是否满足相关标准要求。RF 性能测试包括两个部分：无线发射性能测试和接收性能测试。

这里主要介绍基于乐鑫科技的 Wi-Fi/Bluetooth LE 模组和芯片设计的相关产品的生产测试方案，为相关产品的生产测试方案提供参考。详细文档可以参考乐鑫科技官网的产测指南。针对 RF 性能测试部分，通常有两类方案：RF 综测仪测试方案（行业通用标准）和信号板方案（乐鑫科技自研的方案）

1．RF 综测仪测试方案

仪器测试方案为 Wi-Fi/Bluetooth LE 射频产品的通用方案，由乐鑫科技提供串口命令及测试固件来完成产品的性能测试。RF 综测仪测试方案的框架如图 14-3 所示。

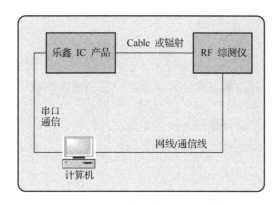

图 14-3　RF 综测仪测试方案的框架

2．信号板方案

信号板方案是乐鑫科技自研的产测方案，可以对量产 Wi-Fi/Bluetooth LE 产品的 RF 性能进行有效测试，确保量产产品的 RF 性能达标。该方案具有环境搭建成本低、工厂产测环境易部署等优势。

信号板方案的框架如图 14-4 所示，在产测过程中，信号板可作为标准设备，与待测设备进行数据通信，通过对通信过程的数据进行判断，从而达到对待测设备进行测试的目的。信号板方案的实物连接如图 14-5 所示。

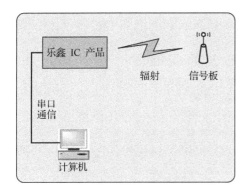

图 14-4　信号板方案的框架

图 14-5　信号板方案的实物连接

14.3　实战：智能照明工程中的量产数据

在本书介绍的智能照明工程中，为了识别每一个设备，需要在每个设备中存储一些唯一的信息，以及设备运行时的重要参数等信息，这些信息在每个产品中都是不同的。由于本书使用的是 ESP RainMaker 公版物联网云平台，可以添加 5 个设备，所以本章不对智能照明工程的量产数据实战进行介绍。若想批量获取设备连接云平台所需的认证，可以申请 ESP RainMaker 私有化部署；也可以尝试将申请到的设备证书等内容，根据上述方式生成量产数据二进制文件并修改相关源码，从而模拟产品量产中的量产数据相关操作。

14.4　本章总结

本章主要介绍了基于乐鑫科技模组和芯片设计的产品的量产测试、量产固件的烧录等内容，可以使读者对量产有初步的认识。为了识别每一个设备，并与用户建立绑定关系，在量产时需要针对不同的设备烧录不同的量产数据。乐鑫科技针对模组提供了模块预配置服务，产品制造商在拿到模组后可以直接将其贴片到产品硬件电路上，可省去产品制造商在量产时的烧录固件步骤。

第 **15** 章

ESP Insights 远程监察平台

前面的章节对乐鑫提供的设备连云的解决方案 ESP RainMaker 物联网云平台进行了介绍。使用 ESP RainMaker 物联网云平台的组件，可以帮助用户轻松地对接 ESP RainMaker，实现设备的远程控制。借助 ESP RainMaker 物联网云平台，用户可以轻松地完成 ESP32-C3 智能灯产品的开发。但我们都知道，一个产品从立项到量产，需要经历功能评估、功能实现与功能验证这几个主要过程。

本书的前几章已经帮助读者了解了智能灯产品所具备的功能，以及这些功能是如何实现的。在实现智能灯的功能后，该如何进行系统性的功能验证与挂机验证呢？

在开发完一个项目的功能代码后，还需要进行功能验证，这时可以将日志的等级设置为 Debug 模式，并且在串口监控日志，完成调试工作，这是一个软件开发临近发版之前的必要验证。当完成基础的功能验证后，往往还会关闭日志输出和命令行调试等功能，发布 Release 版本。此后，即使软件在 QA（Quality Assurance）测试中或者在用户使用过程中出现异常，开发者也很难通过获取设备日志来快速定位并修复问题，甚至还可能需要通过拆机查看日志来分析异常原因。为解决这一问题，乐鑫科技开发了 ESP Insights，可支持开发者远程查看固件的运行状态和日志，以便及时发现并解决固件问题，加快软件开发进程。

15.1 ESP Insights 组件的简介

ESP Insights 组件（工程链接为 `https://github.com/espressif/esp-insights`）是一个远程监察平台，允许用户远程监控设备健康状况，包括警告和错误日志、设备运行参数指标、设备 Coredump 信息，以及用户自定义数据与事件。

本章基于 `esp-insights` 工程介绍 ESP Insights 组件的功能与使用，使用的 commit ID 为 `afd70855eb4f456e7ef7dc233bf082ec7892d9df`。

ESP Insights 组件包括一个固件代理（Insights 代理），这个固件代理会在运行期间从设备捕获一些重要的诊断信息，并定期将这些诊断信息上传到 ESP Insights 云，然后由 ESP Insights 云处理设备上报的诊断信息并进行可视化处理。开发者可以登录基于 Web 的仪表板，查看设备报告的健康状况和问题。目前只支持在 ESP RainMaker 物联网云平台上处理诊断信息和报告显示，其他云平台的支持会在后续版本中提供。ESP RainMaker 物联网云平台概览报告如图 15-1 所示，ESP RainMaker 物联网云平台指标报告如图 15-2 所示，ESP RainMaker 物联网云平台变量报告如图 15-3 所示。

图 15-1　ESP RainMaker 物联网云平台概览报告

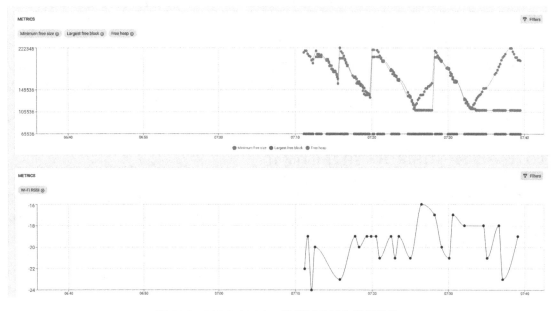

图 15-2　ESP RainMaker 物联网云平台指标报告

目前，可以从基于 Web 的仪表板监控以下信息：

（1）错误日志。组件或者用户应用程序调用日志打印函数 ESP_LOGE() 输出到串口的内容。

图 15-3　ESP RainMaker 物联网云平台变量报告

（2）警告日志。组件或者用户应用程序调用日志打印函数 ESP_LOGW() 输出到串口的内容。

（3）自定义事件。用户应用程序调用函数 ESP_DIAG_EVENT() 输出到串口的内容，自定义事件可以用于用户自定义的数据。

（4）复位原因。设备复位的原因（如上电、软件复位、掉电等）。

（5）Coredump 摘要。在发生崩溃的情况下，寄存器内容以及违规线程的堆栈回溯。

（6）指标。随时间变化的数据，如空闲堆大小、一段时间内绘制的 Wi-Fi 信号强度等。

（7）变量。变量值，如设备 IP 地址、网关地址、Wi-Fi 连接信息等。

1. ESP Insights 组件的功能

（1）查看设备属性（如名称、ID、固件版本等）和设备状态（如内存使用情况、最大空闲块、空闲堆值、Wi-Fi 信号强度等）。

（2）查看设备固件运行期间生成的日志，如故障和警告等级的日志、固件崩溃时的回溯信息、重启和其他自定义事件。

（3）查看设备上报的当前数据，并按照时间生成数据图表。

（4）支持用户自定义添加感兴趣的指标和变量。

2. ESP Insights 组件的优势

（1）加速软件产品的开发与发布。软件产品在正式发布前通常要进行 Beta 测试。在 Beta 测试期内，用户会将产品在真实使用场景下出现的性能、稳定性、可靠性等问题反馈给开发者，并由他们进行处理和修复。在此过程中，开发者往往需要花费大量的时间和精力定位问题并分析原因。使用 ESP Insights 组件，开发者能够远程查看设备的运行情况，并及时获取异常事件的详细信息，可大大节省处理问题的时间，加快软件开发和发布进程。ESP Insights 组件还会保存设备固件在崩溃前发生的异常事件，并在设备重启后将数据上传至云端，避免丢失异常信息。

（2）及时解决各类固件问题，例如：

① 开发者能够使用 ESP Insights 组件查看设备状态（如可用内存空间、最大空闲块、Wi-Fi 信号强度等），分析得出设备各指标的峰值，并在未来的固件版本中进行优化。

② ESP Insights 组件的日志会记录所有异常事件的详细信息，开发者能够在用户发现异常之前就及时处理问题，避免设备异常对用户的实际使用造成影响。

（3）数据传输轻量、简洁且安全可靠。ESP Insights 组件能够以 HTTPS 协议和 MQTT 协议传输诊断数据。结合使用 ESP RainMaker 物联网云平台，可以与 RainMaker 物联网云平台共享 MQTT 协议加密通道传输的诊断数据，在保证用户设备信息安全的同时，大大减少用户设备内存的开销。如果没有结合使用 ESP RainMaker 物联网云平台，则可以单独使用 HTTPS 协议传输诊断数据。相比结合使用 ESP RainMaker 物联网云平台，会增加一条 TLS 链接，增大内存开销。设备与云平台之间传输的数据通过 CBOR 编码进行了优化，可大大节省数据传输带宽。后续 ESP Insights 组件还将把设备数据与来自云端的命令和控制数据整合到同一个 MQTT 消息中，通过减少 MQTT 消息的数量可以进一步降低成本。

15.2　ESP Insights 组件的使用

15.1 节介绍了 ESP Insights 组件的功能和优势，本节将基于 esp-insights 工程介绍 ESP Insights 组件的使用，并且指导读者如何在远端 Dashboard 上查看设备上报的信息。

15.2.1　在 esp-insights 工程中使用 ESP Insights 组件

在 esp-insights 工程中使用 ESP Insights 组件的步骤如下：

1. 下载最新的 esp-RainMaker

依据前文对 ESP RainMaker 物联网云平台的介绍，拉取 esp-RainMaker 的工程代码，esp-insights 会以子模组的形式存在于该工程目录 esp-RainMaker/components 下。

```
$ git clone --recursive https://github.com/espressif/esp-RainMaker.git
```

2. 修改 esp-RainMaker 的 CMakeLists.txt

将 esp-insight 作为组件添加进 esp-RainMaker 工程，保证在 esp-RainMaker 工程代

码下可以调用 esp-insight 的函数。在工程编译的当前目录，修改 CMakeLists.txt，
将下面的命令：

```
1.  set(EXTRA_COMPONENT_DIRS ${RMAKER_PATH}/components ${RMAKER_PATH}/examples/
common)
```

修改为：

```
1.  set(EXTRA_COMPONENT_DIRS ${RMAKER_PATH}/components ${RMAKER_PATH}/examples/
common ${RMAKER_PATH}/components/esp-insights/components)
```

3. 使用 ESP Insights 组件的功能

ESP Insights 组件的相关代码已经由 examples/common/app_insights 组件封装好了，用户
只需要在代码里包含 app_insights.h，并且在调用 esp_rmaker_start() 函数之前调用
app_insights_enable() 函数即可。但该功能由宏 CONFIG_ESP_INSIGHTS_ENABLED
控制，默认是关闭的，可以通过默认配置打开或者图像配置界面打开（使用 idf.py 工具打开菜单
menuconfig → Component config → ESP Insights → Enable ESP Insights）。

4. 编译烧录运行

执行如下命令进行烧录编译：

```
$ idf.py build flash monitor
```

编译完成时会看到如下编译日志，会在 build 目录下生成压缩文件 led_light-v1.0.zip，
该文件会在后续使用。

```
=======Generating insights firmware package build/led_light-v1.0.zip =========
led_light-v1.0
led_light-v1.0/led_light.bin
led_light-v1.0/sdkconfig
led_light-v1.0/partition_table
led_light-v1.0/partition_table/partition-table.bin
led_light-v1.0/bootloader
led_light-v1.0/bootloader/bootloader.bin
led_light-v1.0/partitions.csv
led_light-v1.0/project_build_config.json
led_light-v1.0/led_light.map
led_light-v1.0/led_light.elf
led_light-v1.0/project_description.json
```

5. ESP RainMaker 物联网云平台的 Claiming

要访问 ESP Insights 云，需要开发者对节点具有管理员访问权限，因此需要 Claiming。具体的
Claiming 细节可以参考第 3 章。

6. 登录 ESP RainMaker 物联网云平台的 Dashboard 界面

当固件和 Claiming 都完成后，设备可连接到 ESP RainMaker 物联网云平台，此时就可以登录

ESP RainMaker 物联网云平台界面（`https://dashboard.RainMaker.espressif.com/`）。登录后找到并单击设备对应的节点就可以进入该节点的 Dashboard 界面了。

7. 上传生成的压缩文件

为了更好地了解诊断信息，还需要在 ESP RainMaker 物联网云平台界面左侧导航栏 `Firmware Images` 中上传之前生成的压缩文件 `led_light-v1.0.zip`，其中包含二进制文件、elf 文件、映射文件和其他对分析有用的信息。

即使代码没有变化，`idf.py build`、`idf.py flash` 等命令也会重新编译生成新固件，一定要确保设备运行的固件和向 ESP RainMaker 物联网云平台上传的压缩文件包是对应的，否则 ESP RainMaker 物联网云平台在处理分析设备上报的信息时可能会出现错误。

15.2.2　在 esp-insights 工程中运行示例 diagnostics_smoke_test

1. 下载 ESP Insights 组件

下载 ESP Insights 组件的工程代码，命令如下：

```
$ git clone --recursive https://github.com/espressif/esp-insights.git
```

2. 配置 ESP-IDF

ESP Insights 组件当前支持 master 分支和 v4.3.x、v4.2.x、v4.1.x 的 release 版本。对于版本 v4.3.2，需要按照如下命令打补丁（Patch）：

```
$ cd $IDF_PATH
$ git apply -v <path/to/esp-insights>/idf-patches/Diagnostics-support-in-esp-
idf- tag-v4.3.2.patch
```

对于版本 v4.2.2 和 v4.1.1，需要按照如下命令打补丁：

```
$ cd $IDF_PATH
$ git apply -v <path/to/esp-insights>/idf-patches/Diagnostics-support-in-esp-
idf-tag-v4.1.1-and-tag-v4.2.2.patch
```

用户可以根据自己需求，选择 HTTPS 协议或者 MQTT 协议传输诊断数据，具体配置选择可以参考如下命令：

```
$ idf.py menuconfig
```

对应的配置目录为 `Component config→ESP Insights→Insights default transports`。如果选择 HTTPS 协议传输诊断数据，则需要用户登录 `https://dashboard.insights.espressif.com/home/insights` 界面查看设备的诊断日志。

3. 编译烧录运行

按照 15.2.1 节中的步骤 4 到 7 进行操作。

15.2.3　上报 Coredump 信息

在固件崩溃的情况下，Insights 代理将崩溃产生的核心信息存储到 Flash 中，并在后续启动时将其报告给 ESP Insights 云。这使得开发者可以查看设备生成的所有崩溃日志。

崩溃的整个堆栈 Backtrace 也将被捕获和报告。为了优化设备与 ESP Insights 云的通信，固件仅发送核心摘要信息。核心摘要信息包含程序计数器、异常原因、异常地址、通用寄存器和回溯。Coredump 信息如图 15-4 所示。

图 15-4　Coredump 信息

该功能需要进行如下配置，开发者可以将如下配置添加至工程的默认配置文件（`sdkconfig.defaults`）里。

```
1.  CONFIG_ESP32_ENABLE_COREDUMP=y
2.  CONFIG_ESP32_ENABLE_COREDUMP_TO_FLASH=y
3.  CONFIG_ESP32_COREDUMP_DATA_FORMAT_ELF=y
4.  CONFIG_ESP32_COREDUMP_CHECKSUM_CRC32=y
5.  CONFIG_ESP32_CORE_DUMP_MAX_TASKS_NUM=64
```

为了将崩溃产生的核心信息存储到 Flash 中，需要额外的分区用于存储。将下面一行信息添加到项目的分区表文件（`partitions.csv`）中。

```
1.  coredump, data, coredump, , 64K
```

15.2.4　定制感兴趣的日志

`esp_log` 组件是 ESP-IDF 中的默认日志输出组件。通常 `ESP_LOGE` 和 `ESP_LOGW` 用于记录固件中的错误和警告。使用 `esp_log` 组件记录的所有日志都由 Insights 代理跟踪并报告给 ESP Insights 云。这允许开发者通过 ESP Insights Dashboard 查看这些错误，为开发者提供有关可能发生的情况的详细信息。

开发者通过 `esp_diag_log_hook_enable()` 函数和 `esp_diag_log_hook_disable()` 函

数可以配置上报的日志等级。

```
1.  /*enable tracking error logs*/
2.  esp_diag_log_hook_enable(ESP_DIAG_LOG_TYPE_ERROR);
3.
4.  /*enable tracking all log levels*/
5.  esp_diag_log_hook_enable(ESP_DIAG_LOG_TYPE_ERROR | ESP_DIAG_LOG_TYPE_WARNING |
6.  ESP_DIAG_LOG_TYPE_EVENT);
7.
8.  /*disable tracking custom events*/
9.  esp_diag_log_hook_disable(ESP_DIAG_LOG_TYPE_EVENT);
```

通常情况下，当设备发生崩溃之前都会打印一些错误或者警告等级的日志，这个时候往往可能无法将日志上报至云端，Insights 代理提供了一种方法来保持该日志，并且在上电重启时将日志上报给 ESP Insights 云。ESP32-C3 配备了 RTC 内存，Insights 代理使用此内存来存储系统上发生的严重错误。在重新上电时，Insights 代理都将检查 RTC 内存是否存在任何未报告的错误，并将其报告给 ESP Insights 云。

15.2.5　上报设备重启原因

Insights 代理默认支持上报设备重启的原因，Insights 代理会在每次启动后报告记录在 RTC 内存的重启原因。这使得开发者可以识别设备是否因崩溃、看门狗触发、软件复位或终端用户的电源重置而引起重启。

15.2.6　上报自定义的指标值

Insights 代理支持向 ESP Insights 云上报指标，然后通过 ESP Insights 仪表板查看图表，这些图表绘制了所上报的指标在一段时间内的变化情况。

通过配置 CONFIG_DIAG_ENABLE_METRICS=y 选项来开启上述功能。Insights 代理支持原先定义好的指标，如内存和 Wi-Fi 信号强度等，另外也支持用户自定义的指标。指标信息如图 15-5 所示。

1. 内存指标

Insights 代理支持报告当前可用内存、最大可用块和峰值内存。这些参数记录的是内部 RAM 以及外部 RAM（如果设备具有 PSRAM）的内存情况。Insights 代理还支持记录内存分配失败的情况，不过需要使用 ESP-IDF 版本 v4.2 及更高版本。

通过配置 CONFIG_DIAG_ENABLE_HEAP_METRICS=y 选项可支持上述功能。

2. Wi-Fi 指标

Insights 代理还支持报告 Wi-Fi 指标，可记录 Wi-Fi 信号强度（RSSI）和最低的 RSSI 信息。Insights

代理每 30 s 统计一次 RSSI，如果之前统计的和当前统计的相差 5 dB，就会上报至 ESP Insights 云。从 ESP-IDF v4.3 版本开始，当 RSSI 值低于预先配置的阈值时，Insights 代理也会记录最低的 RSSI。使用 `esp_wifi_set_rssi_threshold()` 函数可以配置阈值。还有一个函数可以在任何给定时间点收集和报告 Wi-Fi 信号的指标，即：

```
1.  /*Reports RSSI to cloud and also prints to console*/
2.  esp_diag_wifi_metrics_dump();
```

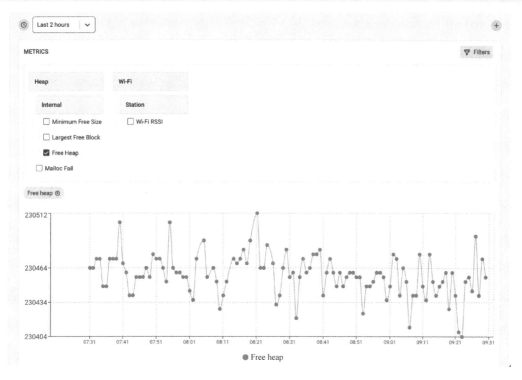

图 15-5　指标信息

3．自定义指标

开发者可以通过如下函数添加自定义指标。

```
1.  /*Register a metrics to track room temperature*/
2.  esp_diag_metrics_register("temp", "temp1", "Room temperature", "room",
3.                        ESP_DIAG_ DATA_TYPE_UINT);
4.
5.  /*Record a data point for room temperature*/
6.  uint32_t room_temp = get_room_temperature();
7.  esp_diag_metrics_add_uint("temp1", &room_temp);
```

`esp_diag_metrics_register()` 函数的原型如下：

```
1.  esp_err_t esp_diag_metrics_register(const char *tag, const char *key,
2.                             const char *label, const char *path,
3.                             esp_diag_data_type_t type);
```

15

在函数 esp_diag_metrics_register() 的原型中，参数 tag 表示该指标的标签，用户可以自行定义；参数 key 表示该指标的唯一标识，用于查找、设置该指标值的标识；参数 label 是显示在 ESP Insights 仪表盘的标签；参数 path 表示对 key 的分层路径，必须用 "." 分隔，如 wifi、heap.internal、heap.external；参数 type 表示数据类型，类型支持如下枚举值：

```
1.  typedef enum {
2.      ESP_DIAG_DATA_TYPE_BOOL,      /*!< Data type boolean*/
3.      ESP_DIAG_DATA_TYPE_INT,       /*!< Data type integer*/
4.      ESP_DIAG_DATA_TYPE_UINT,      /*!< Data type unsigned integer*/
5.      ESP_DIAG_DATA_TYPE_FLOAT,     /*!< Data type float*/
6.      ESP_DIAG_DATA_TYPE_STR,       /*!< Data type string*/
7.      ESP_DIAG_DATA_TYPE_IPv4,      /*!< Data type IPv4 address*/
8.      ESP_DIAG_DATA_TYPE_MAC,       /*!< Data type MAC address*/
9.  } esp_diag_data_type_t;
```

4. 变量

变量与指标类似，一般都不需要统计一段时间内变量的变化，因为变量一般表示设备的信息，如设备的 IP 地址。通过配置 CONFIG_DIAG_ENABLE_VARIABLES=y 选项可以统计变量信息。和指标一样，除了支持原先定义好的变量，如 IP、Wi-Fi 等信息，也支持用户自定义变量。变量信息如图 15-6 所示。

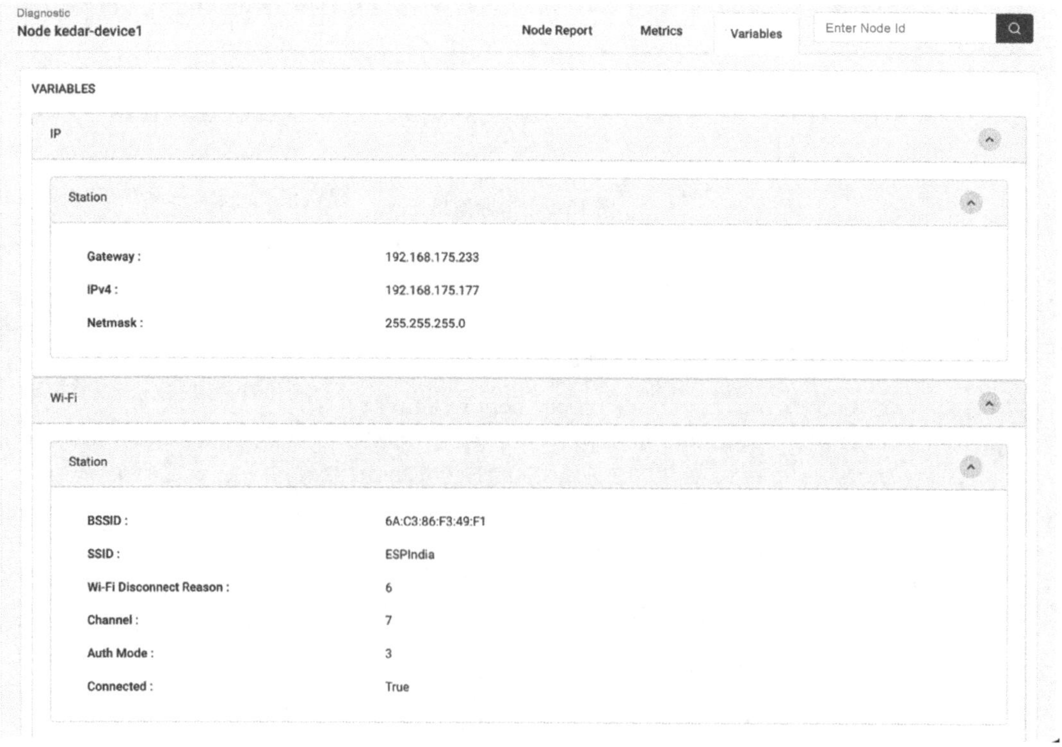

图 15-6　变量信息

（1）网络变量。如图 15-6 所示，目前支持 Wi-Fi 和 IP 中的变量，Wi-Fi 中的变量包括 BSSID、SSID、Wi-Fi 断开连接的原因、当前信道、Wi-Fi 连接认证模式和连接状态；IP 中的变量包括网关地址、IPv4 地址和子网掩码。

（2）自定义变量。开发者可以通过如下函数添加自定义变量：

```
1.  /*Register a variable to track stations associated with ESP32 AP*/
2.  esp_diag_variable_register("wifi", "sta_cnt", "STAs associated",
3.                             "wifi.sta", ESP_DIAG_DATA_TYPE_UINT);
4.
5.  /*Assuming WIFI_EVENT_AP_STACONNECTED and WIFI_EVENT_AP_STADISCONNECTED
6.   events track the number of associated stations*/
7.  esp_diag_variable_add_uint("sta_cnt", &sta_cnt);
```

函数 esp_diag_variable_register() 的原型如下：

```
1.  esp_err_t esp_diag_variable_register(const char *tag, const char *key,
2.                             const char *label, const char *path,
3.                             esp_diag_data_type_t type);
```

函数 esp_diag_variable_register() 的参数含义和函数 esp_diag_metrics_register() 的参数相同。

15.3　实战：基于智能灯示例使用 ESP Insights 组件

通过 15.2 节的介绍，读者可以了解 ESP Insights 组件的使用。本书在第 9 章中介绍了如何通过 ESP RainMaker 物联网云平台实现设备的远程控制实战案例，接下来本节将基于 9.4 节的开发，继续在智能灯的示例添加 ESP Insights 组件，实现诊断数据的上报。

```
1.  #define APP_INSIGHTS_LOG_TYPE  ESP_DIAG_LOG_TYPE_ERROR
2.                               | ESP_DIAG_LOG_TYPE_WARNING
3.                               | ESP_DIAG_LOG_TYPE_EVENT
4.  esp_err_t app_insights_enable(void)
5.  {
6.      esp_rmaker_mqtt_config_t mqtt_config = {
7.          .init        = NULL,
8.          .connect     = NULL,
9.          .disconnect  = NULL,
10.         .publish     = esp_rmaker_mqtt_publish,
11.         .subscribe   = esp_rmaker_mqtt_subscribe,
12.         .unsubscribe = esp_rmaker_mqtt_unsubscribe,
13.     };
14.     esp_insights_mqtt_setup(mqtt_config);
15.
16.     esp_insights_config_t config = {
17.         .log_type = APP_INSIGHTS_LOG_TYPE,
18.     };
```

15

```
19.     esp_insights_enable(&config);
20.     return ESP_OK;
21. }
22.
23. void app_main()
24. {
25.     ……
26.     /*使能 Schedule*/
27.     esp_rmaker_schedule_enable();
28.
29.     /*使用 Insights*/
30.     app_insights_enable();
31.
32.     /*启动 ESP RainMaker 物联网云平台的客户端*/
33.     esp_rmaker_start();
34.     ……
35. }
```

上述片段代码展示了如何在 ESP-RainMaker 的示例里使用 ESP Insights 组件。esp_
insights_mqtt_setup()函数设置了诊断数据上报的接口。在上述的代码中，ESP Insights
组件和 ESP RainMaker 物联网云平台共用一个 MQTT 通道，这样做的好处是可以大大节约用
户的内存。APP_INSIGHTS_LOG_TYPE 定义了需要上报的日志等级，当前示例可上报错误、
警告等级的日志和事件。Insights 代理默认支持上传设备崩溃的日志，所以用户无须特意设置该
等级的日志。用户可以在默认配置里开启如下选项，用于记录设备的内存开销、Wi-Fi 信号和网
络变量。

```
1.  CONFIG_DIAG_ENABLE_METRICS=y
2.  CONFIG_DIAG_ENABLE_HEAP_METRICS=y
3.  CONFIG_DIAG_ENABLE_WIFI_METRICS=y
4.  CONFIG_DIAG_ENABLE_VARIABLES=y
5.  CONFIG_DIAG_ENABLE_NETWORK_VARIABLES=y
```

另外，用户可以根据 15.2 节的介绍，定制并上报自己感兴趣的日志。

15.4　本章总结

本章向读者介绍了 ESP Insights 组件，该组件包括一个固件代理（Insights 代理），该代理运行
在用户的设备上，用于捕获设备的运行状态与异常信息，并上报给 ESP Insights 云。读者在验
证产品功能和挂机测试时，可以通过登录 ESP RainMaker 物联网云平台的 Dashboard 来查看
每一台设备的健康状况和是否出现异常，不需要在每一台设备运行时都捕获设备运行的日志，
设备异常的日志会被上报到 ESP Insights 云，读者可以通过 ESP Insights 云的界面很清楚地查
看设备异常的原因，为调试带来了极大的便利。

目前 Insights 代理默认把数据发送给 ESP RainMaker 物联网云平台，未来乐鑫科技还会推出方
案，以支持更多的云平台接收和处理 Insights 代理上报的设备信息，让设备的功能验证与调试
不再变得一筹莫展，加快用户产品固件的发布。

参考文献

[1] 乐鑫科技．ESP32-C3系列芯片技术规格书[EB/OL]．[2022-02-27]．https://www.espressif. com.cn/zh-hans/support/documents/technical-documents?keys=&field_type_tid%5B%5D=785 &field_download_document_type_tid%5B%5D=510．

[2] 乐鑫科技．ESP32-C3技术参考手册[EB/OL]．[2022-03-14]．https://www.espressif.com. cn/zh-hans/support/documents/technical-documents?keys=&field_download_document_type_ tid%5B%5D=963．

[3] 乐鑫科技．ESP32-C3硬件设计指南[EB/OL]．[2022-03-17]．https://www.espressif.com. cn/zh-hans/support/documents/technical-documents?keys=&field_type_tid%5B%5D=785．

[4] IEEE Computer Society. IEEE Standard for Information technology—Telecommunications and information exchange between systems—Local and metropolitan Area networks——Specific requirements Part 11: Wireless LAN Medium Access Control (MAC) and Physical Layer (PHY) specifications: Amendment 6: Medium Access Control (MAC) Security Enhancements: IEEE Std 802.11i-2004[S/OL]．[2022-04-12]. www.computer.org.

[5] Kevin R. Fall，W. Richard Stevens．TCP/IP详解卷1：协议[M]．北京：机械工业出版社，2016：571-580．

[6] 乐鑫科技．ESP RainMaker. [EB/OL]．[2022-4-23]．https://rainmaker.espressif.com．

[7] 乐鑫科技．使用乐鑫ESP Insights远程查看设备信息，快速解决固件问题[EB/OL]. [2022-5-11]．https://www.espressif.com/zh-hans/news/ESP_Insights．

[8] OASIS. OASIS Standard Incorporating Approved Errata 01 [EB/OL]. [2022-5-23].http:// docs.oasis-open.org/mqtt/mqtt/v3.1.1/mqtt-v3.1.1.html．

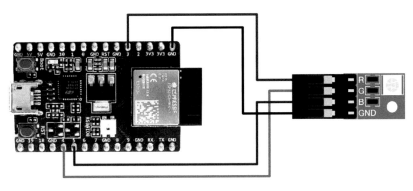

图 2-2　通过 ESP32-C3-DevKitM-1 开发板外接三色 LED 灯珠模拟一个智能灯具

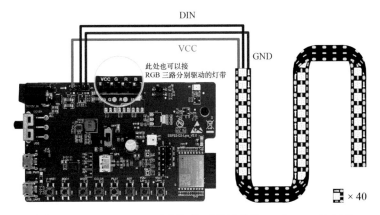

图 2-3　ESP32-C3-Lyra 音频灯控开发板外接 40 个 LED 的灯带

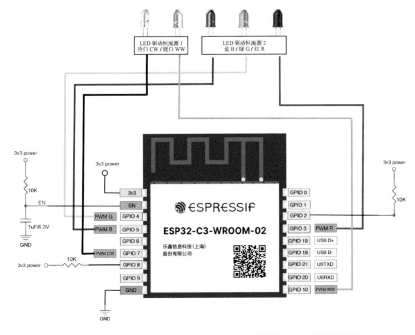

图 5-15　基于 ESP32-C3-WROOM-02 模组的最小控制系统

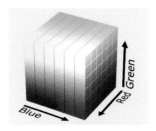

图 6-2　RGB 色彩空间

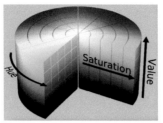

图 6-3　HSV 色彩空间

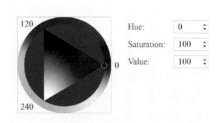

图 6-4　HSV 色彩空间中的 Hue 分量

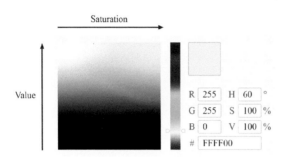

图 6-5　HSV 色彩空间中的 Saturation 和 Value 分量

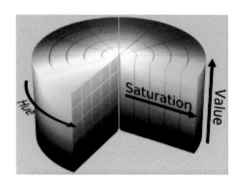

图 6-6　HSL 色彩空间

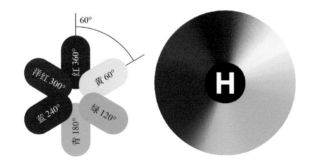

图 6-7　HSL 色彩空间中的 Hue（H）分量

图 6-8　HSL 色彩空间的 Saturation（S）分量

图 6-9　HSL 色彩空间的 Lightness（L）分量